【学研ニューコース】

# 中3数学

Gakken

# はじめに

『学研ニューコース』シリーズが初めて刊行されたのは，1972（昭和 47）年のことです。当時はまだ，参考書の種類も少ない時代でしたから，多くの方の目に触れ，手にとってもらったことでしょう。みなさんのおうちの人が，『学研ニューコース』を使って勉強をしていたかもしれません。

それから，平成，令和と時代は移り，世の中は大きく変わりました。モノや情報はあふれ，ニーズは多様化し，科学技術は加速度的に進歩しています。また，世界や日本の枠組みを揺るがすような大きな出来事がいくつもありました。当然ながら，中学生を取り巻く環境も大きく変化しています。学校の勉強についていえば，教科書は『学研ニューコース』が創刊した約 10 年後の 1980 年代からやさしくなり始めましたが，その 30 年後の 2010 年代には学ぶ内容が増えました。そして 2020 年の学習指導要領改訂では，内容や量はほぼ変わらずに，思考力を問うような問題を多く扱うようになりました。知識を覚えるだけの時代は終わり，覚えた知識をどう活かすかということが重要視されているのです。

そのような中，『学研ニューコース』シリーズも，その時々の中学生の声に耳を傾けながら，少しずつ進化していきました。新しい手法を大胆に取り入れたり，ときにはかつて評判のよかった手法を復活させたりするなど，試行錯誤を繰り返して現在に至ります。ただ「どこよりもわかりやすい，中学生にとっていちばんためになる参考書をつくる」という，編集部の思いと方針は，創刊時より変わっていません。

今回の改訂では中学生のみなさんが勉強に前向きに取り組めるよう，等身大の中学生たちのマンガを巻頭に，「中学生のための勉強・学校生活アドバイス」というコラムを章末に配しました。勉強のやる気の出し方，定期テストの対策の仕方，高校入試の情報など，中学生のみなさんに知っておいてほしいことをまとめてあります。本編では新しい学習指導要領に合わせて，思考力を養えるような内容も多く掲載し，時代に合った構成となっています。

進化し続け，愛され続けてきた『学研ニューコース』が，中学生のみなさんにとって，やる気を与えてくれる，また，一生懸命なときにそばにいて応援してくれる，そんな良き勉強のパートナーになってくれることを，編集部一同，心から願っています。

学研プラス

志望校が決まってから本気出そう
そんなふうに思っていたのは
私に覚悟（かくご）が足りなかったからだ

ピッ
鈴！
オーライ
キュッ
バシーーッ
アウトー
また決まらなかった……
関根鈴 中3 バレーボール部

また明日ね～
バイバーイ
明日の塾の宿題、
まだやってなかったな
帰ったらやんなきゃ
あ、関根じゃん
おつかれさん
よっ
山内祥太 中3 サッカー部
山内
おつかれ～
サッカー部もいま終わり？
ああ
山内は同じクラスの
仲がいい友だちで
山内のお姉ちゃんは
今年卒業した1個上の
バレー部の先輩でもある

そういえば、この前返ってきた
実力テストどうだった？
私、数学が特にひどくてさ……
50点台だったよ……
俺は88点だったぜ
えー、すごいじゃん
山内そんなにアタマよかったっけ？
実はこの前の春休みから
勉強、本気出し始めてさ
1・2年の復習に力を入れたんだ
アネキの影響でね……
久美センパイ！
たしか開城高校通ってるんでしょ？
頭いいな～
ん……ああ

あー、私も勉強やんなきゃな〜
勉強の調子に引きずられて
部活も絶不調だし……
そっか
でもまだ志望校も決まってないし
なかなかやる気出ないんだよね
ピコン
関根さ、今度の土曜ヒマ？
アネキの高校の文化祭
一緒に行かないか？
アネキ
今度の文化祭、
来てみる？
誰か誘っておいでよ
え？　いいの？
アネキも関根が行ったら喜ぶし
関根も高校に行ってみたら
やる気が出るかもしれないだろ？

土曜日
ようこそ
開城高校文化祭
鈴！　ひさしぶり～
山内久美　高校１年生
久美センパイ！
よく来たね～
じゃあ、いろいろ回ろっか
射的
たこやき
じゃ、俺部活あるから
もう行くわ
バイバーイ
鈴！　ここ
私のクラス
パンケーキあるよ
パンケーキ
パパーン
わぁ♡

おいしそ〜
少しは気分が晴れた？
どうぞ
勉強も部活も絶不調で
落ち込んでるって
祥太から聞いたからさ
そうなんです
ありがとうございます
すみません
気をつかって
もらっちゃって
私も１年前そうだったな〜
久美センパイも？
なかなかやる気にならなくて
成績は下降
一時は部活も絶不調……
７月に行きたい高校が決まって
やっとエンジンがかかった感じだったなぁ
そうなんですね！

で、
結局行きたかった第一志望の高校は落ちて
第二志望だったウチの高校に入った
え？
久美センパイ、ここが
第一志望じゃなかったんだ……
不合格だったときは
くやしかったなぁ……
合否通知書
不合格
もっと早くから勉強始めてればって
すごく後悔した
私の場合、数学が苦手だったから
１・２年の内容の理解に
すごく時間がかかっちゃって
３年の内容を納得いくまで
演習できなかったのよね
先輩……
久美
そろそろ交代
だよー

あ、いまはもう平気だよ！ この高校もすごく楽しいし 第一志望に入れなかったら 人生が終わるわけじゃないもん
もうちょっと待って〜
でも胸に引っかかるものはあるよ 第一志望に入れなかった後悔というより、スタートが遅れたせいで納得いくまでやり切れなかったことへの後悔かな

私がかなり落ち込んでたのを見てさ 祥太も考えるところがあったみたい すごく勉強頑張ってんのよ

弟ってズルくない？
姉の失敗から勝手に学んじゃってさ
それで山内、最近成績いいんですね
ちょっとおどすようなこと
言っちゃったけど
いつでも相談に乗るから
後悔のないように頑張ってね
勉強も部活も！
はい！
志望校が決まらないとやる気が出ない
なんて、私は言い訳していただけなのかもしれない
私に足りなかったのは一歩を踏み出す覚悟だ
「やり切った」って最後に言えるように……

私は今日から頑張る！

# 本書の特長と使い方

## 各章の流れと使い方

### 解説ページ

**教科書の要点**

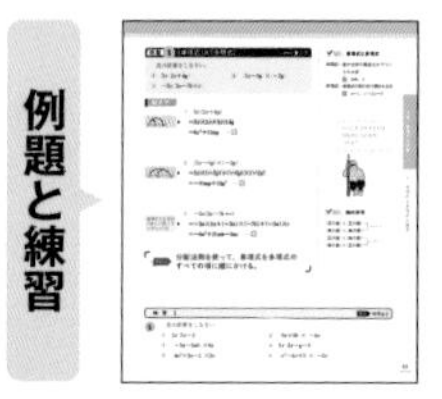

各項目（こうもく）で学習する重要事項のまとめです。テスト前の最終確認にも役立ちます。

**例題と練習**

本書のメインページです。くわしい解き方の解説と練習問題（類題）を扱（あつか）っています。

### 問題

**定期テスト予想問題**

学校の定期テストでよく出題される問題を集めたテストで，力試しができます。

## 本文ページの構成

**例題**

テストによく出る問題を中心に，基本★，標準★★，応用★★★の３段階で掲載。思考力を問う問題には 思考 のマークがついています。

**解き方 & Point**

解き方をていねいに解説しています。その例題で学べる重要な内容については Point でまとめてあります。

**解き方ガイド**

「解き方」の左側には，ステップをふんで解き方を解説したガイドがあり，解法の手順がよくわかります。

**練習**

例題とよく似た練習問題（類題）です。自力で解いてみて，解き方を完全に理解しましょう。

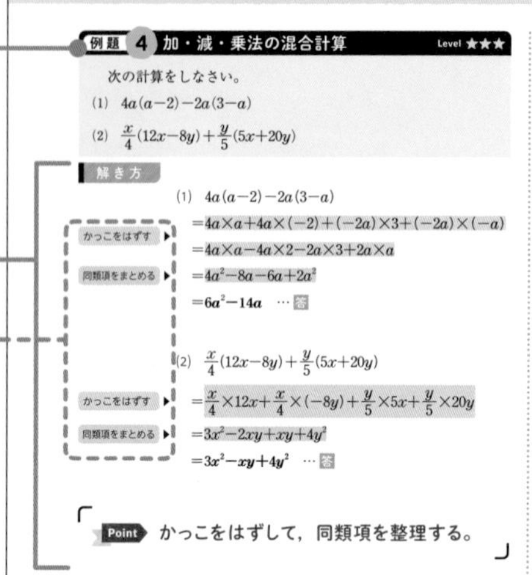

例題 4 加・減・乗法の混合計算 Level ★★★

次の計算をしなさい。

(1) $4a(a-2)-2a(3-a)$

(2) $\frac{x}{4}(12x-8y)+\frac{y}{5}(5x+20y)$

解き方

(1) $4a(a-2)-2a(3-a)$

かっこをはずす ▶ $=4a\times a+4a\times(-2)+(-2a)\times3+(-2a)\times(-a)$

$=4a\times a-4a\times2-2a\times3+2a\times a$

同類項をまとめる ▶ $=4a^2-8a-6a+2a^2$

$=6a^2-14a$ …答

(2) $\frac{x}{4}(12x-8y)+\frac{y}{5}(5x+20y)$

かっこをはずす ▶ $=\frac{x}{4}\times12x+\frac{x}{4}\times(-8y)+\frac{y}{5}\times5x+\frac{y}{5}\times20y$

同類項をまとめる ▶ $=3x^2-2xy+xy+4y^2$

$=3x^2-xy+4y^2$ …答

Point かっこをはずして，同類項を整理する。

テストで注意 －をかけるときの符号ミス

〈誤答例・1〉

$4a(a-2)-2a(3-a)$

$=4a^2-8a-6a-2a^2$

符号のミス

〈誤答例・2〉

$4a(a-2)-2a(3-a)$

$=4a^2-2-6a-a$

後ろの項へのかけ忘れ

途中の式をくわしく書いたほうが，ミスを防げるみたいだね。

参考 文字の計算と数の計算

数の計算では，かっこの中を先に計算するという規則があるが，文字式の計算では，かっこの中に同類項がなければ，それ以上まとめることはできない。

練習 解答 別冊p.2

4 次の計算をしなさい。

(1) $2a(3a-5)-7a(a+1)$

(2) $-5x(2x+3)+4x(6x-3)$

(3) $-3m(m-2n)+2n(7m-n)$

(4) $4a(9a+b)-3a(2a-10b)$

(5) $\frac{a}{4}(8a+20)-\frac{a}{3}(9a-15)$

(6) $-\frac{x}{2}(10x-12y)+\frac{y}{7}(21x-7y)$

46

## 本書の特長

教科書の要点がひと目でわかる

授業の理解から定期テスト・入試対策まで

勉強のやり方や，学校生活もサポート

### 特集

章末コラム

生活に関連する内容や発展的な内容を扱ったコラムと，中学生に知っておいてほしい勉強や学校生活に関するアドバイス，入試の情報などを扱ったコラムを，章末に掲載（けいさい）しています。

＋

入試レベル問題

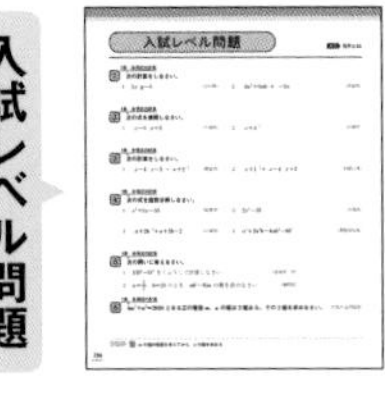

高校入試で出題されるレベルの問題に取り組んで，さらに実力アップすることができます。

＋

［別冊］解答と解説 ＆ 重要公式・定理ミニブック

巻末の別冊には，「練習」「定期テスト予想問題」「入試レベル問題」の解答と解説を掲載しています。
また，この本の最初には切り取って持ち運べるミニブックがついています。

---

**例題 5** (分数係数の多項式)×(単項式)の加減 Level ★★★

次の計算をしなさい。

(1) $6a\left(\frac{1}{2}a+\frac{2}{3}\right)-8a\left(\frac{3}{4}a-\frac{5}{8}\right)$

(2) $4x\left(\frac{1}{6}x-\frac{1}{4}y\right)-3y\left(\frac{2}{9}x+\frac{1}{3}y\right)$

**解き方**

(1) $6a\left(\frac{1}{2}a+\frac{2}{3}\right)-8a\left(\frac{3}{4}a-\frac{5}{8}\right)$

符号に注意して，かっこをはずす ▶ $=6a\times\frac{1}{2}a+6a\times\frac{2}{3}$ $+(-8a)\times\frac{3}{4}a+(-8a)\times\left(-\frac{5}{8}\right)$

約分する ➡ 同類項をまとめる ▶ $=3a^2+4a-6a^2+5a$

$=-3a^2+9a$ …答

(2) $4x\left(\frac{1}{6}x-\frac{1}{4}y\right)-3y\left(\frac{2}{9}x+\frac{1}{3}y\right)$

かっこをはずす ➡ 約分する ➡ 同類項をまとめる ▶ $=\frac{2}{3}x^2-xy-\frac{2}{3}xy-y^2$

$=\frac{2}{3}x^2-\frac{5}{3}xy-y^2$ …答

**Point** かっこをはずす➡約分➡同類項をまとめる

くわしく 慣れてきたら，次のように計算してもよい

(2) $+4x\times\left(-\frac{1}{4}y\right)=-xy$

$-4x\times\frac{1}{4}y=-xy$

参考 分数の式の表し方

$-\frac{a}{2}+\frac{b}{2}$という式は，$-\frac{a-b}{2}$または$\frac{-a+b}{2}$というように，1つの分数の形で表すこともできる。このように，式の計算では，同じ意味を表す式ならば，どのように書いてもまちがいではない。

つまり，(2)の答えは，$\frac{2x^2-5xy-3y^2}{3}$と表すこともできる。

1章 多項式の計算　1 単項式と多項式の乗除

**練習** 解答 別冊p.2

5 次の計算をしなさい。

(1) $9x\left(\frac{2}{3}x+\frac{4}{9}\right)-10x\left(\frac{2}{5}x-\frac{3}{10}\right)$　(2) $8a\left(\frac{3}{4}a-\frac{5}{6}b\right)-4b\left(\frac{1}{2}b-\frac{2}{3}a\right)$

47

---

### サイド解説

本文をより理解するためのくわしい解説や関連事項，テストで役立つ内容などを扱っています。

くわしく　本文の内容をよりくわしくした解説。

復習　小学校や前の学年の学習内容の復習。

テストで注意　テストでまちがえやすい内容の解説。

参考　例題や解き方に関連して，参考となる内容を解説。

確認　重要な性質やきまり，言葉の意味や公式などを確かめる解説。

別解　知っておくと役立つ，別の解き方を解説。

図解　図を使ったわかりやすい解説。

### コラム

数学の知識を深めたり広げたりできる内容を扱っています。

学研ニューコース
Gakken New Course for Junior High School Students

# 中3数学
## もくじ

Contents



## 1章　多項式の計算

## 2章 平方根

## 3章 2次方程式

## 4章　関数

## 5章　相似な図形



## 6章　円

## 7章　三平方の定理



## 8章　標本調査

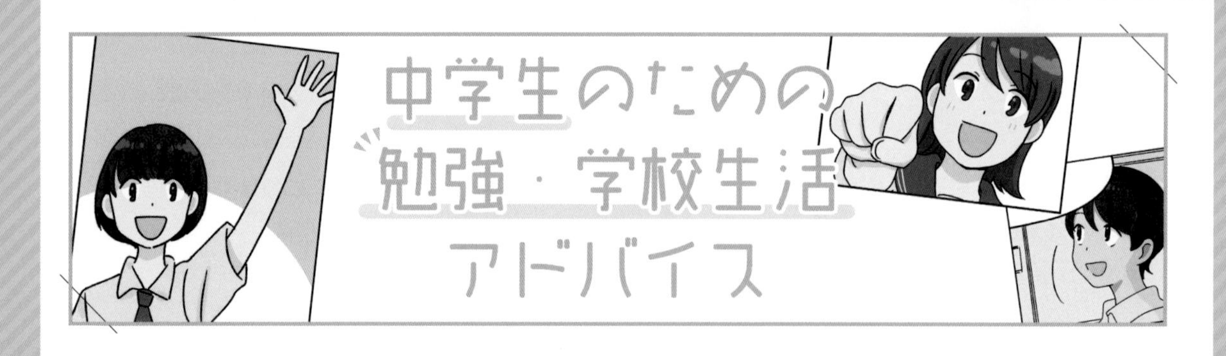


## 受験生として入試に向き合おう

中３では，**入試に向けての勉強が本格化します。** 入試では，中学校で習うすべての範囲(はんい)が出題されます。そのため，中３の範囲の勉強だけではなく，中１・中２の復習もしっかりと行う必要があります。

夏以降は模擬(もぎ)試験を受けたり，入試の過去問題を解いたりする機会も増えるでしょう。自分の得意な分野・苦手な分野を理解し，苦手な分野は早めにきっちりと克服(こくふく)しておきたいところです。

受験が近づいてくると，だんだんプレッシャーも大きくなっていきます。早い時期から取り組むことで，自信を持って試験にのぞめるようになります。

## 中３の数学の特徴(とくちょう)

中３数学では，中１·中２で勉強してきたことを広げて深めていきます。例えば方程式では，中１で「１次方程式」，中２で「連立方程式」を扱いましたが，中３では $x^2$ が出てくる「２次方程式」を学習します。

**数学は積み重ねが重要な教科です。** わからないことがあったら，前の学年の内容や前の章の内容を振り返りましょう。

中３数学は，中学数学の集大成です。知識だけではなく，**思考力・判断力が必要になる問題**が増え，日常生活の課題の解決に役立つこともあります。また，**高校の数学にも繋がっていく**のでしっかり理解していきましょう。

## ふだんの勉強は「予習→授業→復習」が基本

中学校の勉強では，**「予習→授業→復習」の正しい勉強のサイクルを回すことが大切**です。

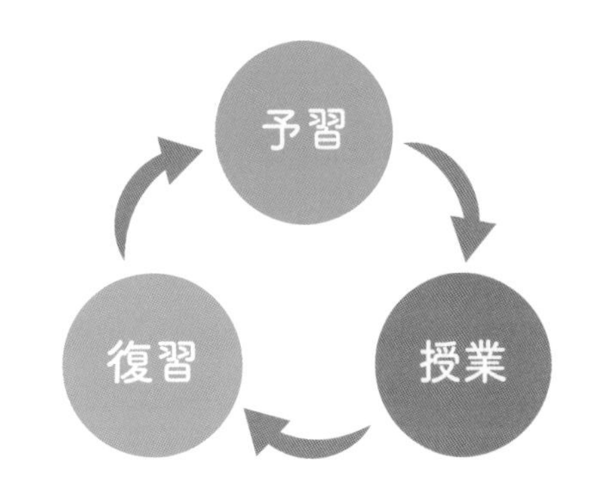


### ✓予習は軽く。要点をつかめばOK！

**予習は１回の授業に対して５～10分程度**にしましょう。完璧(かんぺき)に内容を理解する必要はありません。「どんなことを学ぶのか」という大まかな内容をつかみ，授業にのぞみましょう。

### ✓授業に集中！ わからないことはすぐに先生に聞け!!

授業中は先生の説明を聞きながらノートを取り，気になることやわからないことがあったら，授業後にすぐ質問をしに行きましょう。

授業中にボーっとしてしまうと，テスト前に自分で理解しなければならなくなるので，効率がよくありません。**「授業中に理解しよう」としっかり聞く人は，時間の使い方が上手く，効率よく学力を伸(の)ばすことができます。**

### ✓復習は遅(おそ)くとも週末に。ためすぎ注意！

授業で習ったことを忘れないために，**復習はできればその日のうちに。それが難しければ，週末には復習をするようにしましょう。**時間を空けすぎて習ったことをほとんど忘れてしまうと，勉強がはかどりません。復習をためすぎないように注意してください。

復習をするときは，教科書やノートを読むだけではなく，問題も解くようにしましょう。問題を解いてみることで理解も深まり記憶(きおく)が定着します。

## 定期テスト対策は早めに

中３になると，受験に向けて定期テスト以外のテストを受ける機会も増えます。塾に通っている人は塾の授業時間も増えるなど，やらなければいけない勉強が増えていくでしょう。忙しくなりますが，定期テスト対策をおろそかにしてはいけません。ほかの勉強で忙しくなることを見越したうえで，定期テストでもよい点を取れるように計画的に勉強しましょう。

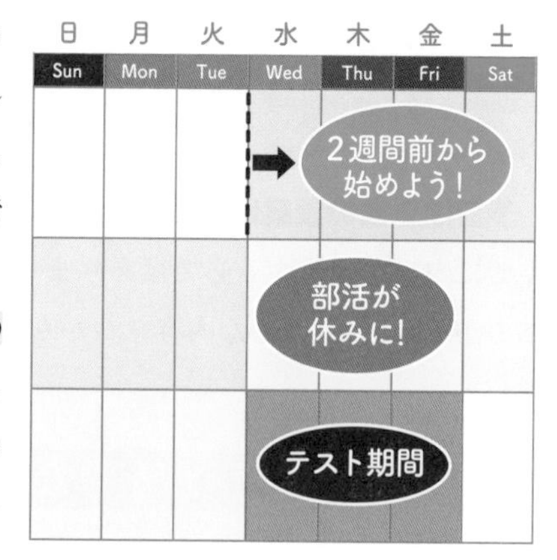


**定期テストの勉強は，できれば２週間ほど前から取り組むのがオススメ**です。部活動はテスト１週間前から休みに入るところが多いようですが，その前からテストモードに入るのがいいでしょう。「試験範囲を一度勉強して終わり」ではなく，二度・三度とくり返しやることがよい点をとるためには大事です。

## 中３のときの成績は高校受験に大きく影響！

内申点という言葉を聞いたことがある人もいるでしょう。内申点は各教科の５段階の評定（成績）をもとに計算した評価で，高校入試で使用される調査書に記載されます。１年ごとに，実技教科を含む９教科で計算され，たとえば，「９教科すべての成績が４の場合，内申点は４×９＝36」などといった具合です。

**公立高校の入試では，「内申点＋試験の点数」で合否が決まります。**当日の試験の点数がよくても，内申点が悪く不合格になってしまうということもあるのです。住む地域や受ける高校によって，「内申点をどのように計算するか」「何年生からの内申点が合否に関わるか」「内申点が入試の得点にどれくらい加算されるか」は異なりますので，早めに調べておくといいでしょう。

中３のときのテストの点数や授業態度は，大きく入試に影響します。**「受験勉強があるから」と，日々の授業や定期テストを軽視しないように気をつけましょう。**

## 公立高校入試と私立高校入試のちがいは？

大きくちがうのは教科の数で，**公立の入試は５教科が一般的なのに対し，私立の入試は英語・数学・国語の３教科が一般的。**ただし教科が少ないといっても，私立の難関校では教科書のレベル以上に難しい問題が出されることもあります。一方，公立入試は，教科書の内容以上のことは出題されないので，対策の仕方が大きく異なることを知っておきましょう。

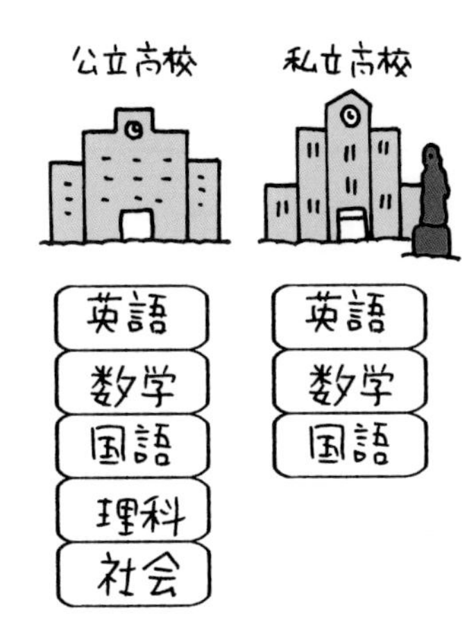


また入試は大きく一般入試と，推薦入試に分けられます。一般入試は，主に内申点と当日の試験で合否が決まり，推薦入試は，主に面接や小論文で合否が決まります。推薦入試は，内申点が高校の設定する基準値に達している生徒だけが受けられます。「受かったら必ずその高校に行きます」と約束する単願推薦や，「他の高校も受験します」という併願推薦があります。

## 入試はいつあるの？

**受験期間は主に中３の１～３月。**まずは１～２月までに，推薦入試と私立高校の一般入試が行われます。公立高校の一般入試は２～３月に行われることが多いです。この時期は風邪やインフルエンザが流行します。体調管理に十分気をつけるようにしましょう。

**志望校を最終的に決めるのは 12 ～ 1 月**です。保護者と学校の先生と三者面談をしながら，公立か私立か，共学か男女別学かなどを考え，受ける高校を絞っていきます。６月ごろから秋にかけては高校の学校説明会もあるので，積極的に参加して，自分の目指す高校を決めていきましょう。

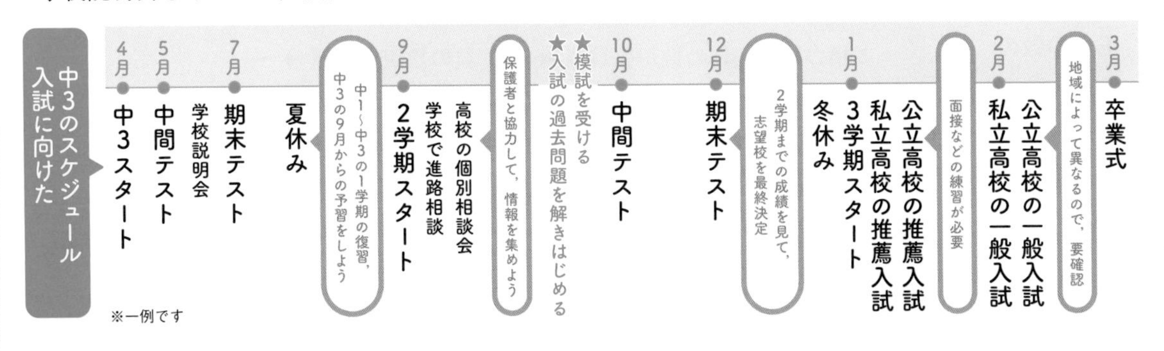

# 入試に役立つ! 1・2年の要点整理

1・2年生で学習してきたことをまとめています。入試の前に活用してください。
まとめの最後には，おぼえたことをすばやく確認できるチェック問題がついています。

## 1 数と式

入試へのアドバイス　正負の数の計算や式の計算は，高い頻度で出題されます。確実に点をとりたいところですから，正確に速く計算できるようにしておきましょう。

### 正負の数

**正の数・負の数**

◎**絶対値**…数直線上で，0からその数までの距離。

負の数　正の数
−3 −2 −1 0 1 2 3
2　3
−2の絶対値　3の絶対値

◎**数の大小**

- (負の数) ＜ 0 ＜ (正の数)
- 正の数どうし ➡ **絶対値が大きいほど大きい。**
- 負の数どうし ➡ **絶対値が大きいほど小さい。**

**正負の数の加法・減法**

◎**加法**…同符号どうしは絶対値の和に，共通の符号をつける。
異符号どうしは絶対値の差に，絶対値の大きいほうの符号をつける。

◎**減法**…ひく数の符号を変えて加える。

▶加法と減法の混じった計算は，かっこのない式に直し，正の数の和，負の数の和をそれぞれ求めてから計算する。

◎ **加法の交換法則**
$a+b=b+a$

◎ **加法の結合法則**
$(a+b)+c=a+(b+c)$

**正負の数の乗法・除法**

◎**積の符号**…負の数が偶数個 ➡ ＋，負の数が奇数個 ➡ −

▶除法は，わる数の逆数をかける形に直して計算する。

◎**四則混合計算の順序**…①累乗・かっこの中 ➡ ②乗除 ➡ ③加減

◎**素因数分解**…自然数を素数の積で表すこと。

例　$90=2\times3^2\times5$

## 文字の式

### 文字式の表し方

◎**積の表し方**

- かけ算の記号×ははぶく。 例 $7\times a=7a$
- 数は文字の前に書く。 例 $x\times 3=3x$
- 文字はアルファベット順に書く。 例 $b\times c\times a=abc$
- 同じ文字の積は累乗の指数を使って書く。 例 $x\times x\times x=x^3$

◎**商の表し方**…記号÷を使わないで，**分数の形**で書く。

## 式の計算

### 多項式(たこうしき)どうしの加法・減法

◎**加法**…そのままかっこをはずして，同類項をまとめる。

◎**減法**…ひくほうの多項式の各項の符号を変えて加える。

### かっこのついた式の計算

▶**分配法則**(ぶんぱいほうそく)を使ってかっこをはずしてから，同類項をまとめる。

◎**分配法則**

$a\times(b+c)=ab+ac$

$(a+b)\times c=ac+bc$

### 単項式(たんこうしき)の乗法・除法

◎**乗法**…係数の積に文字の積をかける。

◎**除法**…次の２通りの計算方法がある。

- 分数の形にする。 例 $18ab\div(-6b)=-\dfrac{18ab}{6b}=-3a$
- 逆数をかける。 例 $9ab\div\dfrac{3}{4}a=9ab\times\dfrac{4}{3a}=12b$

☑チェック問題 解答▶別冊 p.1

□① $-3$，$-0.3$，$-\dfrac{1}{3}$を大きい順に書きなさい。 〔　　〕

□② $(-2)^2\times 3+10^2\div(-5^2)$を計算しなさい。 〔　　〕

□③ $b\times a\div c\times a$を，×，÷を使わないで表しなさい。 〔　　〕

□④ $(5x-2y)-(-x-4y)$を計算しなさい。 〔　　〕

□⑤ $2(9x+3y)-3(4x-y)$を計算しなさい。 〔　　〕

□⑥ $21ab\div(-7a)\times(-4b)$を計算しなさい。 〔　　〕

# 2 方程式

入試へのアドバイス　1次方程式や連立方程式の文章題では，速さの問題，個数と代金の問題などがよく出題されます。これらの解き方を，しっかり理解しておきましょう。

## 1次方程式の解き方

### 等式の性質

▶ $A=B$ ならば，
- $A+C=B+C$
- $A-C=B-C$
- $AC=BC$
- $\frac{A}{C}=\frac{B}{C}$　$(C \neq 0)$

● 等式の両辺を入れかえても等式は成り立つ。
$A=B$ ならば $B=A$

### 1次方程式を解く手順

● 文字をふくむ等式を**方程式**といい，その解を求めることを**方程式を解く**という。

▶ ①係数に分数や小数をふくむ場合は，係数を整数に直す。
- ・分数のとき ➡ 両辺に分母の最小公倍数をかける。
- ・小数のとき ➡ 両辺を10倍，100倍，…する。

②かっこがある場合は，かっこをはずす。

③$x$ をふくむ項を左辺に，数の項を右辺に移項して，$ax=b$ の形に整理する。

④両辺を $x$ の係数でわる。

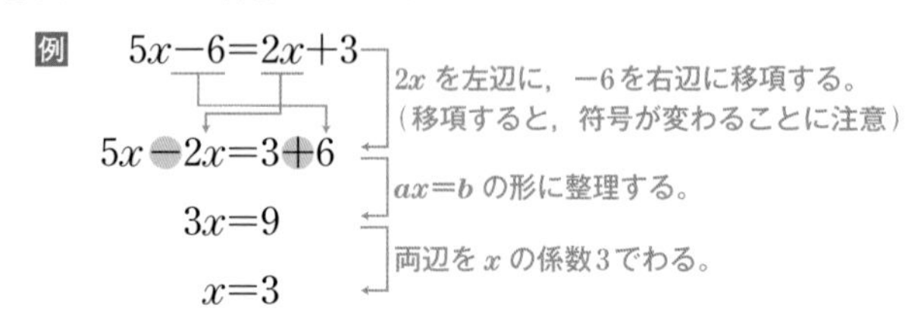


### 比例式

● 比例式について，次のことが成り立つ。

**$a:b=c:d$　ならば　$ad=bc$**

例　$x:12=3:2$

$2x=36$

$x=18$

● 比例式の解き方

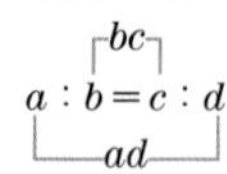

## 連立方程式の解き方

**連立方程式を解く手順**

▶①1つの文字を消去して，他の文字についての方程式をつくる。

**加減法**(かげんほう)…文字の係数をそろえて2式の両辺をたしたりひいたりして，一方の文字を消去する。

**代入法**(だいにゅうほう)…一方の式を他方の式に代入して文字を消去する。

例 $\begin{cases} x-2y=8 & \cdots\cdots(1) \\ 3x+y=3 & \cdots\cdots(2) \end{cases}$

**加減法** (1)＋(2)×2より，

$$\begin{array}{rr} & x-2y=8 \\ +) & 6x+2y=6 \\ \hline & 7x\quad\ \ =14 \end{array}$$

**代入法** (1)より，$x=2y+8$

これを(2)に代入して，

$3(2y+8)+y=3$

②1次方程式を解く。（1つの文字の値を求める。）

③求めた値をもとの方程式に代入して，残りの文字の値を求める。

## 方程式の応用

**応用問題を解く手順**

▶①問題にしたがって，方程式をつくる。

・何を文字で表すかを決める。

・等しい数量関係を見つける。➡ 一般には，求めるものを$x$，$y$とおくことが多い。

②つくった方程式を解き，解を求める。

③求めた解が答えとして適当か，解の検討をする。

### チェック問題

解答 別冊p.1

□① $x+3=4x-3$ を解きなさい。〔　　　　〕

□② $3(2x-5)=2x+5$ を解きなさい。〔　　　　〕

□③ $\frac{1}{2}x+\frac{5}{6}=\frac{2}{3}x+1$ を解きなさい。〔　　　　〕

□④ 連立方程式 $\begin{cases} 2x+7y=-1 \\ 3x-5y=14 \end{cases}$ を解きなさい。〔　　　　〕

□⑤ 連立方程式 $\begin{cases} y=2x+5 \\ 4x-y=-9 \end{cases}$ を解きなさい。〔　　　　〕

# 3 点の座標と関数

入試へのアドバイス　1次関数と図形との融合問題や，動点がつくり出す1次関数の関係などの問題がよく出題されます。1次関数を使った総合的な問題にも慣れておきましょう。

## 座標

### 点の座標

▶$x$座標が$a$，$y$座標が$b$である点の座標を$(a,\ b)$と表す。

（$a$：$x$座標，$b$：$y$座標）

- 原点（げんてん）の座標 ➡ $(0,\ 0)$
- $x$軸（じく）上の点 ➡ $(a,\ 0)$　← $y$座標が0
- $y$軸上の点 ➡ $(0,\ b)$　← $x$座標が0

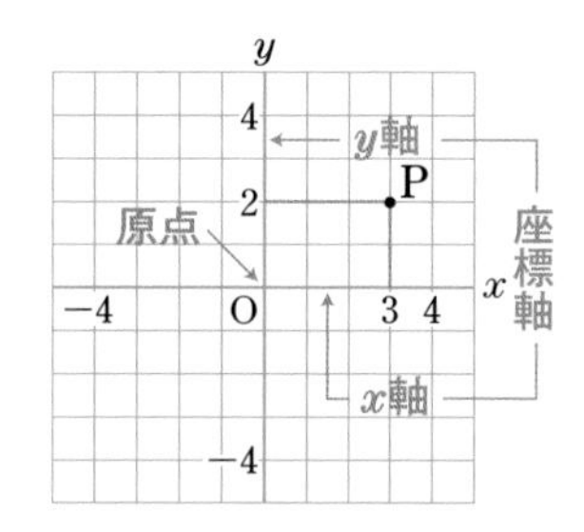


例　右の図で，点Pの座標はP(3，2)と表す。

## 比例・反比例

### 比例

▶**$y$が$x$に比例する** ➡ $x$の値が2倍，3倍，…になると，$y$の値も2倍，3倍，…になる。

◉**比例を表す式**

$$y=ax$$

（$a$：比例定数）

◉**$y=ax$のグラフ**

**…原点を通る直線**

$a>0$…右上がり ➡ ①

$a<0$…右下がり ➡ ②

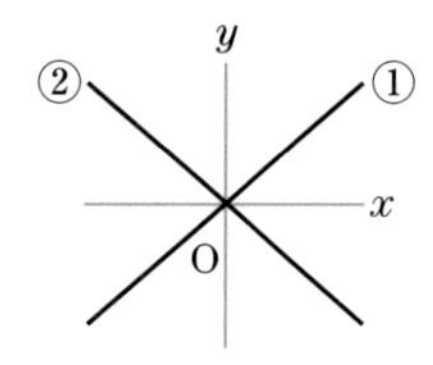


### 反比例

▶**$y$が$x$に反比例する** ➡ $x$の値が2倍，3倍，…になると，$y$の値は$\frac{1}{2}$，$\frac{1}{3}$，…になる。

◉**反比例を表す式**

$$y=\frac{a}{x}$$

（$a$：比例定数）

◉**$y=\frac{a}{x}$のグラフ**

**…双曲線（そうきょくせん）**

$a>0$ ➡ ①

$a<0$ ➡ ②

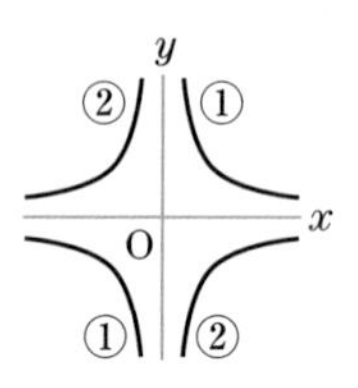

# 1 次関数

## 1 次関数と変化の割合

▶ $y$ が $x$ の 1 次式で表されるとき，$y$ は $x$ の 1 次関数であるという。

1 次関数の式 ➡ $y = ax + b$

（$ax$：$x$ に比例する部分，$b$：定数）

◉ 1 次関数 $y = ax + b$ の変化の割合は一定で，$a$ に等しい。

$$\text{変化の割合} = \frac{y\text{の増加量}}{x\text{の増加量}} = a$$

## 1 次関数のグラフ

◉ $y = ax + b$ のグラフ

**傾き**（かたむ）$a$，**切片**（せっぺん）$b$ の直線

$a > 0$…右上がりの直線

$a < 0$…右下がりの直線

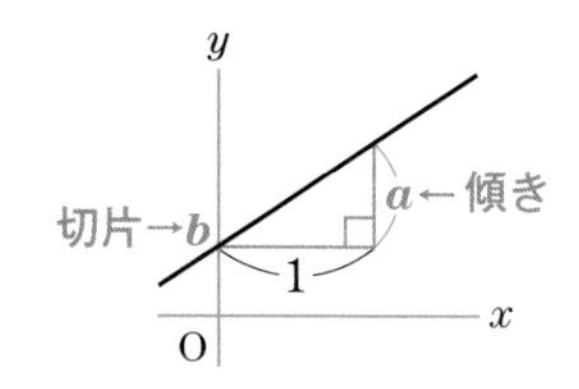


## 1 次関数の直線の式の求め方

◉ 傾きと直線上の 1 点の座標が与えられた場合

**例** 傾きが 2 で，点(3，5)を通る直線の式

$y = ax + b$ の $a$ が 2 → $y = 2x + b$ に，$x = 3$，$y = 5$ を代入して $b$ の値を求める

◉ 直線上の 2 点の座標が与えられた場合

**例** 2 点(3，2)，(5，6)を通る直線の式

$y = ax + b$ に $x$，$y$ の値をそれぞれ代入 → 連立方程式を解く

## 連立方程式の解とグラフ

▶ 連立方程式 $\begin{cases} ax + by = c & \cdots\cdots① \\ a'x + b'y = c' & \cdots\cdots② \end{cases}$ の解は，

直線①，②の交点の座標であるから，2 直線の式を連立方程式として解けば交点の座標が求められる。

## ☑ チェック問題

解答 ▶ 別冊 p.1

□ ① $y$ は $x$ に比例し，$x = 2$ のとき $y = -8$ です。$y$ を $x$ の式で表しなさい。〔　　　　〕

□ ② $y$ は $x$ に反比例し，$x = 3$ のとき $y = 2$ です。$y$ を $x$ の式で表しなさい。〔　　　　〕

□ ③ $y = -2x + 7$ で，$x$ の増加量が 6 のときの $y$ の増加量を求めなさい。〔　　　　〕

□ ④ 2 点$(-1,\ 4)$，$(3,\ -8)$を通る直線の式を求めなさい。〔　　　　〕

# 4 図形の基礎

入試へのアドバイス　図形問題を解く上で基本となることなので，しっかり理解しましょう。融合問題でも基礎的なことから考えてみると，解決の糸口が見つかります。

## 図形の位置関係

### 2直線の位置関係

● 交わる　● 平行である　● ねじれの位置にある

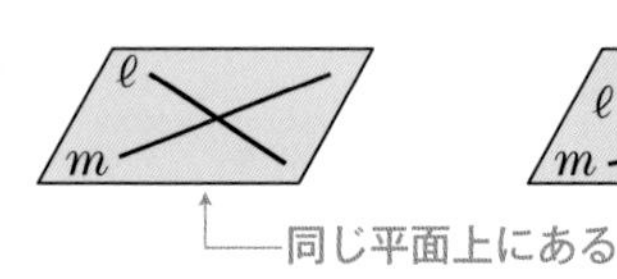


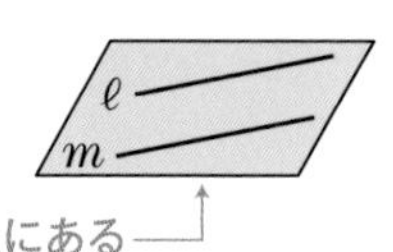


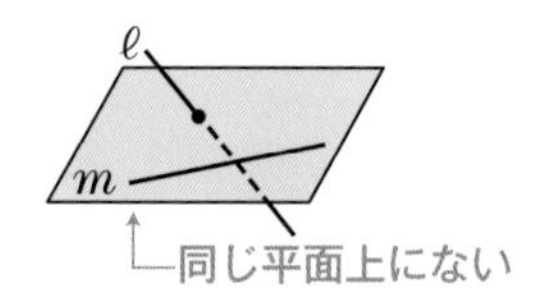


### 直線と平面の位置関係

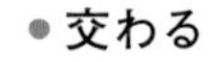

● 交わる　● 平行である　● 直線は平面上にある

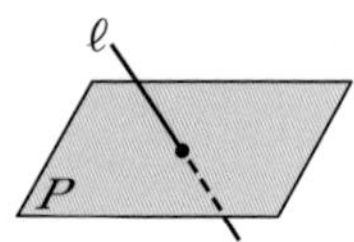


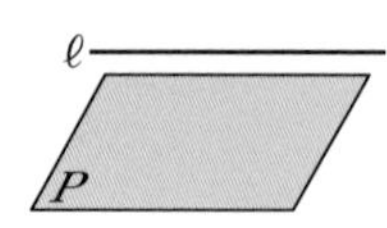


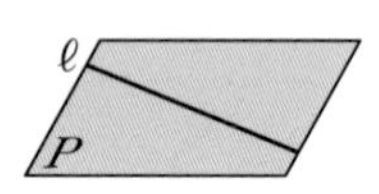


### 2平面の位置関係

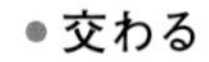

● 交わる

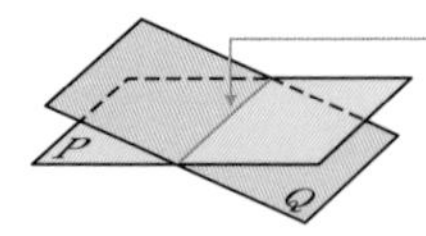


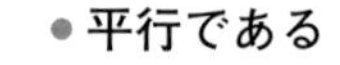

● 平行である

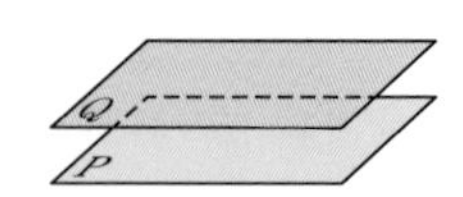


## 図形の移動

### 平行移動

▶図形を一定の方向に，一定の距離だけずらす移動

➡対応する点を結ぶ線分はすべて**平行で，長さが等しい。**

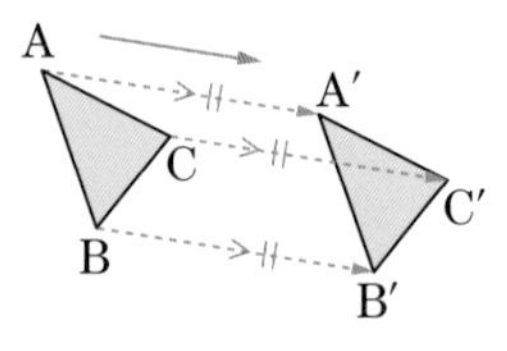


### 回転移動

▶図形を1つの点を中心として，一定の角度だけ回転させる移動

➡対応する点は**回転の中心から等しい距離**にあり，対応する点と回転の中心を結んでできる**角度はどれも等しい。**

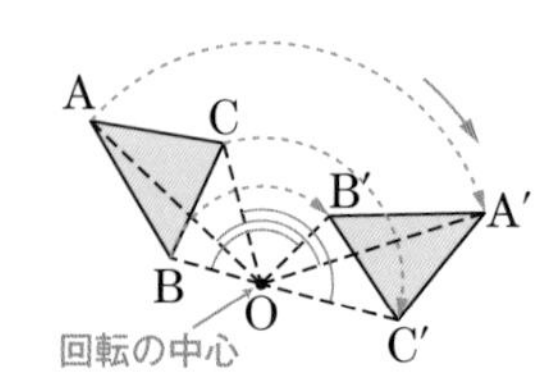

**対称移動**

▶**図形を1つの直線を折り目として，折り返す**移動

➡対称の軸は，対応する点を結ぶ線分を**垂直に2等分**する。

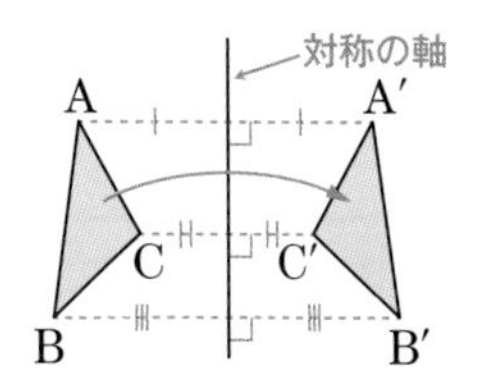


## 基本の作図

**垂線の作図**

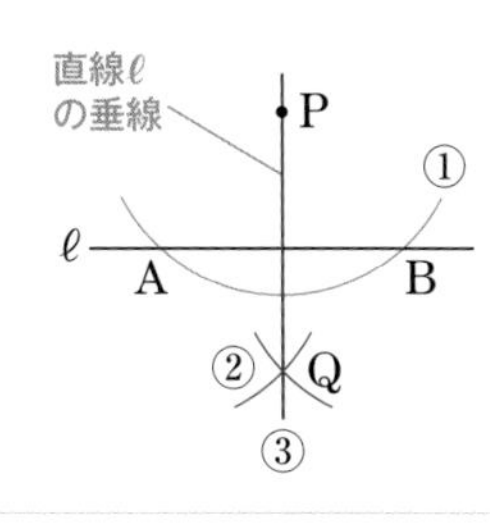


①点Pを中心として円をかき，直線ℓとの交点をA，Bとする。

②点A，Bをそれぞれ中心として，等しい半径の円をかき，その交点の1つをQとする。

③2点P，Qを通る直線をひく。

**垂直二等分線の作図**

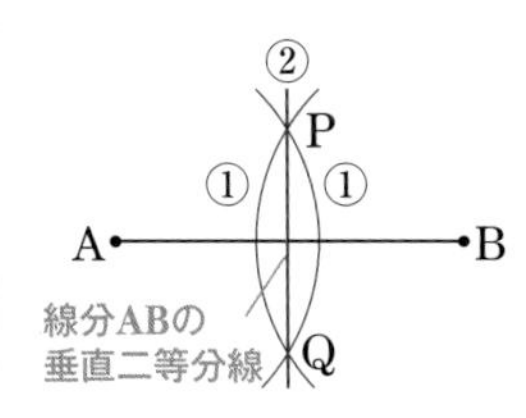


①2点A，Bをそれぞれ中心として，等しい半径の円をかき，この2つの円の交点をP，Qとする。

②2点P，Qを通る直線をひく。

**角の二等分線の作図**

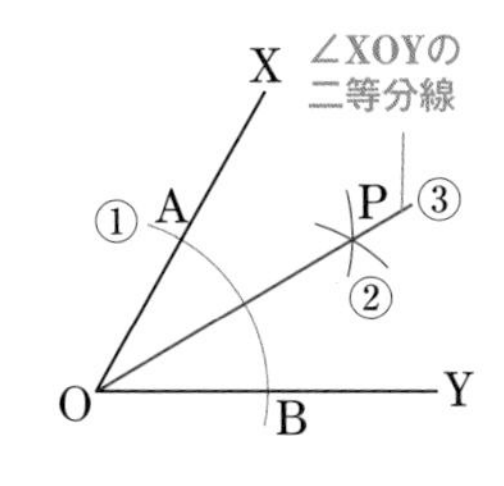


①点Oを中心として円をかき，辺OX，OYとの交点をA，Bとする。

②点A，Bをそれぞれ中心として，等しい半径の円をかき，その交点の1つをPとする。

③半直線OPをひく。

☑ チェック問題　　　　解答▶別冊p.1

右の直方体について，次の問いに答えなさい。

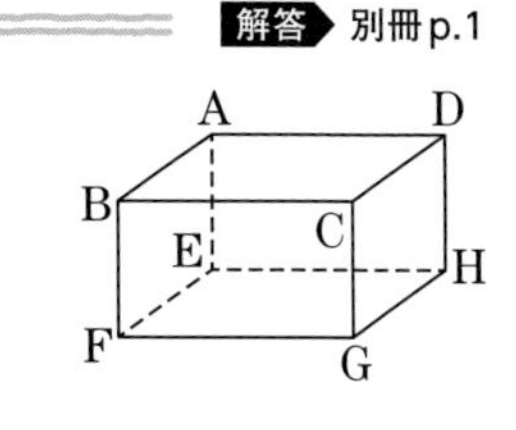


□① 辺ABとねじれの位置にある辺はどれですか。〔　　　　〕

□② 辺BFと平行な面はどれですか。〔　　　　〕

□③ 面ABCDと垂直な面はどれですか。〔　　　　〕

# 5 平面図形の性質

入試へのアドバイス　角度を求める問題は，入試でよく出題されます。いろいろなパターンに慣れておきましょう。また，これらの図形の性質は，応用問題を解く上で必要不可欠です。

## 角の性質

### 平行線と角

◎ **対頂角**…対頂角は等しい。

例　右の図で，$\angle a = \angle c$，$\angle b = \angle d$

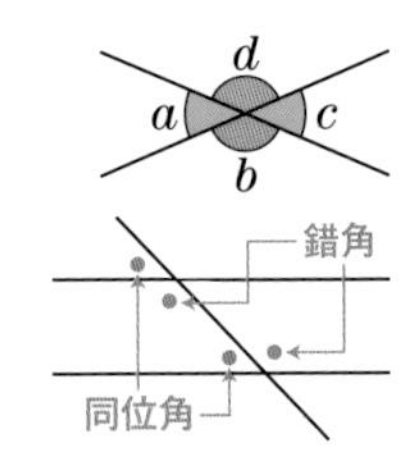


▶ **2直線が平行**

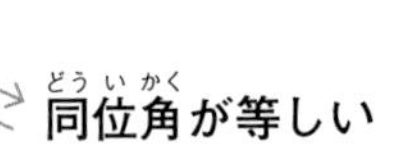

**錯角が等しい**

**同位角が等しい**

### 図形の角

◎ **三角形の内角と外角**

- **三角形の内角の和は180°**
- 三角形の外角は，それととなりあわない2つの内角の和に等しい。

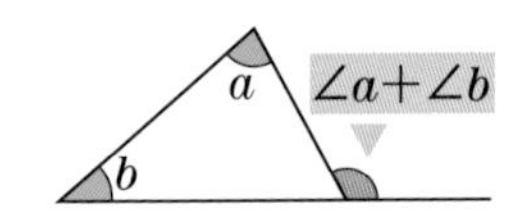


◎ **多角形の内角と外角**

- $n$ 角形の内角の和… $180° \times (n-2)$
- 多角形の外角の和は360°　…何角形でも外角の和は同じ。

## 三角形と四角形

### 三角形の合同

◎ **三角形の合同条件**

- 3組の辺がそれぞれ等しい。
- 2組の辺とその間の角がそれぞれ等しい。
- 1組の辺とその両端の角がそれぞれ等しい。

◎ 三角形の合同

◎ **直角三角形の合同条件**

- 斜辺と1つの鋭角がそれぞれ等しい。
- 斜辺と他の1辺がそれぞれ等しい。

◎ 直角三角形の合同

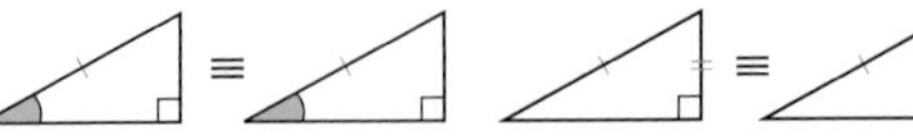

## 二等辺三角形と平行四辺形

### 二等辺三角形

〔定義〕 **2辺が等しい**三角形を二等辺三角形という。

〔性質〕 ● 2つの底角が等しい。

● 頂角の二等分線は底辺を垂直に2等分する。

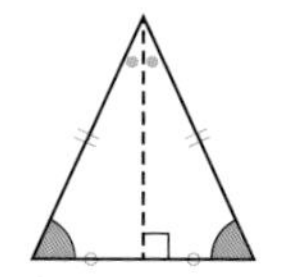

### 平行四辺形

〔定義〕 **2組の対辺がそれぞれ平行な四角形**を平行四辺形という。

〔性質〕 ● 2組の対辺はそれぞれ等しい。

● 2組の対角はそれぞれ等しい。

● 対角線はそれぞれの中点で交わる。

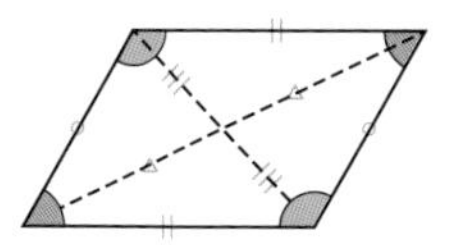

**四角形が平行四辺形になるための条件**

定義と性質の逆と，**1組の対辺が平行でその長さが等しい**こと。

## 円とおうぎ形

### 円とおうぎ形

▶円周上の弧(こ)の両端を通る2つの半径とその弧で囲まれた図形を**おうぎ形**，2つの半径のつくる角を**中心角**という。

➡同じ円のおうぎ形の弧の長さは，中心角に比例する。

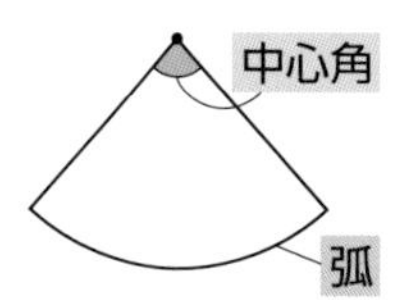


**チェック問題** 解答 別冊p.1

□① 図1で，$\ell /\!/ m$ のとき，$\angle x$ は何度ですか。 〔　　　　　　〕

□② 内角の和が1440°の多角形は何角形ですか。 〔　　　　　　〕

□③ 図2で，合同な三角形の組を，記号≡を使って2組書きなさい。ただし，同じ印のついた角の大きさは等しいものとします。

〔　　　　　　〕

□④ 図3で，CA＝CB，∠BAD＝∠CAD＝35°のとき，$\angle x$ は何度ですか。

〔　　　　　　〕

□⑤ 図4の平行四辺形で，∠ABE＝∠CBEのとき，$\angle x$ は何度ですか。

〔　　　　　　〕

図1

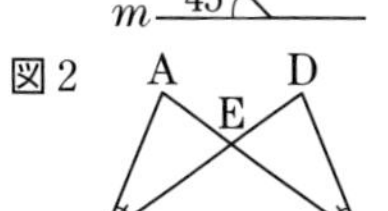


図2

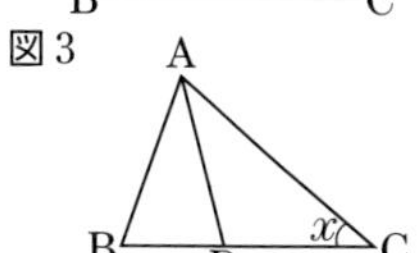


図3

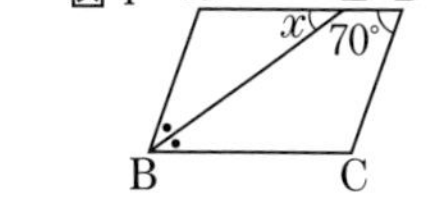


図4

# 6 図形の計量

入試への アドバイス　展開図を使った計量の問題や，一部が取り除かれた形の問題がよく出題されます。切断面に注目することや図形の対称性の活用も求められるので，慣れておきましょう。

## 立体の表面積・体積

### 立体の表面積

◉角柱・円柱の表面積
＝側面積＋底面積×2

◉角錐(かくすい)・円錐の表面積
＝側面積＋底面積

◉半径 $r$，中心角 $a°$のおうぎ形の面積 $S$ は，

$$S=\pi r^2\times\frac{a}{360}$$

また，弧の長さを $\ell$ とすると，

$$S=\frac{1}{2}\ell r$$

### 立体の体積

▶底面積を $S$(円柱・円錐では底面の半径を $r$)，高さを $h$，体積を $V$ とすると，

角柱の体積… $V=Sh$　　円柱の体積… $V=\pi r^2 h$

角錐の体積… $V=\frac{1}{3}Sh$　円錐の体積… $V=\frac{1}{3}\pi r^2 h$

### 球の体積・表面積

▶半径 $r$ の球の体積を $V$，表面積を $S$ とすると，

球の体積 $V=\frac{4}{3}\pi r^3$　球の表面積… $S=4\pi r^2$

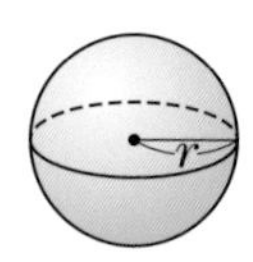


☑チェック問題

解答 別冊p.1

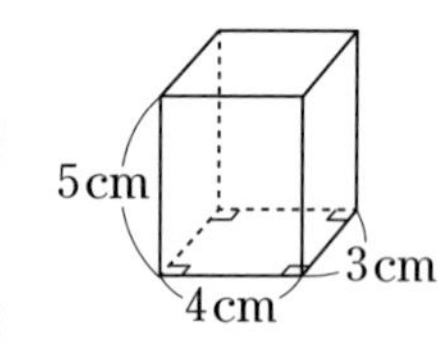


□① 右の図の四角柱の表面積を求めなさい。 〔　　　　〕

□② 右の図の四角柱の体積を求めなさい。 〔　　　　〕

□③ 底面の半径が 3 cm で，高さが10cm の円柱の表面積を求めなさい。 〔　　　　〕

□④ 底面の半径が 5 cm で，高さが 9 cm の円錐の体積を求めなさい。 〔　　　　〕

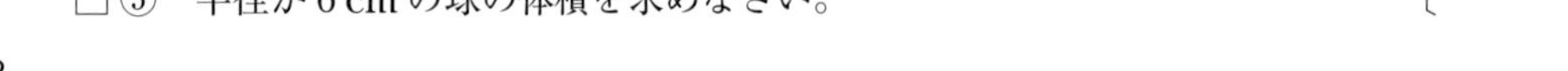

□⑤ 半径が 6 cm の球の体積を求めなさい。 〔　　　　〕

# 7 データの活用

入試へのアドバイス　データの活用の問題は，簡単な表や図をかいて考えましょう。さらに確率は，図形との融合問題でも出ることがあるので，しっかり理解しておきましょう。

## データの整理

### ヒストグラムと相対度数

- **範囲**…データの最大値と最小値の差。
- **度数分布表**…下のように階級に応じて度数を整理した表。
- **階級値**…度数分布表で，各階級のまん中の値。
- **累積度数**…最初の階級からある階級までの度数を合計したもの。

睡眠時間(時間)

| | | | | |
|---|---|---|---|---|
| 8 | 6 | 8 | 6 | 10 |
| 9 | 3 | 5 | 4 | 7 |
| 8 | 6 | 9 | 7 | 10 |
| 6 | 8 | 5 | 11 | 8 |

最小値：3　最大値：11

睡眠時間

| 階級値 | 階級(時間) 以上　未満 | 度数(人) | 累積度数(人) |
|---|---|---|---|
| 3 | 2 ～ 4 | 1 | 1 |
| 5 | 4 ～ 6 | 3 | 4 |
| 7 | 6 ～ 8 | 6 | 10 |
| 9 | 8 ～ 10 | 7 | 17 |
| 11 | 10 ～ 12 | 3 | 20 |
| | 合計 | 20 | |

- **度数折れ線(度数分布多角形)**…ヒストグラムの各長方形の上の辺の中点を結んでできた折れ線。

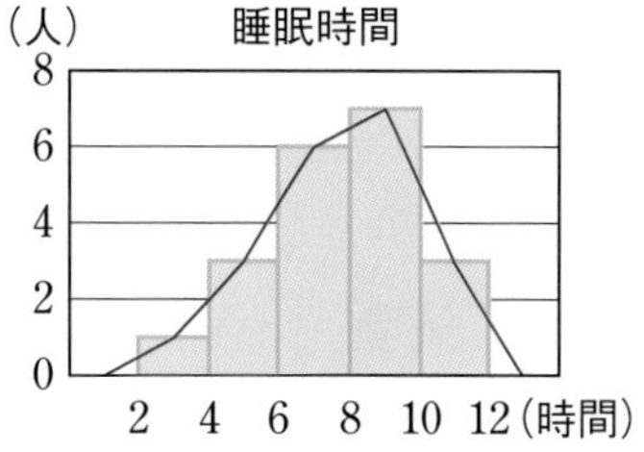

睡眠時間
(人) 0 2 4 6 8
2 4 6 8 10 12 (時間)

- **相対度数**…各階級の度数の，全体に対する割合。

$$相対度数 = \frac{各階級の度数}{度数の合計}$$

- **累積相対度数**…最初の階級からある階級までの相対度数を合計したもの。

睡眠時間

| 階級(時間) 以上　未満 | 相対度数 | 累積相対度数 |
|---|---|---|
| 2 ～ 4 | 0.05 | 0.05 |
| 4 ～ 6 | 0.15 | 0.20 |
| 6 ～ 8 | 0.30 | 0.50 |
| 8 ～ 10 | 0.35 | 0.85 |
| 10 ～ 12 | 0.15 | 1.00 |
| 合計 | 1.00 | |

## データの比較

### 四分位範囲と箱ひげ図

◉ **四分位数**…データを小さいほうから順に並べて，中央値で前半部分と後半部分に分けたとき，前半部分の中央値を第1四分位数，データ全体の中央値を第2四分位数，後半部分の中央値を第3四分位数という。これらをあわせて，四分位数という。

◉ **箱ひげ図**…最小値，最大値，四分位数を，1つの図にまとめたもの。

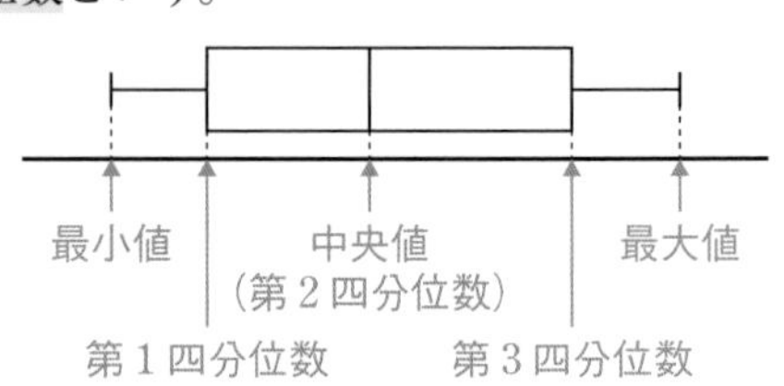


◉ **(四分位範囲)＝(第3四分位数)－(第1四分位数)**

## 確率

### 確率の求め方

▶ 起こる場合が全部で$n$通り，ことがらAの起こる場合が$a$通り。

➡Aの起こる確率　$p=\frac{a}{n}$

➡(Aの起こらない確率)＝1－(Aの起こる確率)

例　1個のさいころを投げるとき，5以外の目が出る確率は，

$1-(5の目が出る確率)=1-\frac{1}{6}=\frac{5}{6}$

### チェック問題

解答▶別冊p.1

□① 右の表は，生徒20人の1か月に図書室で借りた本の冊数を表しています。㋐，㋑にあてはまる数をかきなさい。

㋐〔　　　　〕 ㋑〔　　　　〕

1か月に借りた本の冊数

| 階級(冊) | 度数(人) | 相対度数 | 累積相対度数 |
|---|---|---|---|
| 以上　未満 | | | |
| 0 ～ 2 | 6 | 0.30 | 0.30 |
| 2 ～ 4 | 11 | □ | ㋑ |
| 4 ～ 6 | 3 | ㋐ | □ |
| 合計 | 20 | 1.00 | |

□② 次のデータは，7人でゲームをしたときの点数を表したものです。箱ひげ図をかきなさい。

| 4 | 5 | 8 | 5 | 2 | 8 | 10 |
|---|---|---|---|---|---|---|

(点)

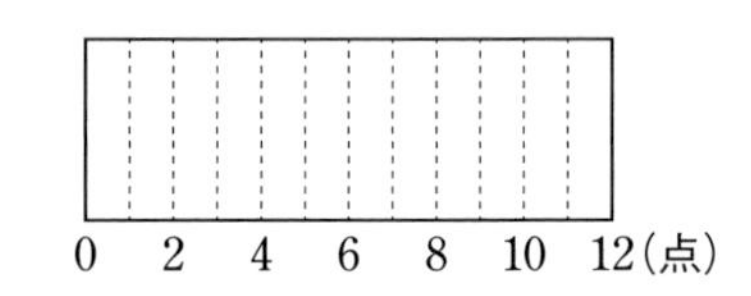


□③ A，Bの2つのさいころを同時に投げるとき，2つの出た目の数の和が7になる確率を求めなさい。〔　　　　〕

# 1章

# 多項式の計算

# 1 単項式と多項式の乗除

## 単項式×多項式

［例題1，例題3～例題5］

**単項式と多項式のかけ算**は，**分配法則**を使って，かっこをはずします。多項式の項がいくつあっても分配法則を利用できます。

■ 単項式×多項式

**分配法則** $a(b+c)=ab+ac$

例 $5x(x+2y)=5x\times x+5x\times 2y$
$=5x^2+10xy$

例 $a(2a-b+4)=a\times 2a+a\times(-b)+a\times 4$
$=2a^2-ab+4a$

## 多項式÷単項式

［例題2～例題3］

**多項式と単項式のわり算**は，多項式のすべての項を単項式でわるか，**わる式の逆数をかける形に直して**計算します。

■ 多項式÷単項式

**①多項式のすべての項を単項式でわる方法**

例 $(4a^2+2a)\div 2a=\dfrac{4a^2}{2a}+\dfrac{2a}{2a}=2a+1$

**②わる式の逆数をかける方法**

例 $(4a^2+2a)\div 2a=(4a^2+2a)\times\dfrac{1}{2a}$
（逆数をかける）
$=4a^2\times\dfrac{1}{2a}+2a\times\dfrac{1}{2a}=2a+1$

- わる式に分数があるときは，②の方法で計算する。

例 $(4a^2+2a)\div\dfrac{2}{3}a=(4a^2+2a)\times\dfrac{3}{2a}$
$=4a^2\times\dfrac{3}{2a}+2a\times\dfrac{3}{2a}=6a+3$

## 例題 1 (単項式)×(多項式)

Level ★★★

次の計算をしなさい。

(1) $3x(2x+4y)$　(2) $(5x-6y)\times(-2y)$

(3) $-3a(2a-7b+c)$

### 解き方

(1) $3x(2x+4y)$

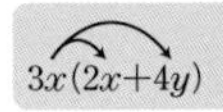


$=3x\times2x+3x\times4y$

$=\mathbf{6x^2+12xy}$ …答

(2) $(5x-6y)\times(-2y)$

(5x−6y)×(−2y)

$=5x\times(-2y)+(-6y)\times(-2y)$

$=\mathbf{-10xy+12y^2}$ …答

(3) $-3a(2a-7b+c)$

単項式を多項式の3つの項にそれぞれかける

$=-3a\times2a+(-3a)\times(-7b)+(-3a)\times c$

$=\mathbf{-6a^2+21ab-3ac}$ …答

**Point** 分配法則を使って，単項式を多項式のすべての項に順にかける。

---

確認 **単項式と多項式**

**単項式**…数や文字の乗法だけでつくられた式

例 $2ab$，$x^2$

**多項式**…単項式の和の形で表される式

例 $a+1$，$x^2+2x-3$

かっこをはずすときは，符号のミスに気をつけよう。

確認 **積の符号**

(正の数)×(正の数)
(負の数)×(負の数) → ＋

(正の数)×(負の数)
(負の数)×(正の数) → −

---

## 練習

解答 別冊p.2

**1** 次の計算をしなさい。

(1) $2x(5x-2)$　(2) $(6a+3b)\times(-4a)$

(3) $(-5a-3ab)\times6a$　(4) $5x(3x-y-6)$

(5) $(4a^2+2a-1)\times3a$　(6) $(x^2-4x+3)\times(-5x)$

## 例題 2 （多項式）÷（単項式）　Level ★☆☆

次の計算をしなさい。

(1)　$(6x^3+4x^2)\div x$

(2)　$(6a^2b-10ab^2)\div(-2ab)$

### 解き方

(1)　$(6x^3+4x^2)\div x$

わる式$x$の逆数をかける形に ▶

逆数にしてかける

$=(6x^3+4x^2)\times\dfrac{1}{x}$

かっこをはずして約分する ▶

$=6x^3\times\dfrac{1}{x}+4x^2\times\dfrac{1}{x}$

$=\boldsymbol{6x^2+4x}$　… 答

(2)　$(6a^2b-10ab^2)\div(-2ab)$

$-2ab$の逆数は $-\dfrac{2ab}{1}\Rightarrow-\dfrac{1}{2ab}$ ▶

$=(6a^2b-10ab^2)\times\left(-\dfrac{1}{2ab}\right)$

かっこをはずして約分する ▶

$=6a^2b\times\left(-\dfrac{1}{2ab}\right)+(-10ab^2)\times\left(-\dfrac{1}{2ab}\right)$

$=-\dfrac{6a^2b}{2ab}+\dfrac{10ab^2}{2ab}$

係数どうし，文字どうしを約分する

$=\boldsymbol{-3a+5b}$　… 答

**Point** わる式を逆数にして，分配法則を利用する。

### 確認　逆数のつくり方

$\dfrac{1}{2}ab\Rightarrow\dfrac{ab}{2}\Rightarrow\dfrac{2}{ab}$

$-2xy\Rightarrow-\dfrac{2xy}{1}\Rightarrow-\dfrac{1}{2xy}$

逆数の符号は，もとの式の符号と同じ。

ある式でわることは，その式の逆数をかけることと同じなんだって。

### 別解　単項式でわる方法

(1)　$(6x^3+4x^2)\div x$

$=\dfrac{6x^3}{x}+\dfrac{4x^2}{x}$

$=\boldsymbol{6x^2+4x}$　… 答

(2)　$(6a^2b-10ab^2)\div(-2ab)$

$=-\dfrac{6a^2b}{2ab}+\dfrac{10ab^2}{2ab}$

$=\boldsymbol{-3a+5b}$　… 答

### 練習

解答 ▶ 別冊p.2

**2**　次の計算をしなさい。

(1)　$(-8ab^2+2b)\div(-2b)$　　(2)　$(27x^2y^2-18x^2y)\div 9xy$

## 例題 3 分数係数の項がある計算 Level ★★☆

次の計算をしなさい。

(1) $6a\left(\frac{1}{2}b+\frac{7}{3}c\right)$　　(2) $(9a^2b-6ab^2)\div\left(-\frac{3}{5}ab\right)$

### 解き方

(1) $6a\left(\frac{1}{2}b+\frac{7}{3}c\right)$

$=6a\times\frac{1}{2}b+6a\times\frac{7}{3}c$

かっこをはずして約分する ▶

$=\overset{3}{\cancel{6}}\times\frac{1}{\underset{1}{\cancel{2}}}\times a\times b+\overset{2}{\cancel{6}}\times\frac{7}{\underset{1}{\cancel{3}}}\times a\times c$ ←計算の途中で約分する

$=\mathbf{3ab+14ac}$ …答

(2) $(9a^2b-6ab^2)\div\left(-\frac{3}{5}ab\right)$

逆数をかける ▶

$=(9a^2b-6ab^2)\times\left(-\frac{5}{3ab}\right)$

$=9a^2b\times\left(-\frac{5}{3ab}\right)+(-6ab^2)\times\left(-\frac{5}{3ab}\right)$

係数どうし，文字どうしを約分 ▶

$=\overset{3}{\cancel{9}}\overset{a}{\cancel{a^2}}\overset{1}{\cancel{b}}\times\left(-\frac{5}{\underset{1}{\cancel{3}}\underset{1}{\cancel{a}}\underset{1}{\cancel{b}}}\right)+(-\overset{2}{\cancel{6}}\overset{1}{\cancel{a}}\overset{b}{\cancel{b^2}})\times\left(-\frac{5}{\underset{1}{\cancel{3}}\underset{1}{\cancel{a}}\underset{1}{\cancel{b}}}\right)$

$=\mathbf{-15a+10b}$ …答

✔確認 **係数が分数のときの逆数のつくり方**

(2) $-\frac{3}{5}ab$ の逆数のつくり方は，

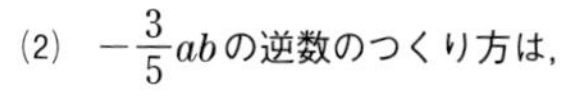

$-\frac{3}{5}ab \Rightarrow -\frac{3ab}{5}$ → $-\frac{5}{3ab}$

$-\frac{5ab}{3}$ としないようにする。

わる式に分数をふくむ場合は，わる式の逆数をかける方法で，計算しようね。

## 練 習

解答 別冊 p.2

**3** 次の計算をしなさい。

(1) $\left(\frac{x}{2}-\frac{3}{4}y\right)\times 8y$　　(2) $18a\left(\frac{2}{9}a-\frac{1}{3}b+\frac{5}{6}c\right)$

(3) $(12a^2b+32ab^3)\div\frac{4}{3}ab$　　(4) $(4x^2-6xy)\div\left(-\frac{2}{7}x\right)$

## 例題 4 加・減・乗法の混合計算 Level ★★★

次の計算をしなさい。

(1) $4a(a-2)-2a(3-a)$

(2) $\dfrac{x}{4}(12x-8y)+\dfrac{y}{5}(5x+20y)$

### 解き方

(1) $4a(a-2)-2a(3-a)$

かっこをはずす ▶ $=4a\times a+4a\times(-2)+(-2a)\times3+(-2a)\times(-a)$

$=4a\times a-4a\times2-2a\times3+2a\times a$

同類項をまとめる ▶ $=4a^2-8a-6a+2a^2$

$=\boldsymbol{6a^2-14a}$ …答

(2) $\dfrac{x}{4}(12x-8y)+\dfrac{y}{5}(5x+20y)$

かっこをはずす ▶ $=\dfrac{x}{4}\times12x+\dfrac{x}{4}\times(-8y)+\dfrac{y}{5}\times5x+\dfrac{y}{5}\times20y$

同類項をまとめる ▶ $=3x^2-2xy+xy+4y^2$

$=\boldsymbol{3x^2-xy+4y^2}$ …答

Point かっこをはずして，同類項を整理する。

### テストで注意 −をかけるときの符号ミス

〈誤答例・1〉

$4a(a-2)-2a(3-a)$

$=4a^2-8a-6a-2a^2$

符号のミス

〈誤答例・2〉

$4a(a-2)-2a(3-a)$

$=4a^2-2-6a-a$

後ろの項への式のかけ忘れ

### 参考 文字の計算と数の計算

数の計算では，かっこの中を先に計算するという規則があるが，文字式の計算では，かっこの中に同類項がなければ，それ以上まとめることはできない。

## 練習

解答 別冊p.2

**4** 次の計算をしなさい。

(1) $2a(3a-5)-7a(a+1)$

(2) $-5x(2x+3)+4x(6x-3)$

(3) $-3m(m-2n)+2n(7m-n)$

(4) $4a(9a+b)-3a(2a-10b)$

(5) $\dfrac{a}{4}(8a+20)-\dfrac{a}{3}(9a-15)$

(6) $-\dfrac{x}{2}(10x-12y)+\dfrac{y}{7}(21x-7y)$

## 例題 5 (分数係数の多項式)×(単項式)の加減 Level ★★★

次の計算をしなさい。

(1) $6a\left(\frac{1}{2}a+\frac{2}{3}\right)-8a\left(\frac{3}{4}a-\frac{5}{8}\right)$

(2) $4x\left(\frac{1}{6}x-\frac{1}{4}y\right)-3y\left(\frac{2}{9}x+\frac{1}{3}y\right)$

### 解き方

(1) $6a\left(\frac{1}{2}a+\frac{2}{3}\right)-8a\left(\frac{3}{4}a-\frac{5}{8}\right)$

符号に注意して，かっこをはずす ▶

$=6a\times\frac{1}{2}a+6a\times\frac{2}{3}$
$+(-8a)\times\frac{3}{4}a+(-8a)\times\left(-\frac{5}{8}\right)$

約分する ➡ 同類項をまとめる ▶

$=3a^2+4a-6a^2+5a$

$=\mathbf{-3a^2+9a}$ …答

(2) $4x\left(\frac{1}{6}x-\frac{1}{4}y\right)-3y\left(\frac{2}{9}x+\frac{1}{3}y\right)$

かっこをはずす ➡ 約分する ➡ 同類項をまとめる ▶

$=\frac{2}{3}x^2-xy-\frac{2}{3}xy-y^2$

$=\mathbf{\frac{2}{3}x^2-\frac{5}{3}xy-y^2}$ …答

**Point** かっこをはずす➡約分➡同類項をまとめる

くわしく **慣れてきたら，次のように計算してもよい**

(2) $+4x\times\left(-\frac{1}{4}y\right)=-xy$

$-4x\times\frac{1}{4}y=-xy$

参考 **分数の式の表し方**

$-\frac{a}{2}+\frac{b}{2}$という式は，$-\frac{a-b}{2}$または$\frac{-a+b}{2}$というように，1つの分数の形で表すこともできる。このように，式の計算では，同じ意味を表す式ならば，どのように書いてもまちがいではない。

つまり，(2)の答えは，$\frac{2x^2-5xy-3y^2}{3}$と表すこともできる。

### 練習

解答 別冊p.2

**5** 次の計算をしなさい。

(1) $9x\left(\frac{2}{3}x+\frac{4}{9}\right)-10x\left(\frac{2}{5}x-\frac{3}{10}\right)$

(2) $8a\left(\frac{3}{4}a-\frac{5}{6}b\right)-4b\left(\frac{1}{2}b-\frac{2}{3}a\right)$

# 2 乗法公式

## 多項式×多項式

[例題6～例題7]

単項式と多項式，あるいは多項式と多項式の積の形の式を，**単項式の和の形に表す**ことを，式を**展開する**といいます。

■ 多項式×多項式

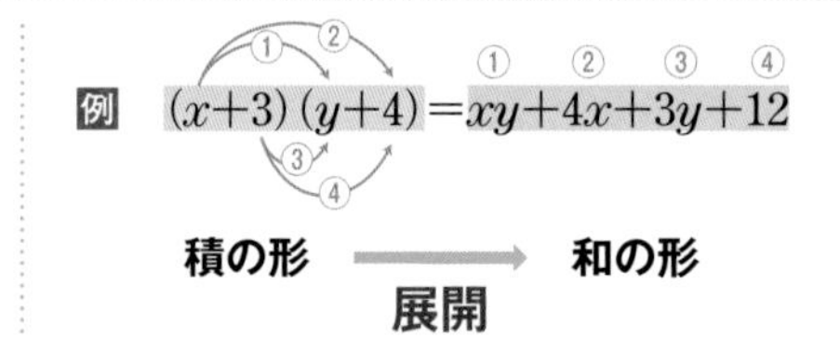


## 乗法公式

[例題8～例題18]

多項式の展開で，よく使われる式を公式としてまとめたものを**乗法公式**といいます。

■ 乗法公式

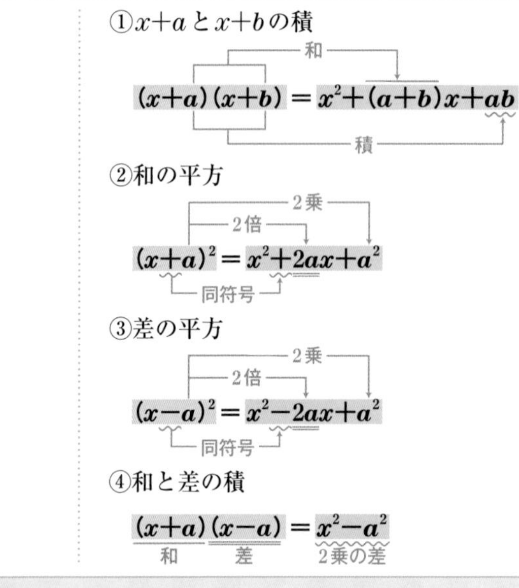


例 $(x+4)(x+5)$
$=x^2+(4+5)x+4\times5$
$=x^2+9x+20$

例 $(x+3)^2$
$=x^2+2\times3\times x+3^2$
$=x^2+6x+9$

例 $(x-5)^2$
$=x^2-2\times5\times x+5^2$
$=x^2-10x+25$

例 $(x+7)(x-7)$
$=x^2-7^2=x^2-49$

▶項が3つの式の展開

$(x-y+8)(x+y+8)=(\underbrace{x+8}_{M}-y)(\underbrace{x+8}_{M}+y)=(M-y)(M+y)=M^2-y^2=(x+8)^2-y^2=x^2+16x+64-y^2$

共通部分を1つの文字と考える（$x+8$ を $M$ とおく）

$M$ を $x+8$ にもどして展開する

## 例題 6 多項式と多項式の乗法(1)〔分配法則を使って計算〕 Level ★☆☆

次の式を展開しなさい。

(1) $(a+b)(x+y)$　　　(2) $(a+b)(x-y-z)$

### 解き方

(1) $(a+b)(x+y)$

（$(x+y)$を1つの文字$M$とおく）▶ $=(a+b)M$　　$M=x+y$

$=aM+bM$

ここで，$M$を$x+y$にもどすと，

（分配法則を使って，かっこをはずす）▶ $=a(x+y)+b(x+y)$

$=\boldsymbol{ax+ay+bx+by}$ …答

(2) $(a+b)(x-y-z)$

（$(x-y-z)$を1つの文字$M$とおく）▶ $=(a+b)M$　　$M=x-y-z$

$=aM+bM$

ここで，$M$を$x-y-z$にもどすと，

（分配法則を使って，かっこをはずす）▶ $=a(x-y-z)+b(x-y-z)$

$=\boldsymbol{ax-ay-az+bx-by-bz}$ …答

**Point** 一方の式を1つの文字と考え，分配法則を利用する。

### 図解 面積の図で考える

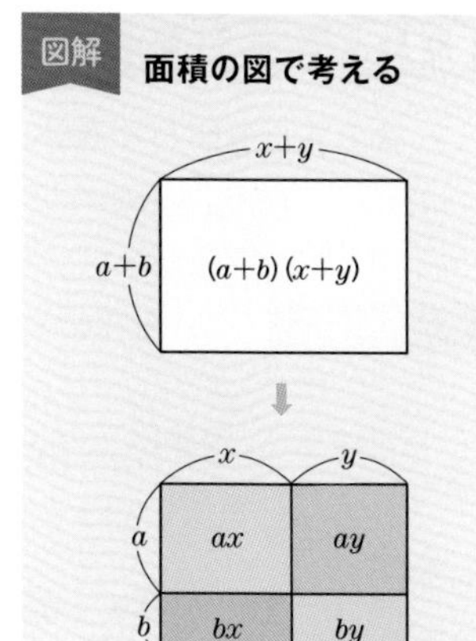


### 別解 (1つの文字)×(多項式)でもよい

(1) $(a+b)$を$M$とおく。

$M(x+y)$

$=Mx+My$

$=(a+b)x+(a+b)y$

$=\boldsymbol{ax+bx+ay+by}$ …答

(2) $(a+b)$を$M$とおく。

$M(x-y-z)$

$=Mx-My-Mz$

$=(a+b)x-(a+b)y-(a+b)z$

$=\boldsymbol{ax+bx-ay-by-az-bz}$ …答

### 練習

解答▶別冊p.2

**6** 次の式を展開しなさい。

(1) $(a+b)(c-d)$　　　(2) $(a-x)(b-y)$

(3) $(x-y)(a+b-c)$　　　(4) $(a+3)(b-2c-5)$

## 例題 7 多項式と多項式の乗法(2)〔項どうし直接かけ合わせて計算〕 Level ★★☆

次の式を展開しなさい。

(1) $(a-b)(2a+b)$　　(2) $(x-y)(x^2+xy+y^2)$

### 解き方

(1) $(a-b)(2a+b)$

展開する ⬇ 同類項をまとめる ▶

$=2a^2+ab-2ab-b^2$

$=\boldsymbol{2a^2-ab-b^2}$ … 答

**別解**

縦書きによる計算方法もあります。

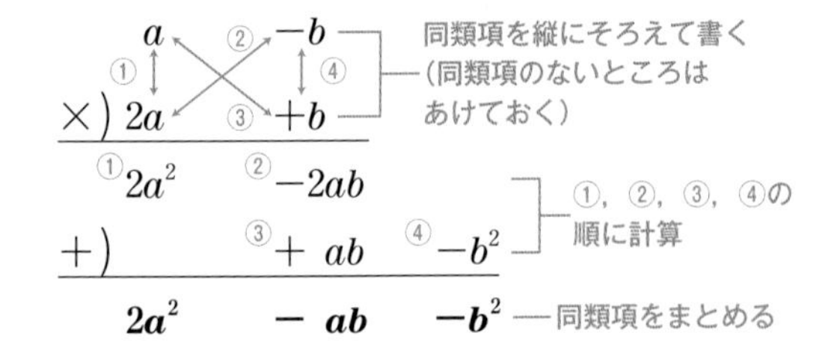


(2) $(x-y)(x^2+xy+y^2)$

展開する ⬇ 同類項をまとめる ▶

$=x^3+x^2y+xy^2-x^2y-xy^2-y^3$

$=\boldsymbol{x^3-y^3}$ … 答

**Point** $(a+b)(c+d)=ac+ad+bc+bd$

### ✔確認 同類項をまとめる

文字の部分が同じ項を**同類項**といい，同類項はその係数どうしを計算して，1つにまとめることができる。

$x^2y$ と $xy^2$ は，

$x^2y=x\times x\times y$

$xy^2=x\times y\times y$

で，同類項ではないことに注意。

### 図解 面積の図で考える

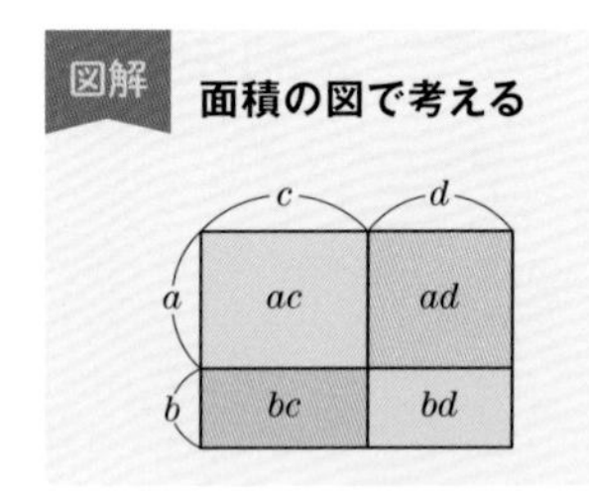


## 練習

解答 別冊p.2

**7** 次の式を展開しなさい。

(1) $(3x+y)(x+2y)$　　(2) $(2a+b)(-2a-b)$

(3) $(3x-y)(x+y-2)$　　(4) $(x+y)(2x^2+5xy+y^2)$

## 例題 8　$x+a$ と $x+b$ の積(1)〔$x+$(数の項)どうしの積〕　Level ★★★

次の式を展開しなさい。

(1)　$(x+3)(x+6)$　　(2)　$(x-2)(x+9)$　　(3)　$(x-6)(x-8)$

### 解き方

(1)　$(x+3)(x+6)$

$a=3$，$b=6$として，公式にあてはめる ▶

$=x^2+\underbrace{(3+6)}_{和}x+\underbrace{3\times6}_{積}$

$=\boldsymbol{x^2+9x+18}$　… 答

(2)　$(x-2)(x+9)$

└── $\{x+(-2)\}(x+9)$と考える

$a=-2$，$b=9$として，公式にあてはめる ▶

$=x^2+\{(-2)+9\}x+(-2)\times9$

$=\boldsymbol{x^2+7x-18}$　… 答

(3)　$(x-6)(x-8)$

└── $\{x+(-6)\}\{x+(-8)\}$と考える

$a=-6$，$b=-8$として，公式にあてはめる ▶

$=x^2+\{(-6)+(-8)\}x+(-6)\times(-8)$

└── $x^2-(6+8)x+6\times8$となる

$=\boldsymbol{x^2-14x+48}$　… 答

**Point**　公式 $(x+a)(x+b)=x^2+(a+b)x+ab$

くわしく　$(x-a)(x-b)$の展開

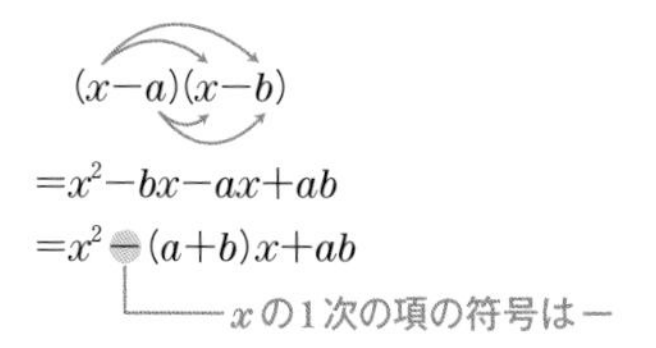

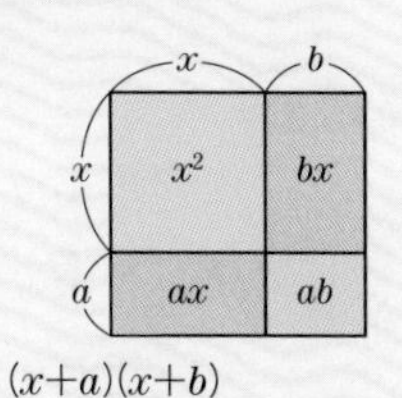


$(x+a)(x+b)$
└大きな長方形の面積

$=x^2+bx+ax+ab$
└4つの四角形の面積の和

$=x^2+(a+b)x+ab$

### 練習　解答 別冊p.2

**8**　次の式を展開しなさい。

(1)　$(x+1)(x+8)$　　(2)　$(x+5)(x-4)$

(3)　$(x-10)(x-20)$　　(4)　$(y-9)(y+5)$

(5)　$(a-3)(a-7)$　　(6)　$\left(x-\dfrac{1}{5}\right)\left(x+\dfrac{4}{5}\right)$

## 例題 9 $x+a$ と $x+b$ の積(2)〔$x$＋(文字の項)どうしの積〕 Level ★★

次の式を展開しなさい。

$(x+2y)(x+5y)$

### 解き方

$(x+\underset{a}{\underline{2y}})(x+\underset{b}{\underline{5y}})$

$a=2y$, $b=5y$ として，公式にあてはめる ▶ $=x^2+(\underset{a}{\underline{2y}}+\underset{b}{\underline{5y}})x+\underset{a}{\underline{2y}}\times\underset{b}{\underline{5y}}$

$=\boldsymbol{x^2+7xy+10y^2}$ …答

**Point** 後ろの項を1つの文字と考える。

#### テストで注意 文字のかけ忘れに気をつける

$x^2+7\underline{y}+10y^2$ ← $x$ のかけ忘れ

$x^2+7xy+\underline{10}$ ← $y$ どうしのかけ忘れ

## 例題 10 $x+a$ と $x+b$ の積(3)〔(文字の項)＋(数の項)どうしの積〕 Level ★★★

次の式を展開しなさい。

(1) $(pq-4)(pq+6)$　　(2) $(-m-1)(-m-3)$

### 解き方

(1) $(\underline{pq}-4)(\underline{pq}+6)$

$pq$ を1つの文字とみて，公式を利用する ▶ $=(\underline{pq})^2+\{(-4)+6\}\underline{pq}+(-4)\times6$

$=\boldsymbol{p^2q^2+2pq-24}$ …答

(2) $(-m-1)(-m-3)$

$-m$ を1つの文字とみて，公式を利用する ▶ $=(-m)^2+\{(-1)+(-3)\}\times(-m)+(-1)\times(-3)$

$=\boldsymbol{m^2+4m+3}$ …答

**Point** 前の項が同じなら，公式が利用できる。

$pq$ を1つの文字とみているので，必ずかっこをつけて $(pq)^2=p^2q^2$ とすること。$pq^2$ としないように注意！

#### 別解 －をかっこの外に出す方法

(2) $(-m-1)(-m-3)$

$=\{-(m+1)\}\{-(m+3)\}$

$=(m+1)(m+3)$

$=m^2+(1+3)m+1\times3$

$=\boldsymbol{m^2+4m+3}$ …答

### 練習

解答 ▶ 別冊p.2

次の式を展開しなさい。

**9** (1) $(x+6y)(x-5y)$　　(2) $(-x-y)(-x-3y)$

**10** (1) $(2x+3)(2x+7)$　　(2) $(mn+1)(mn-2)$

## 例題 11 和の平方〔(文字の項)＋(数の項)の平方〕 Level ★★

次の式を展開しなさい。

(1) $(x+6)^2$　　(2) $\left(x+\frac{2}{3}\right)^2$

(3) $(4x+1)^2$

### 解き方

(1) $(x+6)^2$

2倍　2乗

a=6として，公式を利用する ▶ $=x^2+2\times6\times x+6^2$

$=x^2+12x+36$ …答

(2) $\left(x+\frac{2}{3}\right)^2$

$a=\frac{2}{3}$として，公式を利用する ▶ $=x^2+2\times\frac{2}{3}\times x+\left(\frac{2}{3}\right)^2$

$=x^2+\frac{4}{3}x+\frac{4}{9}$ …答

(3) $(4x+1)^2$

$4x$を1つの文字とみて，公式を利用する ▶ $=(4x)^2+2\times1\times4x+1^2$

$=16x^2+8x+1$ …答

**Point** 公式　$(x+a)^2=x^2+2ax+a^2$

**テストで注意** 分数の累乗(るいじょう)の計算は，かっこをつける

(2)の$\frac{2}{3}$の2乗は$\left(\frac{2}{3}\right)^2$と表す。

$\frac{2^2}{3}$や$\frac{2}{3^2}$としないように注意。

**くわしく** $4x$を1つの文字と考える

(3)で$4x=X$とおくと，

$(4x+1)^2=(X+1)^2$

$=X^2+2\times1\times X+1^2$

ここで，$X$を$4x$にもどすと，

$=(4x)^2+2\times1\times4x+1^2$

$=16x^2+8x+1$

**図解** 面積の図で表す

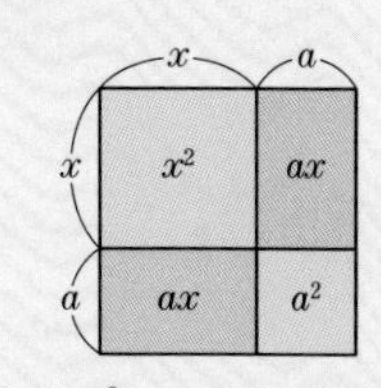


$(x+a)^2$
└大きな正方形の面積

$=x^2+ax+ax+a^2$
└4つの四角形の面積の和

$=x^2+2ax+a^2$



### 練習 　解答▶別冊p.2

**11** 次の式を展開しなさい。

(1) $(x+2)^2$　　(2) $\left(x+\frac{2}{5}\right)^2$

(3) $(x+0.5)^2$　　(4) $(7x+3)^2$

## 例題 12 差の平方〔文字が1種類の式の平方〕 Level ★★☆

次の式を展開しなさい。

(1) $(x-8)^2$　　(2) $(3-p)^2$

(3) $(2x-3)^2$

### 解き方

(1) $(x-8)^2$

2倍　2乗

$a=8$として，公式を利用する ▶ $=x^2-2\times8\times x+8^2$

この符号を－としないように

$=\boldsymbol{x^2-16x+64}$ …答

(2) $(3-p)^2$

$x=3$，$a=p$として，公式を利用する ▶ $=3^2-2\times p\times3+p^2$

$=\boldsymbol{9-6p+p^2}$ …答

$p^2-6p+9$と表してもよい

(3) $(2x-3)^2$

$=(X-3)^2$　　$2x$を$X$とおく

$=X^2-2\times3\times X+3^2$

$2x$を1つの文字と考える ▶ $=(2x)^2-2\times3\times2x+3^2$　　$X$を$2x$にもどす

$=\boldsymbol{4x^2-12x+9}$ …答

**Point** 公式　$(x-a)^2=x^2-2ax+a^2$

**別解** $(3-p)^2$を$(-p+3)^2$と考える

(2)は次のように考えてもよい。

- $(-p+3)^2$

$=(-p)^2+2\times3\times(-p)+3^2$

$=\boldsymbol{p^2-6p+9}$ …答

- $(-p+3)^2=\{-(p-3)\}^2$

$=(p-3)^2=\boldsymbol{p^2-6p+9}$ …答

**図解** 面積の図で表す

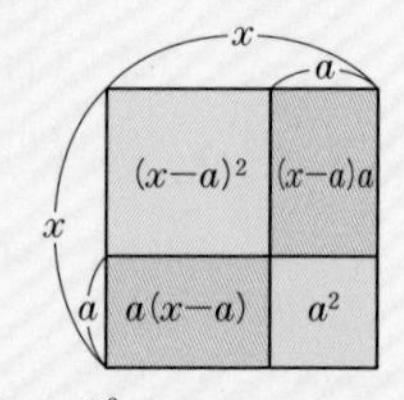


$(x-a)^2$
└□の正方形の面積

$=x^2-\{(x-a)a+a(x-a)+a^2\}$
└3つの四角形の面積の和

$=x^2-2ax+a^2$

### 練習

解答 別冊p.2

**12** 次の式を展開しなさい。

(1) $(x-6)^2$　　(2) $\left(x-\dfrac{3}{7}\right)^2$

(3) $(4-y)^2$　　(4) $(3x-5)^2$

## 例題 13 文字が2種類の式の平方 Level ★★★

次の式を展開しなさい。

(1) $(2x+3y)^2$　　(2) $(5x-9y)^2$

(3) $\left(4x-\frac{1}{8}y\right)^2$

### 解き方

(1) $(2x+3y)^2$

└ $2x=X$, $3y=Y$ とおく

各項を1つの文字とみて，公式を利用する ▶

$=(2x)^2+2\times3y\times2x+(3y)^2$

$=\mathbf{4x^2+12xy+9y^2}$ … 答

(2) $(5x-9y)^2$

$5x$, $9y$ を1つの文字とみて，公式を利用する ▶

$=(5x)^2-2\times9y\times5x+(9y)^2$

$=\mathbf{25x^2-90xy+81y^2}$ … 答

(3) $\left(4x-\frac{1}{8}y\right)^2$

符号と約分に気をつけて計算 ▶

$=(4x)^2-2\times\frac{1}{8}y\times4x+\left(\frac{1}{8}y\right)^2$

└ ここで，係数を約分

$=\mathbf{16x^2-xy+\frac{1}{64}y^2}$ … 答

**Point** 各項を1つの文字と考えて公式を利用。

#### くわしく 単項式を1つの文字におきかえる

(1)で $2x=X$, $3y=Y$ とおくと，

$(2x+3y)^2=(X+Y)^2$

$=X^2+2YX+Y^2$

$=(2x)^2+2\times3y\times2x+(3y)^2$

$=4x^2+12xy+9y^2$

#### 確認 文字式のルール

文字はアルファベット順に並べる。

例 $2\times3y\times2x\rightarrow12xy$

#### くわしく 途中の式の書き方

(1) $(a+b)^2=a^2+2ab+b^2$ を利用すると，

$(2x)^2+2\times2x\times3y+(3y)^2$

と書ける。$a$, $b$ にあたる値は，どちらの順に書いてもよい。

$\frac{1}{8}y$ を1つの文字とみているから，$\frac{1}{8}$ と $y$ の両方を2乗するんだね。

### 練習

解答 別冊p.2

**13** 次の式を展開しなさい。

(1) $(-x+5y)^2$　　(2) $(ab+cd)^2$

(3) $(ab-4)^2$　　(4) $\left(6x-\frac{1}{3}y\right)^2$

## 例題 14 和と差の積(1)〔文字が1種類の場合〕 Level ★★☆

次の式を展開しなさい。

(1) $(x+4)(x-4)$　　(2) $(5-y)(y+5)$

(3) $(-p+3)(-p-3)$

### 解き方

(1) $(x+4)(x-4)$ ← 符号に注目

$a=4$として，公式を利用する ▶ $=x^2-4^2$ ← ＋としないように

$=x^2-16$ … 答

(2) $(5-y)(y+5)$ ← $y$と5を入れかえる

公式が利用できる形に入れかえる ▶ $=(5-y)(5+y)$

$x=5$，$a=y$として展開する ▶ $=5^2-y^2$

$=25-y^2$ … 答

(3) $(-p+3)(-p-3)$

$-p$を1つの文字とみて，公式を利用する ▶ $=(-p)^2-3^2$ ← $(-p)^2=-p^2$としないように

$=p^2-9$ … 答

**Point** 公式　$(x+a)(x-a)=x^2-a^2$

**参考** $(x-a)(x+a)$の形の式でも公式を利用!

$(x-a)(x+a)$は交換法則を使って，$(x+a)(x-a)$と変形できる。つまり，和と差の積の公式が利用できる。

**図解** 面積の図で表す

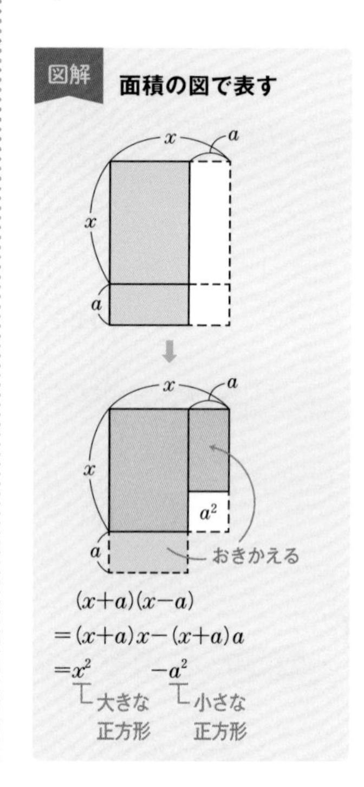


### 練習

解答 別冊p.2

**14** 次の式を展開しなさい。

(1) $(x+2)(x-2)$　　(2) $(3+a)(a-3)$

(3) $\left(x-\frac{1}{2}\right)\left(x+\frac{1}{2}\right)$　　(4) $(-6-m)(-6+m)$

## 例題 15 和と差の積(2)〔文字が2種類の場合〕 Level ★★★

次の式を展開しなさい。

(1) $(2x+3y)(2x-3y)$　　(2) $(-mn+5)(mn+5)$

(3) $\left(4a+\dfrac{2}{3}b\right)\left(4a-\dfrac{2}{3}b\right)$

### 解き方

(1) $(2x+3y)(2x-3y)$

$2x=X$, $3y=Y$ とおく

各項を1つの文字とみて，公式を利用する ▶ $=(2x)^2-(3y)^2$

それぞれの項にかっこをつけて2乗する

$=\boldsymbol{4x^2-9y^2}$ …答

(2) $(-mn+5)(mn+5)$

$-mn$ と5，$mn$ と5をそれぞれ入れかえる

公式を利用できる形に入れかえる ▶ $=(5-mn)(5+mn)$

$x=5$，$a=mn$ として展開する ▶ $=5^2-(mn)^2$

$=\boldsymbol{25-m^2n^2}$ …答

(3) $\left(4a+\dfrac{2}{3}b\right)\left(4a-\dfrac{2}{3}b\right)$

$4a$，$\dfrac{2}{3}b$ を1つの文字とみて，公式を利用する ▶ $=(4a)^2-\left(\dfrac{2}{3}b\right)^2$

$=\boldsymbol{16a^2-\dfrac{4}{9}b^2}$ …答

**Point** 各項を1つの文字とみて，符号に着目する。

係数が同じで符号が異なる項を見つけたら，和と差の積の公式が使えるかどうか考えてみよう。

**くわしく** 1つの文字におきかえて，公式の形に！

(1) $(2x+3y)(2x-3y)$

$=(X+Y)(X-Y)$

とすれば，和と差の積の公式を利用できる。

**別解** －をかっこの外に出す方法

(2) $(-mn+5)(mn+5)$

$=\{-(mn-5)\}(mn+5)$

符号が変わる

$=-(mn-5)(mn+5)$

$=-\{(mn-5)(mn+5)\}$

公式が利用できる形

$=-\{(mn)^2-5^2\}$

$=-(m^2n^2-25)$

$=\boldsymbol{-m^2n^2+25}$ …答

### 練習

解答 別冊p.2

**15** 次の式を展開しなさい。

(1) $(6x+y)(6x-y)$　　(2) $(-ab+1)(1+ab)$

(3) $(-m-n)(m-n)$　　(4) $\left(2x-\dfrac{1}{3}y\right)\left(2x+\dfrac{1}{3}y\right)$

## 例題 16 共通部分を1つの文字におきかえる方法 Level ★★★

次の式を展開しなさい。

(1) $(a+b-5)(a+b+3)$　　(2) $(x+y-4)^2$

(3) $(x+y+2)(x-y+2)$

### 解き方

(1) $(\underline{a+b}-5)(\underline{a+b}+3)$ （$a+b$ を $M$）
共通部分を文字におきかえる

$a+b$ を $M$ とおいて，公式を利用する ▶ $=(M-5)(M+3)$

$=M^2-2M-15$

$M$ を $a+b$ にもどして展開する ▶ $=(a+b)^2-2(a+b)-15$

$=\boldsymbol{a^2+2ab+b^2-2a-2b-15}$ …答

(2) $(\underline{x+y}-4)^2$ （$x+y$ を $M$）

$x+y$ を $M$ とおいて，公式を利用する ▶ $=(M-4)^2$

$=M^2-8M+16$

$M$ を $x+y$ にもどして展開する ▶ $=(x+y)^2-8(x+y)+16$

$=\boldsymbol{x^2+2xy+y^2-8x-8y+16}$ …答

(3) $(x+y+2)(x-y+2)$
項を並べかえる

$=(x+2+y)(x+2-y)$

$x+2$ を $M$ とおいて，公式を利用する ▶ $=(M+y)(M-y)$

$=M^2-y^2$

$M$ を $x+2$ にもどして展開する ▶ $=(x+2)^2-y^2$

$=\boldsymbol{x^2+4x+4-y^2}$ …答

**Point** 共通部分を1つの文字と考える。

#### 参考 答えの項を並べる順序は?

展開して同類項がない場合は，そのまま答えとしてよい。ふつうは累乗の項を前に出したり，**次数の高い順に整理**する。

#### テストで注意 共通部分は符号をふくめた形で考える

(3) 項は**符号**もふくめて考えるので，$(x\underline{+y+2})(x\underline{-y+2})$ の式では，$y+2$ は共通部分ではない。

項が3つあっても，
共通部分を見つければ，
公式が使えるね。

### 練習

解答 別冊 p.2

**16** 次の式を展開しなさい。

(1) $(a+b-2)(a+b+4)$　　(2) $(x+y+5)^2$　　(3) $(x+y-3)(x-y-3)$

## 例題 17 式の四則混合計算 Level ★★★

次の計算をしなさい。

(1) $(x+3)(x-5)-(x+2)^2$

(2) $(a+b)^2-2(b-a)^2$

(3) $(x-7)(x-1)-(x+4)(x-4)$

### 解き方

(1) $\underbrace{(x+3)(x-5)}_{\text{公式}(x+a)(x+b)}-\underbrace{(x+2)^2}_{\text{公式}(x+a)^2}$

乗法公式を利用して展開する ▶ $=x^2-2x-15-(x^2+4x+4)$

符号に注意して，かっこをはずす ▶ $=x^2-2x-15-x^2-4x-4$

同類項をまとめる ▶ $=\boldsymbol{-6x-19}$ …答

(2) $\underbrace{(a+b)^2}_{\text{公式}(x+a)^2}-2\underbrace{(b-a)^2}_{\text{公式}(x-a)^2}$

和，差の平方の公式を利用する ▶ $=a^2+2ab+b^2-2(b^2-2ab+a^2)$

$=a^2+2ab+b^2-2b^2+4ab-2a^2$

$=\boldsymbol{-a^2+6ab-b^2}$ …答

(3) $\underbrace{(x-7)(x-1)}_{\text{公式}(x+a)(x+b)}-\underbrace{(x+4)(x-4)}_{\text{公式}(x+a)(x-a)}$

乗法公式を利用する ▶ $=x^2-8x+7-(x^2-16)$

$=x^2-8x+7-x^2+16$

$=\boldsymbol{-8x+23}$ …答

**テストで注意 －(　)の符号に注意**

－(　)の形になっている計算では，必ず展開した式をかっこでくくっておく。かっこをはずすときは，符号をかえ忘れるミスに気をつけること。

$-(x^2-6x+9)$

$=-x^2-6x+9$ ×

**別解 $(b-a)$を$(-a+b)$と考える**

(2) $(a+b)^2-2(-a+b)^2$

$=(a+b)^2-2\{-(a-b)\}^2$

$=(a+b)^2-2(a-b)^2$

$=a^2+2ab+b^2-2(a^2-2ab+b^2)$

$=a^2+2ab+b^2-2a^2+4ab-2b^2$

$=\boldsymbol{-a^2+6ab-b^2}$ …答

乗法の部分の展開は，公式を利用できるかどうか考えてみよう。

### 練習

解答 ▶ 別冊p.3

**17** 次の計算をしなさい。

(1) $(x+5)(x-5)-(x+2)(x+1)$　　(2) $3(a-2)^2-(2a-1)^2$

## 例題 18 乗法公式の展開 Level ★★★

次の［ア］，［イ］にあてはまる正の数を求めなさい。

(1)　$(x+\text{ア})^2=x^2+\text{イ}x+4$

(2)　$(2x+\text{ア})(\text{イ}x-3)=4x^2-9$

### 解き方

左辺を展開して，係数，数の項どうしを比較する ▶

(1)　$(x+\text{ア})^2=x^2+2\times\text{ア}x+\text{ア}^2$

　　(右辺)$=x^2+\text{イ}x+4$

$\text{ア}^2=4$より，$\text{ア}=\pm2$

［ア］>0，［イ］>0であることに注意する ▶

［ア］>0だから，$\text{ア}=2$　…答

$\text{イ}=2\times\text{ア}$だから，$\text{イ}=4$　…答

(2)　$(2x+\text{ア})(\text{イ}x-3)$

左辺を展開する ▶

$=2\times\text{イ}x^2+(\text{ア}\times\text{イ}-6)x-3\times\text{ア}$

(右辺)$=4x^2-9$

$2\times\text{イ}=4$より，$\text{イ}=2$　…答

$3\times\text{ア}=9$より，$\text{ア}=3$　…答

**Point 左辺を展開して，右辺の式と比較する。**

**くわしく 係数，数の項が等しいとき**

(1)　(左辺)＝(右辺)ならば，係数，数の項は等しい。したがって，$2\times\text{ア}=\text{イ}$，$\text{ア}^2=4$となる正の数［ア］，［イ］を求めればよい。

まずはじめに，$\text{ア}^2=4$から［ア］にあてはまる数を求め，次に，$2\times\text{ア}=\text{イ}$から，［イ］にあてはまる数を求める。

**くわしく $x$の項は0**

(2)　右辺の$x$の項はないので，左辺の$x$の項の係数は0になる。

つまり，$\text{ア}\times\text{イ}-6=0$だから，$\text{ア}\times2-6=0$，$\text{ア}=3$

と求めることもできる。

### 練習

解答 別冊p.3

**18**　次の［ア］，［イ］にあてはまる正の数を求めなさい。

(1)　$(x-\text{ア})^2=x^2-16x+\text{イ}$　　(2)　$(x+7)(x-\text{ア})=x^2+3x-\text{イ}$

## 乗法の便利な計算方法

十の位の数が同じで，一の位の数の和が10になる2つの2けたの自然数の乗法は，下のように簡単に計算することができます。

$$\begin{array}{r} 34 \\ \times\ 36 \\ \hline 1224 \end{array}$$

3×(3+1)　4×6

▶答えの下2けたは一の位の数どうしの積

▶百以上の位の数は，十の位の数と十の位の数に1をたした数の積

左のように計算できることは，2つの自然数を$10a+b$，$10a+c$とおいて説明できます。

$(10\underset{3}{a}+\underset{4}{b})(10\underset{3}{a}+\underset{6}{c})=100a^2+10ac+10ab+bc$

$=100a^2+10a(b+c)+bc$

$b+c=10$

$=100a^2+100a+bc$

$=100\underbrace{a(a+1)}_{3\times(3+1)}+\underbrace{bc}_{4\times6}$

# 3 因数分解

## 因数分解

［例題19～例題25］

1つの項がいくつかの数または式の積の形をしているとき，それぞれの数や式を**因数**(いんすう)といいます。また，多項式をいくつかの**因数の積**として表すことを**因数分解**(いんすうぶんかい)するといいます。

| | |
|---|---|
| 因数分解 | ● 共通因数をくくり出す。<br>例 $5x+10=5\times x+5\times 2=5(x+2)$<br>（5：共通因数 ← 多項式ですべての項に共通な因数）<br>例 $2x^2-6xy=2x\times x-2x\times 3y=2x(x-3y)$<br>（$2x$：共通因数） |
| 因数分解の公式 | ● **因数分解の公式**…乗法公式の左辺と右辺を入れかえたもの。<br>$(x+1)(x+3)$ →展開→ $x^2+4x+3$　（←因数分解）<br>①$\boldsymbol{x^2+(a+b)x+ab=(x+a)(x+b)}$　◀ $x+a$ と $x+b$ の積<br>例 $x^2+5x+6=x^2+(2+3)x+2\times 3$<br>$=(x+2)(x+3)$<br>②$\boldsymbol{x^2+2ax+a^2=(x+a)^2}$　◀ 和の平方<br>例 $x^2+6x+9=x^2+2\times 3\times x+3^2$<br>$=(x+3)^2$<br>③$\boldsymbol{x^2-2ax+a^2=(x-a)^2}$　◀ 差の平方<br>例 $x^2-6x+9=x^2-2\times 3\times x+3^2$<br>$=(x-3)^2$<br>④$\boldsymbol{x^2-a^2=(x+a)(x-a)}$　◀ 和と差の積<br>例 $x^2-9=x^2-3^2$<br>$=(x+3)(x-3)$ |

## 例題 19 共通因数をくくり出す

Level ★☆☆

次の式を因数分解しなさい。

(1) $12ma+8mb$　(2) $ab-ac-ad$　(3) $6x^2y-9xy^2+3xy$

### 解き方

(1) $12ma+8mb$

$=4\times3\times m\times a+4\times2\times m\times b$（共通因数：$4$, $m$）

共通因数$4m$をくくり出す ▶ $=\mathbf{4m(3a+2b)}$ …答

(2) $ab-ac-ad$

共通因数$a$をくくり出す ▶ $=\mathbf{a(b-c-d)}$ …答

(3) $6x^2y-9xy^2+3xy$

└ $3xy\times2x-3xy\times3y+3xy\times1$

共通因数$3xy$をくくり出す ▶ $=\mathbf{3xy(2x-3y+1)}$ …答

**Point** 共通因数はすべてくくり出す。

#### 確認 因数分解

多項式をいくつかの因数の積として表すことを**因数分解**するという。

#### 確認 共通因数

多項式で，各項に共通な因数を**共通因数**という。

例 $3x^2y+9xy^2$の共通因数
→$3xy$

● **共通因数の見つけ方**

**係数**…各項の係数の最大公約数

**文字**…同じ文字で，累乗の指数がちがう場合は，指数が最も小さいもの

(3)は，$3xy=3xy\times1$だから，共通因数$3xy$をくくり出しても1が残るね。

### 練習

解答 別冊p.3

**19** 次の式を因数分解しなさい。

(1) $ax-bx$　(2) $x^2y+7xy$

(3) $4a^3-a^2+a$　(4) $abc+ab-bc$

(5) $4a^2b-6ab^2-10ab$　(6) $54x^2yz+48xyz-18yz^2$

## 例題 20 $(x+a)(x+b)$の公式の利用(1)〔文字が1種類の式〕 Level ★★☆

次の式を因数分解しなさい。

(1) $x^2+7x+6$　(2) $x^2-x-12$　(3) $t^2-9t+14$

### 解き方

条件に合う2数を探す ▶ (1) 和が7，積が6となる2数は1と6だから，

$x^2+7x+6$ ―― $x^2+(1+6)x+1\times6$

$a=1$，$b=6$として，公式にあてはめる ▶ $=(x+1)(x+6)$ …答

(2) 和が$-1$，積が$-12$となる2数は$-4$と3だから，

$x^2-x-12$ ―― $x^2+\{(-4)+3\}x+(-4)\times3$

$a=-4$，$b=3$として，公式にあてはめる ▶ $=(x-4)(x+3)$ …答

(3) 和が$-9$，積が14となる2数は$-2$と$-7$だから，

$t^2-9t+14$ ―― $t^2+\{(-2)+(-7)\}t+(-2)\times(-7)$

$a=-2$，$b=-7$として，公式にあてはめる ▶ $=(t-2)(t-7)$ …答

**Point** 公式　$x^2+(a+b)x+ab=(x+a)(x+b)$

**参考** 和が$a+b$，積が$ab$になる2数を求める

①まず，**積に着目**する。

$ab>0\to a$，$b$は同符号

$ab<0\to a$，$b$は異符号

↓

②次に，**和に着目**する。

①にあう2数について，その和が$a+b$となるものを見つける。

**くわしく** 和が7，積が6になる2数の見つけ方

(1) まず，積が6になる2数を探し，その中で，和が7になる組を調べる。

| 積が6 | 和が7 |
|---|---|
| 1と6 | ○ |
| $-1$と$-6$ | × |
| 2と3 | × |
| $-2$と$-3$ | × |

表より，このような2数は1と6。

### 練習　解答 別冊p.3

**20** 次の式を因数分解しなさい。

(1) $x^2+6x+8$　(2) $x^2-10x+21$

(3) $x^2-x-6$　(4) $x^2-4x-12$

(5) $a^2+2a-35$　(6) $y^2-18y+45$

## 例題 21 $(x+a)(x+b)$の公式の利用(2)〔文字が2種類の式〕 Level ★★★

次の式を因数分解しなさい。

(1) $x^2+3xy+2y^2$　　(2) $x^2-4xy-21y^2$　　(3) $x^2-9xy+20y^2$

### 解き方

(1) $x^2+3xy+2y^2$

和が$3y$，積が$2y^2$ ▶ $=x^2+3y\times x+2y^2$

（$x^2+(y+2y)x+y\times 2y$）

$a=y$，$b=2y$として，公式にあてはめる ▶ $=(x+y)(x+2y)$ …答

(2) $x^2-4xy-21y^2$

和が$-4y$，積が$-21y^2$ ▶ $=x^2-4y\times x-21y^2$

（$x^2+\{3y+(-7y)\}x+3y\times(-7y)$）

$a=3y$，$b=-7y$として，公式にあてはめる ▶ $=(x+3y)(x-7y)$ …答

（$(x-3y)(x+7y)$としないように注意）

(3) $x^2-9xy+20y^2$

和が$-9y$，積が$20y^2$ ▶ $=x^2-9y\times x+20y^2$

（$x^2+\{(-4y)+(-5y)\}x+(-4y)\times(-5y)$）

$a=-4y, b=-5y$として，公式にあてはめる ▶ $=(x-4y)(x-5y)$ …答

**Point** 一方の文字を数とみなして，公式を利用する。

**くわしく** 和が$3y$，積が$2y^2$になる2数を求める

(1) $x^2+\underset{a+b}{\underline{3y}}\times x+\underset{ab}{\underline{2y^2}}$

$=x^2+(\underset{a}{\underline{y}}+\underset{b}{\underline{2y}})x+\underset{a}{\underline{y}}\times\underset{b}{\underline{2y}}$

| 積が$2y^2$ | 和が$3y$ |
|---|---|
| $2y^2$と1 | × |
| $-2y^2$と$(-1)$ | × |
| 2と$y^2$ | × |
| $-2$と$(-y^2)$ | × |
| $2y$と$y$ | ○ |
| $(-2y)$と$(-y)$ | × |

表より，このような2数は$2y$と$y$。

文字が2種類になっても，因数分解ができるんだね。

## 練習

解答 別冊p.3

**21** 次の式を因数分解しなさい。

(1) $x^2+5xy+6y^2$　　(2) $x^2+3xy-10y^2$

(3) $a^2-7ab+12b^2$　　(4) $a^2-2ab-35b^2$

(5) $x^2+5xy-36y^2$　　(6) $x^2-xy-42y^2$

## 例題 22 平方の公式の利用

Level ★★☆

次の式を因数分解しなさい。

(1) $x^2+10x+25$　　(2) $9x^2+6x+1$　　(3) $a^2-18ab+81b^2$

### 解き方

(1) $x^2+10x+25$

$25=5^2$, $10=2\times5$ より公式が使える ▶

$=x^2+\underline{2\times5\times x}+\underline{5^2}$ （$2ax$，$a^2$）

$=(x+5)^2$ …答

(2) $9x^2+6x+1$

$3x$ を1つの文字とみると，$9x^2=(3x)^2$

$1=1^2$, $6=2\times1\times3$ ▶

$=(3x)^2+2\times1\times3x+1^2$

$=(3x+1)^2$ …答

(3) $a^2-18ab+81b^2$

－なので，差の平方の公式を利用する

$81b^2=(9b)^2$, $18b=2\times9b$ ▶

$=a^2-2\times9b\times a+(9b)^2$

$9b$ を1つの文字とみて，1次の項($a$)の係数と考える

$=(a-9b)^2$ …答

**Point** 公式 $x^2+2ax+a^2=(x+a)^2$
$x^2-2ax+a^2=(x-a)^2$

くわしく **平方の公式が使えるか式の形を確認する**

①まず，数の項がある数の2乗になっているかどうかを調べる。

⬇

②次に，1次の項の係数が，①のある数の2倍になっているかどうかを調べる。

（1次の項の係数を2でわった数の2乗）＝（数の項）かどうかを調べればいいね。

### 練習

解答 別冊p.3

**22** 次の式を因数分解しなさい。

(1) $x^2+4x+4$　　(2) $x^2-12x+36$

(3) $4a^2+4a+1$　　(4) $9x^2-12x+4$

(5) $x^2-16xy+64y^2$　　(6) $9x^2-30xy+25y^2$

## 例題 23 和と差の積の公式の利用　Level ★★★

次の式を因数分解しなさい。

(1) $x^2-16$　(2) $49x^2-100$　(3) $\frac{a^2}{9}-4b^2$

### 解き方

$x^2$，$16=4^2$ より，平方の差の形である ▶

(1) $x^2-16$

$=x^2-4^2$ （$x^2$，$a^2$）

$=\boldsymbol{(x+4)(x-4)}$ …答

$49x^2=(7x)^2$，$100=10^2$ ▶

(2) $49x^2-100$

$=(7x)^2-10^2$ ―― $7x$を1つの文字とみる

$=\boldsymbol{(7x+10)(7x-10)}$ …答

$\frac{a^2}{9}=\left(\frac{a}{3}\right)^2$，$4b^2=(2b)^2$ ▶

(3) $\frac{a^2}{9}-4b^2$ 　$\frac{a^2}{9}=\frac{1}{9}a^2$　$\frac{1}{9}=\left(\frac{1}{3}\right)^2$

$=\left(\frac{a}{3}\right)^2-(2b)^2$

$=\boldsymbol{\left(\frac{a}{3}+2b\right)\left(\frac{a}{3}-2b\right)}$ …答

**Point** 公式　$x^2-a^2=(x+a)(x-a)$

**くわしく 平方の形を探す**

係数と文字の両方が平方の形になっているから，$(\quad)^2$の形で表せる。

**くわしく 分数の平方の形**

$\frac{16}{25}=\frac{4^2}{5^2}$のように，分母，分子がともに整数の2乗になっている分数は，$\frac{16}{25}=\left(\frac{4}{5}\right)^2$と，ある分数の平方の形で表せる。

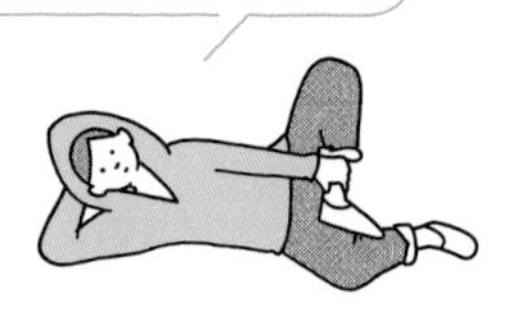


## 練 習　解答 別冊p.3

**23** 次の式を因数分解しなさい。

(1) $x^2-81$　(2) $400-y^2$

(3) $25x^2-64y^2$　(4) $4x^2-\frac{9}{49}y^2$

## 例題 24 共通因数をくくり出してから公式を利用

Level ★★★

次の式を因数分解しなさい。

(1) $5ax^2-30ax+45a$　(2) $-x^3+x$　(3) $x^2y+4xy+3y$

### 解き方

(1) $5ax^2-30ax+45a$
（$5a$，$5a\times6$，$5a\times9$）

共通因数$5a$をくくり出す ▶ $=5a(x^2-6x+9)$　← $x^2-2ax+a^2$の形

かっこの中を，さらに因数分解 ▶ $=\boldsymbol{5a(x-3)^2}$ …答

(2) $-x^3+x$

共通因数$-x$をくくり出す ▶ $=-x(x^2-1)$　← $x^2-a^2$の形

かっこの中を，さらに因数分解 ▶ $=\boldsymbol{-x(x+1)(x-1)}$ …答

(3) $x^2y+4xy+3y$

共通因数$y$をくくり出す ▶ $=y(x^2+4x+3)$　← $x^2+(a+b)x+ab$の形

かっこの中を，さらに因数分解 ▶ $=\boldsymbol{y(x+1)(x+3)}$ …答

**Point 共通因数をくくり出す➔公式を利用する**

**確認 まず，共通因数をくくり出す**

因数分解では，まず，与えられた式の中に共通因数があるかどうかを調べる。共通因数をくくり出すことで，公式が使える形になることが多い。

**別解 共通因数を$x$とする方法**

$-x^3+x=x-x^3$
$=x(1-x^2)$　← $(x^2-a^2)$の形
$=\boldsymbol{x(1+x)(1-x)}$ …答

**参考 11から14までの平方数**

整数を2乗してできる数をその整数の**平方数**という。

$11^2=121$　$12^2=144$
$13^2=169$　$14^2=196$

平方数を知っておくと，平方や，和と差の積の公式が使えるかどうかを見きわめるのに便利。

### 練習

解答 別冊p.3

**24** 次の式を因数分解しなさい。

(1) $3ab^2+12ab-36a$　(2) $x^3y-xy^3$

(3) $4xy^2+32xy+64x$　(4) $-2ax^2+50a$

## 例題 25 共通部分を1つの文字におきかえる因数分解

Level ★★★

次の式を因数分解しなさい。

(1) $(a+b)^2-2(a+b)-3$　(2) $(x-y+3)(x-y-4)+6$　(3) $b^2+ab-bc-ac$

### 解き方

(1) $(a+b)^2-2(a+b)-3$　（$a+b=M$とおく）

$a+b=M$と考える ▶ $=M^2-2M-3$

$=(M+1)(M-3)$

$M$を$a+b$にもどす ▶ $=\{\underbrace{(a+b)}_{M}+1\}\{\underbrace{(a+b)}_{M}-3\}$

$=\boldsymbol{(a+b+1)(a+b-3)}$ …答

(2) $(x-y+3)(x-y-4)+6$　（$x-y=M$とおく）

$x-y=M$と考える ▶ $=(M+3)(M-4)+6$

$=M^2-M-12+6$

$=M^2-M-6$

$=(M+2)(M-3)$

$M$を$x-y$にもどす ▶ $=\boldsymbol{(x-y+2)(x-y-3)}$ …答

(3) $b^2+ab-bc-ac$

前の2項，うしろの2項で，共通因数をくくり出す ▶ $=b(b+a)-c(b+a)$　（$b+a$を$M$とおく）

$=bM-cM$

$=M(b-c)$

$M$を$b+a$にもどす ▶ $=(b+a)(b-c)$

$=\boldsymbol{(a+b)(b-c)}$ …答

**Point** 式の共通部分を1つの文字でおきかえる。

共通部分を探して，1つの文字でおきかえるんだね。

**テストで注意　おきかえたら，必ずもとの式にもどす**

(3)で，$M(b-c)$で終わらせないこと。$b+a$を$M$とおいたことを忘れずに。

**別解　$b^2$と$-bc$，$ab$と$-ac$の組み合わせでもよい**

(3) $b^2+ab-bc-ac$

$=b^2-bc+ab-ac$

$=b(b-c)+a(b-c)$

$=(b-c)(b+a)$

$=\boldsymbol{(a+b)(b-c)}$ …答

## 練習

解答 別冊p.3

**25** 次の式を因数分解しなさい。

(1) $(x-y)^2+4(x-y)+3$　(2) $(a-b+2)(a-b-3)-6$

(3) $x^2-xy-yz+xz$　(4) $x^3-x^2-9x+9$

# 4 式の計算の利用

## 数の計算への利用

［例題26～例題29］

**乗法公式**や**因数分解の公式**を使うと，数の**計算が簡単にできる**場合があります。

■ 数の計算への利用

- **数を分解** ➡ **乗法公式**を利用

例 $101^2=(100+1)^2=100^2+2\times1\times100+1^2=10201$

$(x+a)^2 = x^2 + 2\times a\times x + a^2$

- **因数分解の公式**を利用

例 $55^2-45^2=(55+45)(55-45)=100\times10=1000$

$x^2-a^2 = (x+a)(x-a)$

■ 式の値

例 $x=38$ のとき，$(x-7)^2-(x-4)(x-9)$ の値

$(x-7)^2-(x-4)(x-9)$

$=x^2-14x+49-(x^2-13x+36)$

$=-x+13$

↓ **もとの式を簡単な形にしてから$x$の値を代入する**

$-38+13=-25$

## 証明問題への利用

［例題30～例題32］

**乗法公式**や**因数分解の公式**を使って，いろいろな数や図形の性質などが**証明**できます。

■ 証明問題への利用

問題文中の数量を**文字式で表し**，式を**条件に合う形に変形**する。

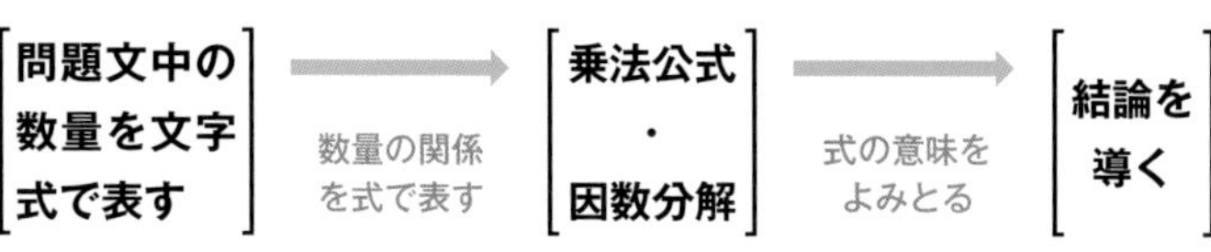


例 ある整数が$a$の倍数であることを証明するには，$a\times$(整数)の形を導けばよい。

例 偶数であることを証明するには，$2\times$(整数)の形を導けばよい。

## 例題 26 数の能率的な計算 Level ★★☆

次の式を，くふうして計算しなさい。

(1) $97^2$　　(2) $198\times202$

### 解き方

97＝100－3

▶ (1) $97^2=(100-3)^2$　計算が簡単になるような2数に分ける

$=100^2-2\times3\times100+3^2$

$=10000-600+9=\mathbf{9409}$ …答

198＝200－2
202＝200＋2

▶ (2) $198\times202=(200-2)(200+2)$

$=200^2-2^2$

$=40000-4=\mathbf{39996}$ …答

**Point** 数を分解➜乗法公式を利用

**くわしく 計算が簡単になるように数を分ける**

97＝90＋7と考えて，

$97^2=(90+7)^2$

$=90^2+2\times7\times90+7^2$

とすると，計算が複雑になり，

$97^2=97\times97$

を計算するより能率的とはいえない。計算が簡単になるような2数に分けることがポイント。

## 例題 27 因数分解を利用する数の計算 Level ★★★

$64^2-36^2$を，くふうして計算しなさい。

### 解き方

和と差の積の公式を利用する

▶ $64^2-36^2=(64+36)(64-36)$

$=100\times28=\mathbf{2800}$ …答

**Point** 式の形をよく見て，因数分解を利用する。

例題27は，例題26(2)の逆のパターンだね。式によって，乗法公式と因数分解の公式を使い分けよう。

### 練習　解答 別冊p.3

**26** 次の式を，くふうして計算しなさい。

(1) $198^2$　　(2) $499\times501$

**27** $0.75^2-0.25^2$を，くふうして計算しなさい。

## 例題 28 乗法公式を利用する式の値 Level ★★☆

(1) $x=-14$ のとき，次の式の値を求めなさい。

$(x+6)(x-6)-(x-9)(x+4)$

(2) $x=\frac{1}{2}$，$y=-\frac{1}{4}$ のとき，次の式の値を求めなさい。

$(x-y)(x-9y)-(x+3y)^2$

### 解き方

(1) $(x+6)(x-6)-(x-9)(x+4)$

乗法公式を使って展開する ▶ $=x^2-36-(x^2-5x-36)$

$=x^2-36-x^2+5x+36$ ← 同類項をまとめる

$=5x$

$x=-14$ を代入する ▶ $=5\times(-14)=\mathbf{-70}$ …答

(2) $(x-y)(x-9y)-(x+3y)^2$

乗法公式を使って展開する ▶ $=x^2-10xy+9y^2-(x^2+6xy+9y^2)$

$=x^2-10xy+9y^2-x^2-6xy-9y^2$

$=-16xy$

$x=\frac{1}{2}, y=-\frac{1}{4}$ を代入する ▶ $=-16\times\frac{1}{2}\times\left(-\frac{1}{4}\right)=\mathbf{2}$ …答

負の数を代入するときはかっこをつける

**Point 式をできるだけ簡単にしてから代入する。**

与えられた式にいきなり代入すると，計算が大変。展開してから代入しよう！

### 参考 多項式を代入する場合

例 $A=x+3$，$B=2x-1$ のとき，$A(2B-A)+(A-B)^2$ を計算しなさい。

$A(2B-A)+(A-B)^2$

$=2AB-A^2+A^2-2AB+B^2$

$=B^2$

$=(2x-1)^2$ ← ここで計算をストップしないように注意

$=\mathbf{4x^2-4x+1}$ ← さらに展開した式が答え

---

### 練習

解答 ▶ 別冊 p.3

**28** (1) $x=16$ のとき，次の式の値を求めなさい。

$(x-7)^2-(x-8)(x-5)$

(2) $a=\frac{2}{3}$，$b=-\frac{1}{5}$ のとき，次の式の値を求めなさい。

$(a-4b)(4a+b)-4(a+b)(a-b)$

## 例題 29 因数分解を利用する式の値　Level ★★☆

(1)　$x=103$ のとき，$x^2-6x+9$ の値を求めなさい。

(2)　$a=1.75$，$b=0.25$ のとき，$a^2-b^2$ の値を求めなさい。

### 解き方

(1)　$x^2-6x+9$

因数分解する ▶ $=(x-3)^2$

$x=103$ を代入する ▶ $=(103-3)^2$

$=100^2=\mathbf{10000}$　… 答

(2)　$a^2-b^2$

因数分解する ▶ $=(a+b)(a-b)$

$a=1.75$，$b=0.25$ を代入する ▶ $=(1.75+0.25)(1.75-0.25)$

$=2\times1.5=\mathbf{3}$　… 答

**Point** 式を因数分解してから代入する。

**くわしく もとの式に $x$ の値を代入する方法**

$x^2-6x+9$

$=103^2-6\times103+9$

$=10609-618+9$

$=10000$

このように，式の値を求めることはできるが，因数分解した式に代入するほうが簡単に計算できることがわかる。

### 練習

解答 ▶ 別冊 p.3

**29**　次の問いに答えなさい。

(1)　$a=199$ のとき，$a^2+2a+1$ の値を求めなさい。

(2)　$x=12.4$，$y=2.4$ のとき，$x^2-y^2$ の値を求めなさい。

### Column 代入できる形に変形して

$x+y=2$，$xy=-1$ のとき，$x^2+y^2$ の値を求めてみましょう。

この式を $x+y$，$xy$ で表すために，次の手順で変形させます。

①まず，$(x+y)^2$ をつくるために，$2xy$ をたしてひきます。

②次に，$x+y$，$xy$ で表すために因数分解をします。

③最後に，代入して計算します。

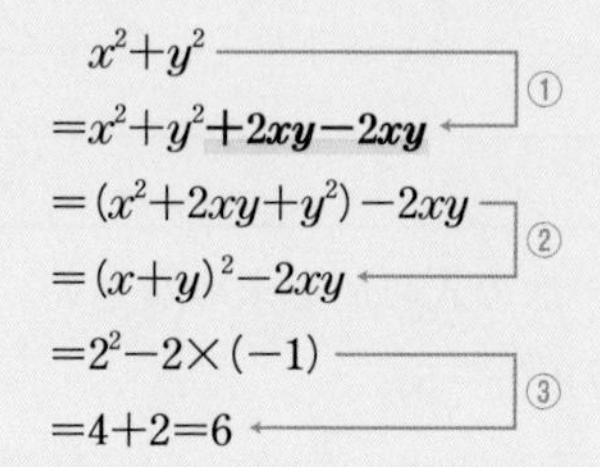

## 例題 30 式の計算を利用する証明(1)〔連続する整数〕 Level ★★★

(1) 連続する2つの整数があります。大きいほうの整数の平方から小さいほうの整数の平方をひいた差は，もとの2つの整数の和に等しいことを証明しなさい。

(2) 一の位の数が5である2けたの自然数があります。この数の2乗は，下2けたが25で，百の位から上の位の数が，もとの数の十の位の数とそれより1大きい数との積になります。このことを証明しなさい。

### 解き方

小さい数…$n$
大きい数…$n+1$ ▶

(1) 〔証明〕 連続する2つの整数を$n$，$n+1$とおくと，2数の平方の差は，

$(n+1)^2-n^2$
$=n^2+2n+1-n^2$
$=2n+1$

ここで，

連続する2つの整数の和の形 ▶

$2n+1=n+(n+1)$

よって，もとの2つの整数の和に等しい。

十の位の数…$n$
一の位の数…5 ▶

(2) 〔証明〕 十の位の数を$n$とすると，2けたの自然数は，$10n+5$と表せるから，

$(10n+5)^2=100n^2+100n+25$

ここで，

下2けた…25
百の位から上の位の数…$n(n+1)$ ▶

$100n^2+100n+25=100n(n+1)+25$

よって，下2けたが25で，百の位から上の位の数が，もとの数の十の位の数とそれより1大きい数との積になる。

**参考 いろいろな整数の表し方**

$n$を整数とすると，

**連続する2数**
…$n$，$n+1$ ($n-1$，$n$)

**連続する3数**
…$n$，$n+1$，$n+2$
($n-1$，$n$，$n+1$)

**偶数**…$2n$

**奇数**…$2n-1$ ($2n+1$)

**$a$の倍数**…$an$

**参考 3けたの自然数の表し方**

百の位の数を$a$，十の位の数を$b$，一の位の数を$c$とすると，3けたの自然数は，$100a+10b+c$と表せる。

どのような式になれば，証明したことになるのかな？

### 練習

解答 別冊p.3

**30** 連続する3つの整数のまん中の数の2乗から1をひいた数は，残りの2つの数の積に等しいことを証明しなさい。

## 例題 31 式の計算を利用する証明(2)〔面積に関する証明〕 Level ★★★

半径$r$ mの円形の池のまわりに，幅$a$mの道があります。この道の面積を$S$ m$^2$，道のまん中を通る円周(図の点線)の長さを$\ell$mとするとき，次の式が成り立つことを証明しなさい。

$S=a\ell$

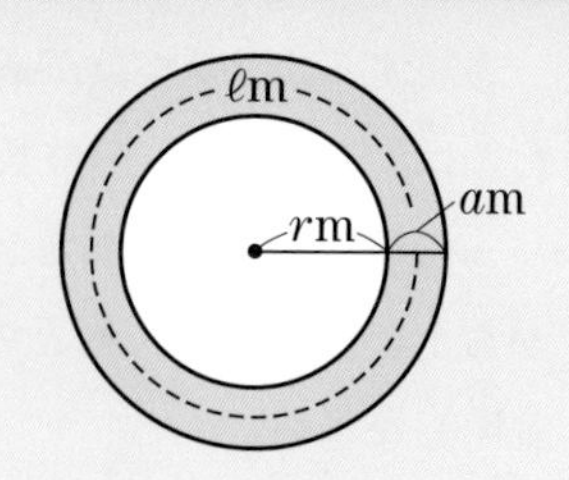


### 解き方

〔証明〕 道の面積$S$は，

(道の面積$S$)＝(外側の円の面積)－(内側の円の面積) ▶ $S=\pi(r+a)^2-\pi r^2$

$=\pi(r^2+2ar+a^2)-\pi r^2$

$=2\pi ar+\pi a^2$

$S$を$a$と$r$の式で表す ▶ $=\pi a(2r+a)$…①

道のまん中を通る円周の長さ$\ell$は，

点線の円の半径は，$\left(r+\frac{a}{2}\right)$m ▶ $\ell=2\pi\left(r+\frac{a}{2}\right)$

$=2\pi r+\pi a$

$\ell$を$a$と$r$の式で表す ▶ $=\pi(2r+a)$

これより，$a\ell=\pi a(2r+a)$…②

したがって，①，②から，$S=a\ell$

**確認 証明の進め方**

$S$，$\ell$を共通の文字($a$，$r$)を使って表す。

⬇

それぞれの式を変形して，$S$と$a\ell$が等しくなることを導く。

⬇

すなわち，$S=a\ell$が成り立つ。

**別解 因数分解してから整理してもよい!**

因数分解して変形しても，同じように，$S$を$a$と$r$で表すことができる。

$S=\pi(r+a)^2-\pi r^2$

$=\pi\{(r+a)^2-r^2\}$

$=\pi(r+a+r)(r+a-r)$

$=\pi a(2r+a)$…①

### 練習

解答 ▶ 別冊p.4

**31** 1辺が$a$mの正方形の土地のまわりに，幅$b$mの道が，右の図のようにあります。

この道の面積を$S$m$^2$，道のまん中を通る線(図の点線)の長さを$\ell$mとするとき，次の式が成り立つことを証明しなさい。

$S=b\ell$

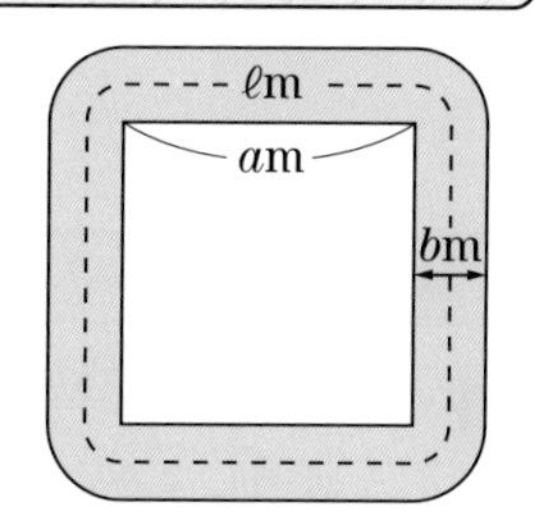

## 例題 32 式の計算を利用する証明(3)〔倍数に関する証明〕 Level ★★★

連続する2つの奇数の2乗の差は，8の倍数であることを証明しなさい。

### 解き方

小さいほう…$2n+1$
大きいほう…$2n+3$ ▶

〔証明〕 $n$を整数とすると，連続する2つの奇数は，
$2n+1$，$2n+3$
2つの奇数の2乗の差は，

$(2n+3)^2-(2n+1)^2$

展開して整理する ▶ $=4n^2+12n+9-(4n^2+4n+1)$

$=4n^2+12n+9-4n^2-4n-1$

$=8n+8$

8の倍数ならば，8×(整数)の形で表せる ▶ $=8(n+1)$

$n+1$は整数なので，$8(n+1)$は8の倍数である。
したがって，連続する2つの奇数の2乗の差は，
8の倍数となる。

**Point** $a$の倍数を表す式$an$を導く。

奇数は偶数に奇数をたして表すことができるね。

**別解 この式を因数分解すると**

$(2n+3)^2-(2n+1)^2$
$=\{(2n+3)+(2n+1)\}$
$\times\{(2n+3)-(2n+1)\}$
$=(2n+3+2n+1)$
$\times(2n+3-2n-1)$
$=(4n+4)\times2$
$=8(n+1)$

**参考 連続する3つの整数の積は6の倍数**

連続する整数は，
2の倍数が1つおきに，
3の倍数が2つおきに
ある。これより，連続した3つの整数には，2，3，4や9，10，11のように，2と3の倍数が必ずふくまれる。よって，連続する3つの整数の積は，6の倍数になる。



### 練習

解答 ▶ 別冊p.4

**32** 次の問いに答えなさい。

(1) 連続する2つの奇数の積に1をたした数は，4の倍数になることを説明しなさい。

(2) $n$を2以上の整数とするとき，$n^3-n$は6の倍数であることを証明しなさい。

# 定期テスト予想問題 ①

40 分
別冊 p.4

得点 /100

1／単項式と多項式の乗除

**1** 次の計算をしなさい。 【3点×6】

(1) $-3a(2a-b-1)$ 〔　　　〕

(2) $30a\left(\dfrac{3}{5}a-\dfrac{1}{3}b-\dfrac{5}{6}c\right)$ 〔　　　〕

(3) $(8x^2y+12xy^2)\div(-4xy)$ 〔　　　〕

(4) $(12xy^2+18x^2y)\times\dfrac{2}{3x}$ 〔　　　〕

(5) $(15a^2b-24ab^2)\div\dfrac{3}{5}ab$ 〔　　　〕

(6) $3x(2x-3y)-3y(3x+5y)$ 〔　　　〕

2／乗法公式

**2** 次の式を展開しなさい。 【4点×6】

(1) $(3a+2)(2b-3)$ 〔　　　〕

(2) $(x-3)(x-5)$ 〔　　　〕

(3) $(a+4)^2$ 〔　　　〕

(4) $(x-8)(8+x)$ 〔　　　〕

(5) $\left(\dfrac{1}{2}x-2y\right)^2$ 〔　　　〕

(6) $\left(a-\dfrac{1}{2}\right)\left(a+\dfrac{3}{4}\right)$ 〔　　　〕

3／因数分解

**3** 次の式を因数分解しなさい。 【4点×4】

(1) $2x^2y+6xy$ 〔　　〕

(2) $a^2-2a-8$ 〔　　〕

(3) $x^2+14x+49$ 〔　　〕

(4) $a^2-\frac{1}{4}b^2$ 〔　　〕

4／式の計算の利用

**4** 次の式を，くふうして計算しなさい。 【5点×3】

(1) $398^2$ 〔　　〕

(2) $299\times301$ 〔　　〕

(3) $8.5^2-1.5^2$ 〔　　〕

4／式の計算の利用

**5** 次の問いに答えなさい。 【5点×3】

(1) $x=25$ のとき，$(x+4)(x-9)-(x-3)^2$ の値を求めなさい。 〔　　〕

(2) $a=-\frac{1}{6}$，$b=\frac{3}{4}$ のとき，$(a+b)(a-4b)-(a-2b)^2$ の値を求めなさい。 〔　　〕

(3) $a=3.25$，$b=1.25$ のとき，$a^2+b^2-2ab$ の値を求めなさい。 〔　　〕

4／式の計算の利用

**6** 連続する 2 つの奇数の積に 1 を加えた数は，この 2 つの奇数の間にある偶数の 2 乗に等しくなります。このことを証明しなさい。 【12点】

〔　　〕

# 定期テスト予想問題 ②

時間 40分
解答 別冊 p.5

得点 /100

2／乗法公式

**1** 次の式を展開しなさい。 【6点×3】

(1) $(x-4)(x+3y+1)$ 〔　　〕

(2) $(a+2b)(a-8b)$ 〔　　〕

(3) $(4x+7y)(4x-7y)$ 〔　　〕

2／乗法公式

**2** 次の計算をしなさい。 【6点×3】

(1) $(a+1)^2+(a-1)^2$ 〔　　〕

(2) $(3n+2)(3n-2)-(3n+1)^2$ 〔　　〕

(3) $(x-y+2)(x-y+3)$ 〔　　〕

3／因数分解

**3** 次の式を因数分解しなさい。 【6点×4】

(1) $9x^2-12xy+4y^2$ 〔　　〕

(2) $-3a^2b+48b$ 〔　　〕

(3) $(x+y)^2-3(x+y)-4$ 〔　　〕

(4) $a^2+5ab-2a-10b$ 〔　　〕

4／式の計算の利用

**4** 右の図のように，1 辺が $2r$m の正方形と直径 $2r$m の半円 2 つを組み合わせた土地のまわりに，幅 $a$m の道があります。

この道の面積を $S$m$^2$，道のまん中を通る線（図の点線）の長さを $\ell$m とするとき，$S=a\ell$ となることを証明しなさい。

【10点】

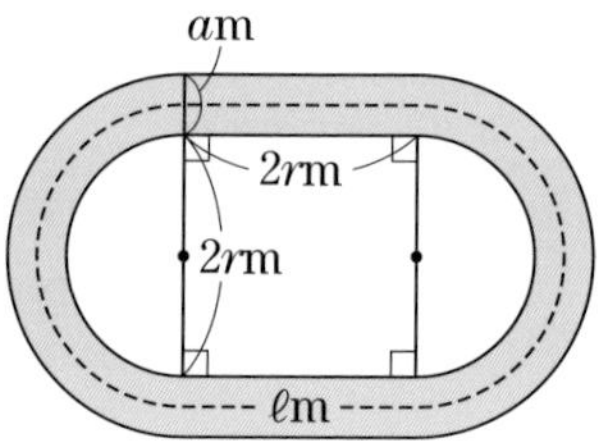

$a$m
$2r$m
$2r$m
$\ell$m

〔　　〕

思考 4／式の計算の利用

**5** 右の図のように1から31までの数字が並んだカレンダーがあります。ひとみさんは，このカレンダーの数字を，右の図のように囲んだとき，囲んだ4つの数字について，次のような性質があることに気づきました。

| 日 | 月 | 火 | 水 | 木 | 金 | 土 |
|---|---|---|---|---|---|---|
| 1 | 2 | 3 | 4 | 5 | 6 | 7 |
| 8 | 9 | 10 | 11 | 12 | 13 | 14 |
| 15 | 16 | 17 | 18 | 19 | 20 | 21 |
| 22 | 23 | 24 | 25 | 26 | 27 | 28 |
| 29 | 30 | 31 | | | | |

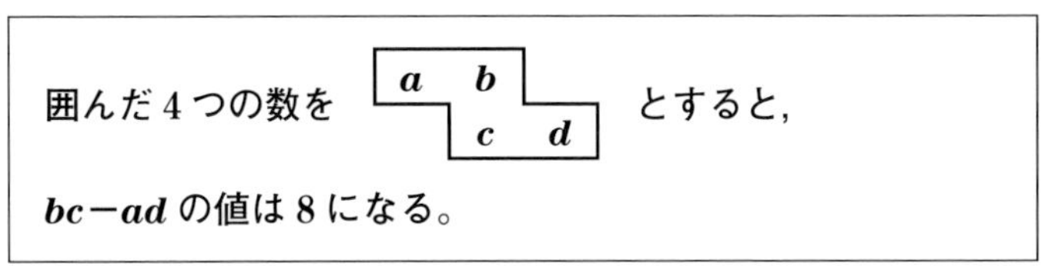
囲んだ4つの数を　$a$ $b$ / $c$ $d$　とすると，

$bc-ad$ の値は8になる。

これについて，次の問いに答えなさい。　【15点×2】

(1)　上の性質が正しいことを証明しなさい。

(2)　さらに，ひとみさんは右の図のように数字を囲み，4つの

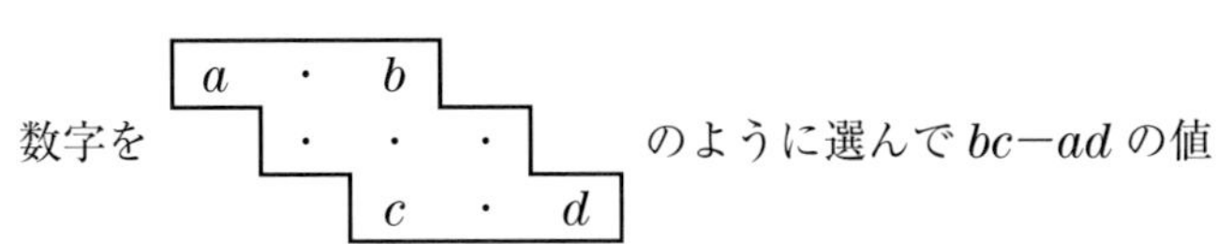
数字を　$a$ · $b$ / · · · / $c$ · $d$　のように選んで $bc-ad$ の値を調べてみました。このとき，$bc-ad$ の値が決まった値になる場合はその値を，決まった値にならない場合は「決まらない」と答えなさい。また，そのようになる理由を説明しなさい。

| 日 | 月 | 火 | 水 | 木 | 金 | 土 |
|---|---|---|---|---|---|---|
| 1 | 2 | 3 | 4 | 5 | 6 | 7 |
| 8 | 9 | 10 | 11 | 12 | 13 | 14 |
| 15 | 16 | 17 | 18 | 19 | 20 | 21 |
| 22 | 23 | 24 | 25 | 26 | 27 | 28 |
| 29 | 30 | 31 | | | | |

# 巻かれたテープの長さ

使いかけのガムテープがあります。ガムテープは，円柱の形をした芯（しん）にすき間なく巻かれています。この状態のテープの長さを求めることはできるのか，考えてみましょう。

新品のガムテープには，内側の芯の直径は8cm，テープの外側の円の直径は12cmで，テープの全長は50mと表示されていました。

使いかけのテープの長さを$\ell$m，外側の円の直径を$r$cmとして，$\ell$と$r$の関係を式に表します。

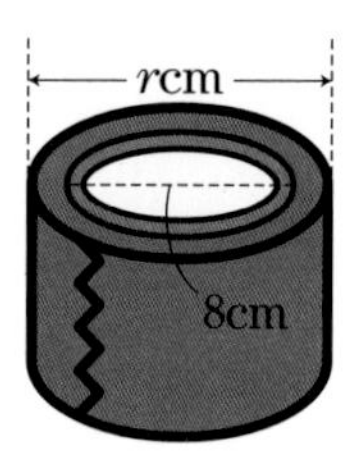


巻いてあるテープの部分の底面積は，

新品は，$6^2\pi-4^2\pi=20\pi(\text{cm}^2)$

使いかけは，$\left(\frac{r}{2}\right)^2\pi-4^2\pi=\pi\left(\frac{r^2}{4}-16\right)(\text{cm}^2)$

巻いてあるテープの長さは，底面積に比例するので，

$$50:\ell=20\pi:\pi\left(\frac{r^2}{4}-16\right)$$

$$20\pi\ell=50\pi\left(\frac{r^2}{4}-16\right)$$

$\ell=\frac{5}{8}(r+8)(r-8)(\text{m})$と表されます。

外側の円の直径を測れば，使いかけのテープの長さが求められるね。

問題　$r=9$cmのときのテープの長さを求めましょう。

〈解き方〉　上の式に$r=9$を代入すると，

$$\ell=\frac{5}{8}\times(9+8)\times(9-8)=\frac{5}{8}\times17\times1=\frac{85}{8}$$

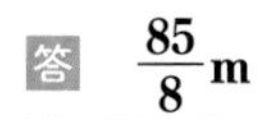

答　$\frac{85}{8}$m

# $a^2$が偶数ならば$a$も偶数？

$4=2^2$，$16=4^2$，$100=10^2$，……。これらから，整数$a$について，「$a^2$が偶数ならば，$a$は偶数である」という仮説がたてられます。この仮説が正しいことを証明するにはどうしたらよいでしょうか。



証明したい「$a^2$が偶数ならば，$a$は偶数である」ことを①とすると，①の逆は，「$a$が偶数ならば，$a^2$は偶数である」となります。

「$a$が偶数ならば，$a^2$は偶数である」ことを②としたとき，②を否定すると，「$a$が奇数ならば，$a^2$は奇数である」といえます。

「$a$が奇数ならば，$a^2$は奇数である」ことを③としたとき，③は①の，「対偶（たいぐう）」であるといいます。

高校数学では，「対偶」が成り立つことを証明できれば，証明したいことがらも成り立つ，ということを学習します。

今回は，この考え方を使って，「$a^2$が偶数ならば，$a$は偶数である」ことを証明するために，「$a$が奇数ならば，$a^2$は奇数である」ことを証明しましょう。

〔証明〕

もし，$a$が奇数であると仮定すると，$n$を整数として，

$a=2n+1$　と表せる。

両辺を2乗して，

$$a^2=(2n+1)^2$$
$$=4n^2+4n+1$$
$$=2(2n^2+2n)+1$$

$2n^2+2n$は整数だから，$2(2n^2+2n)+1$は奇数を表していて，$a^2$は奇数となることがわかる。

よって，$a$が奇数ならば，$a^2$は奇数であることが証明できたので，$a^2$が偶数ならば，$a$は偶数である。

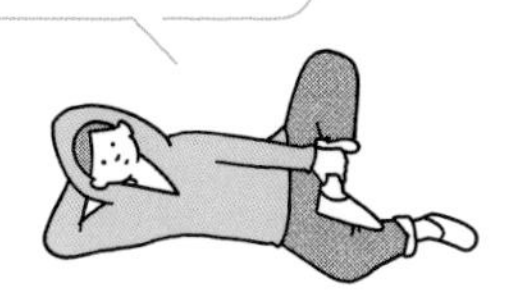

## 高校入試は情報戦

「鈴は親との仲はいい？」

「最近、そんなによくないですね。母親が口うるさいから私が敬遠してる感じです。すごく仲が悪いわけではないんですけど。」

「まぁ、保護者とは仲良くしておくべきね。私も母親とよくケンカしてたけど、マイナスにしかならないから、『この1年はもうケンカやめよう』って協定結んでたわ。」

「協定って…（笑）」

「高校の説明会や三者面談とか、**高校入試には保護者の協力が不可欠**だもんな。」

「そう、『あの高校はこんな校風らしいよ』とか、保護者のつながりで情報を仕入れてくれたりもするしね。」

「そういう情報って大事ですよね。」

「情報と言えば、たとえば英検®や漢検などの検定が加点評価になったり、部活動の部長や生徒会役員などの経験を加点してくれたりする高校もあるんだよな。」

「そうね。私立高校は単願だと入りやすかったりもするし、独自の基準や入試方法を実施しているところもあるわ。そういう情報は早めに知っておくといいわよね。」

「**入試は情報戦ってことですね。**」

「ただ、そんな簡単に入学できるような裏技はないから、結局はちゃんと勉強しないとダメなんだけどね。」

「そりゃそうだよな。」

「私も受験についていろいろ調べたり聞いたりしてみようっと。そうすれば受験生としての自覚が芽生えるかも。」

# 2章

# 平方根

# 1 平方根

## 平方根とその性質

[例題1～例題5]

2乗(平方)すると $a$ になる数を，$a$ の**平方根**(へいほうこん)といいます。

| | |
|---|---|
| ■ 平方根 | ● 正の数…平方根は2つあり，絶対値が等しく，符号が異なる。<br>● 負の数…平方根はない。→2乗して負になる数はない<br>● 0………平方根は0 |
| ■ 根号(こんごう)($\sqrt{\ }$) | ● 記号$\sqrt{\ }$ を**根号**といい，$\sqrt{a}$は「**ルート$a$**」と読む。$a$が正の数であるとき，$a$の平方根を次のように表す。<br>**正のほう…$\sqrt{a}$**　**負のほう…$-\sqrt{a}$** |
| ■ 平方根の性質 | $a>0$ のとき，次の関係がある。<br>$(\sqrt{a})^2=a$　$(-\sqrt{a})^2=a$　$\sqrt{a^2}=a$　$\sqrt{(-a)^2}=a$<br>例　$(\sqrt{2})^2=2$，$(-\sqrt{2})^2=2$，$\sqrt{2^2}=2$，$\sqrt{(-2)^2}=2$ |

2，−2 →2乗(平方)→ 4
4 →平方根→ 2，−2

## 平方根の大小

[例題6～例題8]

平方根の大小は，**$\sqrt{\ }$ の中の数で比べる**ことができます。

| | |
|---|---|
| ■ 平方根の大小 | $a$，$b$ が正の数のとき，<br>**$a<b$　ならば，$\sqrt{a}<\sqrt{b}$　，$-\sqrt{a}>-\sqrt{b}$**<br>└負の数は，絶対値が大きいほど小さい<br>例　$3<5$だから，$\sqrt{3}<\sqrt{5}$，$-\sqrt{3}>-\sqrt{5}$ |

## 有理数と無理数

[例題9～例題10]

| | |
|---|---|
| ■ 有理数(ゆうりすう)と無理数(むりすう) | ● **有理数**➡整数や分数のように，$\dfrac{整数}{自然数}$ の形で表せる数<br>● **無理数**➡$\sqrt{2}$や$\pi$のように，$\dfrac{整数}{自然数}$ の形で表せない数 |

**【数の分類】**

- 数
  - 有理数
    - 整数
      - 正の整数(自然数)
      - 0
      - 負の整数
    - 分数(有限小数・循環小数)
  - 無理数(循環しない無限小数)

## 例題 1 平方根の求め方 Level ★☆☆

次の数の平方根を求めなさい。

(1) 36　　(2) $\frac{49}{64}$　　(3) 0.25

### 解き方

2乗して36になる数を見つける

▶ (1) $6^2=36$, $(-6)^2=36$ だから,

36の平方根は, **6と−6** …答

2乗して$\frac{49}{64}$になる数

▶ (2) $\left(\frac{7}{8}\right)^2=\frac{49}{64}$, $\left(-\frac{7}{8}\right)^2=\frac{49}{64}$ だから,

$\frac{49}{64}$の平方根は, $\boldsymbol{\frac{7}{8}}$**と**$\boldsymbol{-\frac{7}{8}}$ …答

2乗して0.25になる数

▶ (3) $0.5^2=0.25$, $(-0.5)^2=0.25$ だから,

0.25の平方根は, **0.5と−0.5** …答

**Point** $a$ の平方根→2乗すると$a$になる数

**確認 平方根の表し方**

(1) 6と−6を1つにまとめて, ±6と答えてもよい。

**くわしく 分母と分子の両方が平方の形になる分数**

(2)の分母の64は$8^2$, 分子の49は$7^2$になることから, この分数は, 分数の平方の形で表すことができる。

**テストで注意 1より小さい数の平方根**

(3)のように, 1より小さい数の平方根は, その絶対値がもとの数の絶対値より大きくなる。

### 練習

解答 別冊p.6

**1** 次の数の平方根を求めなさい。

(1) 16　　(2) 121　　(3) $\frac{4}{25}$

(4) $\frac{49}{400}$　　(5) 0.01　　(6) 0.81

### Column 平方数

$4(=2^2)$, $9(=3^2)$のように, 整数の2乗の形で表される数を**平方数**(へいほうすう)といいます。

次の平方数は, 覚えておくと平方根の計算で使えて便利です。

**4, 9, 16, 25, 36, 49, 64, 81, 100, 121, …**

## 例題 2 平方根の表し方(1)〔根号を使う〕 Level ★

次の数の平方根を，根号を使って表しなさい。

(1) 7　　(2) $\frac{2}{3}$

### 解き方

(1) 7の平方根のうち，正のほうは$\sqrt{7}$，負のほうは$-\sqrt{7}$
まとめて，$\pm\sqrt{7}$ …答

(2) $\frac{2}{3}$の平方根は，$\pm\sqrt{\frac{2}{3}}$ …答

**Point** $a$ の平方根→ $\sqrt{a}$と$-\sqrt{a}$の2つ

**テストで注意 正の数の平方根は必ず2つある!**

$\sqrt{a}$は，$a$の平方根のうち，正のほうだけを表している。負のほうの$-\sqrt{a}$を，忘れないようにしよう。

**確認 $\pm\sqrt{a}$の読み方**

$\sqrt{a}$と$-\sqrt{a}$をまとめて，$\pm\sqrt{a}$と表すことができる。これは「プラス マイナス ルート$a$」と読む。

## 例題 3 平方根の表し方(2)〔根号を使わない〕 Level ★★

次の数を，根号を使わないで表しなさい。

(1) $-\sqrt{64}$　　(2) $\sqrt{\frac{4}{9}}$　　(3) $\sqrt{(-5)^2}$

### 解き方

(1) $-\sqrt{64}$は，64の平方根のうち，負のほうを表す。
$-\sqrt{64}=-\sqrt{8^2}=-8$ …答

(2) $\frac{4}{9}=\frac{2^2}{3^2}=\left(\frac{2}{3}\right)^2$だから，$\sqrt{\frac{4}{9}}=\frac{2}{3}$ …答

(3) $\sqrt{(-5)^2}=\sqrt{25}=\sqrt{5^2}=5$ …答

**テストで注意 $\sqrt{\ }$の中は必ず正の数**

(3) $\sqrt{\ }$の中の数が負の数の2乗になっているからといって，
$\sqrt{(-5)^2}=-5$（×）
としてしまうまちがいに注意しよう。
根号の意味から，$\sqrt{a}$はいつも正の数を表している。
2乗して25になる数は5と$-5$だが，そのうちの正のほうなので，
$\sqrt{(-5)^2}=5$

## 練習

解答 別冊p.6

**2** 次の数の平方根を，根号を使って表しなさい。

(1) 5　　(2) 0.3　　(3) $\frac{5}{7}$

**3** 次の数を，根号を使わないで表しなさい。

(1) $\sqrt{81}$　　(2) $-\sqrt{\frac{16}{25}}$　　(3) $\sqrt{(-3)^2}$　　(4) $\sqrt{0.36}$

## 例題 4 平方根の性質(1)　Level ★★☆

次の数を求めなさい。

(1)　$(\sqrt{6})^2$　(2)　$(-\sqrt{17})^2$　(3)　$\left(\sqrt{\dfrac{5}{11}}\right)^2$

### 解き方

(1)　$(\sqrt{a})^2=a$ だから，$(\sqrt{6})^2=\mathbf{6}$　…答

(2)　$(-\sqrt{a})^2=a$ だから，$(-\sqrt{17})^2=\mathbf{17}$　…答

(3)　根号の中が分数の場合も，同様に $(\sqrt{a})^2=a$ だから，

$\left(\sqrt{\dfrac{5}{11}}\right)^2=\mathbf{\dfrac{5}{11}}$　…答

**Point**　$(\sqrt{a})^2=a,\ (-\sqrt{a})^2=a$

## 例題 5 平方根の性質(2)　Level ★★☆

$\sqrt{45-4a}$ が整数になるような1けたの自然数 $a$ をすべて求めなさい。

### 解き方

$a=1,\ 2,\ 3,\ \cdots,\ 9$ を代入して，$45-4a$ の値を求め，$\sqrt{\ }$ の中が整数の2乗になるような自然数 $a$ を求める。

| $a$ | 1 | 2 | 3 | 4 | 5 | 6 | 7 | 8 | 9 |
|---|---|---|---|---|---|---|---|---|---|
| $45-4a$ | 41 | 37 | 33 | 29 | (25) | 21 | 17 | 13 | (9) |

したがって，$a=5$ のとき，$\sqrt{45-4a}=\sqrt{25}=5$

$a=9$ のとき，$\sqrt{45-4a}=\sqrt{9}=3$

答 **5，9**

### 参考　$\sqrt{a^2}$ と $(\sqrt{a})^2$

$\sqrt{a^2}$ と $(\sqrt{a})^2$ の形の数について，次のようにまとめられる。

$a>0$ のとき，

$\sqrt{a^2}=a$

$-\sqrt{a^2}=-a$

$(\sqrt{a})^2=a$

$(-\sqrt{a})^2=a$

### くわしく　「$a$ の平方根」と「$\sqrt{a}$」はちがう

「$\sqrt{a}$」は，$a$ の平方根のうちの正のほうである。「$a$ の平方根」は，「$\sqrt{a}$」と「$-\sqrt{a}$」の2つのことをさす。

45－4$a$ の値が整数の2乗になっていれば，根号がはずせるね。

## 練習

解答 別冊p.6

**4**　次の数を求めなさい。

(1)　$(\sqrt{11})^2$　(2)　$(-\sqrt{7})^2$　(3)　$\left(\sqrt{\dfrac{3}{5}}\right)^2$

**5**　$\sqrt{15+3a}$ が整数になるような最小の自然数 $a$ を求めなさい。

## 例題 6 平方根の大小 Level ★★★

次の各組の数の大小を，不等号を使って表しなさい。

(1) $\sqrt{37}$，$\sqrt{40}$　　(2) $-\sqrt{18}$，$-4$

(3) $\frac{1}{2}$，$\sqrt{\frac{1}{2}}$，$\sqrt{\frac{1}{5}}$

### 解き方

$\sqrt{\ }$の中の数の大小を調べる ▶ (1) $37<40$ だから，

$\sqrt{37}<\sqrt{40}$ …答

4を$\sqrt{\ }$のついた数で表す ▶ (2) $(\sqrt{18})^2=18$，$4^2=16$ で，

$18>16$ だから，$\sqrt{18}>\sqrt{16}$

よって，$\sqrt{18}>4$

負の数どうしでは絶対値が大きいほうが小さい ▶ したがって，$-\sqrt{18}<-4$ …答

(3) $\left(\frac{1}{2}\right)^2=\frac{1}{4}$，$\left(\sqrt{\frac{1}{2}}\right)^2=\frac{1}{2}$，$\left(\sqrt{\frac{1}{5}}\right)^2=\frac{1}{5}$

$0<a<b<c$ ならば，$\sqrt{a}<\sqrt{b}<\sqrt{c}$ ▶ $\frac{1}{5}<\frac{1}{4}<\frac{1}{2}$ だから，

$\sqrt{\frac{1}{5}}<\sqrt{\frac{1}{4}}<\sqrt{\frac{1}{2}}$

したがって，$\sqrt{\frac{1}{5}}<\frac{1}{2}<\sqrt{\frac{1}{2}}$ …答

**Point** $0<a<b$ ならば，$\sqrt{a}<\sqrt{b}$

#### ✔確認 平方根の大小の比べ方

- $\sqrt{a}$ と $\sqrt{b}$ の大小
  $a<b$ ならば，$\sqrt{a}<\sqrt{b}$
- $-\sqrt{a}$ と $-\sqrt{b}$ の大小
  $a<b$ ならば，$-\sqrt{a}>-\sqrt{b}$
  不等号の向きが逆になる
- $\sqrt{a}$ と $b$ の大小（$b>0$）
  $a<b^2$ ならば，$\sqrt{a}<b$

(2)，(3)は，$\sqrt{\ }$ のついていない数を2乗して，$\sqrt{\ }$ をつけて比べるんだって。

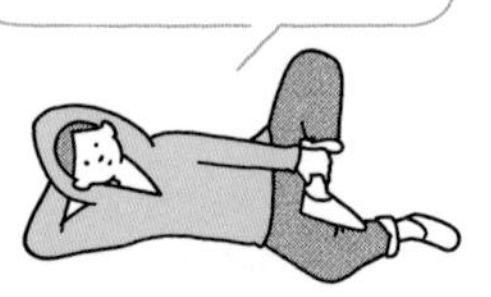

#### 図解 平方根の大小

面積が $a$，$b$ の2つの正方形の1辺の長さを比べる。

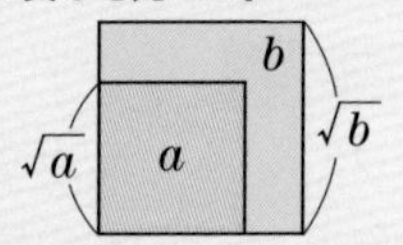


上の図より，$a<b$ ならば，$\sqrt{a}<\sqrt{b}$ であることがわかる。

## 練習

解答 別冊p.6

**6** 次の各組の数の大小を，不等号を使って表しなさい。

(1) $\sqrt{13}$，$\sqrt{11}$　　(2) $6$，$\sqrt{35}$

(3) $-3$，$-\sqrt{7}$　　(4) $\frac{1}{3}$，$\sqrt{\frac{1}{3}}$，$\sqrt{0.3}$

## 例題 7 根号の中の数を求める　Level ★★☆

$n$を自然数とします。次の式にあてはまる$n$の個数を求めなさい。

(1) $1<\sqrt{n}<3$　　(2) $4<\sqrt{3n}<5$

**解き方**

(1) $1<\sqrt{n}<3$

それぞれを2乗すると，

2乗しても大小関係は変わらない ▶ $1^2<(\sqrt{n})^2<3^2$

$1<n<9$

$n$は自然数である ▶ この$n$にあてはまる自然数は，

$n=2,\ 3,\ 4,\ 5,\ 6,\ 7,\ 8$

**答 7個**

(2) $4<\sqrt{3n}<5$

それぞれを2乗すると，

2乗しても大小関係は変わらない ▶ $4^2<(\sqrt{3n})^2<5^2$

$16<3n<25$

$n$は自然数である ▶ この$n$にあてはまる自然数は，

$n=6,\ 7,\ 8$

**答 3個**

**Point** 2乗して，$\sqrt{\ }$ をはずして考える。

$\sqrt{\ }$ があって，$n$の値の範囲がわかりにくいから，それぞれを2乗するんだよ。

**別解 $\sqrt{\ }$ のついた形で考える**

(1) $1<\sqrt{n}<3$ から，

$\sqrt{1^2}<\sqrt{n}<\sqrt{3^2}$

これより，

$1^2<n<3^2$

としてもよい。

**テストで注意 求めるのは$n$の個数**

問題文で問われているのは$n$の個数なので，$n$にあてはまる自然数をそのまま答えてはだめ！



**練習**　解答 別冊p.6

**7** 次の$x$にあてはまる整数をすべて求めなさい。

(1) $1<\sqrt{x}<\sqrt{5}$　　(2) $2.1<\sqrt{x}<2.3$

(3) $\frac{3}{2}<\sqrt{x}<\frac{7}{3}$　　(4) $5<\sqrt{2x}<6$

## 例題 8 平方根の近似値 Level ★★★

電卓を使って，次の数の近似値を小数第3位まで求めなさい。

(1) $\sqrt{3}$　　(2) $\sqrt{1.52}$

### 解き方

(1) [3] [$\sqrt{\ }$] の順にキーを押す。

↓

$\sqrt{3}$ の近似値 ▶ 1.7320508 と表示される。

↓

四捨五入して，小数第3位まで求める ▶ 小数第4位を四捨五入して，

$\sqrt{3} \to$ **1.732** … 答

(2) [1] [・] [5] [2] [$\sqrt{\ }$] と押す。

↓

$\sqrt{1.52}$ の近似値 ▶ 1.2328828 と表示される。

↓

四捨五入して，小数第3位まで求める ▶ 小数第4位を四捨五入して，

$\sqrt{1.52} \to$ **1.233** … 答

### ✔確認 近似値

長さや重さなどの実際にはかった測定値は，真の値といくらかちがう。測定値のように，真の値ではないが真の値に近い値を**近似値**という。

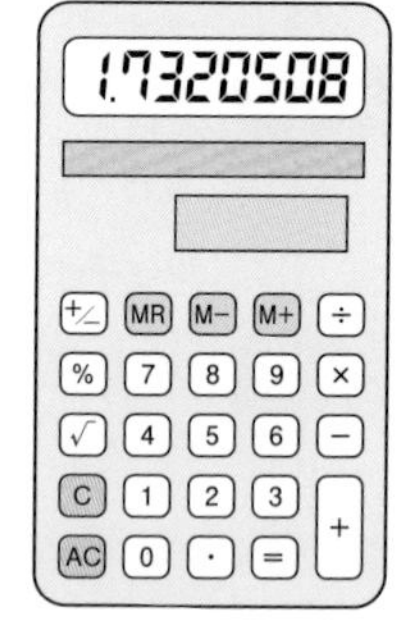


### 参考 電卓を使って計算するときの注意点

①最初に，[AC]キーまたは[C]キーを押して，前の計算の結果を消しておく。

②メモリーキーの機能

[M+]…メモリーに数値を加える。

[M−]…メモリーから数値をひく。

[MR]または[RM]…メモリーの内容を表示する。

例　$1 \div \sqrt{2}$ の近似値の求め方

[2] [$\sqrt{\ }$] [M+] [1] [÷] [MR] [=]

---

### 練 習

解答 別冊 p.6

**8** 電卓を使って，次の数の近似値を小数第3位まで求めなさい。

(1) $\sqrt{5}$　　(2) $\sqrt{1.5}$　　(3) $\sqrt{3.48}$

### Column おもな平方根の近似値の覚え方

$\sqrt{2} \fallingdotseq$ 1.41421356（ひと 夜ひと夜に 人見ごろ）

$\sqrt{3} \fallingdotseq$ 1.7320508（人 なみに おごれ や）

$\sqrt{5} \fallingdotseq$ 2.2360 679（富 士山ろく オウム 鳴く）

$\sqrt{6} \fallingdotseq$ 2.44949（似 よ，よくよく）

$\sqrt{7} \fallingdotseq$ 2.64575（菜 に むしいない）

$\sqrt{10} \fallingdotseq$ 3.1622（人丸は 三 いろに ならぶ）

## 例題 9 有理数と無理数 Level ★★☆

次の数を有理数と無理数に分けて，記号で答えなさい。

㋐ $-4$　㋑ $\sqrt{9}$　㋒ $\sqrt{5}$　㋓ $0.72$

㋔ $\dfrac{\sqrt{16}}{3}$　㋕ $-\sqrt{2}$　㋖ $\dfrac{3}{8}$

### 解き方

分数の形で表せるか調べる ▶ ㋐ $-4=-\dfrac{4}{1}$

㋑ $\sqrt{9}=\sqrt{3^2}=3=\dfrac{3}{1}$

㋒ $\sqrt{5}=2.2360679\cdots$ だから，分数の形では表せない。

㋓ $0.72=\dfrac{18}{25}$

㋔ $\dfrac{\sqrt{16}}{3}=\dfrac{4}{3}$

㋕ $-\sqrt{2}$ は分数の形では表せない。

㋖ $\dfrac{3}{8}$

**答** 有理数…㋐，㋑，㋓，㋔，㋖　無理数…㋒，㋕

**Point** 分数の形で表せないものが無理数。

### 確認 有理数と無理数

整数$a$と0でない整数$b$を使って，$\dfrac{a}{b}$と分数の形で表すことのできる数を**有理数**といい，これに対して分数の形で表すことのできない数を**無理数**という。

円周率$\pi$も無理数である。

### くわしく 小数の種類

ある位で終わる小数を**有限**（ゆうげん）**小数**，限りなく続く小数を**無限**（むげん）**小数**という。さらに，無限小数のうち，ある位以下の数字が決まった順序でくり返される小数を**循環**（じゅんかん）**小数**という。

循環小数では，くり返される部分（2つ以上の場合は，はじめと終わりの部分）の数字の上に・をつけて表す。

例 $0.4545\cdots$は，$0.\dot{4}\dot{5}$と表す。

数の見た目で判断せず，分数の形で表せるかどうかを調べよう！

### 練習　　解答▶別冊p.6

**9** 次の数の中から，無理数を選びなさい。

$-8$　$\dfrac{3}{13}$　$\sqrt{25}$　$\sqrt{11}$　$1.2$　$\sqrt{\dfrac{9}{4}}$　$\sqrt{7}$

## 例題 10 平方根を数直線上に表す Level ★★★

次の数直線上の点 A，B，C は，下のいずれかの数を表しています。これらの点の表す数はそれぞれどれですか。

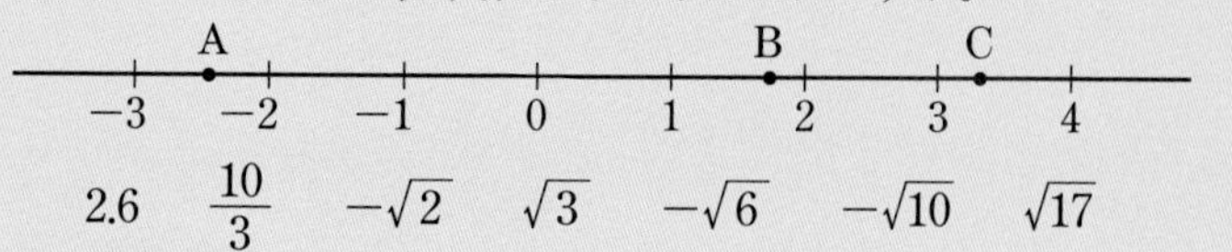


$2.6$　$\frac{10}{3}$　$-\sqrt{2}$　$\sqrt{3}$　$-\sqrt{6}$　$-\sqrt{10}$　$\sqrt{17}$

### 解き方

点Aの表す数を$-\sqrt{a}$とすると，

数直線上で−2と−3の間にある ▶ $-3<-\sqrt{a}<-2$

すなわち，$2<\sqrt{a}<3$，$2^2<(\sqrt{a})^2<3^2$

よって，$4<a<9$

$\sqrt{\ }$の中の数が$4<a<9$であるもの ▶ 点Aの表す数は負だから，これを満たすのは$-\sqrt{6}$

したがって，点Aの表す数は$-\sqrt{6}$ …答

点Bの表す数を$\sqrt{b}$とすると，同様にして，

数直線上で1と2の間にある ▶ $1<b<4$

これを満たすのは$\sqrt{3}$だから，

点Bの表す数は$\sqrt{3}$ …答

点Cの表す数を$\sqrt{c}$とすると，同様にして，

数直線上で3と4の間にある ▶ $9<c<16$

これを満たす根号のついた数はない。

点Cの表す数は$\frac{10}{3}$ …答

点Aの表す数は負，
点B,Cの表す数は正だよ。

**確認 無理数**

$\sqrt{9}$や$\sqrt{\frac{16}{25}}$のように，根号の中が有理数の2乗になるとき以外は，根号のついた数はすべて無理数である。

しかし，**すべての数は，数直線上の点と対応している**ため，例題10のように，無理数も有理数と同じように数直線上の点に対応させることができる。

**テストで注意 点Aの不等号の向き**

点Aの表す数を$-\sqrt{a}$とすると，この点は数直線上で−2と−3の間にあるので，

$-3<-\sqrt{a}<-2$ より

$3>\sqrt{a}>2$

$3^2>(\sqrt{a})^2>2^2$

⬇

$9>a>4$

## 練習

解答 別冊p.6

**10** 次の数直線上の点 A，B，C，D は，下のいずれかの数を表しています。これらの点の表す数はそれぞれどれですか。

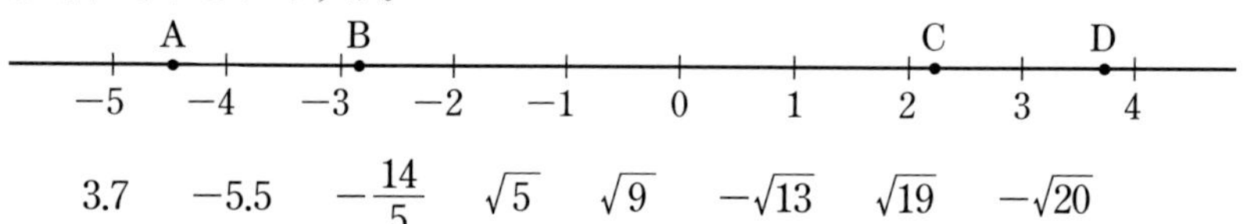


$3.7$　$-5.5$　$-\frac{14}{5}$　$\sqrt{5}$　$\sqrt{9}$　$-\sqrt{13}$　$\sqrt{19}$　$-\sqrt{20}$

# 2 近似値と有効数字

## 近似値

［例題 11］

長さや重さなどを実際にはかって得られた測定値は，ふつう，真の値といくらかちがいます。測定値などのように，真の値ではないが真の値に近い値を**近似値**(きんじち)といいます。また，近似値と真の値の差を**誤差**(ごさ)といいます。

■ 誤差

**誤差＝近似値－真の値**

■ 真の値の範囲

例　ある数$a$の小数第1位を四捨五入した近似値を18とすると，$a$の値の範囲は，

$17.5 \leqq a < 18.5$

このとき，誤差の絶対値は0.5以下となる。

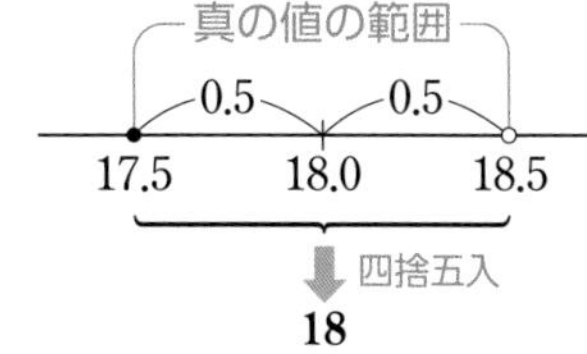


## 有効数字

［例題 12～例題 13］

近似値を表す数字のうち，信頼できる数字を**有効数字**(ゆうこうすうじ)といい，その数字の個数を**有効数字のけた数**といいます。有効数字をはっきりさせたいときは，**整数部分が1けたの数と10の累乗との積**の形で表します。

■ 有効数字

例　A地点からB地点までの距離(きょり)をはかり，10m未満を四捨五入して測定値1750mを得た。

この測定値の有効数字は，

1，7，5 ←信頼できる数字

一の位の0は有効数字ではない。←0は位取りを表している

■ 有効数字を使った表し方

**(整数部分が1けたの数)×(10の累乗)**

例　距離の測定値2500mの有効数字が2，5，0のとき，

$2.50 \times 10^3$m

## 例題 11 真の値の範囲　Level ★☆☆

四捨五入によって，次のような近似値を得たとき，真の値 $a$ はどんな範囲にあると考えられますか。不等号を使って表しなさい。

(1)　163g　　(2)　4.7m　　(3)　8.50秒

### 解き方

何の位を四捨五入したかを考える ▶ (1)　小数第1位を四捨五入した近似値が163gになるから，$a$ の値の範囲は，

範囲を不等式で表す ▶ $162.5 \leqq a < 163.5$ …答

真の値の範囲
0.5　0.5
162.5　163.0　163.5
→誤差の絶対値は0.5以下

何の位を四捨五入したかを考える ▶ (2)　小数第2位を四捨五入した近似値が4.7mになるから，$a$ の値の範囲は，

範囲を不等式で表す ▶ $4.65 \leqq a < 4.75$ …答

真の値の範囲
0.05　0.05
4.65　4.70　4.75
→誤差の絶対値は0.05以下

何の位を四捨五入したかを考える ▶ (3)　小数第3位を四捨五入した近似値が8.50秒になるから，$a$ の値の範囲は，

範囲を不等式で表す ▶ $8.495 \leqq a < 8.505$ …答

真の値の範囲
0.005　0.005
8.495　8.500　8.505
→誤差の絶対値は0.005以下

**Point**　**近似値は，その位の1つ下の位の数字を四捨五入して得た値。**

---

**確認　誤差**

**誤差＝近似値－真の値**

(1)　真の値 $a$ g が162.5gのとき，誤差は，
$163-162.5=0.5$ (g)
で，このときの誤差は最も大きくなる。したがって，誤差の絶対値は0.5以下である。

**くわしく　四捨五入して4.7になる数**

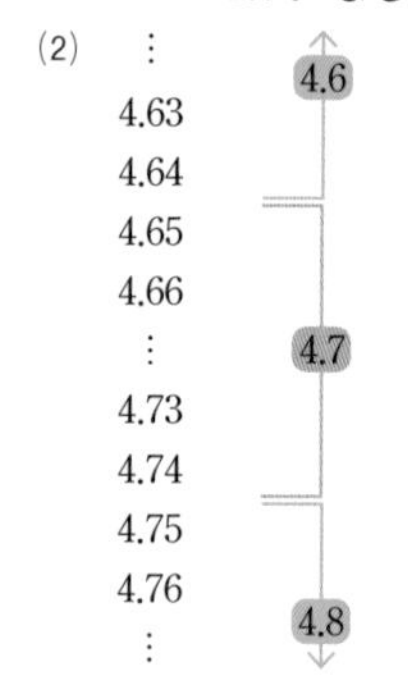


**テストで注意　近似値8.5と8.50の違いに注意!**

(3)　近似値8.50秒を8.5秒と考えて，
$8.45 \leqq a < 8.55$
としないように注意しよう。

近似値が8.50秒とは，小数第3位を四捨五入した数が8.50になるということだよ。

---

### 練習　　解答 別冊p.7

**11**　ある重さの測定値2.46kgが四捨五入によって得られた近似値であるとします。真の値を $a$ kgとするとき，$a$ の値の範囲を不等号を使って表しなさい。また，誤差の絶対値はいくつ以下になりますか。

## 例題 12 有効数字と測定値

Level ★★☆

ある品物の重さをはかったところ，測定値は2750gでした。
次のそれぞれについて，この値の有効数字を答えなさい。

(1) 最小のめもりが10gのはかりではかった場合

(2) 最小のめもりが1gのはかりではかった場合

### 解き方

はかりではかれる重さを考える ▶ (1) このはかりは10g未満の重さははかれないから，
千，百，十の位の2，7，5は信頼できるが，
一の位の0は位取りを表しているだけである。
したがって，有効数字は**2，7，5** …答

はかりではかれる重さを考える ▶ (2) このはかりは1gの重さまではかれるから，
千，百，十，一の位の2，7，5，0は信頼できる。
したがって，有効数字は**2，7，5，0** …答

**Point はかりの最小のめもりから，信頼できる数を考える。**

**確認 有効数字**

**有効数字**･･･近似値を表す数字のうち，信頼できる数字。

**参考 有効数字が必要なわけ**

測定値30mmを3cmと表すと，1cmの単位までしかはかっていないと誤解される。
測定値30mmを3.0cmと書くと，有効数字は3.0となり，0.1cm(1mm)の単位まではかったことがわかる。

**くわしく 測定値と有効数字**

(1)

四捨五入

近似値 2750
信頼できる数字は2，7，5

(2)

2749.5　2750　2750.5

四捨五入

近似値 2750
信頼できる数字は2，7，5，0

### 練習

解答 別冊p.7

12 次の問いに答えなさい。

(1) ある長さをはかり，10cm未満を四捨五入して，測定値3800cmを得ました。この測定値の有効数字を答えなさい。

(2) 2地点A，B間の距離をはかって，測定値16.0kmを得ました。これは何の位まで測定したものですか。

## 例題 13 有効数字の表し方 Level ★★★

次の近似値の有効数字が(　)内のけた数であるとき，それぞれの近似値を，(整数部分が1けたの数)×(10の累乗)の形で表しなさい。ただし，(4)は，(整数部分が1けたの数)×$\frac{1}{10^n}$の形で表しなさい。

(1) 1740m(3けた)　　(2) 68500km(4けた)

(3) 290000g(4けた)　　(4) 0.037m$^2$(2けた)

### 解き方

有効数字を確認 ▶ (1) 有効数字は3けただから，1，7，4

(1けたの数)×(10の累乗)の形で表す ▶ したがって，$1.74\times10^3$ m …答

有効数字を確認 ▶ (2) 有効数字は4けただから，6，8，5，0

(1けたの数)×(10の累乗)の形で表す ▶ したがって，$6.850\times10^4$ km …答

有効数字を確認 ▶ (3) 有効数字は4けただから，2，9，0，0

(1けたの数)×(10の累乗)の形で表す ▶ したがって，$2.900\times10^5$ g …答

有効数字を確認 ▶ (4) 有効数字は2けただから，3，7

(1けたの数)×$\frac{1}{10^n}$の形で表す ▶ したがって，$3.7\times\frac{1}{100}$ m$^2$ ➡ $3.7\times\frac{1}{10^2}$ m$^2$ …答

くわしく $10^n$の指数の決め方

小数点の移動を考えるとわかりやすい。

(2) 6.8500. ➡ $6.850\times10^4$
4回左

(4) 0.03.7 ➡ $3.7\times\frac{1}{10^2}$
2回右

末位の0を書き落とさないように注意しよう！(2)は$6.85\times10^4$と答えないように！

### 練習　　解答▶別冊p.7

**13** 次の近似値で有効数字が3けたであるとき，それぞれの近似値を，(整数部分が1けたの数)×(10の累乗)の形で表しなさい。

(1) Aさんの身長158cm　　(2) ある国の面積41000km$^2$

# 3 根号をふくむ式の乗除

## 根号をふくむ式の乗法・除法 ［例題14～例題21］

**乗法・除法**

$a$，$b$ を正の数とするとき，

- **乗法** $\sqrt{a}\times\sqrt{b}=\sqrt{ab}$ 例 $\sqrt{3}\times\sqrt{5}=\sqrt{3\times5}=\sqrt{15}$
  （$\sqrt{a}\times\sqrt{b}$ → $\sqrt{a}\sqrt{b}$と書くこともある）
- **除法** $\sqrt{a}\div\sqrt{b}=\dfrac{\sqrt{a}}{\sqrt{b}}=\sqrt{\dfrac{a}{b}}$ 例 $\sqrt{18}\div\sqrt{6}=\dfrac{\sqrt{18}}{\sqrt{6}}=\sqrt{\dfrac{18}{6}}=\sqrt{3}$

**根号のついた数の変形**

$a$，$b$ を正の数とするとき，

$a\sqrt{b}=\sqrt{a^2b}$ …$\sqrt{\ }$の外の数を中へ ⟷（逆の変形）⟷ $\sqrt{a^2b}=a\sqrt{b}$ …$\sqrt{\ }$の中の数を外へ

例 $2\sqrt{3}=\sqrt{2^2\times3}=\sqrt{12}$　　例 $\sqrt{18}=\sqrt{3^2\times2}=3\sqrt{2}$

## 平方根の近似値と分母の有理化 ［例題22～例題24］

**平方根の近似値の求め方**

$\sqrt{a^2b}=a\sqrt{b}$ **を利用する。**

例 $\sqrt{3}=1.732$ としたとき，

$\sqrt{300}=\sqrt{100\times3}=10\sqrt{3}=10\times1.732=17.32$ ← $\sqrt{100a}=10\sqrt{a}$

$\sqrt{0.03}=\sqrt{\dfrac{3}{100}}=\dfrac{\sqrt{3}}{10}=\dfrac{1.732}{10}=0.1732$ ← $\sqrt{\dfrac{a}{100}}=\dfrac{\sqrt{a}}{10}$

**分母の有理化**

分母に$\sqrt{\ }$をふくむ数を，分母に$\sqrt{\ }$をふくまない形に変形することを，**分母を有理化**（ゆうりか）するといいます。

$\dfrac{a}{\sqrt{b}}=\dfrac{a\times\sqrt{b}}{\sqrt{b}\times\sqrt{b}}=\dfrac{a\sqrt{b}}{b}$ ← 分母と分子に同じ数をかける

例 $\dfrac{4}{\sqrt{3}}=\dfrac{4\times\sqrt{3}}{\sqrt{3}\times\sqrt{3}}=\dfrac{4\sqrt{3}}{3}$

## 例題 14 根号がついた数の乗法 Level ★☆☆

次の計算をしなさい。

(1) $\sqrt{5}\times\sqrt{7}$　　(2) $\sqrt{2}\sqrt{13}$

(3) $\sqrt{3}\times\sqrt{14}$　　(4) $\sqrt{15}\times(-\sqrt{2})$

(5) $\sqrt{2}\times\sqrt{3}\times\sqrt{11}$

### 解き方

$\sqrt{\ }$ の中の2数の積に$\sqrt{\ }$をつける ▶ (1) $\sqrt{5}\times\sqrt{7}=\sqrt{5\times7}=\sqrt{35}$ …答

$\sqrt{\ }$ の中の2数の積に$\sqrt{\ }$をつける ▶ (2) $\sqrt{2}\sqrt{13}=\sqrt{2\times13}=\sqrt{26}$ …答

$\sqrt{\ }$ の中の2数の積に$\sqrt{\ }$をつける ▶ (3) $\sqrt{3}\times\sqrt{14}=\sqrt{3\times14}=\sqrt{42}$ …答

－の符号は$\sqrt{\ }$の前へ出す ▶ (4) $\sqrt{15}\times(-\sqrt{2})=-\sqrt{15\times2}=-\sqrt{30}$ …答

(5) $\sqrt{2}\times\sqrt{3}\times\sqrt{11}$

$\sqrt{\ }$ の中の3数の積に$\sqrt{\ }$をつける ▶ $=\sqrt{2\times3\times11}=\sqrt{66}$ …答

**Point 平方根の積　$\sqrt{a}\times\sqrt{b}=\sqrt{a\times b}$**

**確認 「×」をはぶいて表す**

$\sqrt{a}\times\sqrt{b}$は，文字式と同様に，$\sqrt{a}\sqrt{b}$と「×」をはぶいて表すことができる。つまり，(2)は

$\sqrt{2}\sqrt{13}=\sqrt{2}\times\sqrt{13}$

同様に，$a\times\sqrt{b}$は，$a\sqrt{b}$ と書くことができる。

平方根の積の符号の決め方は，これまでの数や文字の積と同じだよ。

**練習**　解答 別冊p.7

**14** 次の計算をしなさい。

(1) $\sqrt{6}\times\sqrt{5}$　　(2) $\sqrt{10}\sqrt{7}$

(3) $-\sqrt{2}\times(-\sqrt{17})$　　(4) $\sqrt{3}\times(-\sqrt{7})\times\sqrt{2}$

## 例題 15 根号がついた数の除法 Level ★☆☆

次の計算をしなさい。

(1) $\sqrt{42}\div\sqrt{6}$　　(2) $\sqrt{75}\div(-\sqrt{3})$

(3) $\dfrac{\sqrt{35}}{\sqrt{7}}$　　(4) $\sqrt{\dfrac{2}{5}}\div\sqrt{\dfrac{2}{15}}$

### 解き方

$\sqrt{\ }$ の中の2数の商に$\sqrt{\ }$をつける ▶ (1) $\sqrt{42}\div\sqrt{6}=\sqrt{\dfrac{42}{6}}=\sqrt{7}$ …答

$\sqrt{\ }$ の中の2数の商に$\sqrt{\ }$をつける ▶ (2) $\sqrt{75}\div(-\sqrt{3})=-\sqrt{\dfrac{75}{3}}=-\sqrt{25}$

$-\sqrt{a^2}=-a$ ▶ $=-\sqrt{5^2}=-5$ …答

$\dfrac{\sqrt{a}}{\sqrt{b}}=\sqrt{\dfrac{a}{b}}$ ▶ (3) $\dfrac{\sqrt{35}}{\sqrt{7}}=\sqrt{\dfrac{35}{7}}=\sqrt{5}$ …答

$\sqrt{\ }$ の中の2数の商に$\sqrt{\ }$をつける ▶ (4) $\sqrt{\dfrac{2}{5}}\div\sqrt{\dfrac{2}{15}}=\sqrt{\dfrac{2}{5}\div\dfrac{2}{15}}$

わる数の逆数をかける形にする ▶ $=\sqrt{\dfrac{2}{5}\times\dfrac{15}{2}}=\sqrt{3}$ …答

**Point** 平方根の商　$\sqrt{a}\div\sqrt{b}=\sqrt{\dfrac{a}{b}}$

**テストで注意 分数の約分を忘れずに**

(1) $\sqrt{\dfrac{42}{6}}$をそのまま答えにしてはいけない。$\sqrt{\ }$ の中の分数が約分できるときは，必ず約分して答えよう。

**テストで注意 符号と答え方に注意**

わる数やわられる数の符号が－のときは，商の符号に気をつけよう。

また，$\sqrt{25}=5$のように，$\sqrt{\ }$を使わずに表すことができる数は，必ず$\sqrt{\ }$を使わない形で答えるようにすること。

**確認 $\sqrt{\ }$ の中の数が分数の場合の計算**

$\sqrt{\ }$ の中を(分数)÷(分数)として計算する。あとは，わる数の逆数をかける形に直して計算すればよい。



### 練習

解答 ▶ 別冊p.7

**15** 次の計算をしなさい。

(1) $\sqrt{72}\div\sqrt{8}$　　(2) $-\sqrt{51}\div\sqrt{17}$

(3) $\sqrt{15}\div\sqrt{\dfrac{3}{5}}$　　(4) $\sqrt{\dfrac{14}{11}}\div\sqrt{\dfrac{7}{22}}$

## 例題 16 根号の外の数を根号の中に入れる Level ★★★

次の数を$\sqrt{a}$の形に表しなさい。

(1) $4\sqrt{3}$　　(2) $\dfrac{\sqrt{50}}{5}$　　(3) $\dfrac{2\sqrt{6}}{3}$

### 解き方

4を2乗して$\sqrt{\ }$の中へ ▶ (1) $4\sqrt{3}=\sqrt{4^2\times3}=\sqrt{48}$ …答

（$4=\sqrt{4^2}$、$\sqrt{16\times3}$）

分母の5を2乗して$\sqrt{\ }$の中へ ▶ (2) $\dfrac{\sqrt{50}}{5}=\dfrac{\sqrt{50}}{\sqrt{5^2}}=\sqrt{\dfrac{50}{25}}=\sqrt{2}$ …答

分母の3と分子の2を2乗して$\sqrt{\ }$の中へ ▶ (3) $\dfrac{2\sqrt{6}}{3}=\dfrac{\sqrt{2^2\times6}}{\sqrt{3^2}}=\sqrt{\dfrac{24}{9}}=\sqrt{\dfrac{8}{3}}$ …答

**Point** $a\sqrt{b}=\sqrt{a^2b}$（$a$を2乗して$\sqrt{\ }$の中へ）

## 例題 17 根号の中の数を根号の外に出す Level ★★★

次の数を$a\sqrt{b}$の形に表しなさい。

(1) $\sqrt{50}$　　(2) $\sqrt{252}$

### 解き方

50を素因数分解して，2乗の因数を見つける ▶ (1) $\sqrt{50}=\sqrt{5^2\times2}=\sqrt{5^2}\times\sqrt{2}=5\sqrt{2}$ …答

（$\sqrt{a^2}\times\sqrt{b}=a\sqrt{b}$）

252を素因数分解して，2と3を$\sqrt{\ }$の外に出す ▶ (2) $\sqrt{252}=\sqrt{2^2\times3^2\times7}=\sqrt{2^2}\times\sqrt{3^2}\times\sqrt{7}$

$=2\times3\times\sqrt{7}=6\sqrt{7}$ …答

**Point** 2乗の因数を見つけ，$\sqrt{\ }$の外に出す。

**くわしく 素因数分解のしかた**

(1) 50の素因数分解

```
2)50
5)25
   5
```

これより，$50=2\times5^2$

(2) 252の素因数分解

```
2)252
2)126
3) 63
3) 21
    7
```

これより，$252=2^2\times3^2\times7$

## 練習

解答 別冊p.7

**16** 次の数を$\sqrt{a}$の形に表しなさい。

(1) $10\sqrt{5}$　　(2) $\dfrac{\sqrt{54}}{3}$　　(3) $\dfrac{3\sqrt{8}}{4}$

**17** 次の数を$a\sqrt{b}$の形に表しなさい。

(1) $\sqrt{98}$　　(2) $\sqrt{243}$　　(3) $\sqrt{675}$

## 例題 18 数の分解を利用する乗法

Level ★★☆

次の計算をしなさい。ただし，根号の中をできるだけ簡単な数にしなさい。

(1) $\sqrt{5}\times\sqrt{35}$　　(2) $\sqrt{30}\times\sqrt{42}$

**解き方**

$\sqrt{35}$ を $\sqrt{5}\times\sqrt{7}$ と表す ▶

(1) $\sqrt{5}\times\sqrt{35}$

$=\sqrt{5}\times\sqrt{5}\times\sqrt{7}=\sqrt{5^2\times7}=\mathbf{5\sqrt{7}}$ …答

(2) $\sqrt{30}\times\sqrt{42}$

$\sqrt{30}$ と $\sqrt{42}$ をそれぞれ平方根の積の形で表す ▶

$=\sqrt{2}\times\sqrt{3}\times\sqrt{5}\times\sqrt{2}\times\sqrt{3}\times\sqrt{7}$

$=\sqrt{2^2\times3^2\times5\times7}=2\times3\times\sqrt{5\times7}=\mathbf{6\sqrt{35}}$ …答

**Point** $\sqrt{a}$ を $\sqrt{b}\sqrt{c}$ の形に分解する。

**別解** $\sqrt{\ }$ の中を先にかける

(1) $\sqrt{5}\times\sqrt{35}$

$=\sqrt{5\times35}=\sqrt{175}$

$=\sqrt{5^2\times7}=\mathbf{5\sqrt{7}}$ …答

(2) $\sqrt{30}\times\sqrt{42}$

$=\sqrt{6}\times\sqrt{5}\times\sqrt{6}\times\sqrt{7}$

$=(\sqrt{6})^2\times\sqrt{5}\times\sqrt{7}$

$=6\times\sqrt{5\times7}$

$=\mathbf{6\sqrt{35}}$ …答

## 例題 19 $a\sqrt{b}$ の形にしてから計算する

Level ★★☆

次の計算をしなさい。ただし，根号の中をできるだけ簡単な数にしなさい。

(1) $\sqrt{8}\times\sqrt{45}$　　(2) $2\sqrt{6}\times\sqrt{75}$

**解き方**

$\sqrt{8}$ と $\sqrt{45}$ をそれぞれ $a\sqrt{b}$ の形に直す ▶

(1) $\sqrt{8}\times\sqrt{45}=\sqrt{2^2\times2}\times\sqrt{3^2\times5}$

$=2\sqrt{2}\times3\sqrt{5}=2\times3\times\sqrt{2}\times\sqrt{5}=\mathbf{6\sqrt{10}}$ …答

$\sqrt{6}$ を $\sqrt{2}\times\sqrt{3}$ と表す ▶

(2) $2\sqrt{6}\times\sqrt{75}=2\times\sqrt{6}\times\sqrt{5^2\times3}$

$=2\times\sqrt{2}\times\sqrt{3}\times5\times\sqrt{3}$

$\sqrt{3}\times\sqrt{3}=3$ ▶ $=2\times3\times5\times\sqrt{2}=\mathbf{30\sqrt{2}}$ …答

**Point** $a\sqrt{b}$ に直してから計算する。

**別解** $\sqrt{\ }$ の中を先にかける

(1) $\sqrt{8}\times\sqrt{45}$

$=\sqrt{8\times45}=\sqrt{360}$

$=\sqrt{2^2\times3^2\times2\times5}$

$=2\times3\times\sqrt{2\times5}$

$=\mathbf{6\sqrt{10}}$ …答

(2) $2\sqrt{6}\times\sqrt{75}=2\times\sqrt{6\times75}$

$=2\times\sqrt{450}$

$=2\times\sqrt{3^2\times5^2\times2}$

$=2\times3\times5\times\sqrt{2}$

$=\mathbf{30\sqrt{2}}$ …答

### 練習

解答 別冊p.7

次の計算をしなさい。ただし，根号の中をできるだけ簡単な数にしなさい。

**18** (1) $\sqrt{26}\times\sqrt{39}$　　(2) $\sqrt{15}\times\sqrt{35}$

**19** (1) $\sqrt{18}\times\sqrt{6}$　　(2) $3\sqrt{14}\times2\sqrt{21}$

## 例題 20 分数・小数の平方根の変形 Level ★★☆

次の数を変形して，根号の中をできるだけ簡単な数にしなさい。

(1) $\sqrt{\dfrac{3}{16}}$　　(2) $\sqrt{0.07}$　　(3) $\sqrt{0.36}$

### 解き方

$\sqrt{\dfrac{3}{16}}=\dfrac{\sqrt{3}}{\sqrt{16}}$ として分母と分子に着目する ▶ (1) $\sqrt{\dfrac{3}{16}}=\dfrac{\sqrt{3}}{\sqrt{16}}=\dfrac{\sqrt{3}}{\sqrt{4^2}}$

$=\dfrac{\sqrt{3}}{4}$ …答

0.07を分数で表す ▶ (2) $\sqrt{0.07}=\sqrt{\dfrac{7}{100}}$

分子はそのまま ▶ $=\dfrac{\sqrt{7}}{\sqrt{10^2}}=\dfrac{\sqrt{7}}{10}$ …答

0.36を分数で表す ▶ (3) $\sqrt{0.36}=\sqrt{\dfrac{36}{100}}$

分子も整数に直す ▶ $=\dfrac{\sqrt{6^2}}{\sqrt{10^2}}=\dfrac{6}{10}=\dfrac{3}{5}$ …答

（$\dfrac{3}{5}$：0.6と小数で答えてもよい）

**Point** $\sqrt{\dfrac{a}{b}}$ を $\dfrac{\sqrt{a}}{\sqrt{b}}$ として $\sqrt{\phantom{a}}$ の中の数に着目。

### 確認 $\sqrt{\phantom{a}}$ の中の小数を整数に直すコツ

$\sqrt{\phantom{a}}$ の中の小数を，分母が100，10000などの分数で表すことができれば，

$0.01a=\dfrac{a}{100}=\dfrac{a}{10^2}$

$0.0001b=\dfrac{b}{10000}=\dfrac{b}{100^2}$

より，分母を $\sqrt{\phantom{a}}$ の外に出すことができる。

ただし，分母を10，1000とすると，$\sqrt{\phantom{a}}$ の外に出すことができないことに注意しよう。

### くわしく $\sqrt{\phantom{a}}$ の中の小数によって根号がなくなる

0.09，0.0049のように，$\sqrt{\phantom{a}}$ の中の小数を100倍，10000倍した数が，ある整数の2乗になっている場合は，

$\sqrt{0.09}=\sqrt{\dfrac{9}{100}}=\dfrac{3}{10}=0.3$

$\sqrt{0.0049}=\sqrt{\dfrac{49}{10000}}=\dfrac{7}{100}=0.07$

と根号をふくまない形で表せる。

### 練習

解答 ▶ 別冊p.7

**20** 次の数を変形して，根号の中をできるだけ簡単な数にしなさい。

(1) $\sqrt{\dfrac{6}{25}}$　　(2) $\sqrt{0.05}$

(3) $\sqrt{0.0003}$　　(4) $\sqrt{1.21}$

## 例題 21 根号がついた数の乗除混合 Level ★★★

次の計算をしなさい。

(1) $\sqrt{28}\div\sqrt{2}\times\sqrt{7}$

(2) $3\sqrt{6}\times2\sqrt{2}\div3\sqrt{3}$

(3) $6\sqrt{7}\div4\sqrt{3}\times8\sqrt{6}$

### 解き方

(1) $\sqrt{28}\div\sqrt{2}\times\sqrt{7}$

かける数を分子に，わる数を分母に ▶ $=\sqrt{\dfrac{28\times7}{2}}=\sqrt{98}$

$a\sqrt{b}$ の形にする ▶ $=\sqrt{7^2\times2}=\mathbf{7\sqrt{2}}$ …答

(2) $3\sqrt{6}\times2\sqrt{2}\div3\sqrt{3}$

かける数を分子に，わる数を分母に ▶ $=\dfrac{3\sqrt{6}\times2\sqrt{2}}{3\sqrt{3}}$ ―3で約分できる

$\sqrt{6}$ を $\sqrt{2}\sqrt{3}$ の形に分解する ▶ $=\dfrac{\sqrt{2}\times\sqrt{3}\times2\sqrt{2}}{\sqrt{3}}$ ―$\sqrt{3}$ で約分できる

$=\sqrt{2}\times2\sqrt{2}=\mathbf{4}$ …答

(3) $6\sqrt{7}\div4\sqrt{3}\times8\sqrt{6}$

かける数を分子に，わる数を分母に ▶ $=\dfrac{6\sqrt{7}\times8\sqrt{6}}{4\sqrt{3}}$ ―4で約分できる

$\sqrt{6}$ を $\sqrt{2}\sqrt{3}$ の形に分解する ▶ $=\dfrac{6\sqrt{7}\times2\times\sqrt{2}\times\sqrt{3}}{\sqrt{3}}$ ―$\sqrt{3}$ で約分できる

$=6\sqrt{7}\times2\sqrt{2}=\mathbf{12\sqrt{14}}$ …答

**Point** $\sqrt{\ }$ のついた数を分解して約分する。

**確認 平方根の積と商**

- $\sqrt{a}\times\sqrt{b}=\sqrt{ab}$
- $\sqrt{a}\div\sqrt{b}=\dfrac{\sqrt{a}}{\sqrt{b}}=\sqrt{\dfrac{a}{b}}$

かける数やわる数がふえても，平方根の計算のしかたは変わらないよ。

**別解 $\sqrt{\ }$ のついている数とついていない数を分けて計算**

(2) $3\sqrt{6}\times2\sqrt{2}\div3\sqrt{3}$

$=\dfrac{3\times2}{3}\times\dfrac{\sqrt{6}\times\sqrt{2}}{\sqrt{3}}$

$=\dfrac{3\times2}{3}\times\sqrt{\dfrac{6\times2}{3}}$

$=2\times\sqrt{4}$

$=4$ …答

(3) $6\sqrt{7}\div4\sqrt{3}\times8\sqrt{6}$

$=\dfrac{6\times8}{4}\times\dfrac{\sqrt{7}\times\sqrt{6}}{\sqrt{3}}$

$=\dfrac{6\times8}{4}\times\sqrt{\dfrac{7\times6}{3}}$

$=12\times\sqrt{14}$

$=12\sqrt{14}$ …答

### 練習

解答 別冊p.7

**21** 次の計算をしなさい。

(1) $2\sqrt{6}\times3\sqrt{2}\div\sqrt{12}$

(2) $(-\sqrt{14})\div\sqrt{21}\times\sqrt{75}$

(3) $3\sqrt{7}\div\sqrt{8}\times\sqrt{14}$

(4) $5\sqrt{180}\div2\sqrt{5}\times\sqrt{3}$

## 例題 22 分母の有理化　Level ★★★

次の数の分母を有理化しなさい。

(1) $\dfrac{4}{\sqrt{5}}$　(2) $\dfrac{\sqrt{3}}{\sqrt{6}}$　(3) $\dfrac{2}{3\sqrt{2}}$

### 解き方

分母と分子に$\sqrt{5}$をかける ▶ (1) $\dfrac{4}{\sqrt{5}}=\dfrac{4\times\sqrt{5}}{\sqrt{5}\times\sqrt{5}}$

$=\dfrac{4\sqrt{5}}{5}$ …答

分母と分子に$\sqrt{6}$をかける ▶ (2) $\dfrac{\sqrt{3}}{\sqrt{6}}=\dfrac{\sqrt{3}\times\sqrt{6}}{\sqrt{6}\times\sqrt{6}}$

$=\dfrac{\sqrt{3}\times\sqrt{3}\times\sqrt{2}}{6}$

3と6で約分できる ▶ $=\dfrac{3\times\sqrt{2}}{6}$

$=\dfrac{\sqrt{2}}{2}$ …答

分母と分子に$\sqrt{2}$をかける ▶ (3) $\dfrac{2}{3\sqrt{2}}=\dfrac{2\times\sqrt{2}}{3\sqrt{2}\times\sqrt{2}}$

2と2で約分できる ▶ $=\dfrac{2\times\sqrt{2}}{3\times2}$

$=\dfrac{\sqrt{2}}{3}$ …答

**Point** 分母の$\sqrt{\ }$のついた数を分母と分子にかける。

### ✔確認 分母の有理化

分母に根号をふくむ数を，ふくまない形に変形することを，**分母を有理化**するという。

つまり，分母の有理化とは，分母の根号をなくすこと。

### テストで注意 分子へのかけ忘れに注意!

分母の有理化は，分数の分母と分子の両方に同じ数をかけたときに，もとの数と大きさが変わらないことを利用している。

分子へ数をかけ忘れると，もとの数の大きさが変わってしまうので十分注意しよう。

$\dfrac{3}{\sqrt{6}}=\dfrac{3\times\sqrt{6}}{\sqrt{6}\times\sqrt{6}}=\dfrac{3\sqrt{6}}{6}=\dfrac{\sqrt{6}}{2}$

~~$\dfrac{3}{\sqrt{6}}=\dfrac{3}{\sqrt{6}\times\sqrt{6}}=\dfrac{3}{6}=\dfrac{1}{2}$~~

平方根の除法では，計算の結果を有理化して答えよう！

## 練習

解答 ▶ 別冊 p.7

**22** 次の数の分母を有理化しなさい。

(1) $\dfrac{5}{\sqrt{3}}$　(2) $\dfrac{\sqrt{2}}{\sqrt{7}}$

(3) $\dfrac{\sqrt{6}}{2\sqrt{3}}$　(4) $\dfrac{9}{\sqrt{27}}$

## 例題 23 平方根の値(1)〔簡単な形に変形する〕 Level ★★★

次の値を求めなさい。

(1) $\sqrt{900}$　(2) $\sqrt{160000}$　(3) $\sqrt{0.09}$

### 解き方

小数点を左へ2けたずらす ▶ (1) $\sqrt{9\,|\,00.}$ → 小数点を2けた左へ → $\sqrt{9.\,|\,00}$

根号をはずす

小数点を右へ1けたもどす ▶ 答 30 ← 小数点を1けた右へ ← 3.0

小数点を1けた左にずらした値

小数点を左へ4けたずらす ▶ (2) $\sqrt{16\,|\,00\,|\,00.}$ → 小数点を4けた左へ → $\sqrt{16.\,|\,00\,|\,00}$

小数点を右へ2けたもどす ▶ 答 400 ← 小数点を2けた右へ ← 4.00

小数点を2けた左にずらした値

小数点を右へ2けたずらす ▶ (3) $\sqrt{0.09}$ → 小数点を2けた右へ → $\sqrt{9}$

小数点を左へ1けたもどす ▶ 答 0.3 ← 小数点を1けた左へ ← 3.

小数点を1けた右にずらした値

**Point** 小数点をずらし，$\sqrt{\ \ }$ の中を簡単にする。

### 確認 小数点の位置のずらし方

$\sqrt{\ \ }$ の中の数の小数点の位置を2けたずらすごとに，その平方根の値の小数点の位置は，同じ方向に1けたずれる。

つまり，2けたずつ区切りを入れて，その区切りの数だけ平方根の小数点の位置をずらせばよい。

（左へずれる場合）

$\sqrt{9\,|\,00\,|\,00\,|\,00.} = 300\,|\,0.$

$\sqrt{9\,|\,00\,|\,00\,|\,00.} = 30\,|\,00.$

$\sqrt{9\,|\,00\,|\,00\,|\,00.} = 3\,|\,000.$

（右へずれる場合）

$\sqrt{0.00\,|\,00\,|\,09\,|} = 0.0\,|\,03$

$\sqrt{0.00\,|\,00\,|\,09\,|} = 0.00\,|\,3$

$\sqrt{0.00\,|\,00\,|\,09\,|} = 0.003\,|$

小数点をもどす数は大丈夫かな？

## 練習

解答 別冊p.7

**23** 次の値を求めなさい。

(1) $\sqrt{6400}$　(2) $\sqrt{40000}$

(3) $\sqrt{0.0049}$　(4) $\sqrt{0.000025}$

## 例題 24 平方根の値(2)〔近似値を利用する〕 Level ★☆☆

(1) $\sqrt{2}=1.414$ として，次の値を求めなさい。

① $\sqrt{32}$　　② $\dfrac{2}{\sqrt{8}}$

(2) $\sqrt{3}=1.732$, $\sqrt{30}=5.477$ として，次の値を求めなさい。

① $\sqrt{3000}$　　② $\sqrt{48}$

### 解き方

(1) ① $\sqrt{32}=4\sqrt{2}$ ◀ $a\sqrt{b}$ の形に

$=4\times1.414=5.656$ …答 ◀ $\sqrt{2}=1.414$ を代入する

② $\dfrac{2}{\sqrt{8}}=\dfrac{2}{2\sqrt{2}}=\dfrac{1}{\sqrt{2}}$ ◀ 分母を $a\sqrt{b}$ の形に変形する

$=\dfrac{1\times\sqrt{2}}{\sqrt{2}\times\sqrt{2}}=\dfrac{\sqrt{2}}{2}$ ◀ 分母を有理化

$=\dfrac{1.414}{2}=0.707$ …答 ◀ $\sqrt{2}=1.414$ を代入する

(2) ① $\sqrt{3000}=\sqrt{100\times30}$

$=10\sqrt{30}$ ◀ $a\sqrt{b}$ の形に

$=10\times5.477=54.77$ …答 ◀ $\sqrt{30}=5.477$ を代入する

② $\sqrt{48}=\sqrt{16\times3}$

$=4\sqrt{3}$ ◀ $a\sqrt{b}$ の形に

$=4\times1.732=6.928$ …答 ◀ $\sqrt{3}=1.732$ を代入する

**Point 与えられた値が代入できる形に変形する。**

**くわしく 変形するわけは?**

一般に，$\sqrt{x}$ の形の平方根は，$a\sqrt{b}$ の形に変形すると，与えられた値を代入できる場合が多い。

**テストで注意 分母を有理化してから代入**

(1)②で，分母を有理化せずに，$\dfrac{1}{\sqrt{2}}$ に代入すると，$\dfrac{1}{1.414}$ のように小数でわるめんどうな計算になってしまい，ミスがおきやすい。

平方根の値を求める問題は，与えられた式をよく見て，簡単にできないかを考えるようにしよう。式を簡単にしてから代入すれば，計算ミスを防げる。

ルートの中を，与えられた値を利用できるように変形するよ。

### 練習

解答 別冊p.7

24 (1) $\sqrt{5}=2.236$ として，$\dfrac{1}{\sqrt{5}}$ の値を四捨五入して小数第2位まで求めなさい。

(2) $\sqrt{6}=2.449$, $\sqrt{60}=7.746$ として，次の値を求めなさい。

① $\sqrt{0.24}$　　② $\sqrt{15}$

# 4 根号をふくむ式の計算

## 根号をふくむ式の加法・減法

［例題25～例題27］

$\sqrt{\ }$ の部分が同じ数は，文字式の同類項と同じように，まとめることができます。

■ 加法・減法

- **加法** $m\sqrt{a}+n\sqrt{a}=(m+n)\sqrt{a}$
  例 $5\sqrt{2}+3\sqrt{2}=(5+3)\sqrt{2}=8\sqrt{2}$
- **減法** $m\sqrt{a}-n\sqrt{a}=(m-n)\sqrt{a}$
  例 $5\sqrt{2}-3\sqrt{2}=(5-3)\sqrt{2}=2\sqrt{2}$

■ 根号の中の数が異なるとき

$\sqrt{\ }$ の中をできるだけ簡単な数に変形すると，計算できる場合がある。

例 $\sqrt{2}+\sqrt{8}=\sqrt{2}+2\sqrt{2}=(1+2)\sqrt{2}=3\sqrt{2}$

$\sqrt{\ }$ の中の数が同じ

## いろいろな計算と式の値

［例題28～例題34］

根号がついた数の計算も，数や文字の計算と同様に，次の順に計算します。

**①かっこの中→②乗法・除法→③加法・減法**

■ 根号をふくむ式の展開

根号をふくむ式も多項式の展開と同じように，分配法則や乗法公式を利用して展開する。

- **分配法則** 例 $\sqrt{3}(\sqrt{12}+3)=\sqrt{3}(2\sqrt{3}+3)=6+3\sqrt{3}$
  $\sqrt{a}(\sqrt{b}+\sqrt{c})=\sqrt{a}\times\sqrt{b}+\sqrt{a}\times\sqrt{c}$
- **乗法公式**…各項を**1つの文字**とみて，公式を利用する。
  例 $(\underset{x}{\sqrt{5}}-\underset{a}{\sqrt{2}})^2=(\underset{x}{\sqrt{5}})^2-2\times\underset{a}{\sqrt{2}}\times\underset{x}{\sqrt{5}}+(\underset{a}{\sqrt{2}})^2$
  $=5-2\sqrt{10}+2=7-2\sqrt{10}$

■ 式の値

与えられた式を**変形してから$x$，$y$の値を代入**する。

例 $x=2+\sqrt{3}$，$y=2-\sqrt{3}$ のときの $x^2-y^2$ の値

$x^2-y^2=(x+y)(x-y)$

$=(2+\sqrt{3}+2-\sqrt{3})(2+\sqrt{3}-2+\sqrt{3})=4\times2\sqrt{3}=8\sqrt{3}$

## 例題 25 根号がついた数の加減(1)【根号の中が同じ数どうし】 Level ★☆☆

次の計算をしなさい。

(1) $3\sqrt{7}+6\sqrt{7}$　　(2) $2\sqrt{3}-\sqrt{3}$

(3) $2\sqrt{2}-3\sqrt{2}+7\sqrt{2}$　　(4) $-3\sqrt{3}+2\sqrt{5}+2\sqrt{3}-2\sqrt{5}$

### 解き方

$\sqrt{\ }$ の中の数はどちらも7 ▶ (1) $3\sqrt{7}+6\sqrt{7}=(3+6)\sqrt{7}=\mathbf{9\sqrt{7}}$ …答

$\sqrt{\ }$ の中の数はどちらも3 ▶ (2) $2\sqrt{3}-\sqrt{3}=(2-1)\sqrt{3}=\sqrt{3}$ …答

$\sqrt{\ }$ の中の数は3つとも2 ▶ (3) $2\sqrt{2}-3\sqrt{2}+7\sqrt{2}$

$=(2-3+7)\sqrt{2}$

$=\mathbf{6\sqrt{2}}$ …答

$\sqrt{\ }$ の中が同じものを見分ける ▶ (4) $-3\sqrt{3}+2\sqrt{5}+2\sqrt{3}-2\sqrt{5}$

$=-3\sqrt{3}+2\sqrt{3}+2\sqrt{5}-2\sqrt{5}$

$\sqrt{3}$ と $\sqrt{5}$ をふくむ項をそれぞれまとめる ▶ $=(-3+2)\sqrt{3}+(2-2)\sqrt{5}$

$=-\sqrt{3}$ …答

**Point** $a\sqrt{c}+b\sqrt{c}=(a+b)\sqrt{c}$

**テストで注意 乗法・除法との計算のちがい**

乗法では，

$\sqrt{2}\times\sqrt{3}=\sqrt{2\times3}=\sqrt{6}$

のように，$\sqrt{\ }$ の中の数の積を計算できた。しかし，加法では，

$\sqrt{2}+\sqrt{3}=\sqrt{2+3}=\sqrt{5}$ ✕

と，$\sqrt{\ }$ の中の数の和を計算してはいけない。

**テストで注意 $2a-a=2$ ではない！**

(2) $2\sqrt{3}-\sqrt{3}=2$ ✕

としないように注意しよう。

$2\sqrt{3}-\sqrt{3}$

$=2\times\sqrt{3}-1\times\sqrt{3}$

$=(2-1)\sqrt{3}$

$=\sqrt{3}$

**くわしく $\sqrt{\ }$ の中の数が同じものどうしをまとめる**

$\sqrt{\ }$ の中の数が同じものどうしを別々にまとめる。

(4) $-3\sqrt{3}$ と $+2\sqrt{3}$

$+2\sqrt{5}$ と $-2\sqrt{5}$

### 練習　　解答 別冊p.7

次の計算をしなさい。

(1) $5\sqrt{6}+3\sqrt{6}$　　(2) $4\sqrt{2}-3\sqrt{2}$

(3) $4\sqrt{5}-7\sqrt{5}+6\sqrt{5}$　　(4) $-7\sqrt{6}+5\sqrt{3}+7\sqrt{6}-6\sqrt{3}$

## 例題 26 根号がついた数の加減(2)〔根号の中が同じでない数どうし〕 Level ★★★

次の計算をしなさい。

(1) $\sqrt{48}+\sqrt{27}$

(2) $\sqrt{45}-4\sqrt{5}$

(3) $\sqrt{18}-5\sqrt{8}-\sqrt{32}$

(4) $\sqrt{12}+\sqrt{18}-\sqrt{32}+3\sqrt{3}$

### 解き方

(1) $\sqrt{48}+\sqrt{27}$

$=\sqrt{4^2\times3}+\sqrt{3^2\times3}$

$\sqrt{x}$ を $a\sqrt{b}$ の形に直す ▶ $=4\sqrt{3}+3\sqrt{3}=\mathbf{7\sqrt{3}}$ …答

(2) $\sqrt{45}-4\sqrt{5}$

$=\sqrt{3^2\times5}-4\sqrt{5}$

$\sqrt{x}$ を $a\sqrt{b}$ の形に直す ▶ $=3\sqrt{5}-4\sqrt{5}=\mathbf{-\sqrt{5}}$ …答

(3) $\sqrt{18}-5\sqrt{8}-\sqrt{32}$

$=\sqrt{3^2\times2}-5\sqrt{2^2\times2}-\sqrt{4^2\times2}$

$\sqrt{\ }$ の中をできるだけ簡単な数にする ▶ $=3\sqrt{2}-5\times2\sqrt{2}-4\sqrt{2}$

$=3\sqrt{2}-10\sqrt{2}-4\sqrt{2}=\mathbf{-11\sqrt{2}}$ …答

(4) $\sqrt{12}+\sqrt{18}-\sqrt{32}+3\sqrt{3}$

$=\sqrt{2^2\times3}+\sqrt{3^2\times2}-\sqrt{4^2\times2}+3\sqrt{3}$

$=2\sqrt{3}+3\sqrt{2}-4\sqrt{2}+3\sqrt{3}$

$\sqrt{2}$ と $\sqrt{3}$ をふくむ項をそれぞれまとめる ▶ $=2\sqrt{3}+3\sqrt{3}+3\sqrt{2}-4\sqrt{2}$

$=\mathbf{5\sqrt{3}-\sqrt{2}}$ …答

これ以上簡単な数にはならないが，1つの数を表している。

**Point** $\sqrt{\ }$ の中をできるだけ簡単な数にする。

**テストで注意** $\sqrt{a}+\sqrt{b}=\sqrt{a+b}$ としないように!

例えば，

$\sqrt{4}+\sqrt{9}=\sqrt{2^2}+\sqrt{3^2}$

$=2+3=5$

である。これを，

$\sqrt{4}+\sqrt{9}=\sqrt{4+9}$ (×)

$=\sqrt{13}$

$\rightarrow 3.605\cdots$

と計算してしまうと，明らかにまちがいであることがわかる。

**確認** よく使われる $\sqrt{x}$ と $a\sqrt{b}$ との関係

$\sqrt{8}=2\sqrt{2}$　$\sqrt{18}=3\sqrt{2}$

$\sqrt{32}=4\sqrt{2}$　$\sqrt{50}=5\sqrt{2}$

$\sqrt{12}=2\sqrt{3}$　$\sqrt{27}=3\sqrt{3}$

$\sqrt{48}=4\sqrt{3}$　$\sqrt{75}=5\sqrt{3}$

$\sqrt{20}=2\sqrt{5}$　$\sqrt{45}=3\sqrt{5}$

$\sqrt{80}=4\sqrt{5}$　$\sqrt{125}=5\sqrt{5}$

### 練習　　解答 別冊p.8

**26** 次の計算をしなさい。

(1) $\sqrt{75}+\sqrt{12}$

(2) $9\sqrt{2}-\sqrt{50}$

(3) $3\sqrt{24}+\sqrt{54}-2\sqrt{96}$

(4) $\sqrt{28}-\sqrt{45}-2\sqrt{7}+\sqrt{80}$

## 例題 27 根号がついた数の加減(3)〔分母が根号のついた数〕 Level ★★★

次の計算をしなさい。

(1) $\dfrac{4}{\sqrt{2}}+\sqrt{2}$

(2) $\sqrt{6}-\sqrt{\dfrac{2}{3}}$

(3) $\sqrt{40}+\sqrt{\dfrac{5}{2}}-\dfrac{20}{\sqrt{10}}$

### 解き方

分母を有理化する ▶ (1) $\dfrac{4}{\sqrt{2}}+\sqrt{2}=\dfrac{4\sqrt{2}}{2}+\sqrt{2}$ 　$\left(\dfrac{4\times\sqrt{2}}{\sqrt{2}\times\sqrt{2}}\right)$

$=2\sqrt{2}+\sqrt{2}=3\sqrt{2}$ …答

$\sqrt{\dfrac{2}{3}}=\dfrac{\sqrt{2}}{\sqrt{3}}$ ▶ (2) $\sqrt{6}-\sqrt{\dfrac{2}{3}}=\sqrt{6}-\dfrac{\sqrt{2}}{\sqrt{3}}$ 　$\left(\dfrac{\sqrt{2}\times\sqrt{3}}{\sqrt{3}\times\sqrt{3}}\right)$

分母を有理化する ▶ $=\sqrt{6}-\dfrac{\sqrt{6}}{3}=\dfrac{2\sqrt{6}}{3}$ …答

分母を有理化する ▶ (3) $\sqrt{40}+\sqrt{\dfrac{5}{2}}-\dfrac{20}{\sqrt{10}}$ 　$\left(\dfrac{\sqrt{5}\times\sqrt{2}}{\sqrt{2}\times\sqrt{2}}-\dfrac{20\times\sqrt{10}}{\sqrt{10}\times\sqrt{10}}\right)$

$=2\sqrt{10}+\dfrac{\sqrt{10}}{2}-\dfrac{20\sqrt{10}}{10}$

$=2\sqrt{10}+\dfrac{\sqrt{10}}{2}-2\sqrt{10}=\dfrac{\sqrt{10}}{2}$ …答

**Point** 分母を有理化して，計算する。

### ✔確認 分母の有理化

例題22で学習したように，分母に根号をふくむ数を，分母に根号をふくまない形に変えることを，**分母を有理化**するという。

分母が$\sqrt{a}$のときは，分母と分子に$\sqrt{a}$をかけることで，分母に根号をふくまない形に変えることができる。

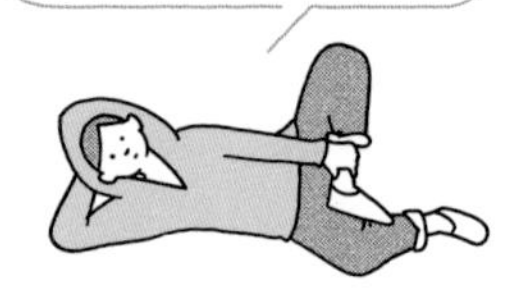

まずは，分母の有理化をして，√の中が同じ数どうしをまとめるよ。

## 練習 解答 ▶ 別冊p.8

**27** 次の計算をしなさい。

(1) $\dfrac{6}{\sqrt{3}}+5\sqrt{3}$　　(2) $\sqrt{48}-\dfrac{12}{\sqrt{3}}$

(3) $\dfrac{\sqrt{24}}{3}+\sqrt{\dfrac{2}{3}}$　　(4) $\dfrac{9}{2\sqrt{3}}-\dfrac{2}{\sqrt{3}}$

## 例題 28 根号がついた数の四則混合計算 Level ★★☆

次の計算をしなさい。

(1)　$2\sqrt{2}(\sqrt{12}-\sqrt{18})$　　(2)　$\sqrt{18}\times\sqrt{6}-\dfrac{6}{\sqrt{12}}$

### 解き方

(1)　$2\sqrt{2}(\sqrt{12}-\sqrt{18})$

$a\sqrt{b}$ の形に直す ▶　$=2\sqrt{2}(2\sqrt{3}-3\sqrt{2})$

分配法則を利用して展開する ▶　$=2\sqrt{2}\times2\sqrt{3}-2\sqrt{2}\times3\sqrt{2}$

$=\mathbf{4\sqrt{6}-12}$　…答

乗法部分を計算 ▶ (2)　$\sqrt{18}\times\sqrt{6}-\dfrac{6}{\sqrt{12}}$

分母を有理化する ▶　$=3\sqrt{2}\times\sqrt{2}\times\sqrt{3}-\dfrac{6}{2\sqrt{3}}$

$=6\sqrt{3}-\dfrac{3\sqrt{3}}{3}$　←　$\dfrac{6}{2\sqrt{3}}=\dfrac{3}{\sqrt{3}}=\dfrac{3\times\sqrt{3}}{\sqrt{3}\times\sqrt{3}}$

$=6\sqrt{3}-\sqrt{3}=\mathbf{5\sqrt{3}}$　…答

**Point　かっこの中 ➜ 乗除 ➜ 加減 の順に計算**

#### テストで注意　かっこの中の数がまとまらないときは?

(1)の計算は，かっこの中を $a\sqrt{b}$ の形に直しても，$\sqrt{\ }$ の中の数が異なるので，これ以上まとめることはできない。

しかし，ここで計算を止めてしまってはまちがい。ここからは，分配法則を使って展開する。

$2\sqrt{2}(2\sqrt{3}-3\sqrt{2})$

#### 別解　はじめにかっこをはずす

(1)　$2\sqrt{2}(\sqrt{12}-\sqrt{18})$

$=2\sqrt{24}-2\sqrt{36}$

$=2\times2\sqrt{6}-2\times6$

$=\mathbf{4\sqrt{6}-12}$　…答

ただし，この方法は，根号の中の数が大きな数になるので，計算ミスに注意する。

### 練　習　　　解答 別冊p.8

28　次の計算をしなさい。

(1)　$2\sqrt{3}(\sqrt{12}-\sqrt{6})$　　(2)　$\dfrac{6}{\sqrt{2}}+\sqrt{6}\times2\sqrt{3}$

### Column　分母に根号を残したまま計算

分母に根号がついた数の計算は，分母を有理化してから計算することが基本ですが，式の形によっては，$\sqrt{a}\times\sqrt{b}$ の形に分解して約分したほうが計算が簡単になる場合もあります。

右の計算を例にして考えてみましょう。

$\dfrac{3}{\sqrt{5}}+\dfrac{\sqrt{14}}{\sqrt{3}}\div\dfrac{\sqrt{35}}{\sqrt{6}}$

$=\dfrac{3}{\sqrt{5}}+\dfrac{\sqrt{14}}{\sqrt{3}}\times\dfrac{\sqrt{6}}{\sqrt{35}}$

$=\dfrac{3}{\sqrt{5}}+\dfrac{\sqrt{2}\times\sqrt{7}}{\sqrt{3}}\times\dfrac{\sqrt{2}\times\sqrt{3}}{\sqrt{5}\times\sqrt{7}}$　←この形にして約分

$=\dfrac{3}{\sqrt{5}}+\dfrac{2}{\sqrt{5}}=\dfrac{5}{\sqrt{5}}=\dfrac{5\sqrt{5}}{5}=\sqrt{5}$

## 例題 29 根号をふくむ式の乗法

Level ★★☆

次の計算をしなさい。

(1) $(\sqrt{6}-\sqrt{5})(\sqrt{10}+\sqrt{3})$　(2) $(2-\sqrt{5})^2$　(3) $(\sqrt{6}+3)(\sqrt{6}-2)$

### 解き方

$(a+b)(c+d)=ac+ad+bc+bd$ を利用する

(1) $(\sqrt{6}-\sqrt{5})(\sqrt{10}+\sqrt{3})$

$=\sqrt{6}\times\sqrt{10}+\sqrt{6}\times\sqrt{3}-\sqrt{5}\times\sqrt{10}-\sqrt{5}\times\sqrt{3}$

$=2\sqrt{15}+3\sqrt{2}-5\sqrt{2}-\sqrt{15}=\boldsymbol{\sqrt{15}-2\sqrt{2}}$ …答

(2) $(2-\sqrt{5})^2$

$(x-a)^2=x^2-2ax+a^2$

$=2^2-2\times\sqrt{5}\times2+(\sqrt{5})^2$

$=4-4\times\sqrt{5}+5=\boldsymbol{9-4\sqrt{5}}$ …答

(3) $(\sqrt{6}+3)(\sqrt{6}-2)$

$(x+a)(x+b)=x^2+(a+b)x+ab$

$=(\sqrt{6})^2+(3-2)\times\sqrt{6}+3\times(-2)$

$=6+\sqrt{6}-6=\boldsymbol{\sqrt{6}}$ …答

**Point** 各項を1つの文字とみて，分配法則や乗法公式を利用。

**確認 乗法公式**

- $(x+a)(x+b)=x^2+(a+b)x+ab$
- $(x+a)^2=x^2+2ax+a^2$
- $(x-a)^2=x^2-2ax+a^2$
- $(x+a)(x-a)=x^2-a^2$

**確認 平方根の性質**

- $(\sqrt{a})^2=a$
- $\sqrt{a}\times\sqrt{b}=\sqrt{ab}$
- $\dfrac{\sqrt{a}}{\sqrt{b}}=\sqrt{\dfrac{a}{b}}$
- $m\sqrt{a}+n\sqrt{a}=(m+n)\sqrt{a}$
- $\sqrt{a^2b}=a\sqrt{b}$

### 練習

解答 別冊p.8

**29** 次の計算をしなさい。

(1) $(\sqrt{2}-1)(3\sqrt{2}+4)$　(2) $(4-\sqrt{7})(2+\sqrt{7})$

(3) $(\sqrt{3}+3\sqrt{5})^2$　(4) $(2\sqrt{7}+\sqrt{27})(\sqrt{28}-3\sqrt{3})$

### 分母に根号がある式の有理化

発展

分母が$\sqrt{a}+\sqrt{b}$や$\sqrt{a}-\sqrt{b}$の式を有理化するには，乗法公式$(x+a)(x-a)=x^2-a^2$を利用します。

分母が $\sqrt{a}+\sqrt{b}$ のとき，$\sqrt{a}-\sqrt{b}$
　　　$\sqrt{a}-\sqrt{b}$ のとき，$\sqrt{a}+\sqrt{b}$ をかけます。

$$\frac{2}{\sqrt{3}+\sqrt{2}}=\frac{2\times(\sqrt{3}-\sqrt{2})}{(\sqrt{3}+\sqrt{2})(\sqrt{3}-\sqrt{2})}$$

$$=\frac{2\sqrt{3}-2\sqrt{2}}{(\sqrt{3})^2-(\sqrt{2})^2}=\frac{2\sqrt{3}-2\sqrt{2}}{3-2}$$

$$=2\sqrt{3}-2\sqrt{2}$$

## 例題 30 式の値(1)〔式の計算の利用〕 Level ★★★

$x=\sqrt{3}$，$y=-\sqrt{2}$ のとき，次の値を求めなさい。

(1) $\dfrac{x}{y}+\dfrac{y}{x}$　　　(2) $(x-y)^2+(x+y)^2$

### 解き方

(1) $\dfrac{x}{y}+\dfrac{y}{x}$

$=\dfrac{x\times x}{y\times x}+\dfrac{y\times y}{x\times y}=\dfrac{x^2}{xy}+\dfrac{y^2}{xy}$

計算して1つの分数の形にする ▶ $=\dfrac{x^2+y^2}{xy}$

この式に$x$，$y$の値を代入 ▶ $=\dfrac{(\sqrt{3})^2+(-\sqrt{2})^2}{\sqrt{3}\times(-\sqrt{2})}$

負の数はかっこをつけて代入する

分母を有理化する ▶ $=\dfrac{3+2}{-\sqrt{6}}=-\dfrac{5}{\sqrt{6}}$　　$=-\dfrac{5\times\sqrt{6}}{\sqrt{6}\times\sqrt{6}}$

$=-\dfrac{5\sqrt{6}}{6}$ …答

(2) $(x-y)^2+(x+y)^2$

$=x^2-2xy+y^2+x^2+2xy+y^2$

計算して式を簡単にする ▶ $=2x^2+2y^2$

この式に$x$，$y$の値を代入 ▶ $=2\times(\sqrt{3})^2+2\times(-\sqrt{2})^2$

$=2\times3+2\times2$

$=10$ …答

**別解 与えられた式に直接代入する**

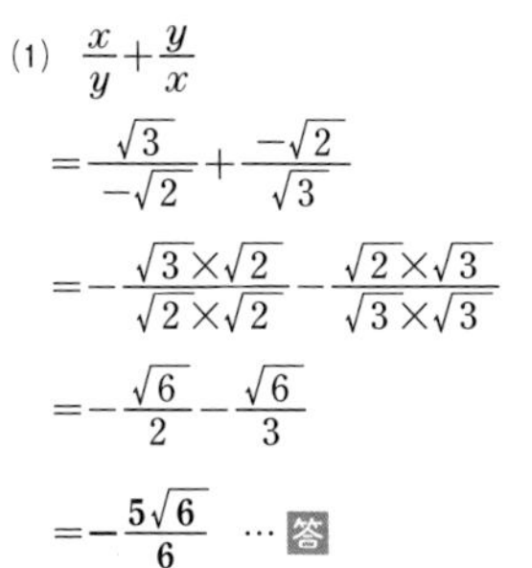

(1) $\dfrac{x}{y}+\dfrac{y}{x}$

$=\dfrac{\sqrt{3}}{-\sqrt{2}}+\dfrac{-\sqrt{2}}{\sqrt{3}}$

$=-\dfrac{\sqrt{3}\times\sqrt{2}}{\sqrt{2}\times\sqrt{2}}-\dfrac{\sqrt{2}\times\sqrt{3}}{\sqrt{3}\times\sqrt{3}}$

$=-\dfrac{\sqrt{6}}{2}-\dfrac{\sqrt{6}}{3}$

$=-\dfrac{5\sqrt{6}}{6}$ …答

与えられた式を変形してから代入するほうが，計算が楽になるんだよ。

**Point** 与えられた式を計算してから代入する。

### 練習

解答 別冊p.8

**30** 次の問いに答えなさい。

(1) $x=-\sqrt{2}$，$y=\sqrt{7}$ のとき，$(x+y)^2-2xy$ の値を求めなさい。

(2) $x=\sqrt{5}$，$y=\sqrt{2}$ のとき，$(x+3y)^2-(x+5y)(x+y)$ の値を求めなさい。

(3) $x=\dfrac{1}{\sqrt{2}}$，$y=\dfrac{1}{\sqrt{6}}$ のとき，$3(x+y)(x-y)$ の値を求めなさい。

## 例題 31 式の値(2)〔和と差と積の値の利用〕 Level ★★★

$x=\sqrt{5}+\sqrt{3}$，$y=\sqrt{5}-\sqrt{3}$ のとき，次の式の値を求めなさい。

(1) $x^2-y^2$　　(2) $x^2+xy+y^2$　　(3) $x^3y+xy^3$

### 解き方

まずはじめに，$x$と$y$の和，差，積を求めておく ▶

$x+y$，$x-y$，$xy$ の値を求めておく。

$x+y=(\sqrt{5}+\sqrt{3})+(\sqrt{5}-\sqrt{3})=2\sqrt{5}$

$x-y=(\sqrt{5}+\sqrt{3})-(\sqrt{5}-\sqrt{3})=2\sqrt{3}$

$xy=(\sqrt{5}+\sqrt{3})(\sqrt{5}-\sqrt{3})=2$

(1) $x^2-y^2$

因数分解して代入できる形に ▶ $=(x+y)(x-y)$

$=2\sqrt{5}\times2\sqrt{3}=\mathbf{4\sqrt{15}}$ …答

(2) $x^2+xy+y^2$

代入できる形に変形する ▶ $=(x+y)^2-xy$

$=(2\sqrt{5})^2-2$

$=20-2=\mathbf{18}$ …答

$x^2+y^2$の値を求めておく ▶ (3) (2)より，$x^2+y^2=18-xy=18-2=16$

$x^3y+xy^3$

代入できる形に変形する ▶ $=xy(x^2+y^2)$

$=2\times16=\mathbf{32}$ …答

**Point** $x+y$，$x-y$，$xy$ の形の式に変形して代入。

**別解 与えられた式に直接代入する**

(1) $x^2-y^2$

$=(\sqrt{5}+\sqrt{3})^2-(\sqrt{5}-\sqrt{3})^2$

$=(5+2\sqrt{15}+3)$

$\quad-(5-2\sqrt{15}+3)$

$=8+2\sqrt{15}-8+2\sqrt{15}$

$=\mathbf{4\sqrt{15}}$ …答

途中の計算がやや複雑になるので，**式を変形してから代入するほうがミスしにくい。**

**くわしく 平方の形の式のつくり方**

(2) $x^2+2xy+y^2=(x+y)^2$ を利用する。

$x^2+xy+y^2+\underline{xy}=(x+y)^2$

↓ 移項

$x^2+xy+y^2=(x+y)^2\underline{-xy}$

与えられた式を，代入しやすい形に変形することがポイントだよ。

### 練習 　解答 ▶ 別冊p.8

**31** $x=2+\sqrt{6}$，$y=2-\sqrt{6}$ のとき，次の式の値を求めなさい。

(1) $(x-y)^2-xy$　　(2) $x^2+y^2$

## 例題 32 式の値(3)〔$x$の値を表す式を変形〕 Level ★★★

次の問いに答えなさい。

(1) $x=4-\sqrt{3}$ のとき，$x^2-8x+16$の値を求めなさい。

(2) $x=2+\sqrt{6}$ のとき，$x^2-4x+2$の値を求めなさい。

### 解き方

平方の形に変形する ▶ (1) $x^2-8x+16=(x-4)^2$

（$x-4$ の値は？）

ここで，$x=4-\sqrt{3}$だから，

$x-4$の値を表す式に変形する ▶ $x-4=-\sqrt{3}$

したがって，

$x-4=-\sqrt{3}$を代入する ▶ $(x-4)^2=(-\sqrt{3})^2$

$=3$

答 3

平方の形に変形する ▶ (2) $x^2-4x+2=x^2-4x+4-2$

$=(x-2)^2-2$

（$x-2$ の値は？）

ここで，$x=2+\sqrt{6}$だから，

$x-2$の値を表す式に変形する ▶ $x-2=\sqrt{6}$

したがって，

$x-2=\sqrt{6}$を代入する ▶ $(x-2)^2-2=(\sqrt{6})^2-2$

$=6-2=4$

答 4

**Point** 与えられた式を平方の形に変形する。

**別解 平方の式に変形してから直接代入する**

(1) $x^2-8x+16$

$=(x-4)^2$ ← $x=4-\sqrt{3}$を代入

$=(4-\sqrt{3}-4)^2$

$=(-\sqrt{3})^2$

$=3$ …答

**確認 平方の式のつくり方**

$x^2+2ax+b$

$=x^2+2ax+b+a^2-a^2$

（$x$ の項の係数の$\frac{1}{2}$の2乗を加えてひく）

$=x^2+2ax+a^2+b-a^2$

$=(x+a)^2+b-a^2$

式の値を求める式と$x$の値を表す式の，両方を変形するんだよ。

## 練習

解答 別冊p.8

**32** 次の問いに答えなさい。

(1) $x=2\sqrt{2}-3$のとき，$x^2+6x-5$の値を求めなさい。

(2) $x=\sqrt{2}+\sqrt{3}-1$のとき，$x^2+2x-4$の値を求めなさい。

## 例題 33 平方根の利用(1)〔面積が●倍の正方形の1辺の長さ〕 Level ★★★

次の問いに答えなさい。

(1) 1辺の長さが$a$cmの正方形があります。この正方形の2倍の面積の正方形をかくには，1辺の長さを何cmにすればよいですか。

(2) 面積が90cm$^2$の正方形の1辺の長さは，面積が30cm$^2$の正方形の1辺の長さの何倍になりますか。

### 解き方

(1) 求める正方形の1辺の長さを$x$ cmとすると，

$x^2=2a^2$

└→ 1辺が$a$cmの正方形の2倍の面積

$x=\pm\sqrt{2a^2}=\pm\sqrt{2}\,a$

面積を表す数の正の平方根が1辺の長さになる ▶ $x>0$より，$x=\sqrt{2}\,a$

**答** $\sqrt{2}\,a$ **cm**

(2) 面積が90cm$^2$の正方形の1辺の長さを$x$ cmとすると，

$x^2=90$ より，$x=\pm\sqrt{90}=\pm3\sqrt{10}$

面積を表す数の正の平方根が1辺の長さになる ▶ $x>0$より，$x=3\sqrt{10}$

同様に，面積が30cm$^2$の正方形の1辺の長さを$y$ cmとすると，$y=\sqrt{30}$

したがって，

$$3\sqrt{10}\div\sqrt{30}=\frac{3\times\sqrt{10}}{\sqrt{3}\times\sqrt{10}}$$

分母を有理化する ▶

$$=\frac{3\times\sqrt{3}}{\sqrt{3}\times\sqrt{3}}=\sqrt{3}$$

**答** $\sqrt{3}$ **倍**

#### くわしく 正方形の面積と1辺の長さの関係

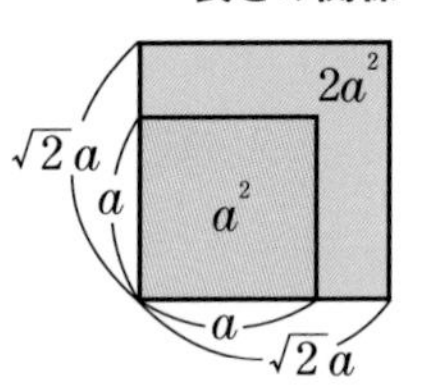


正方形の1辺の長さはその面積の正の平方根となり，面積が2倍になると，1辺の長さは$\sqrt{2}$倍になる。

#### 別解 $a\sqrt{b}$ の形に変形しないで計算すると

(2) $\sqrt{90}\div\sqrt{30}=\dfrac{\sqrt{90}}{\sqrt{30}}$

$=\sqrt{\dfrac{90}{30}}$

$=\sqrt{3}$

**答** $\sqrt{3}$ **倍**

### 練習

解答 ▶ 別冊p.8

**33** 半径が$r$cmの円があります。この円の2倍の面積の円をかくには，半径を何cmにすればよいですか。

## 例題 34 平方根の利用(2)〔2つの円の面積の和に等しい円の半径〕 Level ★★★

半径が4 cmと6cmの2つの円があります。面積がこの2つの円の面積の和と等しくなるような円をかくには，半径を何cmにすればよいですか。四捨五入してmmの単位まで求めなさい。ただし，平方根を求める計算は電卓を使ってよいものとします。

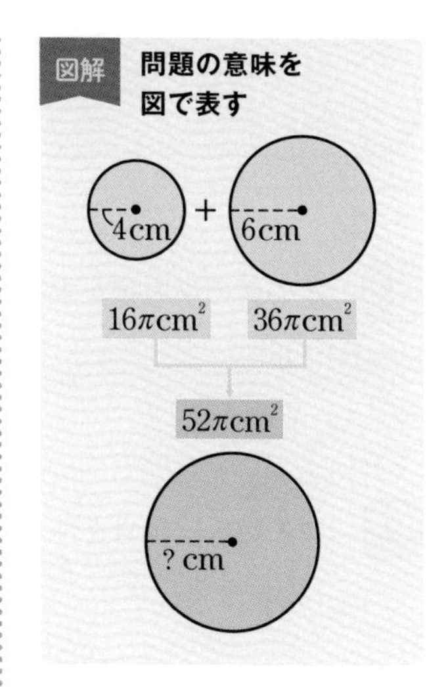


### 解き方

半径が4 cmと6 cmの2つの円の面積の和は，

2つの円の面積の和を求める ▶ $\pi\times4^2+\pi\times6^2=52\pi(\text{cm}^2)$

求める円の半径を$r$ cmとすると，

円の半径は，{(円の面積)÷π}の正の平方根なので，

面積の関係を式で表す ▶ $\pi r^2=52\pi$　両辺をπでわる

$r^2=52$

$r>0$であるから，$r=\sqrt{52}$

電卓を使って$\sqrt{52}$の値を求める ▶ $\sqrt{52}=7.2111025\cdots$だから，小数第2位を四捨五入して，7.2

答 **7.2cm**

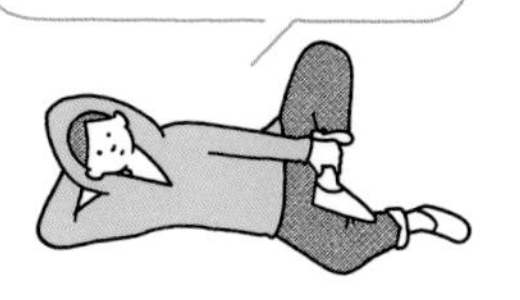

### 練習

解答 別冊p.8

**34** 次の問いに答えなさい。

(1) 半径が7cmの合同な2つの円があります。面積がこの2つの面積の和と等しくなるような円をかくには，半径を何cmにすればよいですか。四捨五入してmmの単位まで求めなさい。ただし，平方根を求める計算は電卓を使ってよいものとします。

(2) 体積が$600\pi\text{cm}^3$，高さが20cmの円柱があります。この円柱の底面の半径の長さは何cmにすればよいですか。四捨五入してmmの単位まで求めなさい。ただし，平方根を求める計算は電卓を使ってよいものとします。

# 定期テスト予想問題 ①

1／平方根

**1** 次の数の平方根を求めなさい。 【3点×2】

(1) 144 〔　　　　〕 (2) 11 〔　　　　〕

1／平方根

**2** 次の数を，根号を使わないで表しなさい。 【3点×2】

(1) $\sqrt{169}$ 〔　　　　〕 (2) $-\sqrt{\dfrac{9}{64}}$ 〔　　　　〕

1／平方根

**3** 次の各組の数の大小を，不等号を使って表しなさい。 【4点×2】

(1) $\sqrt{19}$，$3\sqrt{2}$ 〔　　　　〕

(2) $\dfrac{3}{5}$，$\dfrac{\sqrt{3}}{5}$，$\sqrt{\dfrac{3}{5}}$ 〔　　　　〕

1／平方根

**4** 次の数を有理数と無理数に分けて，記号で答えなさい。 【4点】

**ア** $(-\sqrt{3})^2$　**イ** $\sqrt{0.4}$　**ウ** $\sqrt{\left(-\dfrac{1}{2}\right)^2}$　**エ** $4\pi$

有理数〔　　　　〕 無理数〔　　　　〕

1／平方根

**5** 次の問いに答えなさい。 【4点×2】

(1) $2.5<\sqrt{x}<3.5$ にあてはまる整数 $x$ は全部でいくつありますか。 〔　　　　〕

(2) $\sqrt{\dfrac{72}{a}}$ が整数になるような自然数 $a$ の値をすべて求めなさい。 〔　　　　〕

2／近似値と有効数字

**6** 次の近似値の有効数字が（　）内のけた数であるとき，それぞれの近似値を，(整数部分が 1 けたの数)×(10の累乗)の形で表しなさい。 【4点×3】

(1) 2250 m（3 けた） 〔　　　〕

(2) 784000 $m^2$（4 けた） 〔　　　〕

(3) 84660 g（3 けた） 〔　　　〕

3／根号をふくむ式の乗除

**7** 次の計算をしなさい。 【5点×4】

(1) $\sqrt{8}\times\sqrt{32}$ 〔　　　〕

(2) $\sqrt{40}\div\sqrt{10}$ 〔　　　〕

(3) $\sqrt{8}\times\sqrt{6}\div\sqrt{12}$ 〔　　　〕

(4) $3\sqrt{6}\div4\sqrt{5}\times\sqrt{20}$ 〔　　　〕

3／根号をふくむ式の乗除

**8** 次の数の分母を有理化しなさい。 【4点×4】

(1) $\dfrac{1}{\sqrt{6}}$ 〔　　　〕　(2) $\dfrac{\sqrt{2}}{\sqrt{5}}$ 〔　　　〕

(3) $\dfrac{\sqrt{6}}{5\sqrt{2}}$ 〔　　　〕　(4) $\dfrac{6}{\sqrt{18}}$ 〔　　　〕

4／根号をふくむ式の計算

**9** 次の計算をしなさい。 【5点×4】

(1) $5\sqrt{3}+\sqrt{12}$ 〔　　　〕

(2) $\sqrt{32}-\dfrac{2}{\sqrt{2}}$ 〔　　　〕

(3) $\sqrt{27}-\sqrt{6}\times\sqrt{2}$ 〔　　　〕

(4) $(\sqrt{5}+\sqrt{3})(\sqrt{5}-\sqrt{3})$ 〔　　　〕

# 定期テスト予想問題 ②

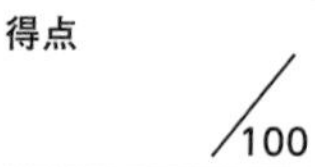


1／平方根

**1** 次の数直線上の点 A，B は，下のいずれかの数を表しています。これらの点の表す数はそれぞれどれですか。 【6点×2】

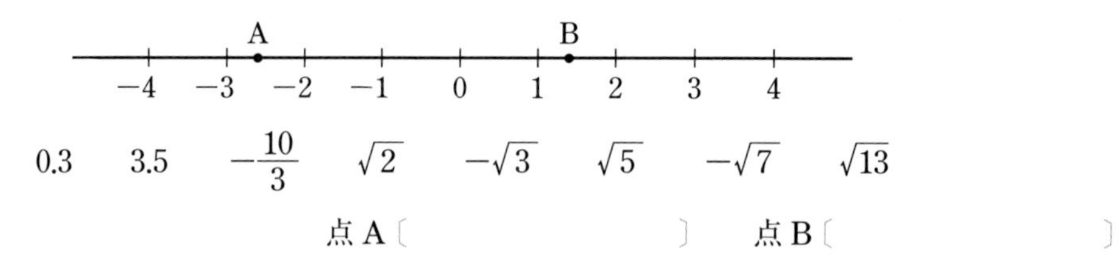


$0.3$　$3.5$　$-\dfrac{10}{3}$　$\sqrt{2}$　$-\sqrt{3}$　$\sqrt{5}$　$-\sqrt{7}$　$\sqrt{13}$

点 A〔　　〕　点 B〔　　〕

2／近似値と有効数字

**2** 測定した値を四捨五入して，$5.83\times10^3$ m が得られました。次の問いに答えなさい。 【6点×2】

(1) この値は，何 m の位まで測定したものですか。 〔　　〕

(2) このときの誤差の絶対値は何 m 以下になりますか。 〔　　〕

4／根号をふくむ式の計算

**3** 次の計算をしなさい。 【8点×4】

(1) $\dfrac{2}{\sqrt{5}}+\dfrac{6}{\sqrt{20}}-\sqrt{45}$ 〔　　〕

(2) $(2\sqrt{3}+5)(\sqrt{3}-2)$ 〔　　〕

(3) $(\sqrt{7}+\sqrt{2})^2$ 〔　　〕

(4) $(\sqrt{6}-3)(\sqrt{6}-5)$ 〔　　〕

4／根号をふくむ式の計算

**4** 半径が 3 cm と 4 cm の 2 つの円があります。面積がこの 2 つの円の面積の和と等しくなるような円をかくには，半径を何 cm にすればよいですか。 【8点】

〔　　〕

4／根号をふくむ式の計算

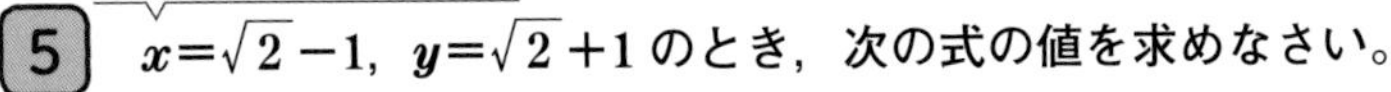

**5** $x=\sqrt{2}-1$，$y=\sqrt{2}+1$ のとき，次の式の値を求めなさい。 【8点×2】

(1) $x^2-y^2$ 〔　　　　〕

(2) $x^2+2x+3$ 〔　　　　〕

思考 4／根号をふくむ式の計算

**6** たかしさんとさくらさんは，ある駅で，右の図のような模様が描かれている壁を見つけました。模様は，円の中に正方形がぴったり入ったものが縦に3個，横に6個並んでいて，すべて同じ大きさで，それぞれとなりのものとぴったり接しています。模様全体の縦の長さは15 m，横の長さは30 mです。2人はこの模様について調べてみることにしました。次の会話文を読んで，あとの問いに答えなさい。 【10点×2】

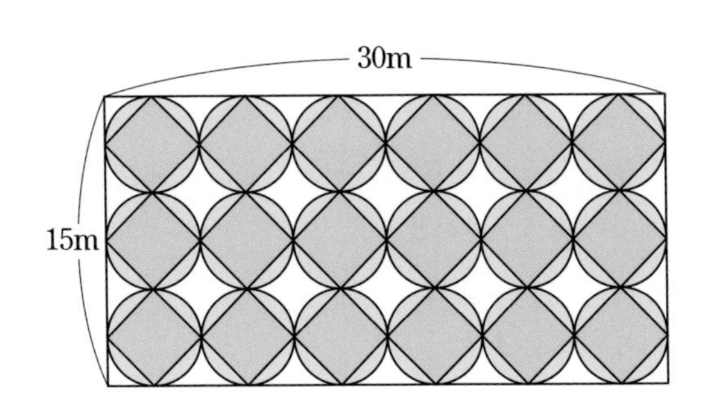


たかし：模様の正方形の1辺の長さを知りたいね。
さくら：この並び方だと対角線の長さはわかるから，それを利用して求められないかな。
たかし：<u>対角線の長さを使って正方形の面積を求めることができるから，正方形の1辺の長さも求められそうだね。</u>
さくら：その方法で求めてみよう。
たかし：求めた結果から，正方形の1辺の長さと対角線の長さの比は1：［ア］になることもわかったよ。

(1) 下線部の求め方で，正方形の1辺の長さを求めなさい。求め方も書くこと。また，［ア］にあてはまる数を求めなさい。

〔　　　　〕

(2) この駅には，もう1つ同じ模様が描かれている壁がありますが，壁の大きさが異なるため，正方形と円の大きさも異なります。正方形の1辺の長さが8 mのとき，円の面積を求めなさい。ただし，円周率は$\pi$とします。

〔　　　　〕

2章／平方根

# 紙の大きさの種類と$\sqrt{2}$との関係

今までに学習した整数，小数，分数に比べると，$\sqrt{2}$という数はなじみがないように思うかもしれませんが，この数は私達の身のまわりで使われています。

例えば，教科書やノートのような長方形の紙は，となりあう2辺の比が，

$1:\sqrt{2}$

になっています。

このような形の紙は，面積を半分にしても，2倍にしても，2辺の比が変わりません。

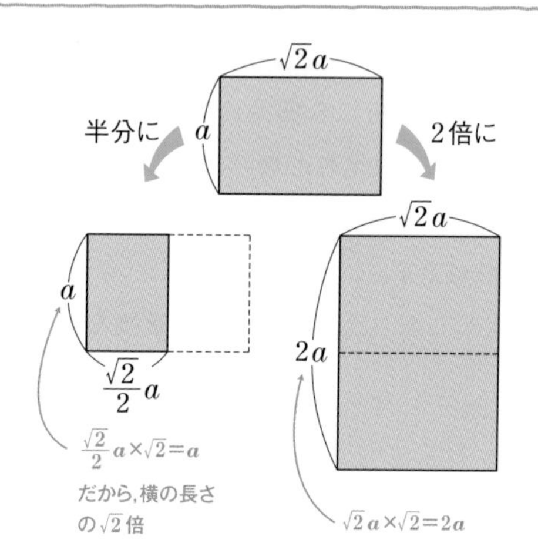


このような性質を使った，**A判**，**B判**という紙のサイズがあります。

A判というのは，となりあう2辺の比が$1:\sqrt{2}$で，面積が$1\text{m}^2$の長方形をもとにした形です。

この長方形をA0判とし，次々と半分に切っていったものがA1判，A2判，A3判，…となります。

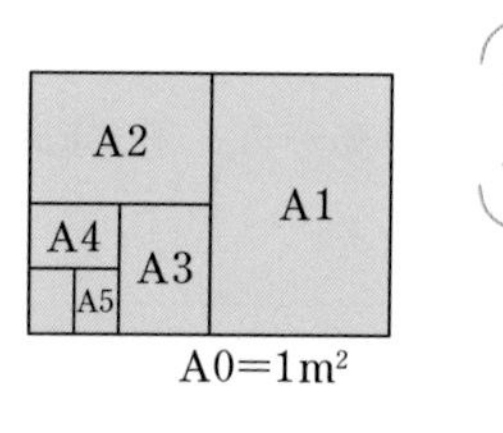

B判は，B0判の長方形の面積が$1.5\text{m}^2$になっています。これを，次々と半分にしていくと，B1判，B2判，B3判，…となります。

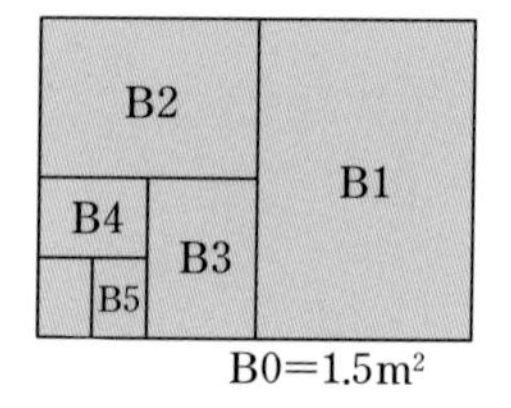


よくコピー用紙として使われるA4判の大きさの紙の，縦と横の長さを求めてみましょう。

面積は，$1\text{m}^2$の$\left(\frac{1}{2}\right)^4$倍だから，$625\text{cm}^2$となります。

右の図で，縦の長さを$x$cmとすると，$x\times\sqrt{2}x=625$

電卓を使って解くと，$x=21.02\cdots$

A4判は，21.0cm×29.7cmの大きさです。

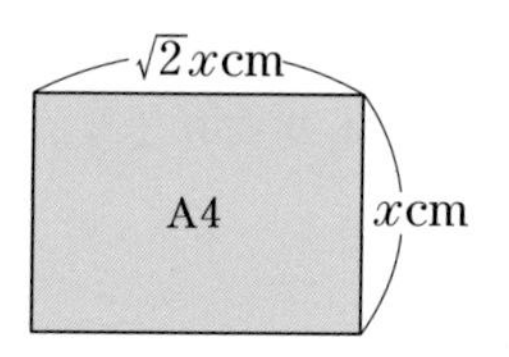

# $\sqrt{2}$は無理数であることの証明

p.91で，有理数と無理数について学習しました。
ここでは，$\sqrt{2}$が無理数であることを証明によって確かめてみましょう。

〔証明〕

1 「$\sqrt{2}$が無理数でない」と仮定する。

「$\sqrt{2}$が無理数でない」，つまり，
「$\sqrt{2}$が有理数である」と仮定すると，

$\sqrt{2}$は，$a$を整数，$b$を0でない整数として，
次のように表すことができる。

$$\sqrt{2}=\frac{a}{b} \quad \cdots ①$$

ただし，$\frac{a}{b}$はこれ以上約分することができない分数とする。

①の両辺を2乗すると，$2=\frac{a}{b}\times\frac{a}{b} \quad \cdots ②$

2 仮定によって，矛盾(むじゅん)が起きる。

②の右辺は約分できないので，整数2になることはない。
すなわち，②は成り立たない。
よって，「$\sqrt{2}$が有理数である」ことはない。

3 仮定が誤りであった。

つまり，「$\sqrt{2}$は無理数である。」

上のように，「あることがらが成り立たない」と仮定すると矛盾が起きることを根拠(こんきょ)として，「あることがらが成り立つ」ことを証明する方法を背理法(はいりほう)といいます。

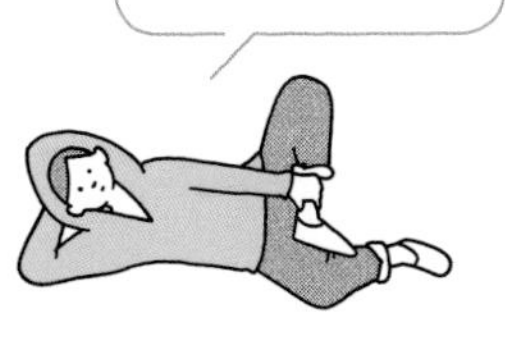

中学生のための
# 勉強・学校生活アドバイス

## 解くことより解き直すことが大事

「問題集やワークはどうやって使ってる？」

「どうやってって？　問題を解いて答え合わせするだけですけど…。」

「間違えた問題ってちゃんと解き直してる？答えを写すだけじゃダメよ。」

「解き直し？」

「間違えた問題は解答と解説を読んで、正しい答えの出し方を理解する。そうしたら、**解答ページを閉じて、もう一度その問題を解けるか確認する**の。」

「答えを見て写しただけじゃ、わかったと言えないもんな。」

「できなかった問題にはふせんをつけておいて、また解いてみるといいわよ。一週間後に解けたらその問題は理解したってこと。」

「間違えた問題にはそれくらい向き合うべきなんですね。私、答えを写して満足していたから反省…。」

「問題集やワークで勉強する目的は、自分がどの問題ができないかを見つけること。そして，**一度間違えた問題を次は間違えないようにするのが大事**なの。」

「問題集やワークって一度解いたら終わった気になっちゃうんですよね。」

「一度解いてぜんぶ頭に入るならそれでもいいけど、人間は忘れる生き物だからね。しばらく時間をおいて二度、三度と解いたほうがいいわよ。」

「一回目に解いたときにできなかった問題に印をつけて，二回目以降は効率的に勉強するようにしようっと！」

# 3章

# 2次方程式

# 1 2次方程式とその解き方

## 2次方程式

[例題1]

($x$の2次式)=0の形に変形できる方程式を，$x$についての**2次方程式**といいます。

| | |
|---|---|
| ■ 2次方程式 | 一般的な形 ➡ $\boldsymbol{ax^2+bx+c=0}$ （$a$，$b$，$c$は定数，$a \neq 0$）<br>例　$x^2+2x-3=0$ |

## 2次方程式の解

[例題2～例題10]

2次方程式を成り立たせる文字の値を，その方程式の**解**(かい)といいます。

2次方程式の解をすべて求めることを，その**2次方程式を解く**といいます。

| | |
|---|---|
| ■ 2次方程式の解 | 2次方程式に$x$の値を代入して，等式が成り立てば，その値は方程式の解といえる。<br>2次方程式の解の個数は，**一般的には2つ**。 |
| ■ 平方根の考えを使った2次方程式の解の求め方 | 方程式を$\square^2$**＝(数)**の形に整理して，**平方根の考え方を使う**。<br>└→2次方程式を解く基本は平方根の考え方<br>● $x^2=p$の形 ➡ $\boldsymbol{x=\pm\sqrt{p}}$　　例　$x^2=4 \to x=\pm\sqrt{4}=\pm 2$<br>● $ax^2=b$の形 ➡ $\boldsymbol{x^2=\frac{b}{a}} \to \boldsymbol{x=\pm\sqrt{\frac{b}{a}}}$<br>例　$2x^2=3 \to x^2=\frac{3}{2} \to x=\pm\sqrt{\frac{3}{2}}=\pm\frac{\sqrt{6}}{2}$<br>● $(x+m)^2=n$の形 ➡ $\boldsymbol{x+m=\pm\sqrt{n}} \to \boldsymbol{x=-m\pm\sqrt{n}}$<br>例　$(x+7)^2=5$で，$x+7=X$とおくと，<br>$X^2=5 \to X=\pm\sqrt{5} \to x+7=\pm\sqrt{5} \to x=-7\pm\sqrt{5}$<br>● $x^2+px+q=0$の形 ➡ $\boldsymbol{(x+m)^2=n}$**の形に変形**<br>（$x^2+px=-q$として，両辺に$\left(\frac{p}{2}\right)^2$を加える）<br>例　$x^2-6x-1=0 \to x^2-6x=1 \to x^2-6x+9=1+9$<br>$\to (x-3)^2=10 \to x-3=\pm\sqrt{10} \to x=3\pm\sqrt{10}$ |

## 例題 1 2次方程式かどうかの判別 Level ★☆☆

次の方程式のうち，$x$の2次方程式はどれですか。記号で答えなさい。

**ア** $x^2=5$　**イ** $x^2+3x=x^2-6$　**ウ** $(x+2)^2=4x$

### 解き方

**ア** $x^2=5$，$x^2-5=0$ → 2次方程式

**イ** $x^2+3x=x^2-6$，$x^2+3x-x^2+6=0$，

$3x+6=0$ → 2次方程式ではない。

**ウ** $(x+2)^2=4x$，$x^2+4x+4=4x$，$x^2+4x+4-4x=0$，

$x^2+4=0$ → 2次方程式

答 **ア，ウ**

**Point** （$x$の式）＝0の形に変形して，判定する。

## 例題 2 2次方程式の解 Level ★☆☆

次の方程式のうち，$-2$が解であるものを答えなさい。

**ア** $x^2-2x=0$　**イ** $x^2-2x-8=0$

### 解き方

$x=-2$をそれぞれの式に代入すると，

**ア** (左辺)$=(-2)^2-2\times(-2)=4+4=8$　よって，(左辺)≠(右辺)

**イ** (左辺)$=(-2)^2-2\times(-2)-8$

$=4+4-8=0$　よって，(左辺)＝(右辺)

答 **イ**

**Point** 値を代入して，等式が成り立てばその値は解。

### 参考 式の次数と方程式

$x$についての方程式を，（$x$の式）＝0の形に整理したとき，左辺の式の次数が，

- **1次式ならば，1次方程式**
  （**イ**は1次方程式）
- **2次式ならば，2次方程式**

### くわしく 解がなくても2次方程式？

$x^2+4=0$を変形すると，

$x^2=-4$

負の数の平方根はないので，$x$を満たす数はない。つまり，**この方程式の解はない。**

このように，解が存在しない場合でも，もとの方程式を2次方程式と呼んでよい。

イの解には，4もあるよ。「方程式を解く」ときは，$x=-2$，$x=4$の両方を答えるよ。

## 練習

解答 別冊p.10

**1** 次の方程式のうち，$x$の2次方程式はどれですか。記号で答えなさい。

**ア** $4x^2=(3-2x)^2$　**イ** $2x+5=x$　**ウ** $x=7-x^2$

**2** $-2$，$-1$，0，1，2のうち，次の2次方程式の解であるものをそれぞれ答えなさい。

(1) $x^2+2x=0$　(2) $x^2-x-12=0$

## 例題 3 $x^2=p$ の形の2次方程式 Level ★☆☆

次の方程式を解きなさい。

(1) $x^2=36$　　(2) $x^2=\frac{5}{9}$

### 解き方

(1) $x^2=36$

$x=\pm\sqrt{36}$ → $\sqrt{6^2}$

$\boldsymbol{x=\pm 6}$ …答

(2) $x^2=\frac{5}{9}$

$x=\pm\sqrt{\frac{5}{9}}$ → $\frac{\sqrt{5}}{\sqrt{9}}=\frac{\sqrt{5}}{\sqrt{3^2}}$

$\boldsymbol{x=\pm\frac{\sqrt{5}}{3}}$ …答

**Point** $x^2=$(数)の解は，$x=\pm\sqrt{(数)}$になる。

### 参考 答えの書き方

(1)の答えの書き方には，

$x=6$，$x=-6$

$x=6$，$-6$

$x=\pm 6$

などがある。

本書では，$x=\pm 6$と書く。

### テストで注意 直せるときは根号をはずす

(2)は，$x=\pm\sqrt{\frac{5}{9}}$のままで答えると分母に根号がついたままなので，9は根号の外に出すこと。

$\pm\sqrt{\frac{b}{a^2}}=\pm\frac{\sqrt{b}}{\sqrt{a^2}}=\pm\frac{\sqrt{b}}{a}$

## 例題 4 $x^2-p=0$ の形の2次方程式 Level ★☆☆

次の方程式を解きなさい。

(1) $x^2-27=0$　　(2) $x^2-\frac{7}{8}=0$

### 解き方

(1) $x^2-27=0$

$x^2=27$

$x=\pm\sqrt{27}$　根号の中はできるだけ小さい数にする

$\boldsymbol{x=\pm 3\sqrt{3}}$ …答

(2) $x^2-\frac{7}{8}=0$

$x^2=\frac{7}{8}$

$\boldsymbol{x=\pm\sqrt{\frac{7}{8}}=\pm\frac{\sqrt{14}}{4}}$ …答

**Point** 数の項を右辺に移項して，$x^2=$(数)とする。

### くわしく 分母の有理化は，根号の中を小さくしてから行う

(2)は，

$\sqrt{\frac{7}{8}}=\frac{\sqrt{7}}{\sqrt{8}}=\frac{\sqrt{7}}{2\sqrt{2}}$

としてから，

$\frac{\sqrt{7}\times\sqrt{2}}{2\sqrt{2}\times\sqrt{2}}=\frac{\sqrt{14}}{4}$とする

と，ミスが少なくなる。

## 練習

解答 別冊p.10

次の方程式を解きなさい。

**3** (1) $x^2=64$　(2) $x^2=144$　(3) $x^2=\frac{16}{49}$

**4** (1) $x^2-5=0$　(2) $x^2-18=0$　(3) $x^2-\frac{5}{12}=0$

## 例題 5 $ax^2=b$ の形の2次方程式 Level ★★☆

次の方程式を解きなさい。

(1) $3x^2=48$　(2) $5x^2=120$　(3) $4x^2=5$

### 解き方

(1) $3x^2=48$

両辺を3でわる ▶ $x^2=16$

$x=\pm\sqrt{16}$　$x=\pm4$ …答

└4と−4がともに解

(2) $5x^2=120$

両辺を5でわる ▶ $x^2=24$

$x=\pm\sqrt{24}$　$x=\pm2\sqrt{6}$ …答

(3) $4x^2=5$

両辺を4でわる ▶ $x^2=\dfrac{5}{4}$

$x=\pm\sqrt{\dfrac{5}{4}}$　$x=\pm\dfrac{\sqrt{5}}{2}$ …答

**Point 両辺を $a$ でわって，$x^2=p$ の形にする。**

### 確認 解を求めるときの注意

- 根号がつかない数(整数や分数)に直せるときは，**根号をはずす**。
- 根号の中の数は，**できるだけ簡単な形**にする。
- 分母に根号をふくむときは，**有理化**する。

### 別解 左辺を平方の形にする

$x^2$ の係数がある数の2乗になっているときは，左辺を平方の形に直して解くことができる。

(3) $4x^2=5$

$(2x)^2=5$

$2x=\pm\sqrt{5}$

$x=\pm\dfrac{\sqrt{5}}{2}$ …答

両辺を同じ数でわっても等式は成り立つよね。

## 練習　解答▶別冊p.10

**5** 次の方程式を解きなさい。

(1) $2x^2=18$　(2) $7x^2=21$

(3) $8x^2=3$　(4) $9x^2=25$

(5) $4x^2=1$　(6) $3x^2=16$

## 例題 6 $ax^2-b=0$ の形の2次方程式 Level ★★☆

次の方程式を解きなさい。

(1) $6x^2-54=0$　　(2) $3x^2-24=0$　　(3) $5x^2-7=0$

### 解き方

(1) $6x^2-54=0$

（先に両辺を6でわって，$x^2-9=0$ としてもよい）

−54を右辺に移項する ▶ $6x^2=54$

両辺を6でわる ▶ $x^2=9$

$x=\pm\sqrt{9}$　　$\boldsymbol{x=\pm 3}$ …答

(2) $3x^2-24=0$

右辺に移項する ▶ $3x^2=24$

両辺を3でわる ▶ $x^2=8$

√の中をできるだけ小さい数に直す ▶ $x=\pm\sqrt{8}$　　$\boldsymbol{x=\pm 2\sqrt{2}}$ …答

(3) $5x^2-7=0$

右辺に移項する ▶ $5x^2=7$

両辺を5でわる ▶ $x^2=\dfrac{7}{5}$

分母を有理化する ▶ $x=\pm\sqrt{\dfrac{7}{5}}$　　$\boldsymbol{x=\pm\dfrac{\sqrt{35}}{5}}$ …答

**Point** $ax^2-b=0 \rightarrow ax^2=b \rightarrow x^2=\dfrac{b}{a}$

**確認 「解がない」2次方程式とは？**

2次方程式 $2x^2+6=0$ を解く。

$2x^2+6=0$

$2x^2=-6$

$x^2=-3$

ここで，2乗して負になる数はないので，この方程式を満たす $x$ の値はない。つまり，解はない。

2次方程式は，**解が2つの場合，解が1つの場合，解がない場合**がある。

数の項を右辺に移項してから，両辺を $a$ でわろう。

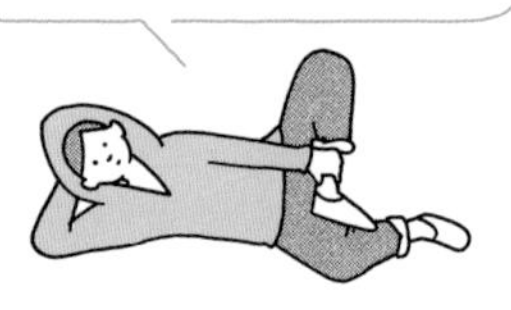

### 練習

解答 別冊p.10

**6** 次の方程式を解きなさい。

(1) $7x^2-28=0$　　(2) $5x^2-60=0$

(3) $2x^2-3=0$　　(4) $8x^2-6=0$

## 例題 7 $(x+m)^2=n$ の形の2次方程式 Level ★★☆

次の方程式を解きなさい。

(1) $(x+5)^2=16$　　(2) $(x-1)^2-7=0$

### 解き方

(1) $(x+5)^2=16$

$x+5$ を文字におきかえる ▶ $x+5=X$ とおくと，　$X^2=16$

$X=\pm 4$

$X$ をもとにもどして，$x+5=\pm 4$

5を移項する ▶ $x=-5\pm 4$

$x=-5+4$ より，$x=-1$

$x=-5-4$ より，$x=-9$

**$x=-1$，$x=-9$** …答

(2) $(x-1)^2-7=0$

$x-1$ を文字におきかえる ▶ $x-1=X$ とおくと，$X^2-7=0$

$X^2=7$

$X=\pm\sqrt{7}$

$X$ をもとにもどして，$x-1=\pm\sqrt{7}$

$-1$ を移項する ▶ **$x=1\pm\sqrt{7}$** …答

**Point**

$$(x+m)^2=n \rightarrow X^2=n \rightarrow X=\pm\sqrt{n}$$
$$\rightarrow x+m=\pm\sqrt{n} \rightarrow x=-m\pm\sqrt{n}$$

**テストで注意　解答ミスに注意**

(1) $x=-5\pm 4$ は，
さらに計算して簡単にできるので，
$x=-5+4=-1$
$x=-5-4=-9$
としなければいけない。
計算を途中でやめてしまって，
$x=-5\pm 4$
と答えないように注意しよう。

**確認　解の表し方**

(2)の $x=1\pm\sqrt{7}$ は，もうこれ以上簡単にはならないから，これが解になる。

また，$x=1\pm\sqrt{7}$ は，$x=1+\sqrt{7}$ と $x=1-\sqrt{7}$ をまとめて表したものである。

### 練習

解答 別冊p.10

7 次の方程式を解きなさい。

(1) $(x+6)^2=10$　　(2) $(x-2)^2=9$

(3) $(x+3)^2=8$　　(4) $(x-7)^2=25$

(5) $(x+1)^2-16=0$　　(6) $(x-4)^2-45=0$

## 例題 8 $(x+m)^2$の形の式をつくる Level ★☆☆

次の□にあてはまる数を求めなさい。

(1) $x^2+4x+$ ア $=(x+$ イ $)^2$

(2) $x^2-12x+$ ウ $=(x-$ エ $)^2$

### 解き方

4の$\frac{1}{2}$の2乗を加える ▶

(1) $x^2+4x$で，$x$の係数は4

そこで，$x^2+4x$に$2^2$を加えると，

$$x^2+4x+2^2=(x+2)^2$$

となるから，

ア $=2^2=4$，イ $=2$ …答

−12の$\frac{1}{2}$の2乗を加える ▶

(2) $x^2-12x$で，$x$の係数は$-12$

そこで，$x^2-12x$に$(-6)^2$を加えると，

$$x^2-12x+(-6)^2=(x-6)^2$$

→正の数になることに注意する

となるから，

ウ $=(-6)^2=36$，エ $=6$ …答

**Point** $x^2+px+\left(\frac{p}{2}\right)^2=\left(x+\frac{p}{2}\right)^2$

**参考 完全平方式**

$(x+2)^2$，$\left(x-\frac{1}{2}\right)^2$

のように，(多項式)$^2$の形で表された式を**完全平方式**という。

また，2次式を，(1次式)$^2$の形に表すことを**平方完成**という。

**確認 因数分解の公式の利用**

因数分解の公式

$x^2+2ax+a^2=(x+a)^2$

$x^2-2ax+a^2=(x-a)^2$

を利用している。

**参考 $x$の係数が奇数の場合**

$x$の係数が奇数の場合でも，偶数と同じように考えて平方完成することができる。

例 次の式で，$a$，$b$にあてはまる数を答えなさい。

$x^2+7x+a=(x+b)^2$

〔解き方〕 $x^2+7x$に$x$の係数7の$\frac{1}{2}$の2乗を加えると，

$x^2+7x+\left(\frac{7}{2}\right)^2=\left(x+\frac{7}{2}\right)^2$

したがって，$a=\left(\frac{7}{2}\right)^2=\frac{49}{4}$，$b=\frac{7}{2}$

### 練習

解答 別冊p.10

**8** 次の式にどんな数を加えると，$(x+m)^2$の形になりますか。

(1) $x^2+10x$　　(2) $x^2-8x$

## 例題 9 $x^2+px+q=0$ の形の2次方程式 Level ★★★

次の方程式を，$(x+m)^2=n$ の形に変形して解きなさい。

(1) $x^2-2x-8=0$　　(2) $x^2+5x-2=0$

### 解き方

(1) $x^2-2x-8=0$

−8を右辺に移項する ▶ $x^2-2x=8$

両辺に $(-1)^2=1$ を加えると，

$-2$ の $\frac{1}{2}$ の2乗を加える ▶ $x^2-2x+(-1)^2=8+(-1)^2$

左辺を $(x+m)^2$ に ▶ $(x-1)^2=9$ ― 符号に注意する

$x-1=\pm3$

$x=1\pm3$

$x=1+3,\ x=1-3$

$\boldsymbol{x=4,\ x=-2}$ …答

(2) $x^2+5x-2=0$

−2を右辺に移項する ▶ $x^2+5x=2$

両辺に $\left(\frac{5}{2}\right)^2=\frac{25}{4}$ を加えると，

5の $\frac{1}{2}$ の2乗を加える ▶ $x^2+5x+\left(\frac{5}{2}\right)^2=2+\left(\frac{5}{2}\right)^2$

左辺を $(x+m)^2$ に ▶ $\left(x+\frac{5}{2}\right)^2=\frac{33}{4}$

$x+\frac{5}{2}=\pm\frac{\sqrt{33}}{2}$

$x=-\frac{5}{2}\pm\frac{\sqrt{33}}{2}$

$\boldsymbol{x=\frac{-5\pm\sqrt{33}}{2}}$ …答

**Point** 数の項を右辺に移項➜左辺を $(x+m)^2$ に。

**確認 まず，数の項を右辺に移項**

(1)で，−8を移項しない形のままで両辺に $x$ の係数 $-2$ の $\frac{1}{2}$ の2乗，$(-1)^2=1$ を加えないように気をつけよう。

$x^2-2x-8=0$

$x^2-2x-8+(-1)^2=0+(-1)^2$

$x^2-2x-7=1$

↑ $(x+m)^2$ にできない

**テストで注意 右辺にも同じ数を加えることを忘れずに!**

この式の変形は，等式の性質「両辺に同じ数を加えても等式は成り立つ」ことを利用している。必ず両辺に同じ数を加えるようにしよう。

$x$ の係数が奇数でも，左辺の変形のしかたは，偶数のときと同じだよ。

## 練習

解答 別冊p.11

**9** 次の方程式を，$(x+m)^2=n$ の形に変形して解きなさい。

(1) $x^2+10x+12=0$　　(2) $x^2+3x-1=0$

## 例題 10 $ax^2+bx+c=0$ の形の2次方程式　Level ★★★

次の方程式を，$(x+m)^2=n$ の形に変形して解きなさい。

(1) $2x^2-4x-8=0$　　　(2) $\frac{1}{2}x^2+3x+3=0$

### 解き方

(1) $2x^2-4x-8=0$

両辺を2でわると，

$x^2$ の係数を1にする ▶ $x^2-2x-4=0$ ←― $x^2+px+q=0$ の形

$x^2-2x=4$

両辺に$(-1)^2$を加えて，左辺を$(x+m)^2$の形に ▶ $x^2-2x+1=4+1$ ←― $x$ の係数 $-2$ の $\frac{1}{2}$ の2乗は1

$(x-1)^2=5$

$x-1=\pm\sqrt{5}$ ←― $x-1=X$ とおくと，$X^2=5$　$X=\pm\sqrt{5}$

$x=1\pm\sqrt{5}$ …答

(2) $\frac{1}{2}x^2+3x+3=0$

両辺に2をかけると，　← $\frac{1}{2}$ でわる ↓ $\frac{1}{2}$ の逆数をかける

$x^2$ の係数を1にする ▶ $x^2+6x+6=0$

$x^2+6x=-6$

両辺に$3^2$を加えて，左辺を$(x+m)^2$の形に ▶ $x^2+6x+9=-6+9$

$(x+3)^2=3$

$x+3=\pm\sqrt{3}$

$x=-3\pm\sqrt{3}$ …答

**Point** $x^2$ の係数を1にしてから$(x+m)^2$に。

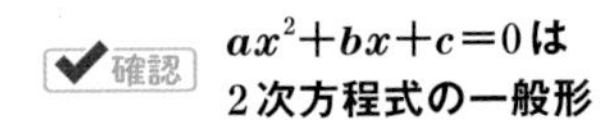

**確認 $ax^2+bx+c=0$ は2次方程式の一般形**

つまり，すべての2次方程式は，次の手順で解くことができる。

①両辺を $x^2$ の係数でわり，

$x^2+px+q=0$

の形にする。

⬇

②数の項を移項して，左辺を$(x+m)^2$の形にする。

$(x+m)^2=n$

⬇

③平方根の考え方を利用して解を求める。

$x+m=\pm\sqrt{n}$

$x=-m\pm\sqrt{n}$

両辺を負の数でわるときは，各項の符号の変化に気をつけようね。

## 練習　　解答 ▶ 別冊p.11

**10** 次の方程式を，$(x+m)^2=n$ の形に変形して解きなさい。

(1) $2x^2+8x-6=0$　　　(2) $-\frac{1}{2}x^2+3x-2=0$

# 2 解の公式

## 解の公式

[例題11～例題13]

2次方程式$ax^2+bx+c=0$は，$a$，$b$，$c$の値がわかれば，**解の公式**を利用して解くことができます。

■ 解の公式

2次方程式$ax^2+bx+c=0$（$a$，$b$，$c$は定数，$a \neq 0$）の解は

$$x=\frac{-b\pm\sqrt{b^2-4ac}}{2a}$$

例 $2x^2+3x-1=0$の解 ➡ $a=2$，$b=3$，$c=-1$だから，

$$x=\frac{-3\pm\sqrt{3^2-4\times2\times(-1)}}{2\times2}=\frac{-3\pm\sqrt{9+8}}{4}=\frac{-3\pm\sqrt{17}}{4}$$

▶解の公式の導き方

2次方程式$ax^2+bx+c=0$の解を，$2x^2+7x+1=0$の解き方と比べて求めよう。

$$2x^2+7x+1=0 \qquad ax^2+bx+c=0$$

**$x^2$の係数を1にするために，両辺を$x^2$の係数でわる**

$$x^2+\frac{7}{2}x+\frac{1}{2}=0 \qquad x^2+\frac{b}{a}x+\frac{c}{a}=0$$

**数の項を移項する**

$$x^2+\frac{7}{2}x=-\frac{1}{2} \qquad x^2+\frac{b}{a}x=-\frac{c}{a}$$

**両辺に$x$の係数の$\frac{1}{2}$の2乗をたす**

$$x^2+\frac{7}{2}x+\left(\frac{7}{4}\right)^2=-\frac{1}{2}+\left(\frac{7}{4}\right)^2 \qquad x^2+\frac{b}{a}x+\left(\frac{b}{2a}\right)^2=-\frac{c}{a}+\left(\frac{b}{2a}\right)^2$$

**左辺を平方の形にする**

$$\left(x+\frac{7}{4}\right)^2=\frac{49-8}{16} \qquad \left(x+\frac{b}{2a}\right)^2=\frac{b^2-4ac}{4a^2}$$

**平方根を求める**

$$x+\frac{7}{4}=\pm\frac{\sqrt{41}}{4} \qquad x+\frac{b}{2a}=\pm\frac{\sqrt{b^2-4ac}}{2a}$$

**移項して整理する**

$$x=\frac{-7\pm\sqrt{41}}{4} \qquad x=\frac{-b\pm\sqrt{b^2-4ac}}{2a}$$

▶解の公式の別の形 → $x$の係数$b$が偶数のとき2次方程式$ax^2+2b'x+c=0$の解は，$x=\frac{-b'\pm\sqrt{b'^2-ac}}{a}$

## 例題 11 解の公式を使って解く(1)〔$ax^2+bx+c=0$の形〕 Level ★★☆

次の方程式を，解の公式を使って解きなさい。

(1) $3x^2-7x+1=0$　　(2) $8x^2-2x-3=0$

### 解き方

(1) $3x^2-7x+1=0$

係数を確認 ▶ 解の公式に，$a=3$，$b=-7$，$c=1$を代入すると，（└符号に注意）

解の公式に代入する ▶ $x=\dfrac{-(-7)\pm\sqrt{(-7)^2-4\times3\times1}}{2\times3}$

$=\dfrac{7\pm\sqrt{49-12}}{6}=\dfrac{7\pm\sqrt{37}}{6}$ …答

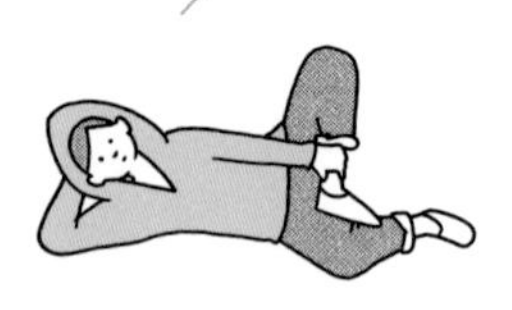


(2) $8x^2-2x-3=0$

係数を確認 ▶ 解の公式に，$a=8$，$b=-2$，$c=-3$を代入すると，

解の公式に代入する ▶ $x=\dfrac{-(-2)\pm\sqrt{(-2)^2-4\times8\times(-3)}}{2\times8}$

$=\dfrac{2\pm\sqrt{4+96}}{16}=\dfrac{2\pm\sqrt{100}}{16}=\dfrac{2\pm10}{16}$

それぞれの$x$の値を計算する ▶ $x=\dfrac{2+10}{16}=\dfrac{3}{4}$，$x=\dfrac{2-10}{16}=-\dfrac{1}{2}$

したがって，$x=\dfrac{3}{4}$，$x=-\dfrac{1}{2}$ …答

**別解　$x$の係数$b$が偶数のときの解の公式を利用**

(2) $ax^2+2b'x+c=0$

→ $x=\dfrac{-b'\pm\sqrt{b'^2-ac}}{a}$を利用し，

$a=8$，$b'=-1$，$c=-3$

を代入すると，

$x=\dfrac{-(-1)\pm\sqrt{(-1)^2-8\times(-3)}}{8}$

$=\dfrac{1\pm\sqrt{1+24}}{8}=\dfrac{1\pm5}{8}$

したがって，

$x=\dfrac{1+5}{8}=\dfrac{3}{4}$ …答

$x=\dfrac{1-5}{8}=-\dfrac{1}{2}$ …答

**Point** $ax^2+bx+c=0$の解 ➜ $x=\dfrac{-b\pm\sqrt{b^2-4ac}}{2a}$

### 練習

解答▶別冊p.11

**11** 次の方程式を，解の公式を使って解きなさい。

(1) $2x^2-x-5=0$　　(2) $3x^2-6x+2=0$

## 例題 12 解の公式を使って解く(2)〔$ax^2+bx+c=0$ でない形〕 Level ★★☆

次の方程式を，解の公式を使って解きなさい。

(1) $5x^2-6x=-1$　　(2) $6x^2-3x+1=2x^2-7x$

### 解き方

(1) $5x^2-6x=-1$

−1を左辺に移項する ▶ $5x^2-6x+1=0$

解の公式に，$a=5$，$b=-6$，$c=1$を代入すると，

解の公式を利用 ▶ $x=\dfrac{-(-6)\pm\sqrt{(-6)^2-4\times5\times1}}{2\times5}$

$=\dfrac{6\pm\sqrt{36-20}}{10}=\dfrac{6\pm\sqrt{16}}{10}=\dfrac{6\pm4}{10}$

$x=\dfrac{6+4}{10}=1$，$x=\dfrac{6-4}{10}=\dfrac{1}{5}$

したがって，$\boldsymbol{x=1}$，$\boldsymbol{x=\dfrac{1}{5}}$ …答

(2) $6x^2-3x+1=2x^2-7x$

項を左辺に集めて整理する ▶ $4x^2+4x+1=0$

解の公式を利用 ▶ $x=\dfrac{-4\pm\sqrt{4^2-4\times4\times1}}{2\times4}$

$=\dfrac{-4\pm\sqrt{16-16}}{8}=\dfrac{-4}{8}=-\dfrac{1}{2}$ …答

**Point** **移項して，$ax^2+bx+c=0$ の形にして，解の公式を使う。**

**テストで注意 約分できるときの $x$ の係数**

2次方程式$ax^2+bx+c=0$で，$x$の係数$b$が**偶数**のときは約分に注意。

$ax^2+2b'x+c=0$

の形のときは，解の公式は，

$x=\dfrac{-2b'\pm\sqrt{(2b')^2-4ac}}{2a}$

$=\dfrac{-2b'\pm2\sqrt{b'^2-ac}}{2a}$

$=\dfrac{-b'\pm\sqrt{b'^2-ac}}{a}$

となり，必ず約分ができる。

**くわしく 解の公式の根号の中の値が0のとき**

(2)のように，解の公式の**根号の中の$b^2-4ac$の値が0**となるときは，その**2次方程式の解は1つ**になる。

2次方程式には解がふつうは2つあるが，このように解が1つになるものや，$x^2=-1$のように**解をもたないもの**もある。

### 練習　　解答 ▶ 別冊p.11

次の方程式を，解の公式を使って解きなさい。

(1) $3x^2+1=6x$　　(2) $4x^2+3x=x^2+15x-2$

## 例題 13 解の公式を使って解く(3)〔いろいろな形〕 Level ★★★

次の方程式を，解の公式を使って解きなさい。

(1) $2x^2+x=2(2x+1)$　　(2) $x^2-\dfrac{2}{3}x-\dfrac{1}{6}=0$

### 解き方

(1) $2x^2+x=2(2x+1)$

右辺を展開 ▶ $2x^2+x=4x+2$

$ax^2+bx+c=0$ の形に ▶ $2x^2-3x-2=0$

解の公式を利用 ▶ $x=\dfrac{-(-3)\pm\sqrt{(-3)^2-4\times2\times(-2)}}{2\times2}$

$=\dfrac{3\pm\sqrt{9+16}}{4}=\dfrac{3\pm\sqrt{25}}{4}=\dfrac{3\pm5}{4}$

したがって，$x=2$，$x=-\dfrac{1}{2}$ …答

$\dfrac{3+5}{4}=2$，$\dfrac{3-5}{4}=-\dfrac{1}{2}$

(2) $x^2-\dfrac{2}{3}x-\dfrac{1}{6}=0$

両辺に6をかける

分母の最小公倍数の6をかける ▶ $6x^2-4x-1=0$

解の公式を利用 ▶ $x=\dfrac{-(-4)\pm\sqrt{(-4)^2-4\times6\times(-1)}}{2\times6}$

$=\dfrac{4\pm\sqrt{16+24}}{12}=\dfrac{4\pm\sqrt{40}}{12}$

$=\dfrac{4\pm2\sqrt{10}}{12}=\dfrac{2\pm\sqrt{10}}{6}$ …答

### 確認 解の公式

$ax^2+bx+c=0$ のとき，

➡ $x=\dfrac{-b\pm\sqrt{b^2-4ac}}{2a}$

－を忘れやすい　ここも－　ここに2がある　4を忘れない

### 別解 分数のまま代入する

$a=1$，$b=-\dfrac{2}{3}$，$c=-\dfrac{1}{6}$ を解の公式に代入すると，

$x=\dfrac{\dfrac{2}{3}\pm\sqrt{\dfrac{4}{9}-4\times1\times\left(-\dfrac{1}{6}\right)}}{2\times1}$

$=\dfrac{\dfrac{2}{3}\pm\sqrt{\dfrac{10}{9}}}{2}=\dfrac{\dfrac{2}{3}\pm\dfrac{\sqrt{10}}{3}}{2}$

$=\dfrac{2\pm\sqrt{10}}{6}$ …答

解は求められるが，計算がめんどうで，まちがえやすい。

### 練習

解答 ▶ 別冊p.11

**13** 次の方程式を，解の公式を使って解きなさい。

(1) $2(x+1)^2=6-x^2$　　(2) $x^2+\dfrac{5}{2}x+\dfrac{3}{4}=0$

# 3 2次方程式と因数分解

## 因数分解による解き方

［例題14〜例題17］

2次方程式には，因数分解を利用して解くことができるものがあります。

■ 因数分解を利用した解き方

左辺が$(x+a)(x+b)=0$の形に因数分解できる2次方程式は，**$AB=0$ならば，$A=0$または$B=0$であることを利用して解く**ことができる。

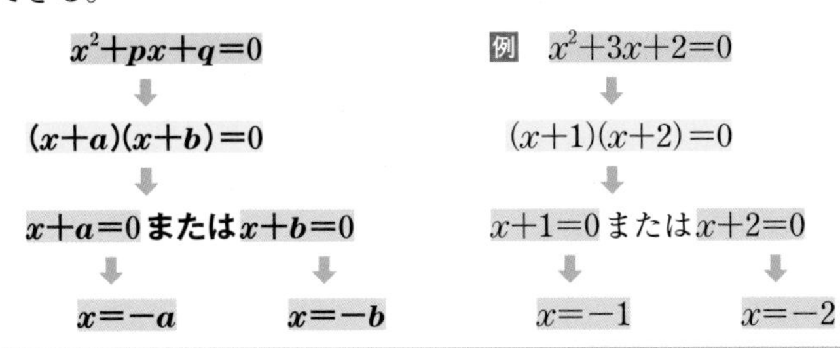


▶ $x^2$の係数が1でないときは，両辺を$x^2$の係数でわって，$x^2$の係数を1にしてから因数分解する。
等式の性質「両辺を同じ数でわっても等式は成り立つ」ことを利用している。

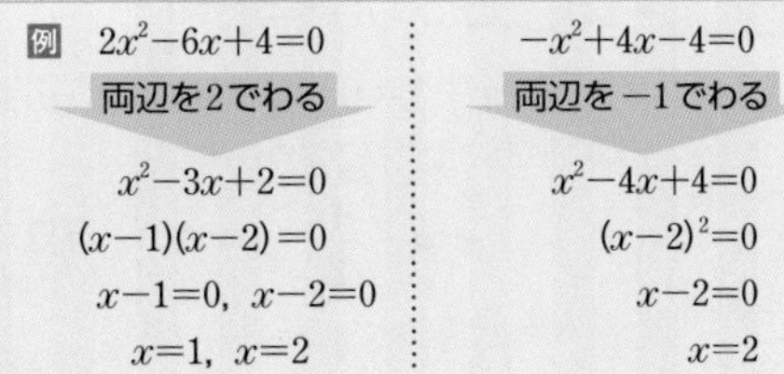


## 複雑な形の2次方程式の解き方

［例題18〜例題19］

■ 複雑な形の2次方程式の解き方

① **式を$ax^2+bx+c=0$の形に整理する。**
- ( )をふくむ場合は( )をはずす。
- 係数が分数の場合は分母をはらう。
- 係数が小数の場合は，両辺に10，100，…をかける。

② **左辺が因数分解できれば，因数分解を利用して解く。**

③ **左辺が因数分解できなければ，解の公式を利用して解く。**
2次方程式は，すべて解の公式で解ける。

## 例題 14 $(x+a)(x+b)=0$ の形の2次方程式

Level ★☆☆

次の方程式を解きなさい。

(1) $x(x-4)=0$　(2) $(x-3)(x+2)=0$　(3) $(2x+1)(x-5)=0$

### 解き方

AB=0の形 ▶ (1) $\underset{A}{x}\underset{B}{(x-4)}=0$

A=0, B=0 ▶ $x=0$ または $x-4=0$

$x=0,\ x=4$ …答

AB=0の形 ▶ (2) $(x-3)(x+2)=0$

$x-3=0$ または $x+2=0$

$x=-3,\ x=2$としないように注意する

$x=3,\ x=-2$ …答

AB=0の形 ▶ (3) $(2x+1)(x-5)=0$

$2x+1=0$ または $x-5=0$

$2x=-1,\ x=-\frac{1}{2}$

$x=-\frac{1}{2},\ x=5$ …答

**Point** $AB=0$ ならば，$A=0$ または $B=0$

**確認 $A=0$ または $B=0$ の意味**

0でない数どうしの積は0にはならない。$A=0$ または $B=0$ とは，少なくとも$A$と$B$のどちらか一方は0であるということ。

これは，次の3通りの場合がある。

①$A=0,\ B=0$

②$A=0,\ B\neq0$

③$A\neq0,\ B=0$

したがって，(1)では，$x$と$x-4$のうち，少なくともどちらか一方が0になればよい。

積の形にしたとき，必ず，右辺が0になっていることを確認。

## 練習

解答 別冊p.11

**14** 次の方程式を解きなさい。

(1) $x(x+7)=0$　(2) $(x+6)(x-2)=0$

(3) $(x+9)(x+5)=0$　(4) $(3x-2)(x-1)=0$

(5) $(x-6)(5x+1)=0$　(6) $(2x-1)(4x+3)=0$

## 例題 15 $(x+a)^2=0$ の形の2次方程式 Level ★

方程式 $(x-3)^2=0$ を解きなさい。

**解き方**

$(x+a)^2=0$ の形 → $x+a=0$

$(x-3)^2=0$

$x-3=0$

$x=3$ …答

**Point** $(x+a)^2=0$ ならば，$x+a=0$ → $x=-a$

**参考 0の平方根は0だけ**

$x^2=0$ ならば，$x=0$。
このように，0の平方根は0だけだから，$(x+a)^2=0$ の解は1つだけである。

## 例題 16 $x^2+ax=0$ の形の2次方程式 Level ★★

方程式 $x^2+8x=0$ を解きなさい。

**解き方**

$x^2+8x=0$

共通因数 $x$ をくくり出す → $x(x+8)=0$

$x=0$ または $x+8=0$

$x=0$, $x=-8$ …答

**Point** 左辺を $x(x+a)=0$ の形に因数分解する。

**テストで注意 両辺を $x$ でわってはダメ!**

$x^2+8x=0$ の両辺を $x$ でわると，
~~$x+8=0$ → $x=-8$~~
これでは，$x=0$ の解がぬけているので，方程式を解いたことにならない。

**練習** 解答 別冊p.11

次の方程式を解きなさい。

**15** (1) $(x-5)^2=0$　(2) $(2x+7)^2=0$

**16** (1) $x^2-2x=0$　(2) $x^2+6x=0$
(3) $x^2-10x=0$　(4) $2x+x^2=0$

## 例題 17 因数分解によって解く2次方程式 Level ★★★

次の方程式を解きなさい。

(1) $x^2-x-12=0$　　(2) $x^2-8x+16=0$

(3) $2x^2-50=0$

### 解き方

(1) $x^2-x-12=0$ ← 積が$-12$，和が$-1$になる2数は，3と$-4$

$x^2+(a+b)x+ab=(x+a)(x+b)$ ▶ $(x+3)(x-4)=0$

$x+3=0$　または　$x-4=0$

$\boldsymbol{x=-3,\ x=4}$ …答

(2) $x^2-8x+16=0$

$x^2-2ax+a^2=(x-a)^2$ ▶ $(x-4)^2=0$

$x-4=0$

$\boldsymbol{x=4}$ …答

両辺を2でわる ▶ (3) $2x^2-50=0$ ← 両辺を$x^2$の係数でわる

$x^2-25=0$

$x^2-a^2=(x+a)(x-a)$ ▶ $(x+5)(x-5)=0$

$x+5=0$　または　$x-5=0$

$\boldsymbol{x=\pm 5}$ …答

└ 2つに分けて，$x=-5$，$x=5$と書いてもよい

**Point** 公式を利用して，左辺を因数分解する。

### ✔確認 因数分解の公式

正しく利用するために，公式を忘れていないか確認しよう。

- $x^2+(a+b)x+ab=(x+a)(x+b)$
- $x^2+2ax+a^2=(x+a)^2$
- $x^2-2ax+a^2=(x-a)^2$
- $x^2-a^2=(x+a)(x-a)$

### 別解 平方根の考え方を利用する

(3) $x^2-25=0$

数の項を移項して，

$x^2=25$

平方根を求めて，

$x=\pm\sqrt{25}$

$\boldsymbol{x=\pm 5}$ …答

## 練習

解答 別冊p.11

次の方程式を解きなさい。

(1) $x^2-13x+40=0$　　(2) $x^2+18x+81=0$

(3) $x^2-9=0$　　(4) $-2x^2-4x+16=0$

## 例題 18 複雑な形の2次方程式(1)〔かっこのある形〕 Level ★★★

次の方程式を解きなさい。

(1) $4(x+6)=(x+3)^2$

(2) $(x-2)^2-6(x-2)+9=0$

### 解き方

(1) $4(x+6)=(x+3)^2$

分配法則　乗法公式

かっこをはずす ▶ $4x+24=x^2+6x+9$

左辺に移項して整理する ▶ $-x^2-2x+15=0$

両辺を $-1$ でわる

$x^2+px+q=0$ の形にする ▶ $x^2+2x-15=0$

左辺を因数分解する ▶ $(x+5)(x-3)=0$

$x+5=0$　または　$x-3=0$

省略してもよい

$\boldsymbol{x=-5,\ x=3}$ … 答

(2) $(x-2)^2-6(x-2)+9=0$

かっこをはずす ▶ $x^2-4x+4-6x+12+9=0$

$x^2+px+q=0$ の形にする ▶ $x^2-10x+25=0$

左辺を因数分解する ▶ $(x-5)^2=0$

$x-5=0$

$\boldsymbol{x=5}$ … 答

#### 別解 文字におきかえる解き方

(2) $(x-2)^2-6(x-2)+9=0$

$x-2=X$ とおくと，

$X^2-6X+9=0$

$(X-3)^2=0$

$X-3=0$

ここで，$X$ を $x-2$ にもどして，

$(x-2)-3=0$

$x-5=0$

$\boldsymbol{x=5}$ … 答

**Point** $x^2+px+q=0$ の形に整理して，因数分解。

### 練習

解答 別冊p.11

**18** 次の方程式を解きなさい。

(1) $(x-5)(x+4)=-14$

(2) $(x-3)^2=2(7-x)$

(3) $3x^2+13=2(x+1)(x-6)$

(4) $(x+2)^2+6(x+2)+5=0$

## 例題 19 複雑な形の2次方程式(2)〔分数の形〕 Level ★★★

次の方程式を解きなさい。

(1) $\dfrac{(x-2)(x+3)}{9}=\dfrac{2}{3}x$　　(2) $\dfrac{(x+4)(x-1)}{2}=\dfrac{(x+2)^2}{3}$

### 解き方

(1) $\dfrac{(x-2)(x+3)}{9}=\dfrac{2}{3}x$

9と3の最小公倍数は9

両辺に9をかけて，係数を整数にする ▶ $(x-2)(x+3)=6x$

$x^2+x-6=6x$

(左辺)=0の形に整理する ▶ $x^2-5x-6=0$

$(x+1)(x-6)=0$

$x+1=0$　または　$x-6=0$

$\boldsymbol{x=-1,\ x=6}$ …答

(2) $\dfrac{(x+4)(x-1)}{2}=\dfrac{(x+2)^2}{3}$

2と3の最小公倍数は6

両辺に6をかけて，係数を整数にする ▶ $3(x+4)(x-1)=2(x+2)^2$

$3(x^2+3x-4)=2(x^2+4x+4)$

$3x^2+9x-12=2x^2+8x+8$

(左辺)=0の形に整理する ▶ $x^2+x-20=0$

$(x+5)(x-4)=0$

$x+5=0$　または　$x-4=0$

$\boldsymbol{x=-5,\ x=4}$ …答

**Point** 分数係数を整数に直してから整理する。

#### くわしく 分母の最小公倍数をかける

分数係数の方程式では，まず両辺に，各分数の分母の最小公倍数をかけて，係数を整数にする。

(1) 両辺に9と3の最小公倍数9をかけると，

$\dfrac{(x-2)(x+3)}{9}\times9=\dfrac{2}{3}x\times9$

(2) 両辺に2と3の最小公倍数6をかけると，

$\dfrac{(x+4)(x-1)}{2}\times6=\dfrac{(x+2)^2}{3}\times6$

#### 参考 係数に小数をふくむ方程式の解き方

両辺を10倍，100倍，…して，**係数を整数に直してから**，(左辺)=0の形に**整理して解く**。

例　$0.1(x-6)^2=0.3x$

両辺に10をかけて，

$(x-6)^2=3x$

$x^2-12x+36=3x$

$x^2-15x+36=0$

$(x-12)(x-3)=0$

$x=12,\ x=3$

### 練習

解答 別冊p.12

**19** 次の方程式を解きなさい。

(1) $\dfrac{1}{4}(x-3)^2=\dfrac{x+1}{2}$　　(2) $\dfrac{(x+1)^2}{4}=\dfrac{(x-2)(x+9)}{3}$

# 4 2次方程式の応用

## 解と係数

［例題20］

2次方程式の解が与えられて係数などを求める問題は，**解を代入すれば方程式が成り立つことを利用して解く**ことができます。

■ 解と係数

1つの解がわかっている2次方程式で，係数$a$を求める手順

① わかっている**解を式に代入**する。

② **$a$についての方程式**とみて，これを解く。

例 $x^2-ax+5=0$の解の1つが5のとき，$a$の値を求める。

➡ 式に$x=5$を代入 ➡ $5^2-5a+5=0$，$-5a=-30$から，$a=6$

▶2つの解から係数と数の項を求めるテクニック

例 $x^2-ax+b=0$の解が$x=3$，$x=4$のときの$a$，$b$の求め方

➡解が$x=3$，$x=4$である2次方程式は，$(x-3)(x-4)=0$

左辺を展開して，$x^2-7x+12=0$

$x$の係数と数の項を比べると，$x^2-ax+b=0$，$x^2-7x+12=0$ ➡ $a=7$，$b=12$

## 2次方程式の文章題

［例題21～例題25］

■ 文章題の解き方

例 連続する2つの自然数がある。それぞれの平方の和が85になるとき，この2数を求めなさい。

小さいほうの数を$x$とすると，

$x^2+(x+1)^2=85$

⬇

これを解いて，$x=6$，$x=-7$

$x^2+(x+1)^2=85$
$2x^2+2x-84=0$
$x^2+x-42=0$
$(x+7)(x-6)=0$

⬇

$x>0$から，$x=6$

大きいほうの数は，$6+1=7$

答 6，7

**方程式をつくる**

①文章中の数量関係を理解する。

②何を$x$で表すかを決める。

**方程式を解く**

- 因数分解を利用した解き方
- $(x+m)^2=n$の形に変形する解き方
- 解の公式を利用した解き方

**解を検討する**

求めた解が答えとして適当であるかを調べる。

## 例題 20 2次方程式の解と係数

Level ★★★

(1) 2次方程式$x^2+ax-12=0$の解の1つが6であるとき，$a$の値と他の解を求めなさい。

(2) 2次方程式$x^2+ax+b=0$の解が$-4$と5であるとき，$a$と$b$の値を求めなさい。

### 解き方

(1) 方程式に$x=6$を代入して，

方程式に解を代入し，$a$の方程式をつくる ▶ $6^2+6a-12=0$

整理して，$36+6a-12=0$，$6a+24=0$

これを解いて，$\boldsymbol{a=-4}$ … 答

これより，もとの方程式は，

$a$の値をあてはめて，方程式を完成させる ▶ $x^2-4x-12=0$

$(x+2)(x-6)=0$

$x=-2$，$x=6$

したがって，**他の解は，$x=-2$** … 答

(2) 方程式に$x=-4$，$x=5$を代入して，

$x=-4$を代入 ▶ $(-4)^2-4a+b=0$ ……①

$x=5$を代入 ▶ $5^2+5a+b=0$ ……②

①，②を整理して，

$a$，$b$についての連立方程式をつくる ▶

$-4a+b=-16$ ……①′

$5a+b=-25$ ……②′

①′，②′を連立方程式として解くと，

$\boldsymbol{a=-1,\ b=-20}$ … 答

②′−①′から，
$9a=-9$，$a=-1$
$a=-1$を
①′に代入して，
$4+b=-16$，
$b=-20$

**Point** 解を代入して，別の文字についての方程式をつくる。

**テストで注意 求めた解をそのまま答えとしないように注意する**

(1)で求められているのは，**6以外の解**だから，$x=-2$のみを答えること。

**別解 $(x-p)(x-q)=0$の形から求める方法**

(2) $x^2+ax+b=0$ ……①

2つの解が$x=-4$，$x=5$である$x^2$の係数が1の2次方程式は，

$(x+4)(x-5)=0$

左辺を展開して，

$x^2-x-20=0$ ……②

①，②の式を比べて，

$\boldsymbol{a=-1,\ b=-20}$ … 答

### 練習

解答 別冊p.12

**20** (1) 2次方程式$x^2+ax+28=0$の解の1つが$-4$であるとき，$a$の値と他の解を求めなさい。

(2) 2次方程式$x^2+ax+b=0$の解が2と$-3$であるとき，$a$と$b$の値を求めなさい。

## 例題 21 2つの整数を求める　Level ★★☆

2つの正の整数があって，その差は7で，積は60となります。この2つの整数を求めなさい。

### 解き方

何を$x$で表すかを決める ▶ 2つの正の整数のうち，小さいほうの数を$x$とする。
2数の差が7だから，大きいほうの数は$x+7$と表せる。

2数の積が60となることから，これを式で表すと，

数量の関係を方程式に表す ▶ $x(x+7)=60$

これを解くと，

方程式を解く ▶

$$x^2+7x=60$$
$$x^2+7x-60=0$$
$$(x+12)(x-5)=0$$
$$x=-12,\ x=5$$

この2数を答えとしないように注意

解を検討する ▶ $x$は正の整数だから，5は問題にあうが，$-12$は問題にあわない。

したがって，$x=5$のとき，大きいほうの数は，

$5+7=12$

**答 5と12**

### 参考 いろいろな2数の表し方

- 差が$a$である2数
  …$x$と$x+a$または$x-a$と$x$
- 和が$a$である2数
  …$x$と$a-x$
- 連続する2数
  …$x$と$x+1$

### テストで注意 混同しやすい数の表し方の例

- ある数$x$の2倍 ➡ $2x$
- ある数$x$の2乗 ➡ $x^2$
- ある数$x$を3倍して1を加えた数
  ➡ $3x+1$
- ある数$x$に1を加えて3倍した数
  ➡ $3(x+1)$

### 別解 大きいほうの数を$x$とする

大きいほうの数を$x$とすると，小さいほうの数は$x-7$と表せるから，

$$x(x-7)=60$$
$$x^2-7x-60=0$$
$$(x+5)(x-12)=0$$
$$x=-5,\ x=12$$

$x$は正の整数だから，$x=-5$は問題にあわない。

したがって，$x=12$のとき，小さいほうの数は，$12-7=5$

問題の条件にあてはまっているか，検算して確かめよう。

### 練習

解答 ▶ 別冊p.12

**21** 連続する2つの正の整数の積が56のとき，この2つの整数を求めなさい。

## 例題 22 連続する3つの整数を求める Level ★★★

連続した3つの自然数があり，最も小さい数と最も大きい数の積は，まん中の数の5倍より23大きくなりました。この3つの自然数を求めなさい。

### 解き方

連続した3つの自然数を，

何を$x$で表すかを決める ▶ $x$，$x+1$，$x+2$

（最も小さい数を$x$とする）

と表す。

最も小さい数と最も大きい数の積は，まん中の数の5倍より23大きいから，

数量の関係を方程式に表す ▶ $x(x+2)=5(x+1)+23$

これを解くと，

方程式を解く ▶

$$x^2+2x=5x+28$$

$$x^2-3x-28=0$$

$$(x+4)(x-7)=0$$

$$x=-4,\ x=7$$

解を検討する ▶ $x$は自然数だから，$-4$は問題にあわないが，7は問題にあう。よって，$x=7$

したがって，連続した3つの自然数は，

$x=7$のとき，7，8，9

**答 7，8，9**

#### 別解 まん中の数を$x$とおく

連続した3つの自然数を，

$x-1$，$x$，$x+1$

と表すと，

$(x-1)(x+1)=5x+23$

これを整理して，

$x^2-5x-24=0$

$(x+3)(x-8)=0$

$x=-3$，$x=8$

$x$は自然数だから，$x=8$

したがって，連続した3つの自然数は，

$x=8$のとき，**7，8，9** …答

まん中の数を$x$とおくと，計算が簡単になる場合もあるみたいだよ。

#### 参考 最も大きい数を$x$とする

連続した3つの自然数は$x-2$，$x-1$，$x$と表せる。

### 練習

解答 別冊p.12

**22** 連続した3つの正の整数があります。小さいほうの2つの数の積は，3つの数の和に等しくなります。この3つの整数を求めなさい。

## 例題 23 道幅を求める

縦が25m，横が32mの長方形の土地に，右の図のように，縦，横に同じ幅（はば）の道をつくり，残りの部分を花だんにしようと思います。花だんの面積が690m²になるようにするには，道幅を何mにすればよいですか。

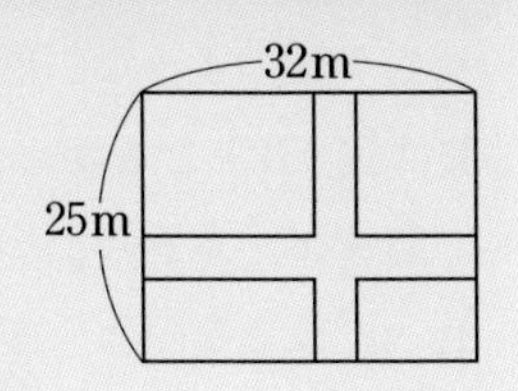


### 解き方

4つの長方形を1つの長方形にまとめる ▶ 右の図のように，道の部分を端によせても花だんの面積は変わらないことを利用する。

道幅を$x$mとすると，花だんの面積は，

花だんの面積を$x$を使って表す ▶ $(25-x)(32-x)\mathrm{m}^2$

と表せる。

これが690m²だから，

方程式をつくる ▶ $(25-x)(32-x)=690$

これを解いて，

$x=2$，$x=55$

道幅は正の数で，土地の縦の長さよりも短いから，

解を検討する ▶ $0<x<25$ ——道幅は，土地の短いほうの辺よりも短くなる

したがって，$x=55$は問題にあわない。

$x=2$は問題にあう。よって，$x=2$

**答 2m**

**図解 縦の道を右に，横の道を下に動かす**

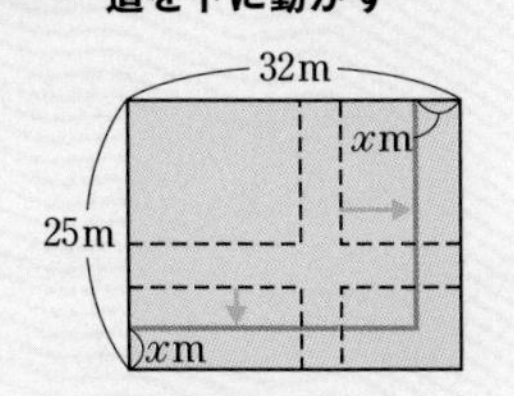


**別解 全体の面積−道の面積＝花だんの面積**

道幅を$x$mとすると，道の面積は，

$25x+32x-x^2=57x-x^2(\mathrm{m}^2)$

全体の面積は，

$25\times32=800(\mathrm{m}^2)$

花だんの面積は690m²より，

$800-(57x-x^2)=690$

これを解いて，$x=2$，$x=55$

---

**練習** 解答 ▶ 別冊p.12

**23** 横が縦より4cm長い長方形の金属板があります。この金属板の4すみから，1辺の長さが3cmの正方形を切り取り，点線の部分を折り曲げて直方体の容器をつくったら，その中に入る水の量が96cm³になりました。金属板の縦の長さを求めなさい。

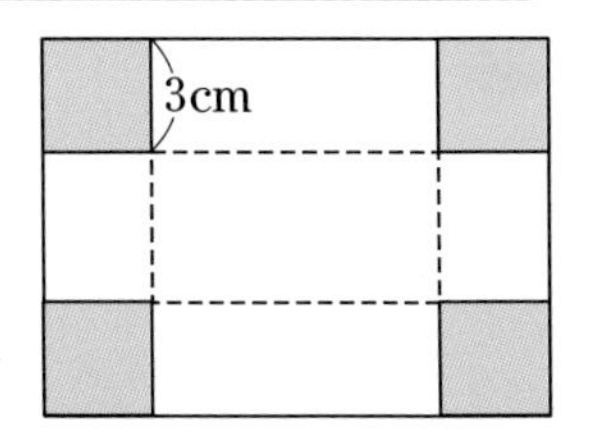

## 例題 24 動く点の位置を求める

Level ★★★

右の図のような，縦10cm，横20cmの長方形ABCDがあります。点Pは辺AB上をAからBまで動き，点Qは点Pと同時に辺BC上をCからBまで，点Pの2倍の速さで動くものとします。△PBQの面積が$16\text{cm}^2$になるのは，点PがAから何cm動いたときですか。

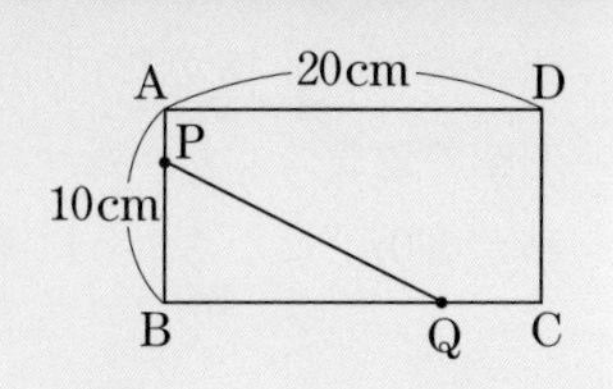


### 解き方

AP，QCを$x$を使って表す ▶ $AP=x$cmとすると，$QC=2x$cmと表せる。

（2倍の速さ ➡ 動く距離も2倍）

これより，

PB，QBを$x$を使って表す ▶

$PB=AB-AP=10-x(\text{cm})$

$QB=BC-QC=20-2x(\text{cm})$

△PBQの面積は$16\text{cm}^2$だから，

△PBQ=$16\text{cm}^2$より，方程式をつくる ▶

$$\frac{1}{2}(20-2x)(10-x)=16$$

$$\frac{1}{2}\times2(10-x)(10-x)=16$$
$$(10-x)^2-16=0$$
$$x^2-20x+84=0$$
$$(x-6)(x-14)=0$$

これを解いて，$x=6$，$x=14$

APは正の数で，辺ABより短くなる ▶ $x$はAPの長さだから，$0\leqq x\leqq10$

したがって，$x=14$は問題にあわない。

$x=6$は問題にあう。よって，$x=6$

**答 6cm**

**図解 AP＝$x$ cmのときのPB，QBの長さ**

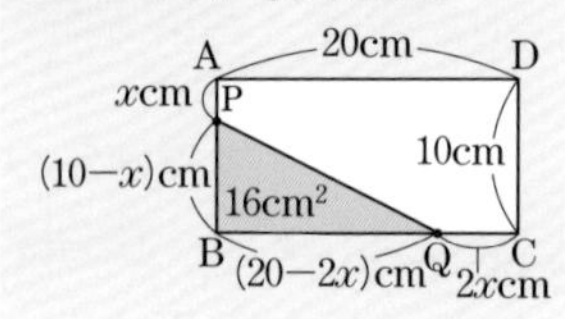


**参考 速さの表し方**

「秒速1cm」や「毎秒1cmの速さ」を「1cm/sの速さ」と表すことがある。

**Point** AP＝$x$cmとして，△PBQの面積を$x$で表す。

## 練習

解答 別冊p.12

**24** 右の図のように，正方形ABCDの辺AB上を1cm/sの速さでAからBまで動く点Pがあります。点Aを出発してから4秒後の台形BCDPの面積が$48\text{cm}^2$であるとき，正方形ABCDの1辺の長さを求めなさい。

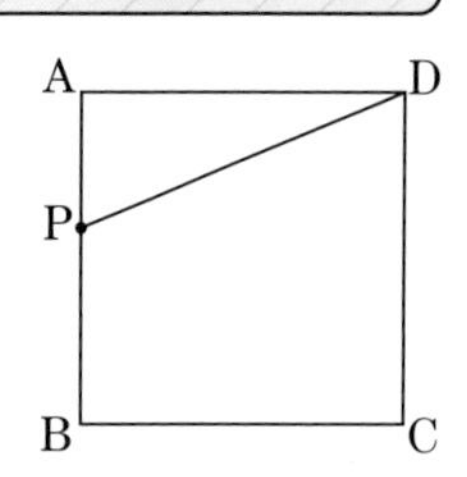

## 例題 25 グラフ上の点の座標を求める　Level ★★★

右の図で，点Pは$y=x+3$のグラフ上の点です。点Pから$x$軸に垂線をひき，$x$軸との交点をQとし，PQを1辺とする正方形PQRSをPQの右側につくります。正方形PQRSの面積が$100\text{cm}^2$のとき，点Pの座標を求めなさい。

ただし，(Pの$x$座標)$>0$とし，座標の1目もりは1cmとします。

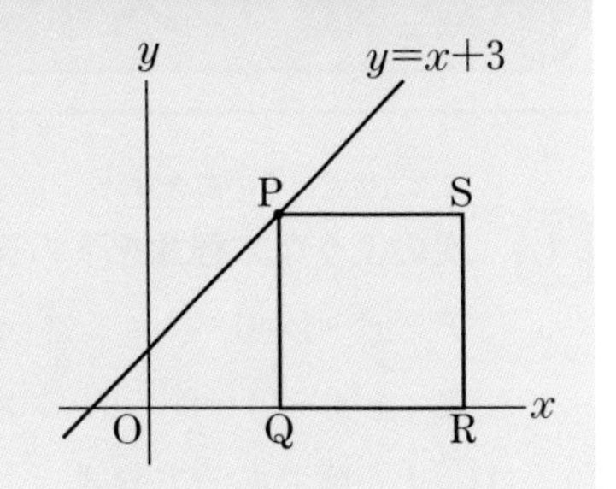


### 解き方

$y=x+3$に$x=p$を代入する ▶ 点Pの$x$座標を$p$とすると，$y$座標は$p+3$と表せる。

点Qは$x$軸上の点より，$PQ=p+3$

正方形PQRSの面積が$100\text{cm}^2$だから，

$PQ^2=100$より，方程式をつくる ▶ $(p+3)^2=100$

これを解いて，

$p=7$，$p=-13$

（$p+3=\pm10$　$p+3=10$より，$p=7$　$p+3=-10$より，$p=-13$）

(Pの$x$座標)$>0$ ▶ $p>0$だから，$p=7$は問題にあうが，$p=-13$は問題にあわない。

$y$座標を求める ▶ $p+3$に$p=7$を代入して，$7+3=10$

**答** P(7，10)

**Point** 点の座標を，文字を使って表す。

**参考** 3点Q，R，Sの座標を$p$を使って表すと

**点Qの座標は，($p$，0)**

$x$座標…点Pと同じ

$y$座標…$x$軸上の点だから0

**点Rの座標は，($2p+3$，0)**

$x$座標…QR=PQだから，

$p+(p+3)=2p+3$

$y$座標…$x$軸上の点だから0

**点Sの座標は，($2p+3$，$p+3$)**

$x$座標…点Rと同じ

$y$座標…点Pと同じ

正方形PQRSの面積を$p$で表すんだね。

### 練習　解答 別冊p.12

**25** 右の図で，点Pは$y=x+2$のグラフ上の点です。点Pから$x$軸に垂線をひき，$x$軸との交点をQとし，3点O，P，Qを頂点とする△OPQをつくります。△OPQの面積が$40\text{cm}^2$のとき，点Pの座標を求めなさい。ただし，(Pの$x$座標)$>0$とし，座標の1目もりは1cmとします。

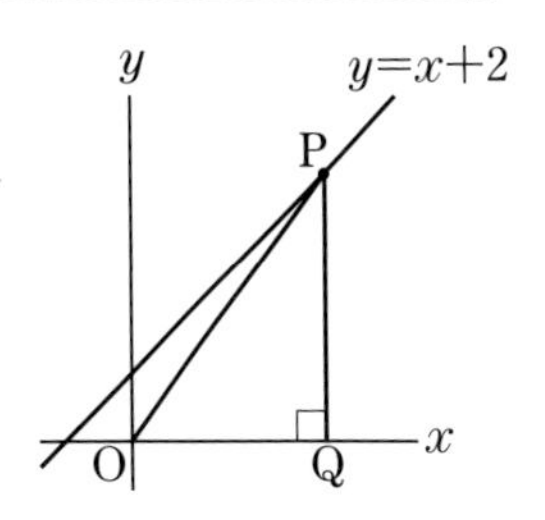

# 定期テスト予想問題 ①

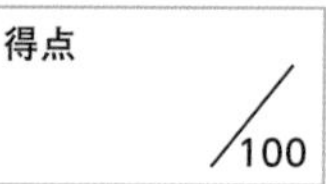


1／2次方程式とその解き方

**1** 次のような方程式を下の**ア**～**カ**の中からすべて選び，記号で答えなさい。【5点×2】

**ア** $x^2-1=0$　**イ** $x^2+1=0$　**ウ** $x(x+1)=0$

**エ** $x(x-1)=0$　**オ** $x^2+2x+1=0$　**カ** $x^2-2x+1=0$

(1) 1が解である方程式 〔　　〕

(2) $-1$が解である方程式 〔　　〕

1／2次方程式とその解き方，2／解の公式，3／2次方程式と因数分解

**2** 次の方程式を解きなさい。【5点×6】

(1) $9x^2-4=0$ 〔　　〕

(2) $(x+3)^2-8=0$ 〔　　〕

(3) $8x^2+4x=0$ 〔　　〕

(4) $x^2-7x+10=0$ 〔　　〕

(5) $x^2+5x+2=0$ 〔　　〕

(6) $2x^2=1-4x$ 〔　　〕

1／2次方程式とその解き方，2／解の公式，3／2次方程式と因数分解

**3** 次の方程式を解きなさい。【5点×3】

(1) $(x-9)(x-5)=-4$ 〔　　〕

(2) $(x-2)^2=3(3-x)+1$ 〔　　〕

(3) $2x(x+1)=(x+2)(x+1)$ 〔　　〕

4／2次方程式の応用

## 4 次の問いに答えなさい。

【7点×3】

(1) 2次方程式 $x^2+ax-3a=0$ の1つの解が2であるとき，もう1つの解を求めなさい。

〔　　　　　　　〕

(2) 2次方程式 $x^2+ax+b=0$ の解が4と−1であるとき，$a$ と $b$ の値を求めなさい。

〔　　　　　　　〕

(3) 2次方程式 $x^2-x-6=0$ の小さいほうの解は，$x^2-6x+b=0$ の解の1つです。このとき，$x^2-6x+b=0$ のもう1つの解を求めなさい。

〔　　　　　　　〕



4／2次方程式の応用

## 5 次の問いに答えなさい。

【8点×2】

(1) 大小2つの自然数があります。その差は7で，積は78になるといいます。この2つの自然数を求めなさい。

〔　　　　　　　〕

(2) 周囲の長さが24cmで，面積が$35\text{cm}^2$の長方形をつくりたいと思います。この長方形の2辺の長さを求めなさい。

〔　　　　　　　〕

4／2次方程式の応用

## 6

右の図のように，AB=6cm，AD=8cmの長方形ABCDにおいて，辺AB，BC，CD，DA上に，それぞれ点P，Q，R，SをAP=BQ=CR=DSとなるようにとります。このとき，四角形PQRSの面積が長方形ABCDの面積の$\frac{1}{2}$になるのは，APが何cmのときですか。すべて求めなさい。

【8点】

〔　　　　　　　〕

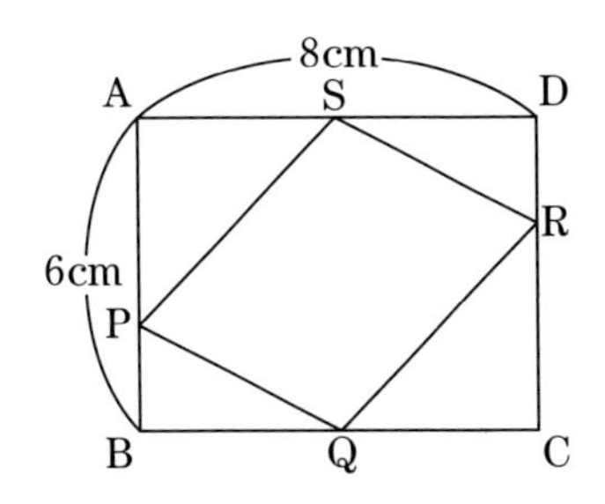

# 定期テスト予想問題 ②

時間 40 分
解答 別冊 p.14

得点 /100

1／2次方程式とその解き方，2／解の公式，3／2次方程式と因数分解

**1** 次の方程式を解きなさい。 【6点×5】

(1) $x^2-12x=0$ 〔　　〕

(2) $6x^2=25$ 〔　　〕

(3) $(4x-1)(3x+2)=0$ 〔　　〕

(4) $x^2+7x+3=0$ 〔　　〕

(5) $2x^2+3=-6x$ 〔　　〕

1／2次方程式とその解き方，2／解の公式，3／2次方程式と因数分解

**2** 次の方程式を解きなさい。 【6点×5】

(1) $\frac{1}{3}x^2+2x-9=0$ 〔　　〕

(2) $(2x-3)(2x+3)=(3x+1)(x-1)$ 〔　　〕

(3) $(2x-5)^2=6x-17$ 〔　　〕

(4) $0.5(x+2)^2=0.8x+1.4$ 〔　　〕

(5) $\frac{(x-3)(x+1)}{2}=\frac{(x+1)(x-1)}{4}$ 〔　　〕

4／2次方程式の応用

**3** 連続した 3 つの正の整数があります。最も小さい数の平方の 3 倍は，残りの 2 つの数のそれぞれの平方の和より 2 だけ大きくなります。このような 3 つの整数を求めなさい。 【10点】

〔　　〕

4／2次方程式の応用

**4** 右の図のような1辺が16cmの正方形ABCDがあります。点Pは辺AB上を1cm/sの速さでAからBまで動き，点Qは点Pと同時に出発し，辺AD上を1cm/sの速さでAからDまで動きます。△PQDの面積が$24cm^2$となるのは，2点P，Qが同時に出発してから何秒後と何秒後ですか。

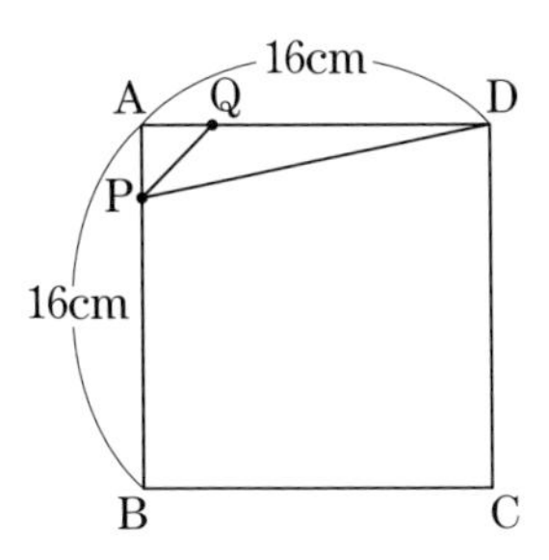


【10点】

〔　　　　　　　　　　〕

4／2次方程式の応用

**5** 右の図で，点Aは$y=-2x+14$のグラフと$x$軸との交点，点Pは$y=-2x+14$のグラフ上の点です。点Pから$y$軸に垂線をひき，$y$軸との交点をQとします。四角形QOAPの面積が$24cm^2$のとき，点Pの座標を求めなさい。ただし，(Pの$x$座標)>0，(Pの$y$座標>0)とし，座標の1目もりは1cmとします。

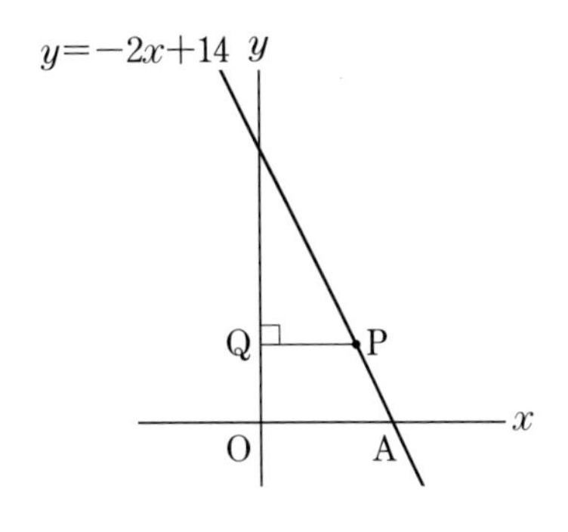


【10点】

〔　　　　　　　　　　〕

思考 4／2次方程式の応用

**6** ある学校の3年1組でクラスの旗をつくることにしました。旗は縦100cm，横160cmの長方形で，右の図のように，両端の縦100cm，横30cmの部分は赤色にし，残りの部分は5個の正方形と4個の長方形に分け，正方形の部分は黄色，長方形の部分は緑色にすることにしました。また，5個の正方形のうち，真ん中の1個には「1組」と書くので，残りの4個の正方形よりも大きくし，残りの4個は合同とすることにしました。黄色の部分の面積の合計が$5800cm^2$のとき，残りの4個の正方形の1辺の長さは何cmになるか求めなさい。また，求め方も書きなさい。

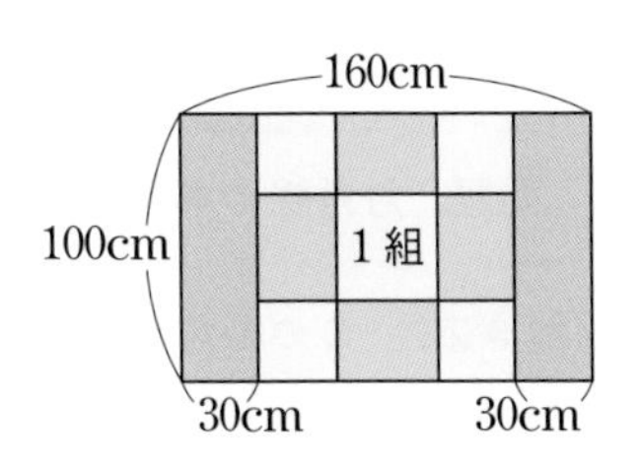


【10点】

〔　　　　　　　　　　〕

# 対角線の本数と２次方程式

多角形の向かいあう頂点を結んだ直線を対角線といいます。
多角形の対角線の本数が何本になるか，2次方程式を使って求めてみましょう。

---

多角形の対角線の本数を調べてみましょう。

三角形…0本
四角形…2本
五角形…5本
⋮

三角形　四角形　五角形

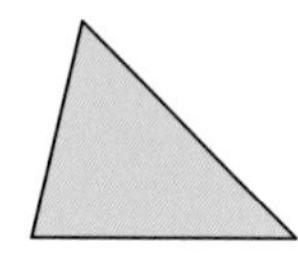

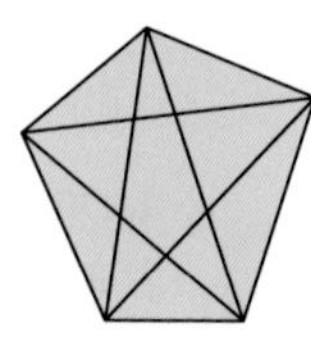

対角線0本　対角線2本　対角線5本

$n$角形の対角線の本数は，$n$を使って表せるでしょうか。

右の図で，頂点1からひくことができる対角線の数は，

$n-3$(本)です。

頂点1と1，1と2，1と$n$を結んだ線分は対角線になりません。

頂点は全部で$n$個あるので，$n$角形の対角線の本数は，

$\dfrac{n(n-3)}{2}$(本)

頂点1と3，頂点3と1を結んだ対角線は同じだから，2でわります。

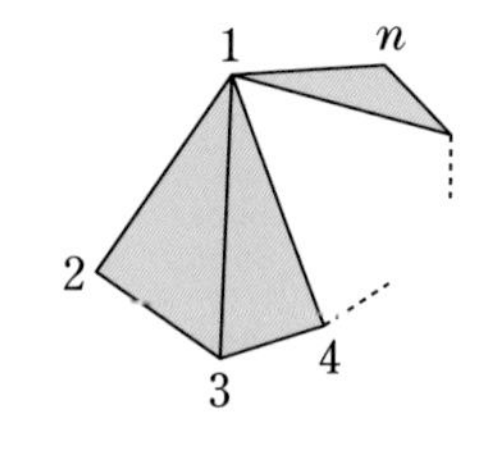


このことから，2次方程式を使うと，対角線の本数からその多角形が何角形であるかを求めることができます。

問題　対角線の本数が90本の多角形は，何角形ですか。

〈解き方〉　この多角形を$x$角形とすると，対角線の本数の関係から，

$$\frac{x(x-3)}{2}=90$$

両辺に2をかけて，整理すると，

$$x^2-3x-180=0$$

$x(x-3)=180$
$x^2-3x=180$

因数分解すると，

$(x-15)(x+12)=0$　$x=15$，$x=-12$

$x>0$だから，$x=15$　したがって，十五角形　…答

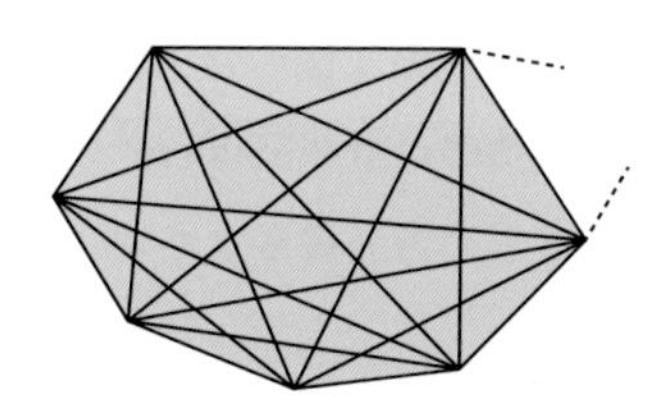

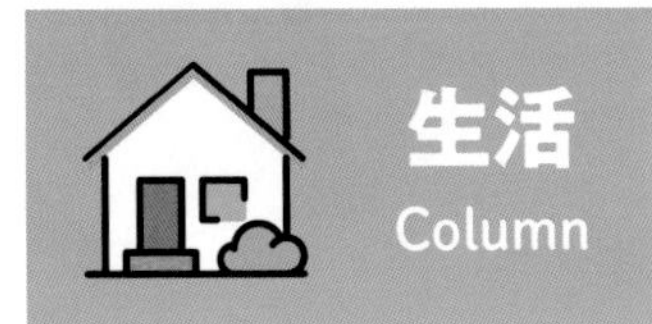


# ボールの投げ上げ

新体操の種目に，ボールがあります。選手たちは，得点を高めようと，演技の振り付けを考えます。このような場面に，数学が活用できないか考えてみましょう。

秒速20mで真上に投げ上げたボールは，$x$秒後には，およそ$(20x-5x^2)$mの高さに達するといいます。

これを利用すると，ボールを投げ上げてからもとの高さにもどってくるまでの時間を計算で求めることができます。

$$20x-5x^2=0$$
$$-5x(x-4)=0$$
$$x=0,\ 4$$

$x>0$だから，　$x=4$

したがって，4秒

つまり，ボールがもどってくるまでの4秒間でできる振り付けや技を考えればよいですね。

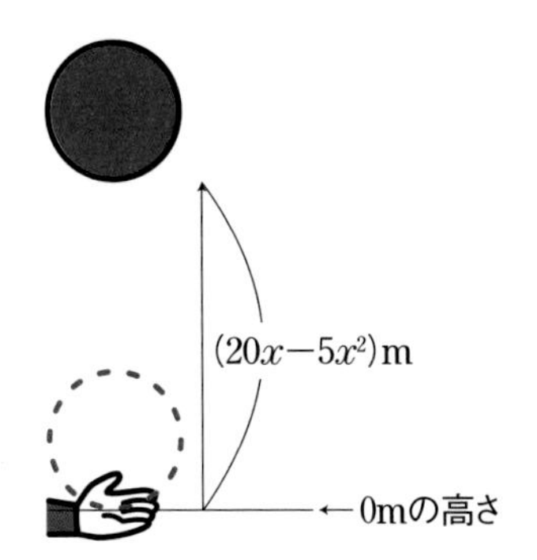


一般に，秒速$a$mで真上に投げ上げたボールが$x$秒後に達する高さは，$(ax-5x^2)$mといわれています。

たとえば，$a=30$のとき，

$30x-5x^2=0$，$-5x(x-6)=0$，$x=0$，6

$x>0$だから，$x=6$

つまり，ボールがもどってくるまで，6秒間あることがわかります。

投げ上げたときの速さが速いほど，つまり，強く投げ上げるほど，もどってくるまでの間により多くの振り付けや技ができることが説明できますね。

中学生のための

# 勉強・学校生活アドバイス

## 自習用ノートを使って自信をつけよう！

「学校の授業ノートとは別に、自習用ノートって使ってる？」

「自習用ノート？　使ってないです。」

「じゃあこれからは使ったほうがいいわ。**自習用ノートっていうのは、問題を解くためだけのノートのこと。**キレイに書く必要もないし、教科ごとに使い分けなくてもいいのよ。」

「あとで見るためのノートじゃないってことだな。」

「そう。問題集って、直接答えを書き込むと2回目に使えないでしょ？　だから自習用ノートに答えを書き込むの。」

「たしかに…。私、問題集に直接書き込んでいました。」

「**問題集にはその問題が解けたかどうかの印をつけるようにするといいわよ。**あとでもう一度その問題集で勉強するときには、解けなかった問題を中心にやればいいからね。」

「ルーズリーフに書くのじゃだめなの？」

「ルーズリーフでもいいんだけど、ノートのほうがおすすめ。**1冊のノートを使い切ると『勉強したなぁ』って達成感を得られるから。**」

「その気持ちわかります！！　自信にもつながりそうですね！」

「ちゃんと勉強すると1か月に1冊はノートを使い切れる。たまった自習用ノートは自分の頑張ったあかしだから自信になるの。」

「俺(おれ)も自習用ノート使ってみようっと！」

「私も！」

# 4章

## 関数

Gakken New Course

# 1 関数$y=ax^2$

## 関数$y=ax^2$

[例題1～例題3]

一般に，$y$が$x$の関数で，$\boldsymbol{y=ax^2}$と表されるとき，**$y$は$x$の2乗に比例する**といいます。

| | |
|---|---|
| ■ 関数$y=ax^2$ | $\boldsymbol{y=ax^2}$（$a$は定数，$a\neq0$）<br>$a$：比例定数<br>● $x$の値が**2倍，3倍，**…になると，$y$の値は**4倍，9倍，**…になる。（$2^2$，$3^2$）<br>● $\dfrac{y}{x^2}$の値は一定で，比例定数$a$に等しい。 |
| ■ $y=ax^2$の式の$a$の値の求め方 | $y$が$x$の2乗に比例するとき，$\boldsymbol{y=ax^2}$と表せる。<br>➡ **$y=ax^2$に$x$，$y$の値を代入**して，$a$の値を求める。<br>例　$x=2$，$y=16$のとき<br>$y=ax^2$に$x=2$，$y=16$を代入すると，<br>$16=a\times2^2$，$4a=16$，$a=4$ |

## $y=ax^2$のグラフ

[例題4～例題8]

関数$y=ax^2$のグラフは，**原点を通り，$y$軸について対称な放物線**です。

| | |
|---|---|
| ■ $y=ax^2$のグラフの特徴 | $y=ax^2$のグラフには，次のような特徴がある。<br>● **原点**を通る。<br>● $y$軸について**対称な放物線**である。<br>● **$a>0$**のとき ➡ **上に開いた形**<br>**$a<0$**のとき ➡ **下に開いた形**<br>● $a$の値の**絶対値が大きい**ほど，グラフの**開き方は小さい**。（$y$軸に近づく）<br>● **$y=ax^2$**のグラフは，**$y=-ax^2$**のグラフと**$x$軸について対称**である。 |

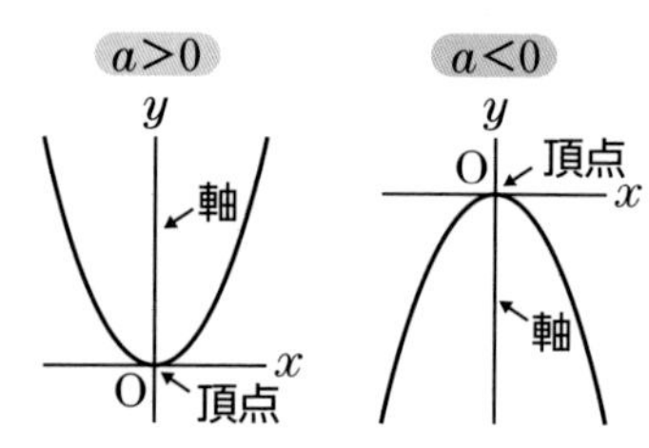

## 例題 1 $y=ax^2$で表される関係 Level ★☆☆

関数$y=2x^2$について，次の問いに答えなさい。

| $x$ | 0 | 1 | 2 | 3 | 4 | 5 | … |
|---|---|---|---|---|---|---|---|
| $y$ | 0 | 2 | ア | イ | 32 | ウ | … |

(1) 上の表の**ア〜ウ**にあてはまる数を求めなさい。

(2) $y$は何に比例するといえますか。
また，そのときの比例定数を答えなさい。

(3) $x$の値が1から2倍，3倍と変化すると，対応する$y$の値は何倍になりますか。

### 解き方

(1) $y=2x^2$に$x=2$，$x=3$，$x=5$を順に代入すると，

$y=2\times2^2=8$，$y=2\times3^2=18$，$y=2\times5^2=50$

したがって，**ア…8，イ…18，ウ…50** …答

(2) $y=2x^2$は，$y=ax^2$で$a=2$のとき。

したがって，**$y$は$x$の2乗に比例する。** …答

また，そのときの比例定数は，**2** …答

(3) $x=1$のとき，$y=2$

$x=2$のとき，$y=8$ (2倍 → 4倍)

$x=3$のとき，$y=18$ (3倍 → 9倍)

したがって，$y$の値は**4倍，9倍になる。**…答

**Point** $y=ax^2$の形 → $y$は$x$の2乗に比例

**確認 比例$y=ax$との関係**

式の形が，$y=$(定数)×□ならば，$y$は□に比例する。

- $y=ax$ ➡ $y$は$x$に比例する。
- $y=ax^2$ ➡ $y$は$x^2$に比例する。

**テストで注意 「比例だから2倍，3倍，…」としてはダメ!**

$y$は$x$に比例するのではなく，$x$の2乗に比例する。つまり，**$x$が$n$倍になると，$y$は$n^2$倍になる。**

**参考 $x$が決まれば$y$も決まる**

$x$の値を1つ決めると，それにともなって$y$の値が1つに決まるとき，**$y$は$x$の関数である**という。

## 練習

解答 別冊p.15

**1** 関数$y=3x^2$について，次の問いに答えなさい。

| $x$ | 0 | 1 | 2 | 3 | 4 | 5 | … |
|---|---|---|---|---|---|---|---|
| $y$ | 0 | ア | 12 | イ | 48 | ウ | … |

(1) 右の表の**ア〜ウ**にあてはまる数を求めなさい。

(2) $y$は何に比例するといえますか。また，そのときの比例定数を答えなさい。

(3) $x$の値が1から4倍に変化すると，対応する$y$の値は何倍になりますか。

## 例題 2 2乗に比例するかどうかの判断 Level ★★☆

次の場合について，$y$が$x$の2乗に比例するかどうかを答えなさい。

(1) 1辺が$x$cmの立方体の，表面積が$y\text{cm}^2$

(2) 1辺が$x$cmの正方形の，周の長さが$y$cm

### 解き方

(1) $y=x\times x\times 6$

└→(立方体の表面積)＝(1辺)×(1辺)×6

$y=ax^2$の形 ▶ つまり，$y=6x^2$

したがって，**$y$は$x$の2乗に比例する。** …答

(2) $y=x\times 4$

└→(正方形の周の長さ)＝(1辺)×4

$y=ax^2$の形ではない ▶ つまり，$y=4x$

したがって，**$y$は$x$の2乗に比例しない。** …答

($y$は$x$に比例する。)

**確認 立方体の表面積**

立方体の面は6つあり，どの面も正方形で面積は等しい。そして，1つの面の面積は，(1辺)×(1辺)で求められる。したがって，1辺が$x$cmの立方体の表面積は，

$x\times x\times 6=6x^2(\text{cm}^2)$

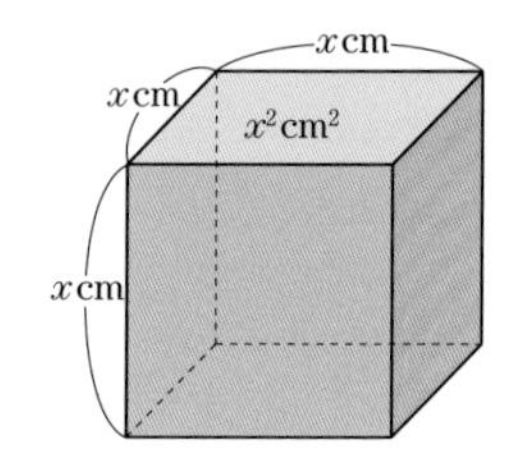


### 練習 解答 別冊p.15

**2** 次の場合について，$y$が$x$の2乗に比例するかどうかを答えなさい。

(1) 底面の半径が$x$cm，高さが6cmの円錐(えんすい)の体積が$y\text{cm}^3$

(2) 半径が$x$cmの円周の長さが$y$cm

### Column ガリレオ・ガリレイ

「地動説」で有名な**ガリレオ**は，1564年，現在のイタリアのピサに生まれ，物理学，天文学，数学などの研究で業績があります。「2乗に比例する関数」に関連したガリレオの発見として，以下のものがよく知られています。

●落下するものの性質(p.176参照)

**「落下するものの速さは，そのものの重さに関係しない」**という性質です。ガリレオはピサの斜塔から重さの異なる2つの弾丸を同時に落とし，それが同時に地面に着いたことで，正しさを証明したという伝説があります。

●振(ふ)り子の性質(p.177参照)

**「振り子が1往復するのにかかる時間は，振り子の長さだけに関係する」**。ガリレオはこれを，大聖堂の天井から下がっているランプのゆれを見て発見したといわれています。

## 例題 3 2乗に比例する式をつくる Level ★★★

$y$は$x$の2乗に比例し，$x=-2$のとき$y=8$です。

このとき，次の問いに答えなさい。

(1) $y$を$x$の式で表しなさい。

(2) $x=3$のときの$y$の値を求めなさい。

### 解き方

(1) $y$は$x$の2乗に比例するから，

$y=ax^2$とおく ▶ $y=ax^2$

とおける。

$y=ax^2$に$x=-2$，$y=8$を代入すると，

$x$，$y$の値を代入 ▶ $8=a\times(-2)^2$

$8=4\times a$

$a$の値を求める ▶ $a=2$

したがって，$\boldsymbol{y=2x^2}$ …答

(2) $y=2x^2$に$x=3$を代入すると，

$x=3$を代入 ▶ $y=2\times3^2$

$=2\times9$

$=18$ …答

**Point** $y$が$x$の2乗に比例 ➜ $y=ax^2$

---

**くわしく** $ax^2$の$a$を求める

1次関数の式$y=ax+b$では，2組の$x$，$y$の値がわからないとその式は求められなかった。

しかし，2乗に比例する関数の式$y=ax^2$では，**1組の$x$，$y$の値がわかればその式を求められる。**（ただし，$x=0$，$y=0$の組は除く）

**確認** $x$と$y$の関係を表す式

$x$と$y$の関係は，$\dfrac{y}{x^2}=a$とも表せる。この式に$x$と$y$の値を代入すると，

$$a=\frac{y}{x^2}=\frac{8}{(-2)^2}=2$$

負の数を代入するときは，必ずかっこをつけよう！

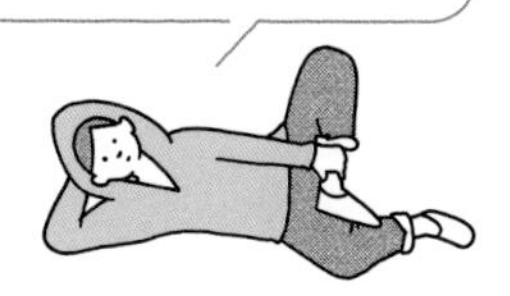

---

**練習** 解答 別冊p.15

**3** 次の問いに答えなさい。

(1) $y$は$x$の2乗に比例し，$x=2$のとき$y=16$です。このとき，$y$を$x$の式で表しなさい。また，$x=-3$のときの$y$の値を求めなさい。

(2) $y$は$x$の2乗に比例し，$x=-3$のとき$y=-3$です。このとき，$y$を$x$の式で表しなさい。また，$x=6$のときの$y$の値を求めなさい。

## 例題 4 $y=ax^2$ のグラフをかく　Level ★☆☆

次の関数のグラフをかきなさい。

(1)　$y=x^2$　　(2)　$y=\frac{1}{2}x^2$　　(3)　$y=-2x^2$

### 解き方

$x$ と $y$ の値の対応表を作る。

| ① | $x$ | … | $-3$ | $-2$ | $-1$ | 0 | 1 | 2 | 3 | … |
|---|---|---|---|---|---|---|---|---|---|---|
| ② | $x^2$ | … | 9 | 4 | 1 | 0 | 1 | 4 | 9 | … |
| ③ | $\frac{1}{2}x^2$ | … | $\frac{9}{2}$ | 2 | $\frac{1}{2}$ | 0 | $\frac{1}{2}$ | 2 | $\frac{9}{2}$ | … |
| ④ | $-2x^2$ | … | $-18$ | $-8$ | $-2$ | 0 | $-2$ | $-8$ | $-18$ | … |

(1)　$x$ の値に①，$y$ の値に②を使い，対応する $x$，$y$ の値の組を座標とする点をとって，なめらかな曲線で結ぶ。

グラフは**右の図の**(1)　… 答

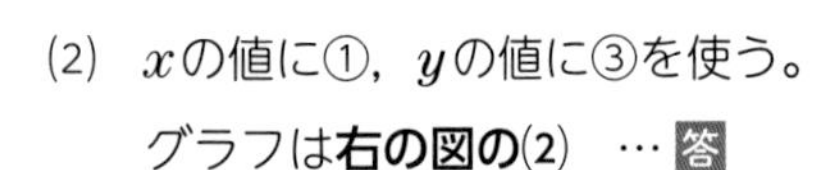

(2)　$x$ の値に①，$y$ の値に③を使う。

グラフは**右の図の**(2)　… 答

(3)　$x$ の値に①，$y$ の値に④を使う。

グラフは**右の図の**(3)　… 答

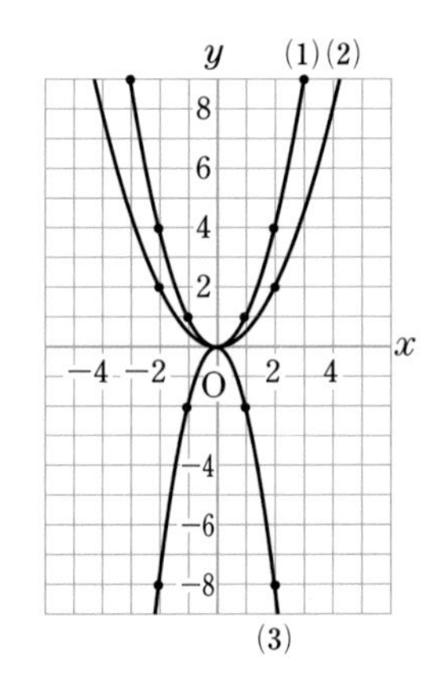


**Point** 対応する $x$，$y$ の値の表を作る。

### テストで注意　こんなグラフはダメ

- **直線で結んでいる。**

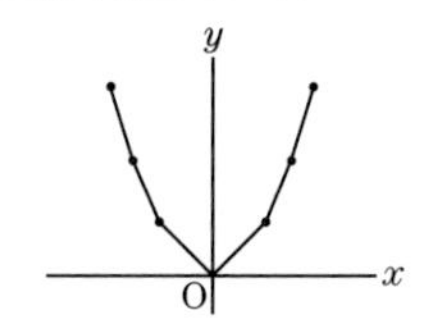


- **端がせまくなっている。**

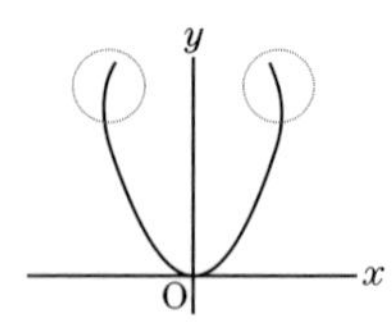


- **端が広がっている。**

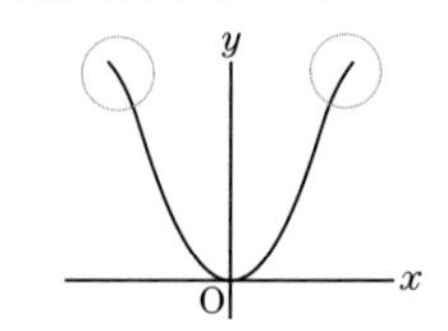


- **左右が対称になっていない。**

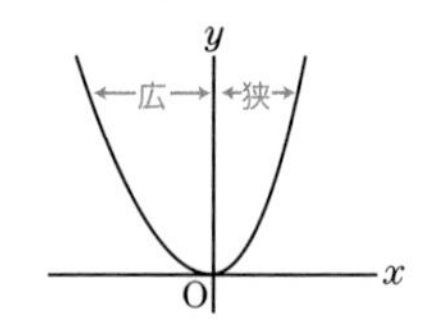

### 練習

解答 別冊p.15

**4**　次の関数のグラフをかきなさい。

(1)　$y=3x^2$　　(2)　$y=-3x^2$　　(3)　$y=-0.5x^2$

## 例題 5　グラフの位置関係　Level ★★☆

右の図は，$y=x^2$のグラフです。このグラフをもとに，次の関数のグラフを同じ図中にかきなさい。

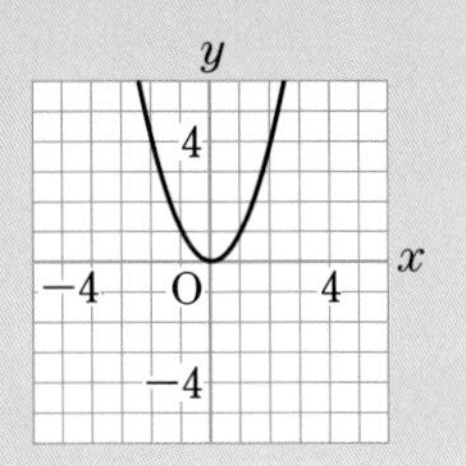


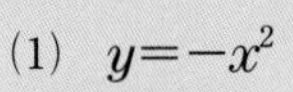

(1)　$y=-x^2$

(2)　$y=2x^2$

### 解き方

$x$と$y$の値の対応表を作る。

| ① | $x$ | … | −3 | −2 | −1 | 0 | 1 | 2 | 3 | … |
|---|---|---|---|---|---|---|---|---|---|---|
| ② | $x^2$ | … | 9 | 4 | 1 | 0 | 1 | 4 | 9 | … |
| ③ | $-x^2$ | … | −9 | −4 | −1 | 0 | −1 | −4 | −9 | … |
| ④ | $2x^2$ | … | 18 | 8 | 2 | 0 | 2 | 8 | 18 | … |

(1)　②と③の値を比べると，同じ$x$の値に対して，絶対値が等しく符号は反対。したがって，$y=x^2$のグラフ上の各点について，$y$座標の符号を反対にした点をとってグラフ(**右の図の(1)**)をかけばよい。　…答

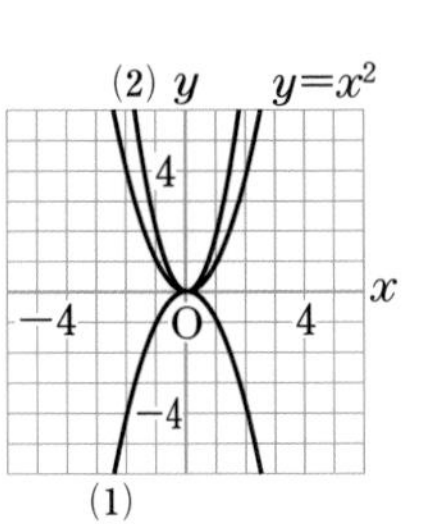


(2)　同じ$x$の値に対して，④の値は②の値の2倍になっている。したがって，$y=x^2$のグラフ上の各点について，$y$座標を2倍にした点をとってグラフ(**上の図の(2)**)をかけばよい。　…答

**Point**　**$y=x^2$と$y=-x^2$のグラフは$x$軸について対称。**

### 参考　$y=ax^2$のグラフが通る点

$y=ax^2$のグラフが，ある点を通るとき，グラフはこの点と$y$軸について対称な点も通る。

例えば下の図で，$y=-x^2$は点A(3，−9)と$y$軸について対称な点B(−3，−9)も通る。

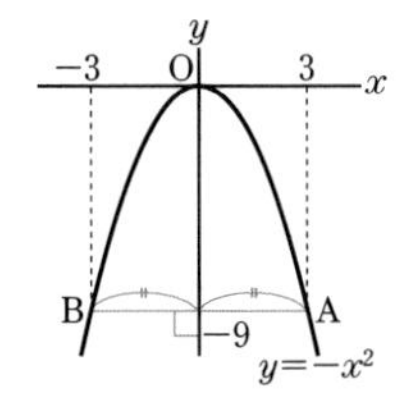


### くわしく　$y=ax^2$と$y=-ax^2$の関係

比例定数$a$がどんな値をとっても，$y=ax^2$と$y=-ax^2$のグラフは，$x$軸について対称になる。

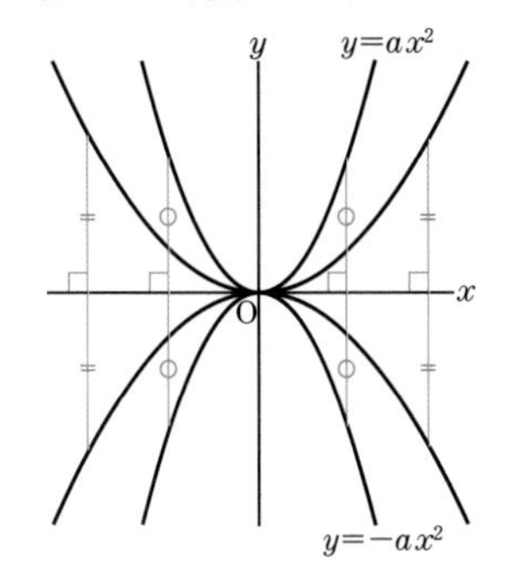


### 練習　　解答 別冊p.15

**5**　次の関数から，グラフが$x$軸について対称になる組をすべて選びなさい。

①　$y=2x^2$　　②　$y=-\frac{1}{2}x^2$　　③　$y=-2x^2$　　④　$y=0.5x^2$

## 例題 6 グラフの式 Level ★★★

2乗に比例する関数のグラフが点(−4, 6)を通るといいます。このとき，この関数の式を求めなさい。

**解き方**

$y=ax^2$とおく ▶ 2乗に比例する関数だから，その式は，$y=ax^2$とおける。

式に点の座標の値を代入する ▶ グラフは点(−4, 6)を通るから，$y=ax^2$に$x=-4$, $y=6$を代入すると，$6=a\times(-4)^2$

$a=\frac{3}{8}$　したがって，$\boldsymbol{y=\frac{3}{8}x^2}$ …答

**Point** $y=ax^2$とおいて，通る点の座標を代入。

## 例題 7 グラフから式を求める Level ★★★

右のグラフは，$y$が$x$の2乗に比例する関数のグラフです。このグラフの式を求めなさい。

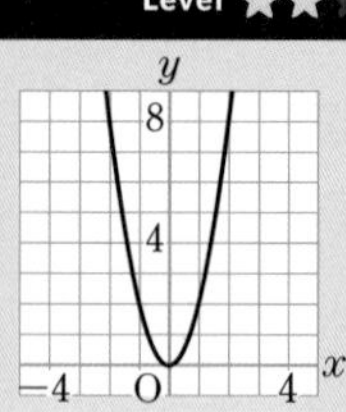

**解き方**

$y=ax^2$とおく ▶ 式は，$y=ax^2$　とおける。

式に点の座標の値を代入する ▶ グラフは点(1, 2)を通るから，$y=ax^2$に$x=1$, $y=2$を代入すると，

$2=a\times1^2$, $a=2$　したがって，$\boldsymbol{y=2x^2}$ …答

**くわしく 式は，グラフが通る1点で決められる**

関数$y=ax^2$では，この関数のグラフが通る原点以外の1点の座標がわかれば$a$の値も決まる。つまり，関数の式が決まる。

2乗に比例する関数の式 $\frac{y}{x^2}=a$を使うと，$a=\frac{6}{(-4)^2}=\frac{3}{8}$と求められるよ。

**確認 ほかの点の座標でも式は求められる**

グラフを通る1点がわかれば式は求められるから，点(1, 2)以外の点を使ってもよい。

ただし，$x$, $y$座標とも整数の点を選ぶこと。

**練習** 解答 ▶ 別冊p.15

**6** 2乗に比例する関数のグラフが点(1, 3)を通るとき，この関数の式を求めなさい。

**7** 右の図の**ア**～**ウ**は，どれも$y$が$x$の2乗に比例する関数のグラフです。このとき，**ア**～**ウ**のグラフの式を求めなさい。

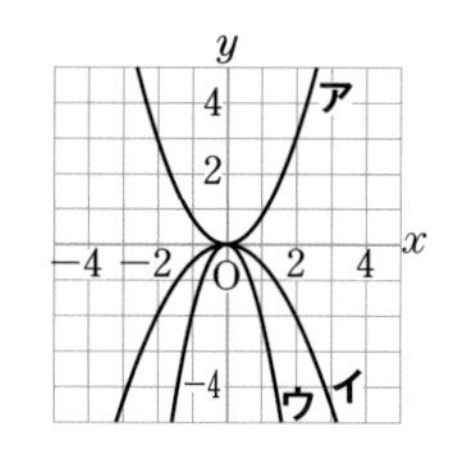

## 例題 8 $y=ax^2$ のグラフと $a$ の値 Level ★★★

右の図の**ア**～**ウ**は，

① $y=\frac{1}{4}x^2$　② $y=3x^2$

③ $y=-2x^2$

のいずれかのグラフです。

それぞれのグラフの式を，①～③の記号で答えなさい。

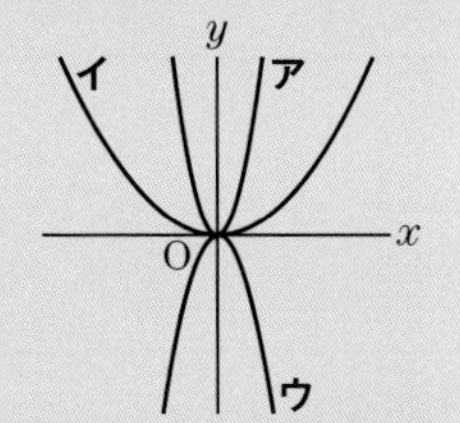


### 解き方

上に開いたグラフに着目 ▶ **ア**と**イ**のグラフは上に開いているから，その式は $x^2$ の係数が正である。よって，①か②。

係数を比較 ▶ さらに開き方を比べると，**ア**のほうが小さい。つまり，$x^2$ の係数は**ア**の式のほうが大きい。

したがって，**ア**の式は②，**イ**の式は①。

下に開いたグラフに着目 ▶ **ウ**のグラフは下に開いているから，その式は $x^2$ の係数が負である。よって，**ウ**の式は③。

**答** **ア**…②　**イ**…①　**ウ**…③

**Point** $x^2$ の係数の値からグラフを判断しよう。

**確認** $y=ax^2$ のグラフ

- $a>0$ ➡ 上に開いた形
- $a<0$ ➡ 下に開いた形
- $a$ の値の絶対値が大きいほど，グラフの開き方は小さい。

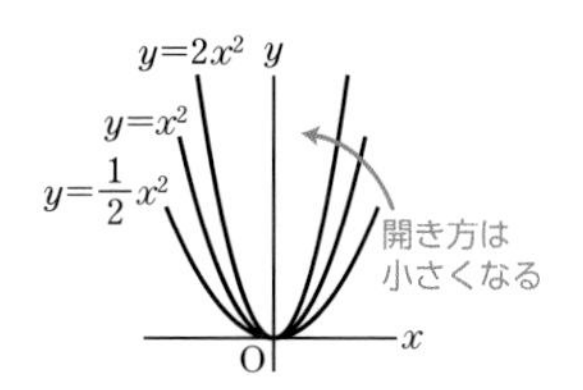

## 練　習

解答 別冊p.15

**8** 次の関数について，以下の問いに答えなさい。

① $y=-3x^2$　② $y=1.5x^2$　③ $y=3.5x^2$　④ $y=-x^2$　⑤ $y=\frac{1}{3}x^2$

(1) 上に開いた形のグラフをすべて選び，記号で答えなさい。

(2) 下に開いた形のグラフをすべて選び，記号で答えなさい。

(3) グラフの開き方の大きい順にならべ，記号で答えなさい。

# 2 関数$y=ax^2$の値の変化

## 関数$y=ax^2$の値の変化

［例題9～例題10］

### $y=ax^2$の値の変化

$x$の値が増加すると，

- $a>0$のとき　$x<0$の範囲 ➡ **$y$の値は減少**
  $x>0$の範囲 ➡ **$y$の値は増加**
  $x=0$のとき，**$y$は最小値**0

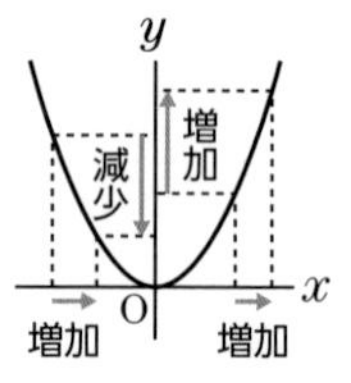


- $a<0$のとき　$x<0$の範囲 ➡ **$y$の値は増加**
  $x>0$の範囲 ➡ **$y$の値は減少**
  $x=0$のとき，**$y$は最大値**0

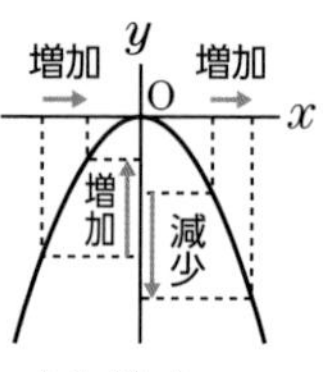


### 変域とグラフ

- 変域に0をふくまない場合

$1 \leqq x \leqq 2$
のとき
⬇
$1 \leqq y \leqq 4$

$y=x^2$　$y$　4　$y$の変域　1　O　1　2　$x$　$x$の変域

- 変域に0をふくむ場合

$-2 \leqq x \leqq 3$
のとき
⬇
$0 \leqq y \leqq 9$
└→ $x=0$のとき，$y$は最小値0

$y=x^2$　$y$　9　$y$の変域　4　$-2$　O　3　$x$　$x$の変域

## 変化の割合

［例題11～例題14］

### $y=ax^2$の変化の割合

$y$が$x$の関数であるとき，**変化の割合＝$\dfrac{y\text{の増加量}}{x\text{の増加量}}$**

$y=ax^2$では，$x$がどの値からどの値まで増加するかによって，変化の割合は異なっていて，一定ではない。

**例**　$y=x^2$の変化の割合を調べる。

- $x$が1から2まで増加する場合
  (変化の割合)$=\dfrac{2^2-1^2}{2-1}=3$
- $x$が2から3まで増加する場合
  (変化の割合)$=\dfrac{3^2-2^2}{3-2}=5$

一定ではない

## 例題 9 関数の値の増減 Level ★☆☆

次の①～③にあてはまる関数を，それぞれ下の**ア**～**ウ**からすべて選び，記号で答えなさい。

① $x<0$の範囲では，$x$の値が増加すると，$y$の値はつねに減少する。

② $x>0$の範囲では，$x$の値が増加すると，$y$の値はつねに増加する。

③ 変化の割合はつねに一定である。

**ア** $y=x$　　**イ** $y=x^2$　　**ウ** $y=-2x^2$

### 解き方

**ア**～**ウ**の関数のグラフは右の図のようになる。

グラフより，①にあてはまるのは**イ**だけ，②にあてはまるのは**ア**と**イ**であることがわかる。

また，変化の割合が一定の関数のグラフは直線だから，③は**ア**である。

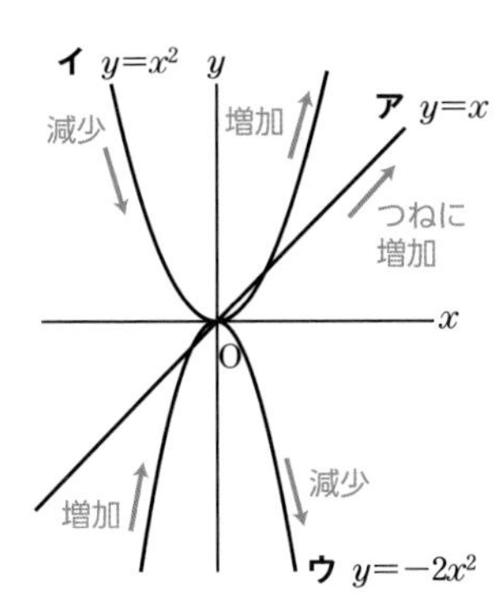


**答** ①…**イ**　②…**ア**，**イ**　③…**ア**

**Point** 関数のグラフの略図をかく。

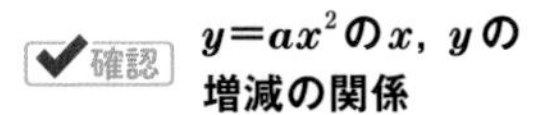


**$a>0$のとき**

$x$の値が増加すると，

- $x<0$ ➡ $y$の値は減少
- $x>0$ ➡ $y$の値は増加

**$a<0$のとき**

$x$の値が増加すると，

- $x<0$ ➡ $y$の値は増加
- $x>0$ ➡ $y$の値は減少

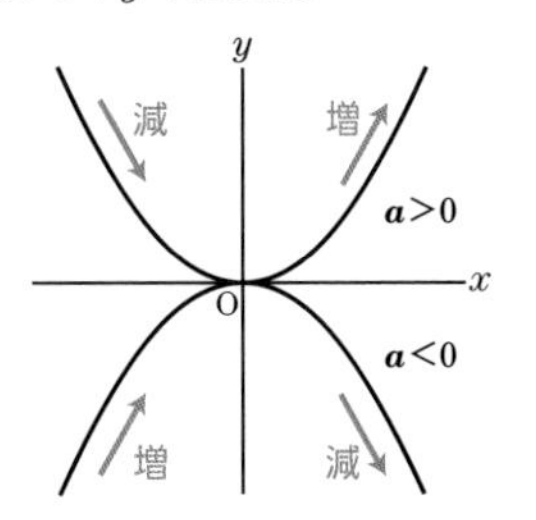


**復習 1次関数の変化の割合と比べよう!**

1次関数$y=ax+b$の変化の割合は一定で，比例定数$a$に等しい。

### 練習

解答 別冊p.15

**9** 関数$y=-\dfrac{3}{4}x^2$にあてはまるものを，次の**ア**～**ウ**から選び，記号で答えなさい。

**ア** $x>0$の範囲では，$x$の値が増加すると，$y$の値はつねに減少する。

**イ** $x>0$の範囲では，$x$の値が増加すると，$y$の値はつねに増加する。

**ウ** 変化の割合はつねに一定である。

## 例題 10 $x$の変域と$y$の変域 Level ★★★

関数$y=x^2$で，$x$の変域が次のような場合の，$y$の変域を求めなさい。

(1) $1 \leqq x \leqq 3$　　(2) $-3 \leqq x \leqq 2$

### 解き方

(1) $x$の変域が

$1 \leqq x \leqq 3$のとき，

グラフをかく ▶ $y=x^2$のグラフは右の図の実線部分のようになる。

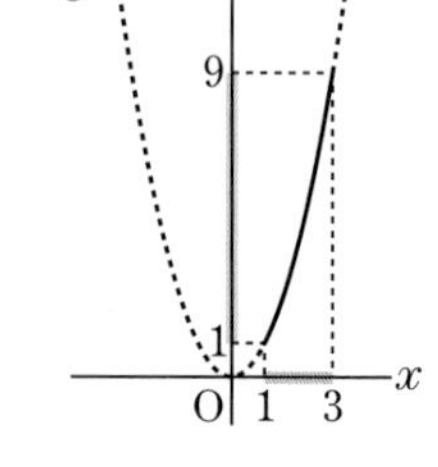


したがって，

$y$の変域を求める ▶ $\begin{cases} x=1\text{のとき，}y=1^2=1 \\ x=3\text{のとき，}y=3^2=9 \end{cases}$

だから，$y$の変域は，$\mathbf{1 \leqq y \leqq 9}$ …答

(2) $x$の変域が

$-3 \leqq x \leqq 2$のとき，

グラフをかく ▶ $y=x^2$のグラフは右の図の実線部分のようになる。

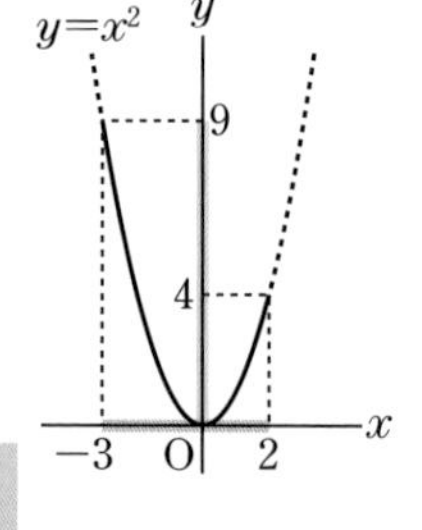


したがって，

$y$の変域を求める ▶ $\begin{cases} x=0\text{のとき，}y=0^2=0 \\ x=-3\text{のとき，}y=(-3)^2=9 \end{cases}$

だから，$y$の変域は，$\mathbf{0 \leqq y \leqq 9}$ …答

**Point** **グラフの略図をかいて，最大値，最小値を見つける。**

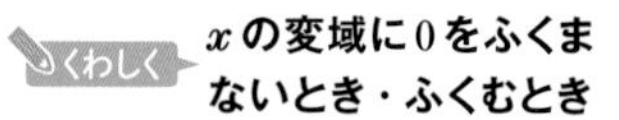


**$x$の変域に0をふくまないとき・ふくむとき**

[$x$の変域に0をふくまないとき]

(1)では，$x$の変域に0をふくまない。この場合，**$x$の変域の両端の点**を押さえれば，$y$の変域を求められる。

[$x$の変域に0をふくむとき]

(2)では，$x$の変域に0をふくんでいる。この場合，$y$の変域の**両端のどちらかが，必ず0**になる。

- 下の図のように，$y=ax^2$で$a<0$の場合も同じように考えられる。

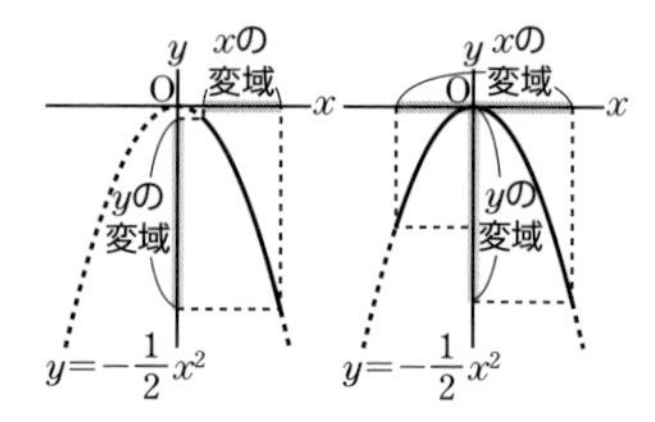


(2)で$x=2$をそのまま代入して答えないように注意しようね。

### 練習　　解答 別冊p.15

**10** 関数$y=-\frac{2}{3}x^2$で，$x$の変域が次のような場合の，$y$の変域を求めなさい。

(1) $3 \leqq x \leqq 6$　　(2) $-3 \leqq x \leqq 9$

## 例題 11 $y=ax^2$の変化の割合

Level ★★☆

関数$y=2x^2$について，次の(1)〜(3)のように$x$が増加するとき，それぞれ変化の割合を求めなさい。

(1)　1から4まで

(2)　$-5$から$-2$まで

(3)　$-6$から0まで

### 解き方

$x=1$，$x=4$のときの$y$の値 ▶ (1)　$x=1$のとき，$y=2\times1^2=2$

$x=4$のとき，$y=2\times4^2=32$

したがって，変化の割合は，

$\dfrac{y\text{の増加量}}{x\text{の増加量}}$ ▶ $\dfrac{32-2}{4-1}=\dfrac{30}{3}=10$　… 答　（30→$y$の増加量，3→$x$の増加量）

$x=-5$，$x=-2$のときの$y$の値 ▶ (2)　$x=-5$のとき，$y=2\times(-5)^2=50$

$x=-2$のとき，$y=2\times(-2)^2=8$

したがって，変化の割合は，

$\dfrac{y\text{の増加量}}{x\text{の増加量}}$ ▶ $\dfrac{8-50}{-2-(-5)}=\dfrac{-42}{3}=-14$　… 答

$x=-6$，$x=0$のときの$y$の値 ▶ (3)　$x=-6$のとき，$y=2\times(-6)^2=72$

$x=0$のとき，$y=2\times0^2=0$

したがって，変化の割合は，

$\dfrac{y\text{の増加量}}{x\text{の増加量}}$ ▶ $\dfrac{0-72}{0-(-6)}=\dfrac{-72}{6}=-12$　… 答

**Point** 変化の割合$=\dfrac{y\text{の増加量}}{x\text{の増加量}}$を利用する。

**確認　$y=ax^2$の変化の割合は一定ではない**

関数$y=ax^2$では，$x$の増加量が等しいとき，$y$の増加量も等しいとは限らない。つまり，変化の割合は一定ではない。

(1)と(2)では，$x$の増加量はともに3で等しいが，$y$の増加量は，(1)は30，(2)は$-42$と異なっている。したがって，変化の割合も異なっている。

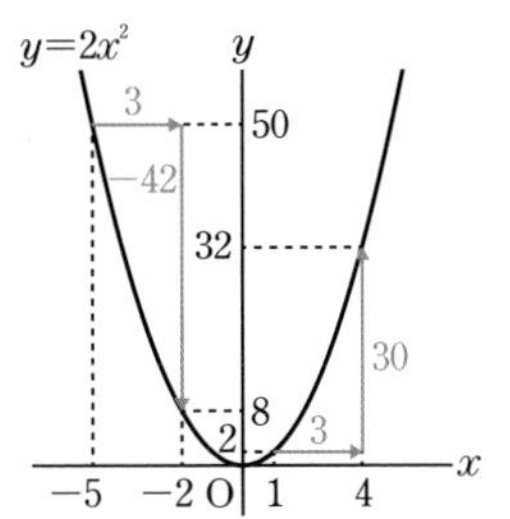


## 練習

解答 別冊p.15

**11**　関数$y=-3x^2$について，次の(1)〜(3)のように$x$が増加するとき，それぞれ変化の割合を求めなさい。

(1)　2から6まで　　(2)　$-5$から$-1$まで

(3)　$-3$から0まで

## 例題 12 速さと変化の割合

Level ★★☆

ある斜面をボールが転がり始めてから$x$秒間に転がる距離(きょり)を$y$mとするとき，$y=2x^2$の関係があります。このとき，次の問いに答えなさい。

(1) 転がり始めてから，1秒後から4秒後までの平均の速さを求めなさい。

(2) 転がり始めてから，6秒後から10秒後までの平均の速さを求めなさい。

### 解き方

(1) 1秒後から4秒後までに転がった時間は，

転がった時間 ▶ $4-1=3$(秒)

その間に転がった距離は，

転がった距離 ▶ $2\times4^2-2\times1^2=30$(m)

したがって，平均の速さは，

速さ＝$\frac{距離}{時間}$ ▶ $\frac{30}{3}=10$

答 10m/s

(2) 6秒後から10秒後までに転がった時間は，

転がった時間 ▶ $10-6=4$(秒)

その間に転がった距離は，

転がった距離 ▶ $2\times10^2-2\times6^2=128$(m)

したがって，平均の速さは，

速さ＝$\frac{距離}{時間}$ ▶ $\frac{128}{4}=32$

答 32m/s

**Point 平均の速さ＝転がった距離÷転がった時間**

**くわしく 平均の速さと変化の割合**

平均の速さは，$\frac{転がった距離}{転がった時間}$で求められる。

転がった時間は$x$の増加量，転がった距離は$y$の増加量だから，$\frac{yの増加量}{xの増加量}$を求めたことになる。つまり，1秒後から4秒後までの平均の速さは，$y=2x^2$で，$x$が1から4まで増加したときの変化の割合と同じ値になる。

**確認 速さの表し方**

「10m/s」は，秒速10mを表している。sはsecond(秒)の意味。

また，「10m/min」は分速10m,「10m/h」は時速10mである。

### 練習

解答 ▶ 別冊p.16

**12** あるジェットコースターが，斜面を下り始めてから$x$秒間に進む距離を$y$mとするとき，$y=3x^2$の関係があります。このとき，次の問いに答えなさい。

(1) 下り始めてから，1秒後から3秒後までの平均の速さを求めなさい。

(2) 下り始めてから，3秒後から5秒後までの平均の速さを求めなさい。

## 例題 13 変化の割合から式を求める　Level ★★★

関数$y=ax^2$で，$x$が2から6まで増加したときの変化の割合は$-16$です。このとき，次の問いに答えなさい。

(1) $a$の値を求めなさい。

(2) この関数のグラフ上の点で，$x$座標が2の点と6の点を結んでできる直線の式を求めなさい。

### 解き方

(1) $x$の増加量は，$6-2=4$

$y$の増加量を$a$を使った式で表す ▶ $y$の増加量は，$a\times6^2-a\times2^2=32a$

変化の割合は$-16$だから，

変化の割合の式にあてはめる ▶ $\dfrac{32a}{4}=-16$

$\boldsymbol{a=-2}$ …答

(2) この関数の式は，(1)より，

$y=-2x^2$

直線が通る2点の座標を求める ▶ $x$座標が2の点の座標は，$(2,\ -8)$　← $-2\times2^2=-8$

$x$座標が6の点の座標は，$(6,\ -72)$　← $-2\times6^2=-72$

直線の式を$y=mx+n$とすると，

2点の座標の値を代入し，連立方程式をつくる ▶
$$\begin{cases}-8=2m+n\\-72=6m+n\end{cases}$$

これを解くと，$m=-16$，$n=24$

したがって，$\boldsymbol{y=-16x+24}$ …答

**Point　変化の割合を，$a$を使った式で表す。**

**確認　$y=ax^2$の変化の割合と，比例定数$a$の関係**

- $x>0$の範囲で変化の割合が負ならば，グラフは下に開く。つまり，**比例定数は，$a<0$**
- $x>0$の範囲で変化の割合が正ならば，グラフは上に開く。つまり，**比例定数は，$a>0$**

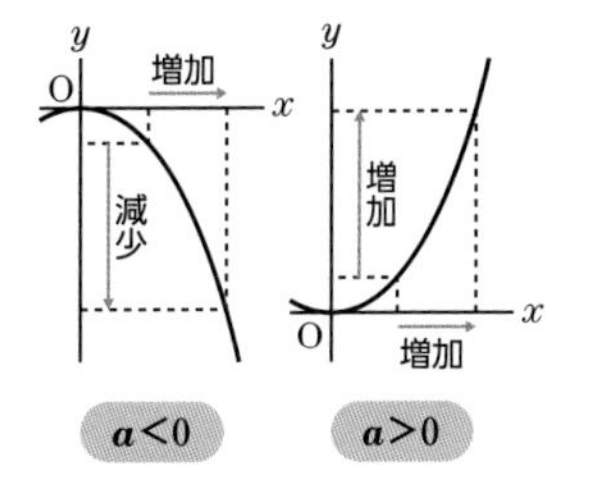


**別解　変化の割合を利用してもよい**

(2) $x$が2から6まで増加したときの変化の割合が$-16$だから，求める直線の傾きも$-16$

したがって，式は，$y=-16x+n$

この直線は点$(2,\ -8)$を通るから，$x=2$，$y=-8$を代入すると，

$-8=-16\times2+n$

$n=24$

よって，$\boldsymbol{y=-16x+24}$ …答

**図解　$y=mx+n$に通る2点の座標の値を代入する**

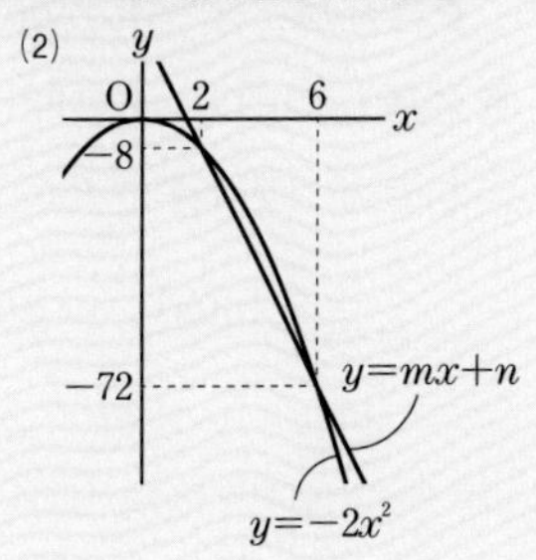


### 練習　　解答 ▶ 別冊p.16

**13** 関数$y=ax^2$で，$x$が$-3$から$-1$まで増加したときの変化の割合は8です。このとき，$a$の値を求めなさい。

## 例題 14 グラフの利用

Level ★★★

Pさんはある斜面上のA地点からボールを転がしました。この斜面では，ボールが転がり始めてから$x$秒間に転がった距離を$y$mとすると，$y=\frac{1}{4}x^2$の関係があります。A地点から16m離れた地点をB地点として，次の問いに答えなさい。

(1) ボールがA地点からB地点まで転がるときの，$x$と$y$の関係を表すグラフをかきなさい。

(2) Pさんは，ボールが転がり始めるのと同時にA地点を出発し，B地点に向かって一定の速さで斜面を進んだところ，ボールが転がり始めてから6秒後にPさんとボールは同じ地点を通過しました。Pさんの速さを求めなさい。

### 解き方

(1) ボールがA地点からB地点まで転がるときの，$x$と$y$の関係は，

$$y=\frac{1}{4}x^2$$

A地点からB地点までは16mなので，$y$の変域は，$0 \leqq y \leqq 16$になる。

変域に注意して，$x$と$y$の値の組を座標とする点をとって結ぶ。

**グラフは右の図** …答

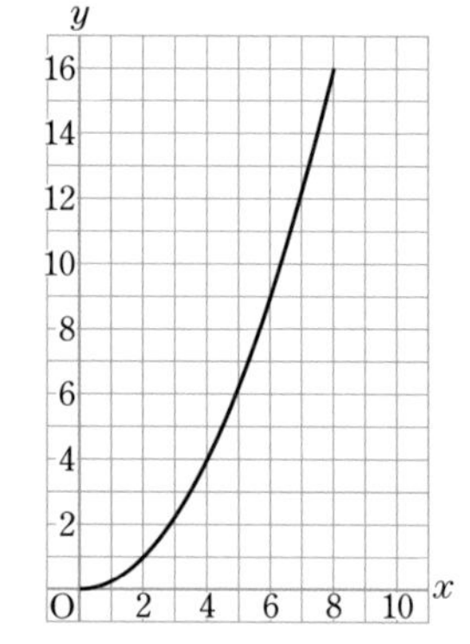

(2) Pさんは，ボールが転がり始めてから6秒後にボールと同じ地点を通過したので，6秒間に9m進んでいる。

したがって，Pさんの速さは，

$$\frac{9}{6}=\frac{3}{2}\text{(m/s)}$$ …答

図解 **Pさんの動き**

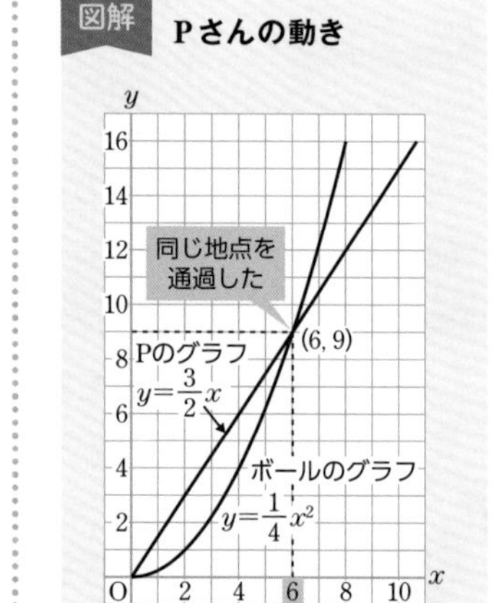


### 練習

解答 別冊p.16

**14** 例題14で，A地点から8mの地点を先に通過するのはPさんとボールのどちらですか。また，B地点に先に到着するのはPさんとボールのどちらですか。

# 3 いろいろな事象と関数，グラフの応用

## いろいろな事象と関数

［例題15～例題19，例題23～例題24］

■ 関数$y=ax^2$の利用

事象から**関数$y=ax^2$**を見いだし，**式やグラフ**を導くことができる。

例 **図形の移動**…右の図のように並ぶ2つの図形で，直角二等辺三角形を$x$cm移動したときに重なってできる三角形の面積を$y$cm$^2$($0\leqq x\leqq 4$)とする。

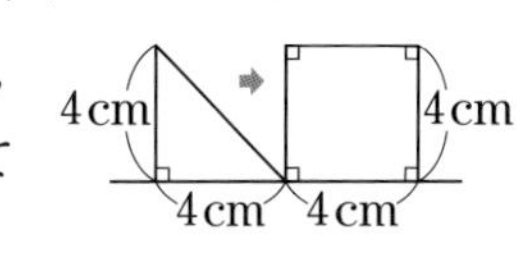


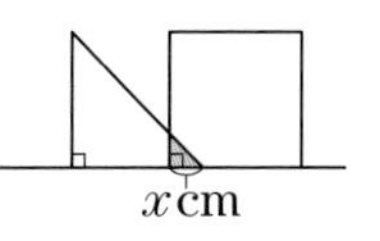


➡ **$y$は$x$の関数**で，$0\leqq x\leqq 4$のとき，$y$を$x$の式で表すと，$y=\dfrac{1}{2}x^2$

（$4\leqq x\leqq 8$で重なる図形は台形となる）

■ いろいろな関数

関数の中には，**式で表すことができないもの**もある。式で表せない関数は，$x$に対応する$y$の値を求めてグラフに表す。

例 右のグラフは，ある鉄道会社の乗車距離$x$kmと運賃$y$円の関係を表したもの。（$y$は$x$の関数）

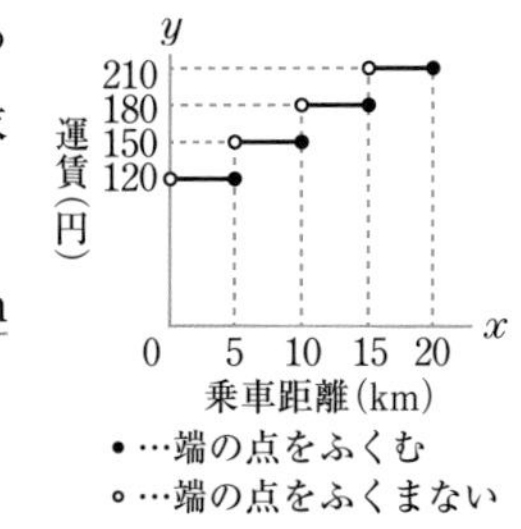


## グラフの応用

［例題20～例題22］

■ 放物線と直線

放物線と直線の交点は，放物線および直線の上にあるので，その**交点の座標の値は，放物線と直線の式をともに成り立たせる。**

➡両方のグラフの式や交点の座標などを考える。

➡交点の座標から，長さや面積が求められる。

例 右の図の△AOBの面積の求め方

① 直線ABの式を求めて，$y$軸との交点Cの座標を求める。

② △AOBを△AOCと△BOCに分ける。底辺をOCとすると，高さはそれぞれ点A，Bの$x$座標の絶対値となる。

③ △AOCと△BOCの面積をそれぞれ求める。

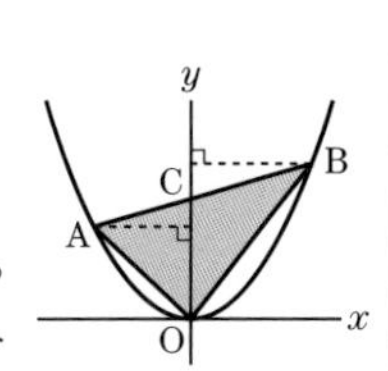

## 例題 15 2乗に比例する関係の応用(1)〔落下するボール〕 Level ★★★

高いところからボールを落とすとき，$x$秒後までに落ちる距離を$y$mとすると，$y$は$x$の2乗に比例します。いま，ボールが落ち始めてから4秒後までに落ちた距離は80mでした。

このとき，次の問いに答えなさい。

(1) $y$を$x$の式で表しなさい。

(2) ボールが落ち始めてから2秒後までに落ちた距離を求めなさい。

### 解き方

(1) $y$(落ちた距離)は$x$(時間)の2乗に比例するから，求める式は，

$y=ax^2$とおく ▶ $y=ax^2$

この式に，$x=4$，$y=80$を代入すると，

4秒間に80m落ちるので$x=4$，$y=80$を代入 ▶ $80=a\times4^2$

$a=5$　したがって，$\boldsymbol{y=5x^2}$ …答

(2) $y=5x^2$に$x=2$を代入すると，

$x=2$を代入 ▶ $y=5\times2^2=20$　**答 20m**

**Point** 比例しているのは，「落ちた距離」と「時間の2乗」。

**参考 落下時間と落下距離の関係**

p.162のコラムにもあるように，物体の落下運動の研究は，イタリアの科学者ガリレオが有名である。

彼は，次のことを，数多くの実験によって発見した。

- 重さや形の異なるものでも同じ時間で落下する。
- 落下した距離は時間の2乗に比例する。

例題15のように，$x$秒間に落下する距離$y$mの関係を$y=5x^2$とするほかに，やや正確な値として，$y=4.9x^2$とすることもある。

### 練習

解答 別冊p.16

**15** 秒速$x$mで真上にボールを投げたとき，ボールの到達する高さを$y$mとすると，$y$は$x$の2乗に比例します。いま，秒速10mで真上に投げたボールが高さ5mまで到達しました。このとき，次の問いに答えなさい。

(1) $y$を$x$の式で表しなさい。

(2) 秒速30mで投げたボールは，何mの高さまで到達するか求めなさい。

(3) 20mの高さまで到達するとき，秒速何mで投げればよいか求めなさい。

## 例題 16 2乗に比例する関係の応用(2)〔振り子〕 Level ★★★

1往復するのに$x$秒かかる振り子の長さを$y$mとすると，$y$は$x$の2乗に比例します。いま，2秒間に1往復する振り子の長さは1mでした。

このとき，次の問いに答えなさい。

(1) $y$を$x$の式で表しなさい。

(2) 6秒間に1往復する振り子にするためには，振り子の長さを何mにすればよいか求めなさい。

(3) 長さ16mの振り子が1往復する時間を求めなさい。

### 解き方

(1) $y$(振り子の長さ)は$x$(1往復する時間)の2乗に比例するから，求める式は，

$y=ax^2$とおく ▶ $y=ax^2$

この式に，$x=2$，$y=1$を代入すると，

2秒間に1往復する振り子の長さは1m→$x=2$，$y=1$を代入 ▶ $1=a\times 2^2$

$a=\frac{1}{4}$　したがって，$y=\frac{1}{4}x^2$ …答

(2) $y=\frac{1}{4}x^2$ に$x=6$を代入すると，

$x=6$を代入 ▶ $y=\frac{1}{4}\times 6^2=9$　答 9m

(3) $y=\frac{1}{4}x^2$に$y=16$を代入すると，

$y=16$を代入 ▶ $16=\frac{1}{4}x^2$，$x^2=64$

$x>0$より，$x=8$　答 8秒

### 参考 振り子の性質

ガリレオは，p.176の落下運動だけでなく，振り子の性質として次のことを発見した。

- 振り子の1往復にかかる時間は，振り子の長さだけに関係する。
- 振り子の長さは1往復する時間の2乗に比例する。

### テストで注意 $x$と$y$を反対に代入してはダメ!

2秒間に1往復する振り子だから，

$x=2$

振り子の長さが1mだから，$y=1$

このように，式に値を代入するときには，**何が$x$で何が$y$なのかを，必ず確認する**ことを心がけておこう。

### 練習

解答 別冊p.16

16 1往復するのに$x$秒かかる振り子の長さを$y$mとすると，$y$は$x$の2乗に比例します。いま，2秒間に1往復する振り子の長さは1mでした。

振り子の長さを4mにすると，何秒間で1往復するか求めなさい。

## 例題 17 2乗に比例する関係の応用(3)〔自動車の制動距離〕 Level ★★★

走っている自動車にブレーキをかけるとき，ブレーキがきき始めてから停止するまでに進む距離を制動距離といいます。時速$x$kmで走る自動車の制動距離を$y$mとすると，$y$は$x$の2乗に比例します。ある自動車は，時速30kmで走っているときの制動距離が5mでした。次の問いに答えなさい。

(1) $y$を$x$の式で表しなさい。

(2) 時速60kmで走っているときの制動距離を求めなさい。

### 解き方

(1) $y$(制動距離)は$x$(速さ)の2乗に比例するから，求める式は，

$y=ax^2$とおく ▶ $y=ax^2$ とおける。

この式に，$x=30$，$y=5$を代入すると，

時速30kmで制動距離5m ➡ $x=30$，$y=5$を代入 ▶ $5=a\times30^2$

$$a=\frac{1}{180}$$

したがって，$\boldsymbol{y=\frac{1}{180}x^2}$ …答

(2) $y=\frac{1}{180}x^2$に$x=60$を代入すると，

$x=60$を代入 ▶ $y=\frac{1}{180}\times60^2$

$=20$

答 **20m**

**参考 身のまわりに見られる2乗に比例する関係**

例題15～例題17の「落下運動」「振り子」「制動距離」以外に次のような例が見られる。

- 坂を転がる球の転がり始めてからの時間と進んだ距離の関係
- 風速と面にかかる力の関係
➡風速$x$m/sの風が吹くと，1m$^2$の面には$y$N(ニュートン)の力がかかる。

制動距離から速さを求めることもできるよ。

### 練習 解答 別冊p.16

**17** 時速$x$kmで走っている電車が，急ブレーキをかけてから止まるまでに進む距離を$y$mとすると，$y$は$x$の2乗に比例します。時速60kmで走っているときに急ブレーキをかけたところ，止まるまでの距離は180mでした。急ブレーキをかけてから止まるまでに320m走ったとき，電車の速さを求めなさい。

## 例題 18 2乗に比例する関係の応用(4)〔動点と面積〕 Level ★★★

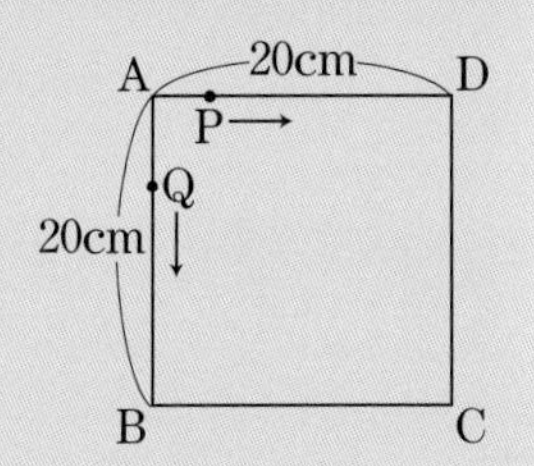


右の図の正方形で，点P，Qは頂点Aを同時に出発し，Pは辺AD上をDまで秒速2cm，Qは辺AB上をBまで秒速3cmで動きます。いま，この2点がAを出発してから$x$秒後の△APQの面積を$y$cm$^2$とするとき，次の問いに答えなさい。

(1) $y$を$x$の式で表しなさい。

(2) $y=48$となるときの$x$の値を求めなさい。

### 解き方

(1) △APQで，底辺をAP，高さをAQとすると，

底辺，高さを$x$で表す ▶ $AP=2x$，$AQ=3x$

したがって，面積$y$は，

面積を求める ▶ $y=\frac{1}{2}\times 2x\times 3x$

整理すると，$y=3x^2$ …答

(2) $y=3x^2$に$y=48$を代入すると，
（△APQの面積が48cm$^2$）

$y=48$を代入 ▶ $48=3x^2$

方程式を解くと，$x=\pm 4$

$x$は経過時間だから0以上 ▶ $0 \leqq x \leqq \frac{20}{3}$だから，$x=4$ …答
（$\frac{20}{3}$：QがBに到着するときの$x$の値）

**テストで注意 解の検討をしよう!**

$x$はAを出発してからの経過時間を表しているから，必ず0以上になる。つまり，負の値$x=-4$は，問題の条件に適さない。解を求めたら，必ず解の検討をしよう。

### 練習

解答 ▶ 別冊p.16

右の図のような∠C＝90°の直角三角形ABCにおいて，点P，Qは頂点Cを同時に出発し，Pは辺CA上をAまで秒速3cm，Qは辺CB上をBまで秒速4cmで動きます。2点がCを出発してから$x$秒後の△PQCの面積を$y$cm$^2$として，次の問いに答えなさい。

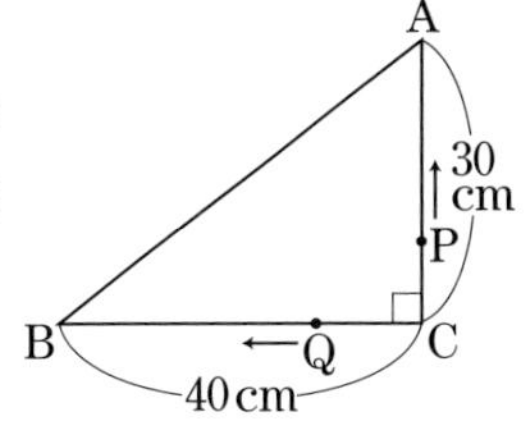


(1) $y$を$x$の式で表しなさい。

(2) △PQCの面積が150cm$^2$になるときの$x$の値を求めなさい。

## 例題 19 2乗に比例する関係の応用(5)〔図形の移動〕

下の図1のように，直線$\ell$上に長方形ABCDと直角二等辺三角形PQRが並んでいて，2つの頂点A，Qは重なっています。図2のように，直角二等辺三角形を直線$\ell$に沿って，頂点Qが頂点Bに重なるまで移動させます。2点A，Qの距離を$x$cm，2つの図形が重なっている部分の面積を$y$cm$^2$とするとき，次の問いに答えなさい。

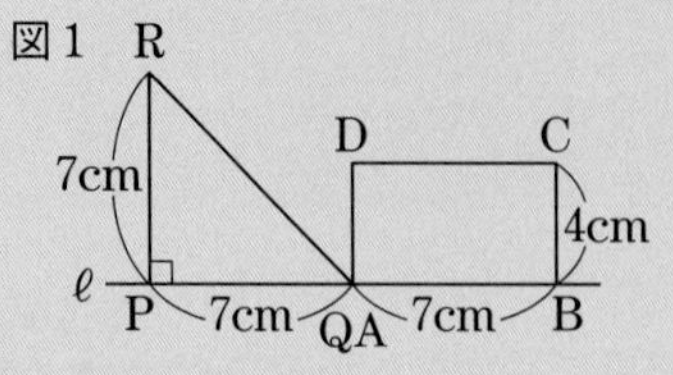


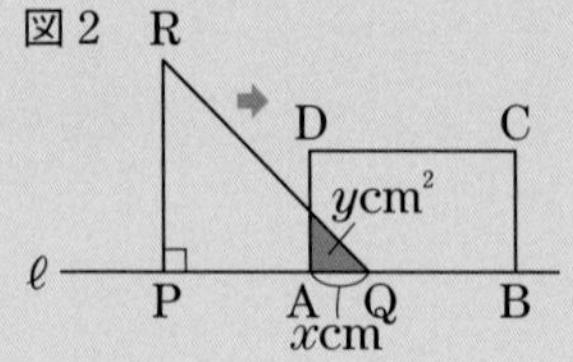


(1) $x=2$，$x=6$のときの$y$の値を，それぞれ求めなさい。

(2) $0 \leqq x \leqq 4$のとき，$y$を$x$の式で表しなさい。

(3) $4 \leqq x \leqq 7$のとき，$y$を$x$の式で表しなさい。

### 解き方

重なってできる図形は，$0 \leqq x \leqq 4$のときは直角をはさむ辺がどちらも$x$cmの直角二等辺三角形，$4 \leqq x \leqq 7$のときは台形になる。

(1) $x=2$のとき，$y=\frac{1}{2}\times2\times2=2$

$x=6$のとき，$y=\frac{1}{2}\times(2+6)\times4=16$

**答 $x=2$のとき$y=2$，$x=6$のとき$y=16$**

(2) $y=\frac{1}{2}\times x\times x$より，$\boldsymbol{y=\frac{1}{2}x^2}$ …答

(3) $y=\frac{1}{2}\times(x-4+x)\times4$より，$\boldsymbol{y=4x-8}$ …答

（$x-4$：上底，$x$：下底，$4$：高さ）

**Point 重なってできる図形は，$x$の変域で異なる。**

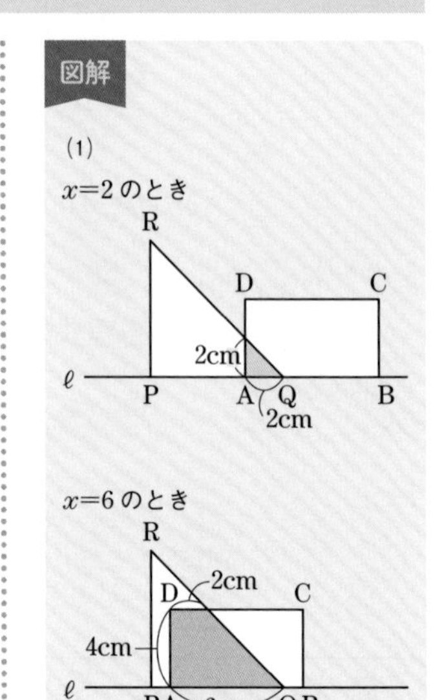


### 練習

解答 別冊p.16

**19** 例題19で，右の図は$0 \leqq x \leqq 4$のときの$x$と$y$の関係を表すグラフです。$4 \leqq x \leqq 7$のときのグラフを右の図にかき入れなさい。

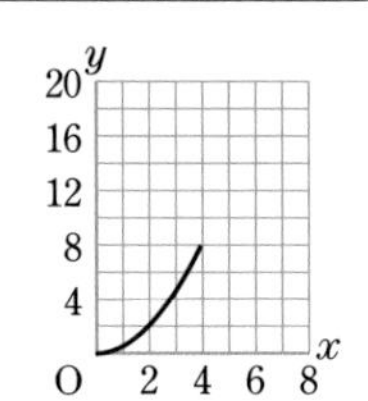

## 例題 20 放物線と直線(1)〔$x$軸に平行な直線と放物線〕 Level ★★★

右の図のように，$y=2x^2$のグラフと$y=8$のグラフが2点A，Bで交わっています。これについて，次の問いに答えなさい。

(1) 交点A，Bの座標を求めなさい。ただし，点Aの$x$座標は点Bの$x$座標より大きいものとします。

(2) △AOBの面積を求めなさい。

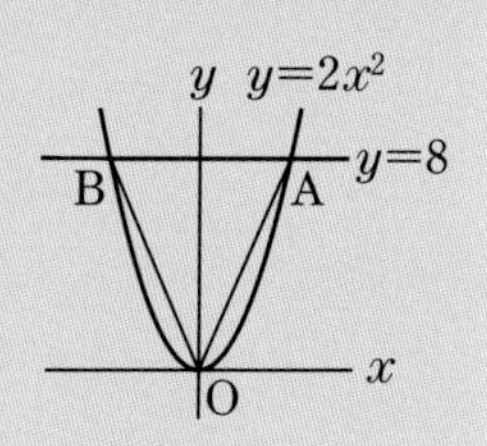


### 解き方

(1) 点A，Bの$y$座標は8だから，$y=2x^2$に$y=8$を代入すると，

$y=2x^2$に$y=8$を代入 ▶ $8=2x^2$

$x=\pm2$

Aの$x$座標は正 Bの$x$座標は負 ▶ これより，Aの$x$座標は2，Bの$x$座標は$-2$

**答 A(2，8)，B(−2，8)**

(2) △AOBの底辺をBAとすると，

三角形の面積 $=\frac{1}{2}\times$底辺×高さ ▶ 高さは$y=8$より，8

底辺は2点AB間の距離なので，

$2-(-2)=4$

したがって，△AOBの面積は，

$\frac{1}{2}\times4\times8=16$

**答 16**

**図解 $y=2x^2$と$y=8$のグラフ**

点A，Bはともに$y$座標が8で，$y$軸について対称になっている。

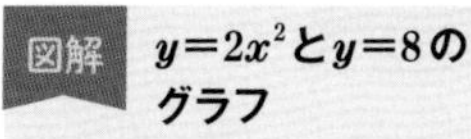

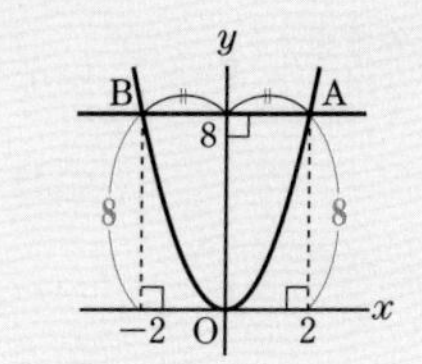

**Point** $y=a$のグラフは，$x$軸に平行な直線。

### 練習

解答 別冊p.16

**20** 右の図のように，$y=2x^2$の外側に$y=ax^2$のグラフをかき，それぞれのグラフと$y=8$のグラフの交点を，A，B，$y$軸と$y=8$のグラフの交点をHとします。

HA=ABになるときの$a$の値を求めなさい。

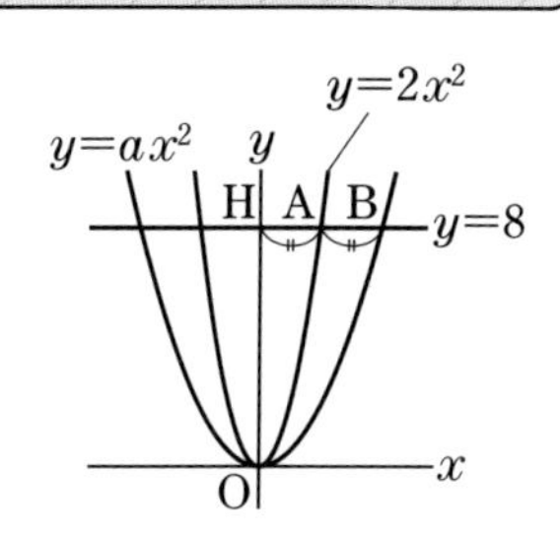

## 例題 21 放物線と直線(2)〔グラフの交点〕 Level ★★★

右の図のように，$y=\frac{1}{4}x^2$ のグラフ上に2点A，Bがあります。A，Bの$x$座標はそれぞれ$-2$，4です。また，直線ABと$x$軸との交点をCとするとき，次の問いに答えなさい。

(1) 直線ABの式を求めなさい。　(2) 点Cの$x$座標を求めなさい。

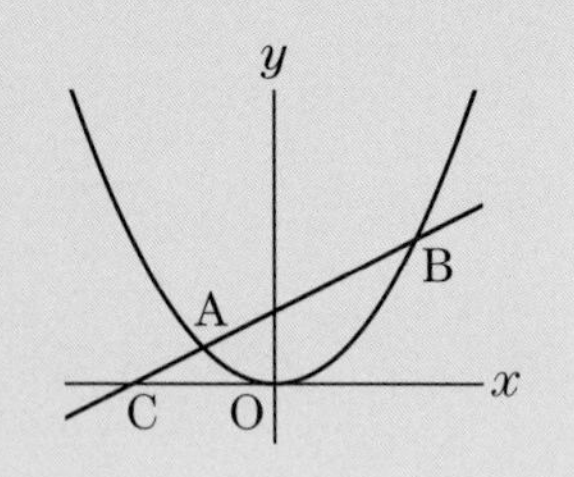


### 解き方

(1) 点Aは$y=\frac{1}{4}x^2$のグラフ上の点で，$x$座標が$-2$だから，$y$座標は，$y=\frac{1}{4}\times(-2)^2=1$

点Aの座標を求める ▶ したがって，点Aの座標は$(-2,\ 1)$

点Bも$y=\frac{1}{4}x^2$のグラフ上の点で，$x$座標が4

点Bの座標を求める ▶ だから，同様にして，点Bの座標は$(4,\ 4)$

直線の式を　$y=mx+n$　とすると，

点A，Bの座標の値を代入し，連立方程式をつくる ▶ $\begin{cases}1=-2m+n\\4=4m+n\end{cases}$　これを解くと，$m=\frac{1}{2}$，$n=2$

**答** $y=\frac{1}{2}x+2$

(2) 点Cは直線$y=\frac{1}{2}x+2$と$x$軸との交点だから，そのの$y$座標は0

したがって，点Cの$x$座標は，

点Cの$x$座標を求める ▶ $0=\frac{1}{2}x+2$，$x=-4$

**答** $-4$

**確認 2点を通る直線の式**

直線が2点$(a,\ b)$，$(c,\ d)$を通るとき，$y=mx+n$に**2点の座標の値を代入**し，$m$，$n$の**連立方程式を解く**。連立方程式は，一方の式から他方の式をひく加減法で解くとよい。

**テストで注意　$x$座標と$y$座標をまちがえないように注意**

$x$軸との交点➡$y$座標が0

$y$軸との交点➡$x$座標が0

逆にしてしまうミスが目立つので，気をつけよう。

### 練習　　解答 別冊p.16

**21** 右の図で，①，②はそれぞれ$y=x^2$，$y=-x+b$のグラフです。また，Pは①と②の交点，Qは②と$y$軸との交点です。点Pの$x$座標が1であるとき，点Qの座標を求めなさい。

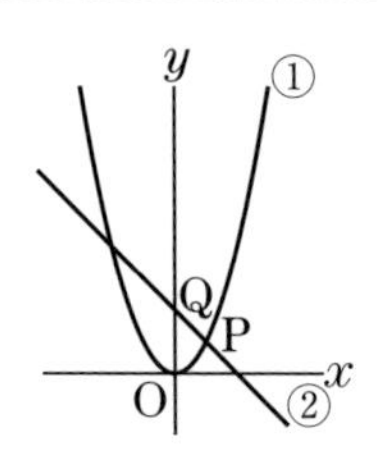

## 例題 22 放物線と直線(3)〔放物線と三角形の面積〕 Level ★★★

右の図のように，$y=-\frac{1}{3}x^2$ のグラフ上に2点A，Bがあります。点A，Bの $x$ 座標はそれぞれ $-3$，6であるとき，次の問いに答えなさい。

(1) 2点A，Bを通る直線の式を求めなさい。

(2) △OABの面積を求めなさい。

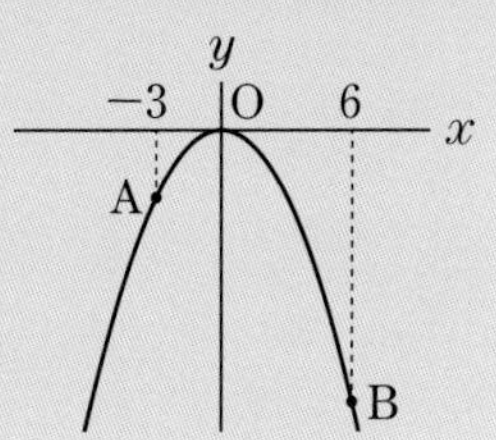


### 解き方

点A，Bの座標を求める ▶

(1) 2点A，Bはそれぞれ $y=-\frac{1}{3}x^2$ のグラフ上の点なので，それぞれの $y$ 座標を求めると，

点Aは，$y=-\frac{1}{3}\times(-3)^2=-3$ より，A$(-3,\ -3)$

点Bは，$y=-\frac{1}{3}\times6^2=-12$ より，B$(6,\ -12)$

直線の式を $y=mx+n$ とすると，$\begin{cases}-3=-3m+n\\-12=6m+n\end{cases}$

これを解くと，$m=-1$，$n=-6$

答 $y=-x-6$

2つの三角形に分ける ▶

(2) 直線ABと $y$ 軸との交点をPとすると，点Pの座標は切片が $-6$ なので，P$(0,\ -6)$

△OABを△OAPと△OBPに分けて考えると，

△OAP$=\frac{1}{2}\times6\times3=9$，△OBP$=\frac{1}{2}\times6\times6=18$

△OABの面積は，

△OAP＋△OBP$=9+18=$**27** …答

**直線ABの傾きを求めてもよい**

(1) 2点A$(-3,\ -3)$，B$(6,\ -12)$ を通る直線の傾きは，

$\frac{-12-(-3)}{6-(-3)}=-1$ より，

直線ABを $y=-x+b$ とおいて，点A(またはB)の座標の値を代入して，式を求めてもよい。

**図解 2つの三角形に分ける**

△OABを△OAPと△OBPに分けて考えると，それぞれの三角形の高さは点A，Bの $x$ 座標の絶対値になる。

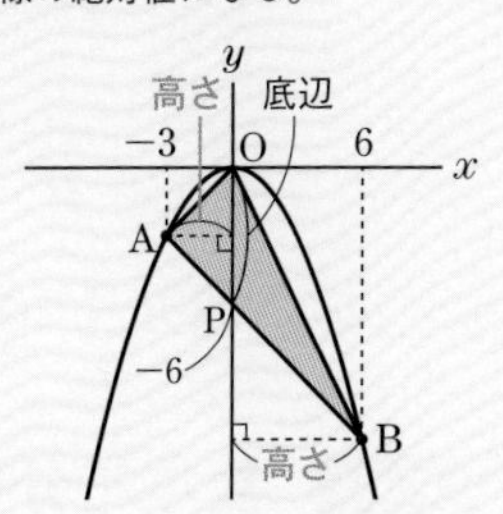


### 練習

解答 別冊p.16

右の図で，$y=x^2\ (x>0)$ のグラフ上の点P$(a,\ b)$，原点O，点Q$(6,\ 0)$ を結んでできる△OPQの面積を $S$ とします。

$S=24$ のとき，点Pの座標を求めなさい。

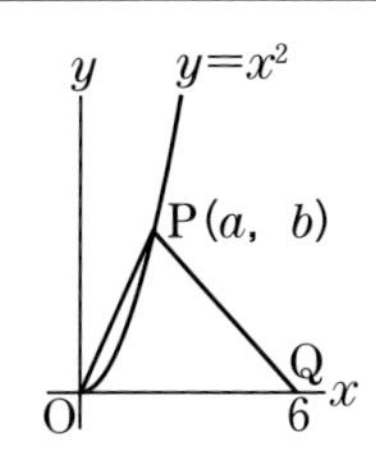


4章／関数

3／いろいろな事象と関数，グラフの応用

## 例題 23 いろいろな関数(1)〔運送料金〕 Level ★★★

右の表は，関東から関西に，品物を箱に入れて送るときの，箱の縦，横，高さの合計と料金を表したものです。箱の縦，横，高さの合計を$x$cm，料金を$y$円として，$x$，$y$の関係を表すグラフをかきなさい。

| 長さの合計(cm) | 料金(円) |
|---|---|
| 60cm 以内 | 800 |
| 80cm 以内 | 1000 |
| 100cm 以内 | 1200 |
| 120cm 以内 | 1400 |
| 140cm 以内 | 1600 |

### 解き方

料金が変わるところに気をつけて，変域を分ける。

$0<x\leqq60$のとき，$y=800$　　$60<x\leqq80$のとき，$y=1000$

$80<x\leqq100$のとき，$y=1200$　　$100<x\leqq120$のとき，$y=1400$

$120<x\leqq140$のとき，$y=1600$

**グラフは右の図**

…答

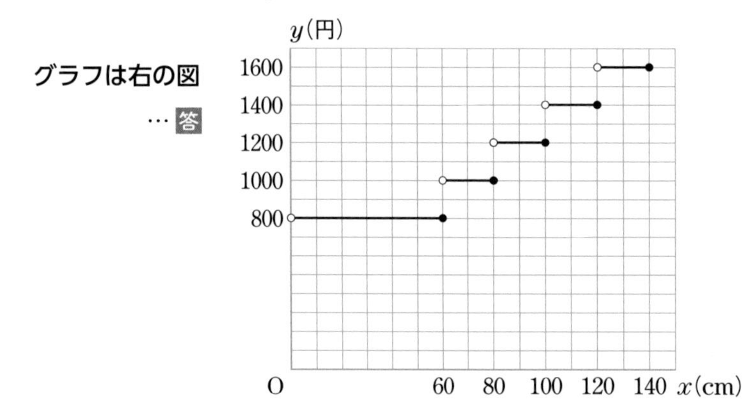


**Point 変域で分けて考えて，グラフに表す。**

### 確認 グラフの端の • と ◦

グラフで，その点を**ふくむときは黒丸•**，**ふくまないときは白丸◦**を使って表す。

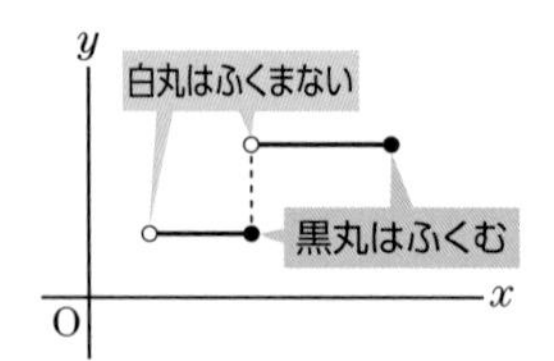


グラフは階段のような形になるよ。

### 確認 式で表せない関数

ともなって変わる2つの数量の関係を式に表すことがむずかしい場合でも，一方の値を決めると，それにともなってもう一方の値がただ1つに決まる関係がある。

例題23の関数は，$y$がとびとびの値をとるが，$x$の値を決めると，それに対応して$y$の値が1つに決まるので，**$y$は$x$の関数**である。

### 練習

解答 別冊p.16

右の表は，ある駐車場に$x$分駐車したときの料金$y$円を示したものです。次の問いに答えなさい。

(1) 80分駐車したときの料金は何円ですか。

(2) 400円で最大何分駐車できますか。

| 時間$x$(分) | 料金$y$(円) |
|---|---|
| $0<x\leqq60$ | 250 |
| $60<x\leqq90$ | 300 |
| $90<x\leqq120$ | 400 |
| $120<x\leqq150$ | 500 |

## 例題 24 いろいろな関数(2)〔紙の枚数〕

1枚の紙を半分に切ると，2枚になります。さらに，その2枚を重ねて半分に切ると，2×2で4枚になります。このような切り方で$x$回切ったときの紙の枚数を$y$枚として，次の問いに答えなさい。

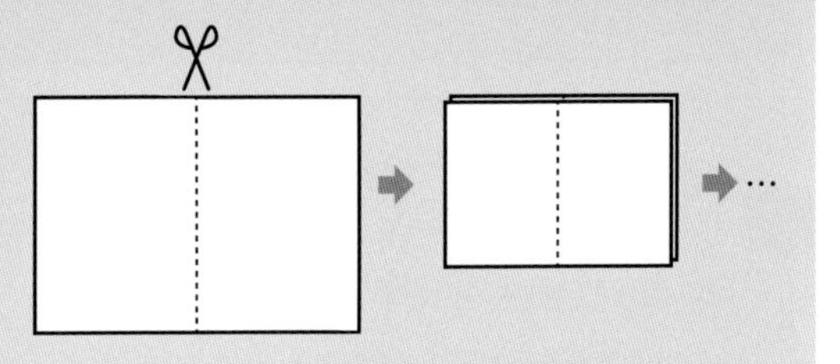

(1) $0 \leqq x \leqq 5$のときの，$x$，$y$の関係を表すグラフをかきなさい。

(2) 7回切ったときにできる紙の枚数は何枚ですか。

### 解き方

(1) $x$，$y$の関係を表に表すと，

| $x$(回) | 0 | 1 | 2 | 3 | 4 | 5 |
|---|---|---|---|---|---|---|
| $y$(枚) | 1 | 2 | 4 | 8 | 16 | 32 |

この表に対応する$x$，$y$の値の組を座標とする点をとる。

**グラフは右の図** …答

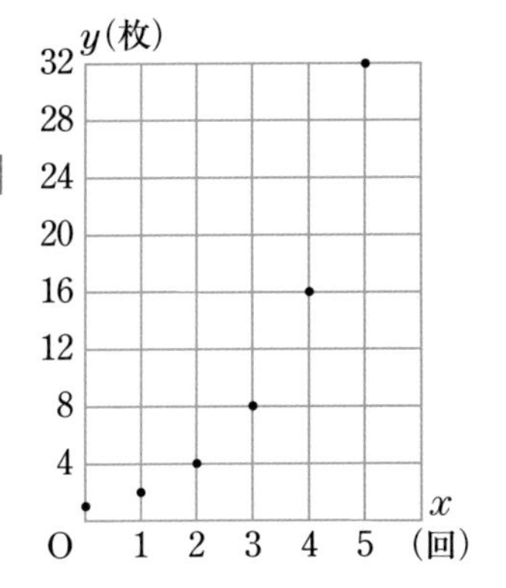


(2) $x=6$のとき，$y=32 \times 2=64$

$x=7$のとき，$y=64 \times 2=128$

答 **128枚**

**参考 点で表すグラフ**

1次関数や$y=ax^2$のグラフは線でつながっているが，この関数は変域が0と自然数なので，グラフの点は結ばない。

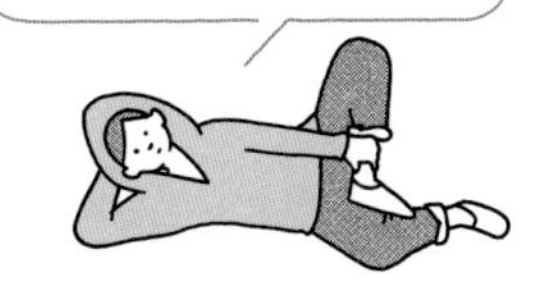






### 練習

解答 別冊p.16

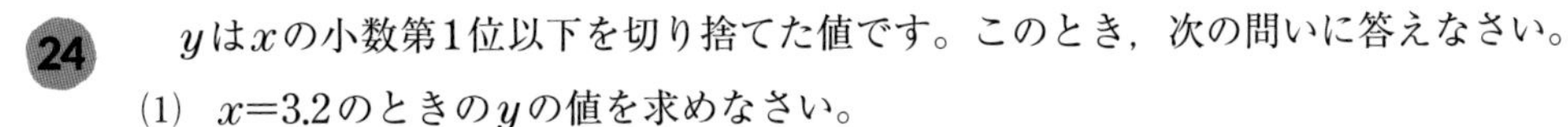

**24** $y$は$x$の小数第1位以下を切り捨てた値です。このとき，次の問いに答えなさい。

(1) $x=3.2$のときの$y$の値を求めなさい。

(2) $0 \leqq x \leqq 3$のときの，$x$，$y$の関係を表すグラフをかきなさい。

# 定期テスト予想問題 ①

時間 40分
解答 別冊 p.17

得点 /100

1／関数 $y=ax^2$

**1** 次の(1)〜(4)について，$y$ を $x$ の式で表しなさい。また，$y$ が $x$ の2乗に比例するものには○をつけ，比例定数も答えなさい。 【5点×4】

(1) 直径 $x$cm の円の面積 $y$cm$^2$ 〔　　　　〕

(2) 周の長さが $x$cm の正方形の1辺の長さ $y$cm 〔　　　　〕

(3) 直角をはさむ2辺の長さがそれぞれ $x$cm の直角二等辺三角形の面積 $y$cm$^2$ 〔　　　　〕

(4) 縦 $x$cm，横 $2x$cm，高さ $3x$cm の直方体の体積 $y$cm$^3$ 〔　　　　〕

1／関数 $y=ax^2$

**2** $y$ は $x$ の2乗に比例し，$x=3$ のとき $y=6$ です。このとき，次の問いに答えなさい。 【5点×3】

(1) $y$ を $x$ の式で表しなさい。 〔　　　　〕

(2) $x=-6$ のときの $y$ の値を求めなさい。 〔　　　　〕

(3) $y=4$ のときの $x$ の値を求めなさい。 〔　　　　〕

2／関数 $y=ax^2$ の値の変化

**3** 関数 $y=-\frac{3}{4}x^2$ のグラフについて，次の問いに答えなさい。 【6点×2】

(1) 点$(-8,\ a)$がこのグラフ上にあるとき，$a$ の値を求めなさい。 〔　　　　〕

(2) $x$ の変域を $-4 \leqq x \leqq 2$ とするとき，この関数のグラフを右の図にかき入れなさい。

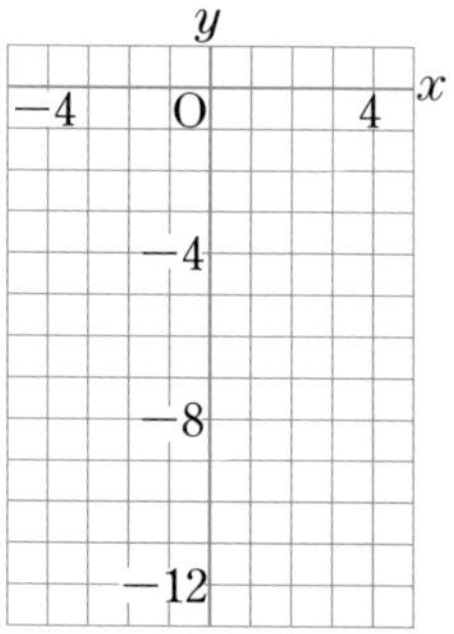

y, x, −4, O, 4, −4, −8, −12

2／関数 $y=ax^2$ の値の変化

**4** **関数 $y=3x^2$ について，次の問いに答えなさい。** 【6点×3】

(1) $x$ が 2 から 5 まで増加するときの変化の割合を求めなさい。

〔　　　　　〕

(2) $x$ が $-6$ から $-1$ まで増加するときの変化の割合を求めなさい。

〔　　　　　〕

(3) $x$ が 1 から $a$ まで増加するときの変化の割合が 9 でした。このときの $a$ の値を求めなさい。

〔　　　　　〕



3／いろいろな事象と関数，グラフの応用

**5** **傾きが一定の斜面でボールを転がしました。ボールが転がり始めてから $x$ 秒間に転がる距離を $y$m とすると，$y$ は $x$ の 2 乗に比例しました。ボールが転がり始めてから 2 秒間に転がる距離が 6m であったとき，次の問いに答えなさい。** 【7点×2】

(1) $y$ を $x$ の式で表しなさい。

〔　　　　　〕

(2) 転がり始めてから 2 秒後から 4 秒後までの 2 秒間に，ボールが転がる距離を求めなさい。

〔　　　　　〕

3／いろいろな事象と関数，グラフの応用

**6** **右の図のように，$y=-2x^2$ のグラフと $x$ 軸に平行な直線が 2 点 A，B で交わっています。**

**直線 AB と $y$ 軸との交点を C とするとき，次の問いに答えなさい。** 【7点×3】



(1) このグラフ上にある点を**ア**～**エ**から選びなさい。

**ア**$(2,\ -4)$　　**イ**$(2,\ 4)$　　**ウ**$(-4,\ 32)$　　**エ**$(4,\ -32)$

〔　　　　　〕

(2) AB の長さが 6 のとき，点 C の座標を求めなさい。

〔　　　　　〕

(3) AB＝OC のとき，点 A の座標を求めなさい。ただし，点 A は $y$ 軸の左側にあることとします。

〔　　　　　〕

# 定期テスト予想問題 ②

時間 40分
解答 別冊 p.18

得点 /100

2／関数 $y=ax^2$ の値の変化

**1** 右のグラフについて，次の問いに答えなさい。【8点×4】

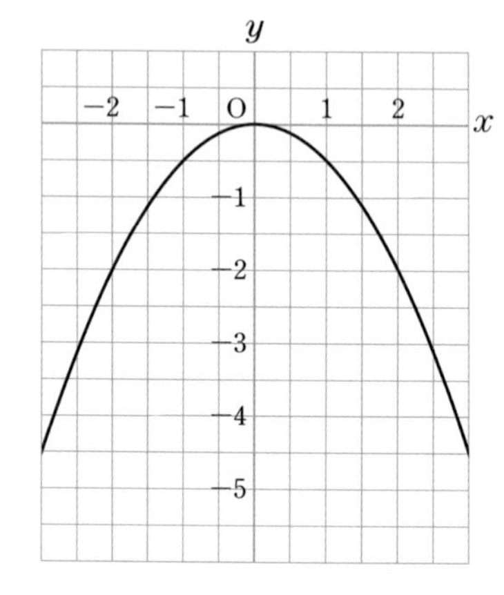


(1) $y$ を $x$ の式で表しなさい。

〔　　　　　　〕

(2) $x$ の変域が次のような場合の，$y$ の変域を求めなさい。

① $1 \leqq x \leqq 4$

〔　　　　　　〕

② $-6 \leqq x \leqq -2$

〔　　　　　　〕

③ $-4 \leqq x \leqq 3$

〔　　　　　　〕

3／いろいろな事象と関数，グラフの応用

**2** 右の図のような1辺の長さが20cmの正方形ABCDにおいて，2点P，Qは同時に頂点Aを出発し，Pは辺AB，BC上をCまで秒速4cmで，Qは辺AD上をDまで秒速2cmで動きます。この2点がAを出発してから $x$ 秒後の△APQの面積を $y$cm² として，次の問いに答えなさい。

【8点×4】

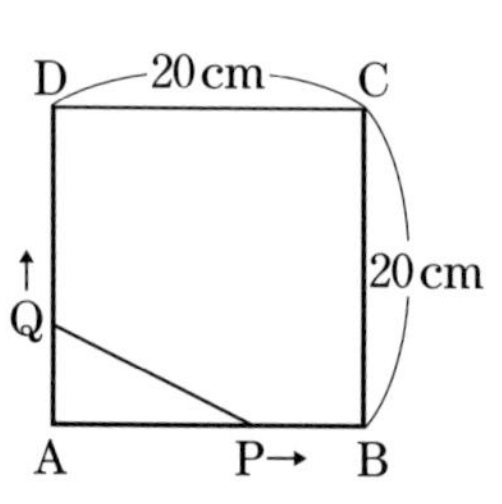


(1) $0 \leqq x \leqq 5$ のとき，$y$ を $x$ の式で表しなさい。

〔　　　　　　〕

(2) $5 \leqq x \leqq 10$ のとき，$y$ を $x$ の式で表しなさい。

〔　　　　　　〕

(3) $y$ の変域を求めなさい。

〔　　　　　　〕

(4) $y=36$ になるときの $x$ の値を求めなさい。

〔　　　　　　〕

思考 3／いろいろな事象と関数，グラフの応用

**3** 右の図のように，1 辺の長さが 9 cm の正方形 ABCD と，PR＝QR＝6cm の直角二等辺三角形 PQR がある。正方形 ABCD が点 Q と重なる位置から直線 $\ell$ 上を矢印の方向に毎秒 1cm の速さで動く。

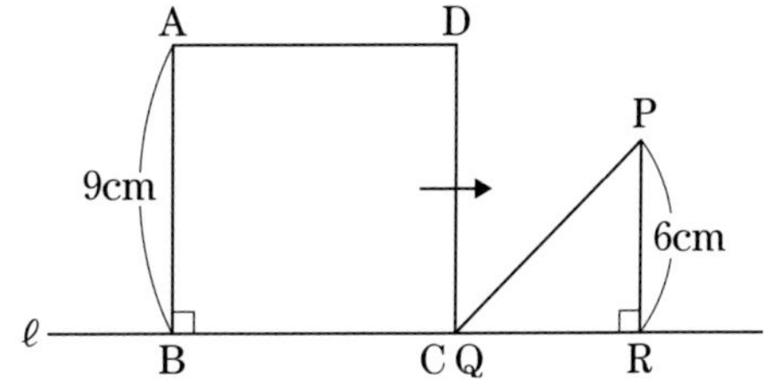


動き始めてから $x$ 秒後の 2 つの図形が重なった部分の面積を $y$cm$^2$ とするとき，次の問いに答えなさい。【12点×3】

(1) $0 \leqq x \leqq 6$ のとき，$y$ を $x$ の式で表しなさい。

〔　　　　　　　　〕

(2) $0 \leqq x \leqq 9$ の範囲で，$x$ と $y$ の関係を表すグラフをかきなさい。

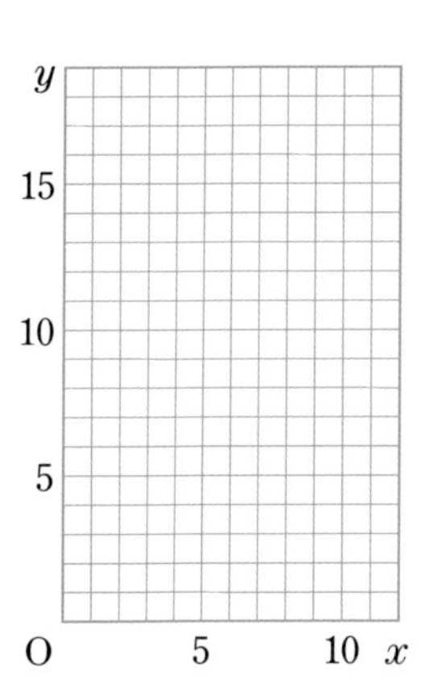


(3) $0 \leqq x \leqq 15$ の範囲で，2 つの図形の重なった部分の面積が，△PQR の面積の半分になるときの $x$ の値をすべて求めなさい。求め方も書きなさい。

〔　　　　　　　　〕

4章／関数

# 身近で見られる放物線

4章で習った放物線は，私たちの身のまわりでよく見られます。
ここでは，身近で見られる放物線について調べてみましょう。

衛星(えいせい)放送を受信するときなどに使われるパラボラアンテナは，放物線の性質を上手に利用しています。パラボラ(*parabola*)が，放物線のことを指すように，パラボラアンテナは，放物線を軸のまわりに回転させた曲面になっていて，この曲面には，軸に平行に進んできた光や電波を1点に集める性質があります。この集まる点を焦点(しょうてん)といいます。

焦点に受信器を置くと，遠くからきた弱い電波もたくさん集まるので，強い電波となり受信できるようになります。

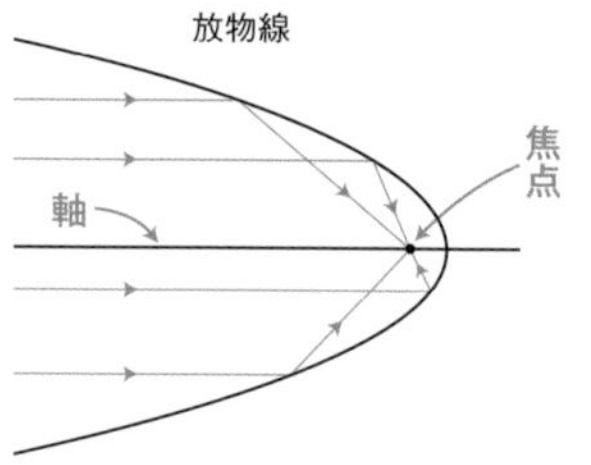


反対に，懐中電灯の反射面のように，同じ曲面でも，焦点から出た光を遠くまで強い光のまま送るものもあります。

つり橋は，2本の橋脚(きょうきゃく)の間に張られたケーブルで，橋全体の重さを支える構造になっています。巨大なつり橋として有名な因島(いんのしま)大橋(広島県)，レインボーブリッジ(東京都)などのケーブルは放物線の形をしています。

ほかにも，身のまわりに放物線は見られます。花火や噴水の水がえがく曲線，野球のフライの球道などがそうです。みなさんも，身のまわりにある放物線をさがしてみてください。

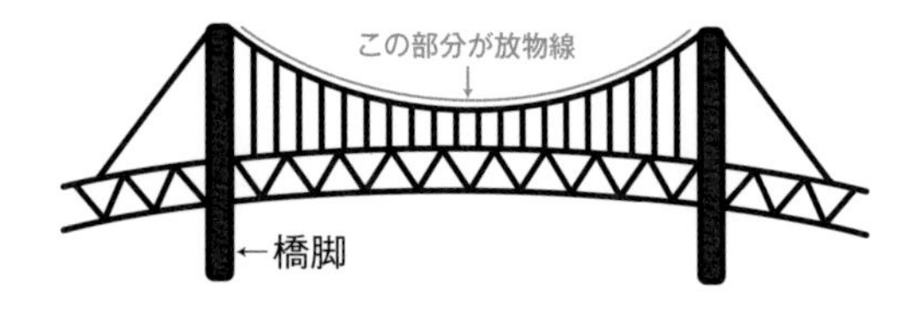

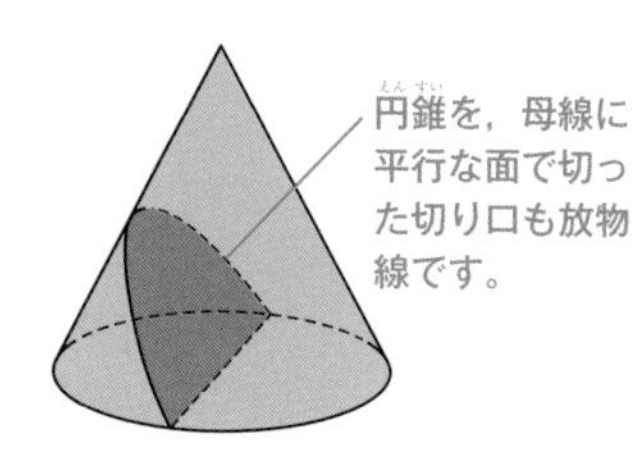

# うまくバトンをわたすには？

リレーで，Aさんから Bさんへバトンパスをします。Bさんがスタートするときの，AさんとBさんの間の距離をいろいろ変えて，バトンパスできるタイミングを考えてみましょう。

このような場面にも関数のグラフを利用することができます。

Bがスタートしてからの時間を$x$秒，スタート地点からの距離を$y$mとします。

Aは秒速4mの一定の速さで（グラフの傾きが4の1次関数），Bに近づき，AとBの間がある距離になったときBがスタートします。Bはスタートしてから$y=x^2$で加速していきます。

2人の距離を3m，4m，5mと設定したとき，2人の走るようすをグラフにそれぞれ表しました。

グラフからどんなことがわかりますか。

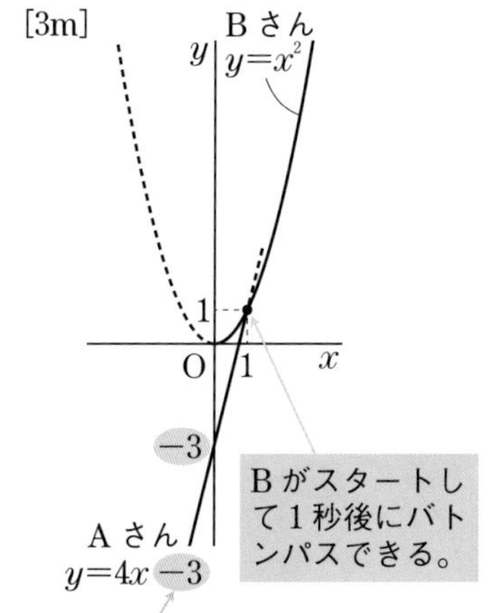


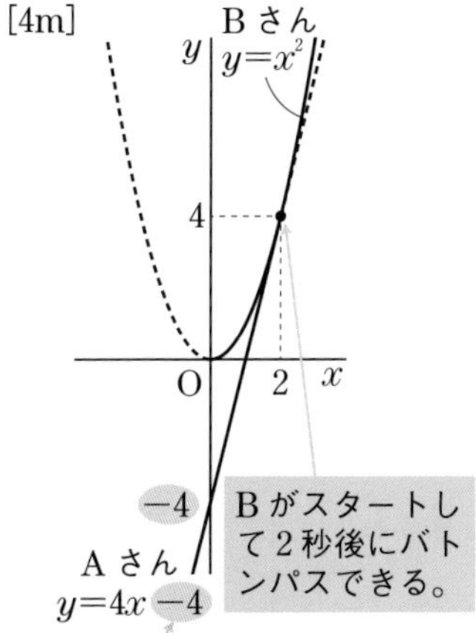


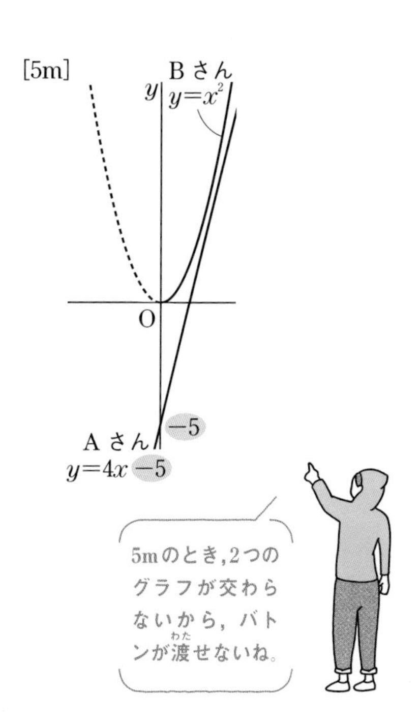


▶バトンパスでは，Bがより加速している地点でバトンをわたせると有利になります。

# 中学生のための
# 勉強・学校生活アドバイス

## 勉強の気分が乗らないときは？

「最近ちょっと勉強スランプかも。なんかはかどらなくて…。」

「そういうときもあるわよね。『ここ数日、勉強に集中できないなぁ』ってときが私にもあったわ。」

「久美センパイはそういうとき、どうしてたんですか？」

「**気分が上がる勉強グッズを買ったり**してたわ。新しい文房具とか、参考書とか。」

「たしかに。買い物って気分転換にもなりますもんね。」

「これを買ったからやらなきゃ！　って頑張る気持ちにもなれるし、実際に勉強でも使えるしね。」

「俺はあまりお金は使いたくないなぁ。ほかに気分を上げる方法はない？」

「**場所を変えるのもいい方法**だと思うわよ。図書館に行って勉強するとか。」

「関根は塾に行ってるんだよな。塾の空いている教室を使わせてもらうとかもいいんじゃない？」

「それいいね。自分の部屋だと誘惑が多いから、私も場所変えて勉強してみようっと。」

「そういえばアネキ、たまにリビングで勉強してたよな。それも気分転換のひとつ？」

「そうよ。**長いことずっと一つの部屋にいると気が滅入るから、家の中でもたまには場所を変えて**勉強してたの。オススメよ！」

「私、リビングで勉強してたら家族と一緒にテレビ見ちゃいそう。」

「うん、だから私もみんながいないときにリビングでやってた。集中するために場所移動したのに遊んじゃったら意味ないからね（笑）」

# 5章

## 相似な図形

教科書の要点

# 1 相似な図形

## 相似な図形の性質

［例題1～例題4］

ある図形を，形を変えずに**一定の割合に拡大や縮小をして得られる図形**は，もとの図形と**相似**(そうじ)であるといいます。

| | |
|---|---|
| 相似の表し方 | 右の図で，**△ABC ∽△DEF**<br>相似の記号 |
| 相似な図形の性質 | ①対応する線分の**長さの比は，すべて等しい。**<br>例 上の図で，**AB：DE＝BC：EF＝CA：FD**<br>②対応する**角の大きさは，それぞれ等しい。**<br>例 上の図で，**∠A＝∠D，∠B＝∠E，∠C＝∠F**<br>③対応する線分の長さの比，または，比の値を**相似比**という。<br>例 上の図の相似比を，比の形で表すと➡2：3　比の値で表すと➡$\frac{2}{3}$ |

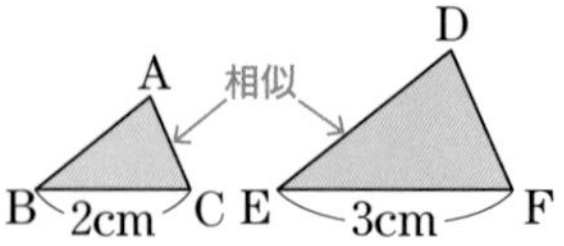

## 三角形の相似条件

［例題5～例題8］

**三角形の相似条件**

**① 3 組の辺の比がすべて等しい。**

例 右の図で，$a：a'=b：b'=c：c'$
ならば，△ABC∽△A′B′C′

**② 2 組の辺の比とその間の角がそれぞれ等しい。**

例 右の図で，$a：a'=c：c'$，∠B＝∠B′
ならば，△ABC∽△A′B′C′

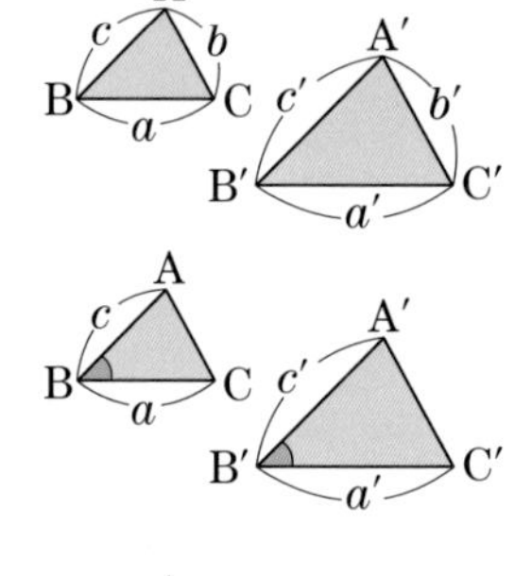

**③ 2 組の角がそれぞれ等しい。**

例 右の図で，∠A＝∠A′，∠B＝∠B′
ならば，△ABC∽△A′B′C′

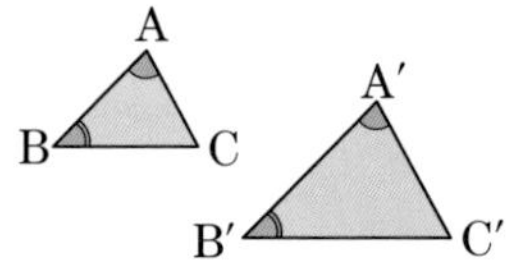

上の①～③のうち，どれか1つが成り立てば，**2つの三角形は相似**である。

## 例題 1 相似な図形の対応

Level ★★★

右の図で，四角形 ABCD と四角形 EFGH は相似です。このとき，対応する頂点，対応する辺を答えなさい。また，この 2 つの四角形の相似比を求めなさい。

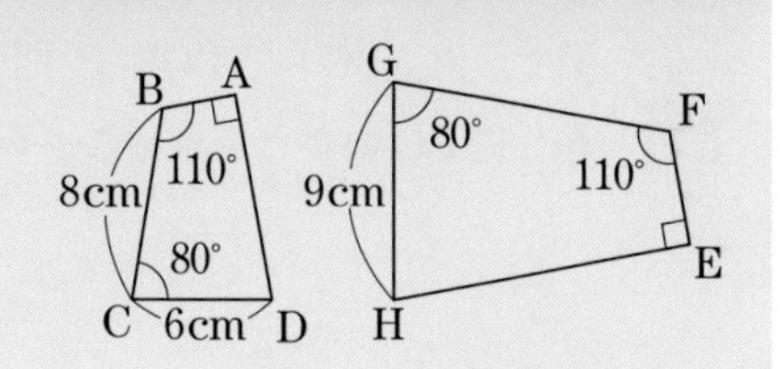


### 解き方

対応する角は，

対応する角を確認する ▶ ∠A と∠E，∠B と∠F，

∠C と∠G，∠D と∠H

よって，対応する頂点は，

対応する角の頂点を答える ▶ **A と E，B と F，**

**C と G，D と H** …答

対応する辺は，

頂点から，対応する辺を求める ▶ **AB と EF，BC と FG，**

**CD と GH，DA と HE** …答

相似比は，対応する辺の比に等しいから，

CD：GH＝6：9

CD：GH＝2：3

└→ $\frac{2}{3}$（比の値）で答えてもよい。

答 2：3

**Point** 相似な 2 つの図形の対応する角を押さえる。

**確認** 式の形から対応する頂点を確認

合同な図形と同様に，式の形から対応する頂点を確認できる。

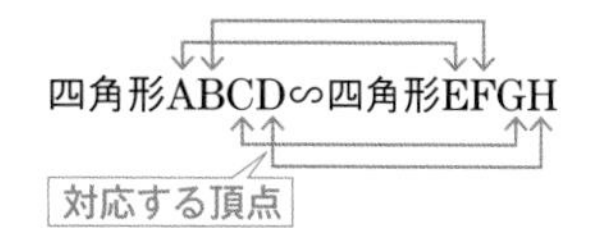

### 練習

解答 別冊p.19

**1** 右の図で，△ABC∽△DEF です。

(1) 対応する辺を答えなさい。

(2) 2 つの三角形の相似比を求めなさい。

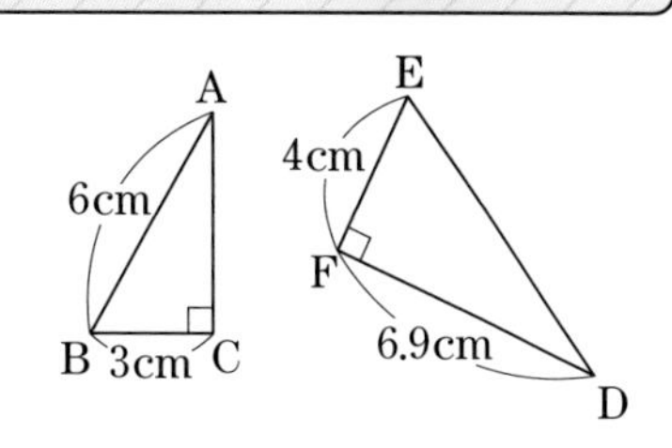

## 例題 2 相似な図形の辺の長さ

Level ★★☆

右の図で，△ABC∽△PQR です。
このとき，辺 BC の長さを求めなさい。

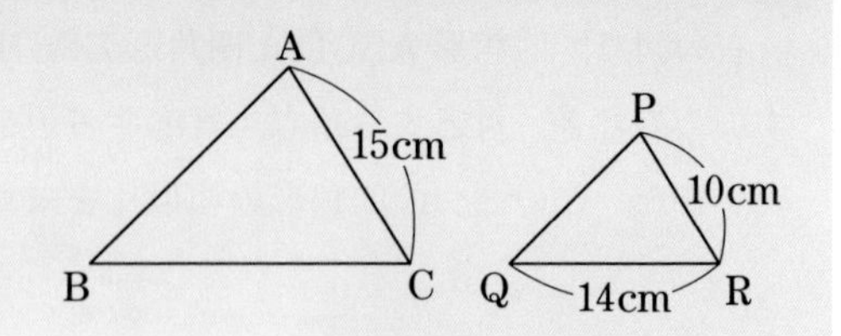


### 解き方

△ABC∽△PQR で，

対応する辺を確認する ▶ 辺 AC と PR が対応しているから，

相似比は，

AC：PR＝15：10

相似比を求める ▶ AC：PR＝3：2

一方，辺 BC に対応する辺は QR だから，

BC：QR＝AC：PR

対応する辺の長さの比は，相似比に等しい ▶ BC：14＝3：2

したがって，

BC×2＝14×3 ←$a:b=m:n$ ならば，$an=bm$

これを解くと，

BC＝21

答 **21cm**

**Point 対応する辺の比から相似比を求める。**

図解 **対応する辺**

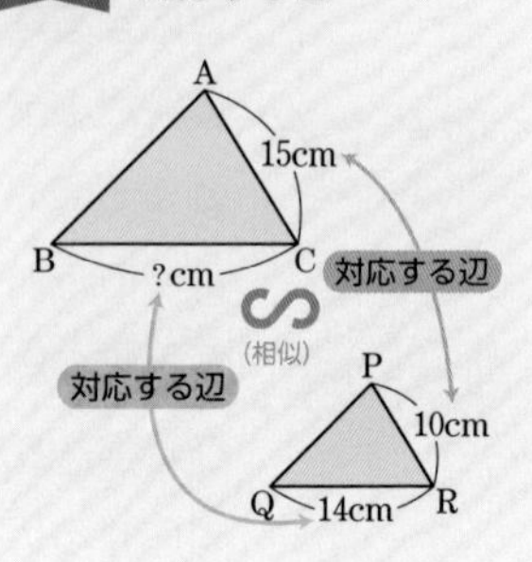


別解 **比の値を使って解く**

相似比を比の値で表すと$\frac{3}{2}$

だから，$\frac{BC}{14}=\frac{3}{2}$

したがって，

$BC=\frac{3}{2}\times14=21\,(cm)$ …答

### 練 習

解答 別冊p.19

**2** 右の図で，△ABC∽△DEF です。
このとき，辺 DF の長さを求めなさい。

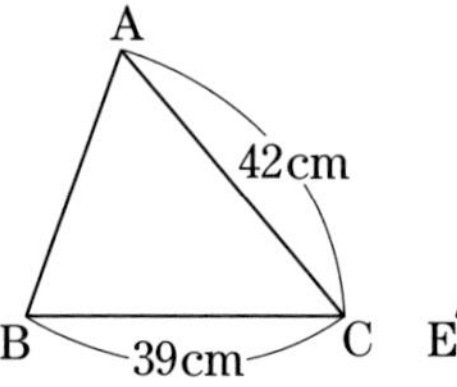


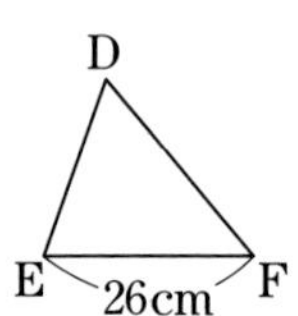

## 例題 3 相似な図形の角

Level ★★☆

右の図で，四角形 ABCD∽四角形 EFGH です。このとき，∠A と∠H の大きさをそれぞれ求めなさい。

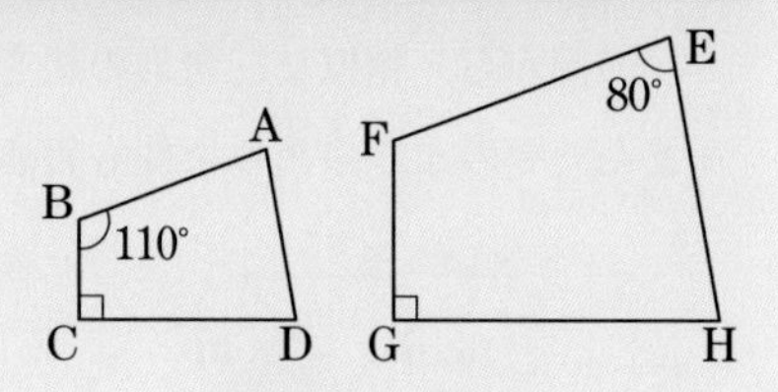


**解き方**

四角形 ABCD∽四角形 EFGH で，

対応する角を確認する ▶ ∠A と∠E が対応しているから，

∠A＝∠E＝**80°** …答

また，∠D と∠H も対応しているから，

四角形の内角の和を使う ▶ ∠H＝∠D＝360°－(∠A＋∠B＋∠C)

四角形の内角の和は 360° ＝360°－(80°＋110°＋90°)＝**80°** …答

**Point** 相似な図形の対応する角の大きさは等しい。

**図解** 対応する角

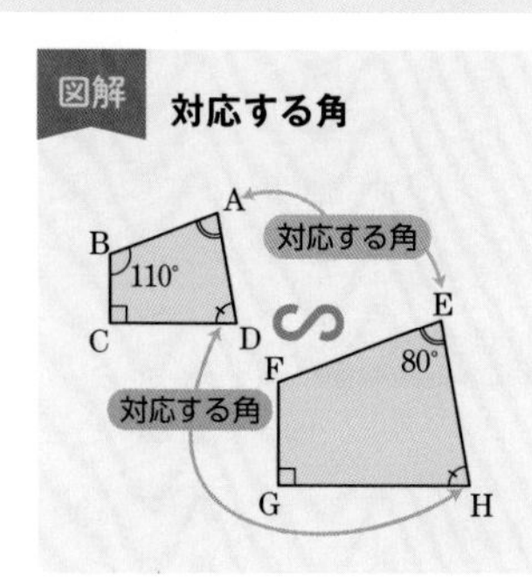


## 例題 4 つねに相似な図形

Level ★★☆

2 つの正方形は，つねに相似といえますか。

**解き方**

角を調べる ▶ 角は90°ですべて等しい。また，4 つの辺の長さはすべ

辺の比を調べる ▶ て等しいから，辺の比はすべて等しい。

したがって，**2 つの正方形は，つねに相似といえる。** …答

**Point** 辺の比と角の大きさを調べる。

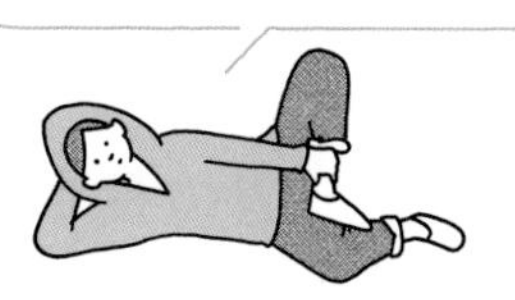


### 練習

解答 別冊p.19

**3** 右の図で，四角形 ABCD∽四角形 EFGH です。このとき，∠A の大きさを求めなさい。

**4** 次の各組の図形は，つねに相似といえますか。

(1) 2 つの円　　(2) 2 つの直角三角形

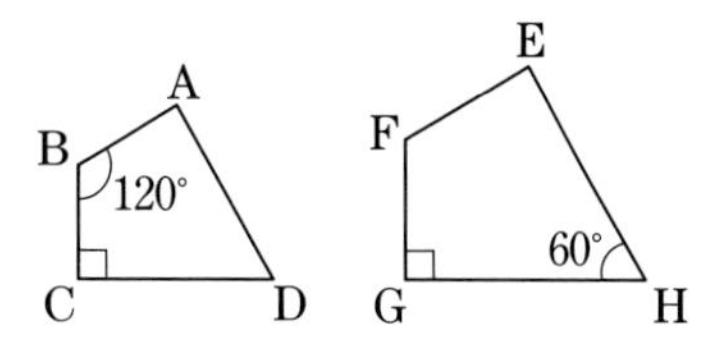


5章／相似な図形　1／相似な図形

## 例題 5 相似な三角形

Level ★☆☆

次の図から，相似な三角形の組を選び，記号∽を使って表しなさい。
また，そのときの相似条件も書きなさい。

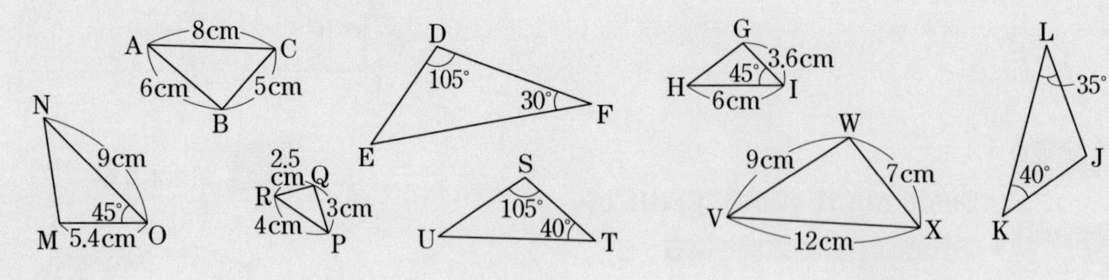


### 解き方

△ABC と△PQR で，

対応する辺の比を求める ▶ AB：PQ＝BC：QR＝CA：RP＝2：1

したがって，**3 組の辺の比がすべて等しいから，**

**△ABC∽△PQR** …答

△JKL と△STU で，

三角形の内角の和は180° ▶ ∠K＝∠T＝40°，∠J＝∠S＝105°

└ ∠J＝180°−(35°＋40°)

したがって，**2 組の角がそれぞれ等しいから，**

**△JKL∽△STU** …答

△GHI と△MNO で，

対応する辺の比，角の大きさを求める ▶ HI：NO＝IG：OM＝2：3，∠I＝∠O＝45°

したがって，**2 組の辺の比とその間の角がそれぞれ等しいから，△GHI∽△MNO** …答

**辺の長さの比と角の大きさから，使える三角形の相似条件を見つける。**

### 図解 対応する辺

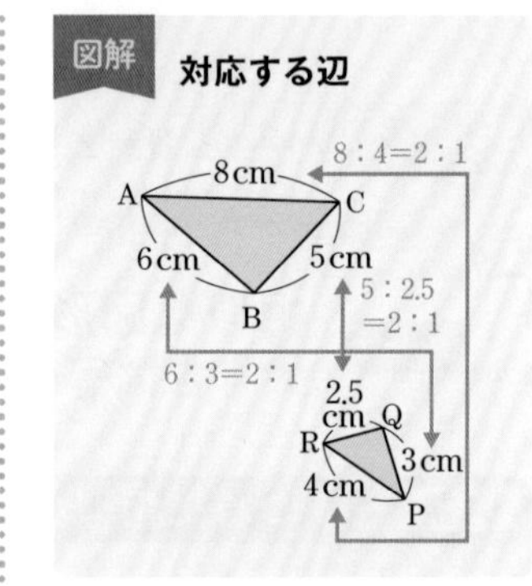


### 参考 辺の比の比べ方

辺の比は，いちばん長い辺どうし，次に 2 番めに長い辺どうし，……と，**長い辺から順に調べる**とよい。

### 練習

解答 別冊p.19

**5** 右の図から，相似な三角形の組を選び，記号∽を使って表しなさい。また，そのときの相似条件も書きなさい。

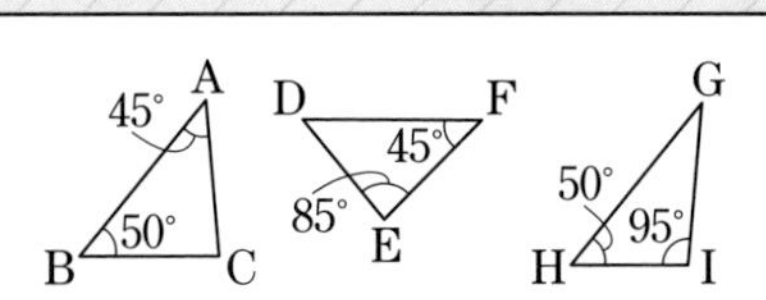

## 例題 6 三角形の相似 Level ★★★

次の図で，相似な三角形を記号∽を使って表しなさい。
また，そのときの相似条件も書きなさい。

(1)

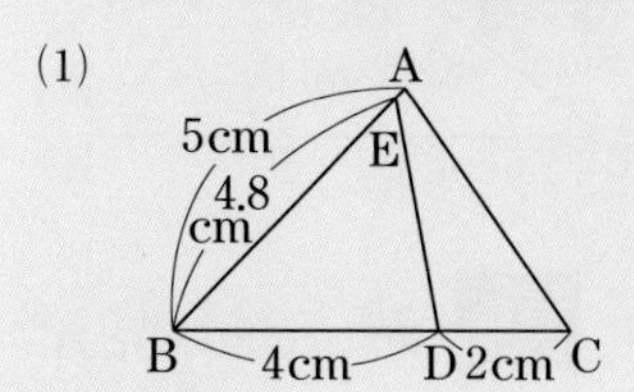


(2) BC // DE

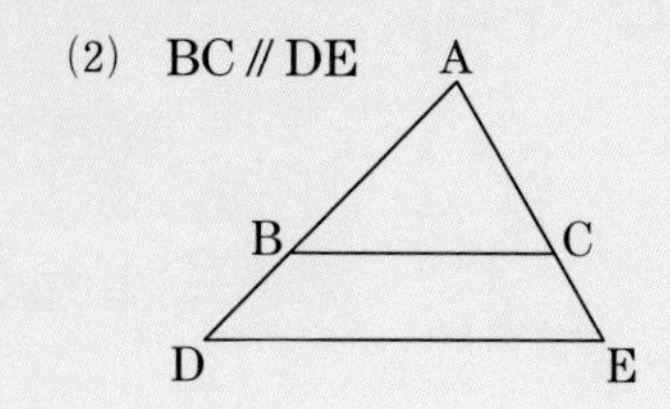

### 解き方

着目する三角形 ▶ (1) △ABC と△DBE で，

等しい角は？ ▶ ∠B は共通

対応する辺の比 ▶ AB：DB＝5：4

BC：BE＝6：4.8＝5：4

**2 組の辺の比とその間の角がそれぞれ等しいから，△ABC∽△DBE** …答

着目する三角形 ▶ (2) △ABC と△ADE で，

等しい角は？ ▶ ∠A は共通

平行線の同位角だから，←平行線の同位角は等しい

∠ABC＝∠ADE

**2 組の角がそれぞれ等しいから，**

**△ABC∽△ADE** …答

**Point まず，等しい角を見つける。**

**図解 等しい辺や角**

(1)

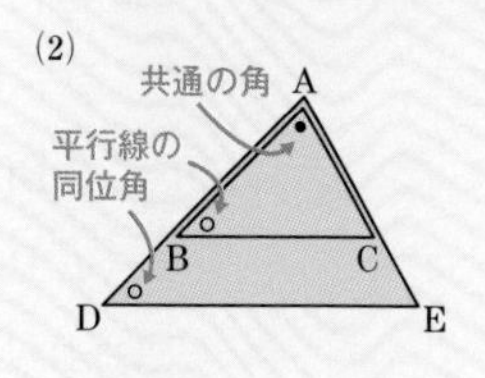


(2)

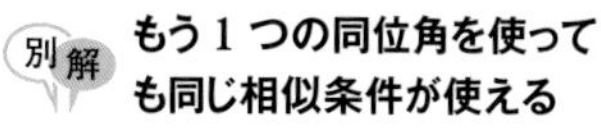


**別解 もう 1 つの同位角を使っても同じ相似条件が使える**

(2) ∠ACB＝∠AED

5章 相似な図形
1 相似な図形

### 練習

解答 別冊p.19

**6** 右の図で，点 O は線分 AC と BD の交点です。このとき，相似な三角形を記号∽を使って表しなさい。また，そのときの相似条件も書きなさい。

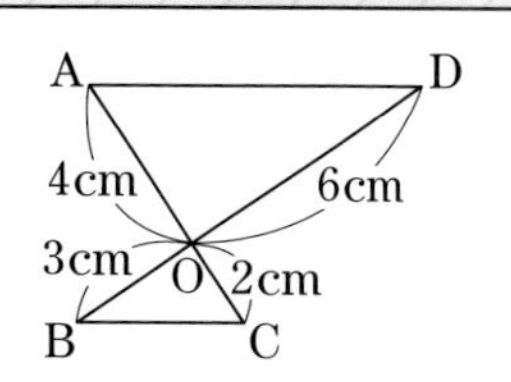

## 例題 7 相似な三角形の角と辺

Level ★★☆

右の図について，次の問いに答えなさい。

(1) ∠ACB と等しい角をすべて答えなさい。

(2) DE の長さを求めなさい。

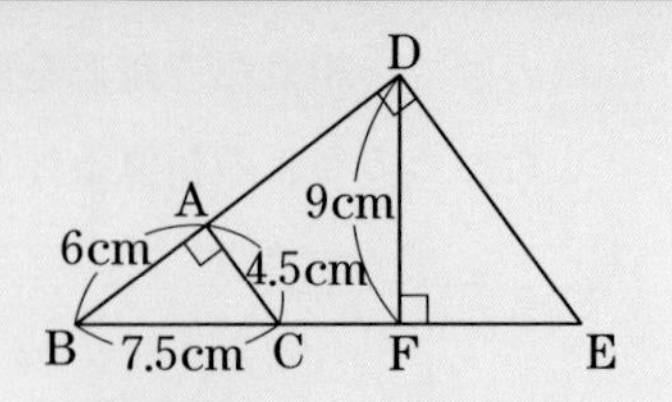


### 解き方

(1) △ABC と△DBE で，

∠B は共通

∠BAC＝∠BDE＝90°

三角形の相似条件 ▶ 2 組の角がそれぞれ等しいから，

△ABC∽△DBE

相似な図形の性質 ▶ 相似な図形の対応する角は等しいから，

∠ACB＝∠E

もう1組の相似な三角形 ▶ 同様にして，△ABC∽△FBD だから，

∠ACB＝∠FDB　　　答 ∠E，∠FDB

(2) △ABC と△FDE で，

∠BAC＝∠DFE＝90°

(1)より，∠ACB＝∠E

三角形の相似条件 ▶ 2 組の角がそれぞれ等しいから，

△ABC∽△FDE

相似な図形の対応する辺の比は等しいから，

比の性質 ▶ 6：9＝7.5：DE

DE＝11.25(cm)　…答

**図解** 相似な図形の辺と角

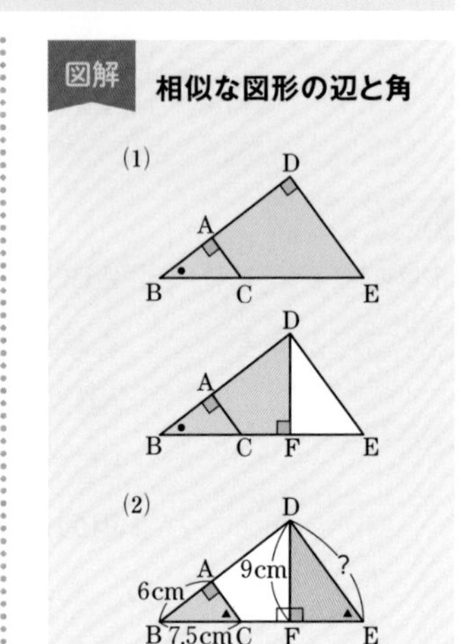

**Point** 相似な図形の角・辺の性質を利用する。

### 練習

解答 別冊p.19

**7** 例題 7 の図について，次の問いに答えなさい。

(1) △DEF と相似な三角形をすべて答えなさい。

(2) BD の長さを求めなさい。

## 例題 8 相似の証明

Level ★★★

右の図で，△ABCと△DECは正三角形で，点Eは辺AB上にあります。辺ACと辺EDの交点をFとするとき，△AEF∽△BCEであることを証明しなさい。

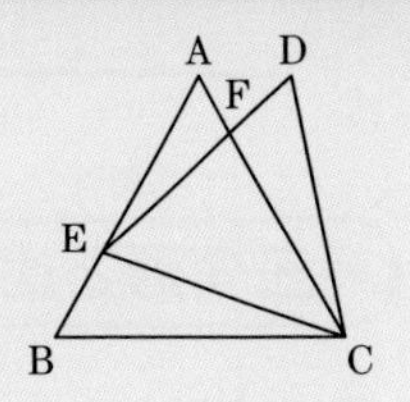


### 解き方

〔証明〕 △AEFと△BCEで，

△ABCと△DECは正三角形だから，

1組めの等しい角 ▶ $\angle \mathrm{EAF}=\angle \mathrm{CBE}=60^\circ$ …①

$\angle \mathrm{AEF}=\underline{180^\circ-\angle \mathrm{DEC}-\angle \mathrm{BEC}}$

└→ 直線ABは180°

$=180^\circ-60^\circ-\angle \mathrm{BEC}$

$=120^\circ-\angle \mathrm{BEC}$ …②

$\angle \mathrm{BCE}=\underline{180^\circ-\angle \mathrm{CBE}-\angle \mathrm{BEC}}$

└→ △EBCの内角の和は180°

$=180^\circ-60^\circ-\angle \mathrm{BEC}$

$=120^\circ-\angle \mathrm{BEC}$ …③

2組めの等しい角 ▶ ②，③より，$\angle \mathrm{AEF}=\angle \mathrm{BCE}$ …④

①，④より，

三角形の相似条件 ▶ 2組の角がそれぞれ等しいから，

△AEF∽△BCE

**条件を整理する**

- ∠EAF＝∠CBE

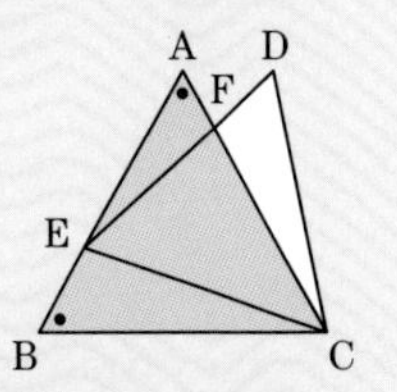


- 直線ABは180°

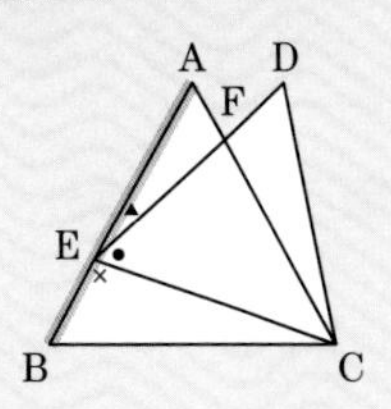


- △EBCの内角の和は180°

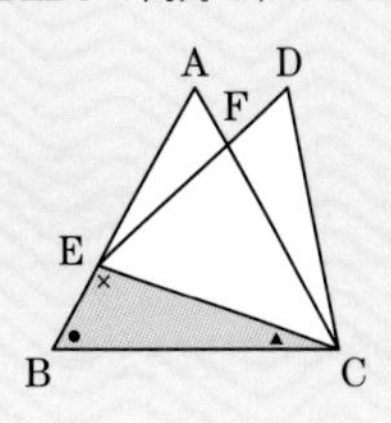


### 練 習

解答 別冊p.19

**8** 右の正五角形ABCDEで，Fは対角線ACとBDの交点です。このとき，△ACD∽△DCFを証明しなさい。

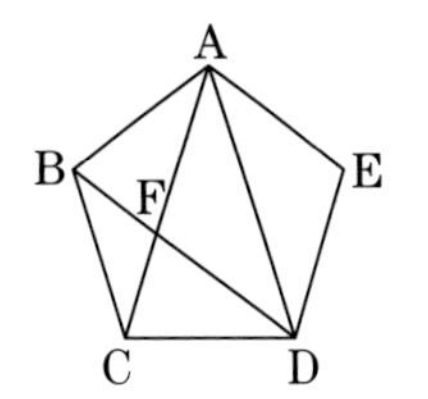

# 2 平行線と線分の比

## 三角形と比

［例題9～例題10，例題12～例題13］

**三角形と比の定理**

△ABC の辺 AB，AC 上の点を，
それぞれ D，E とするとき，

① **DE // BC ならば，**

- **AD：AB＝AE：AC＝DE：BC**
- **AD：DB＝AE：EC**

② **AD：AB＝AE：AC，または，AD：DB＝AE：EC ならば，DE // BC**

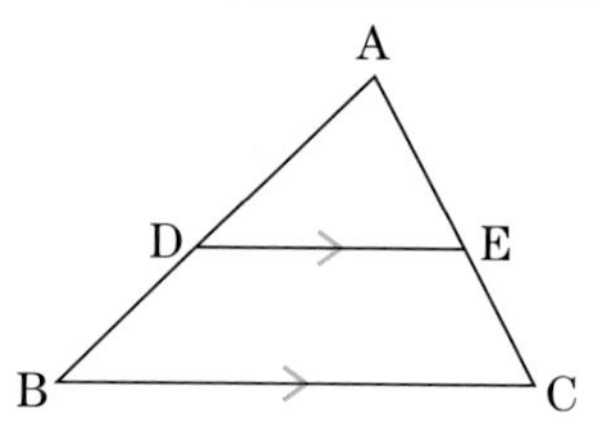


## 平行線と線分の比

［例題11］

**平行線と線分の比の定理**

平行な 3 つの直線 $a$，$b$，$c$ に
2 つの直線が交わるとき，

**AB：BC＝A′B′：B′C′**

※AB：A′B′＝BC：B′C′ とも表せる。

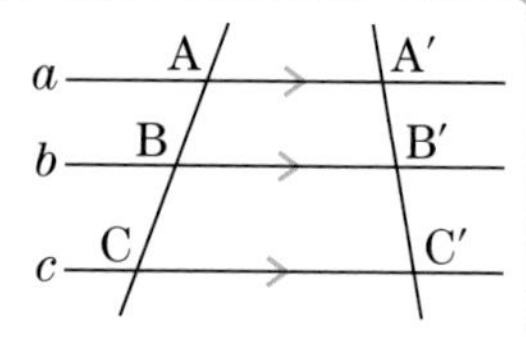


## 中点連結定理

［例題14～例題18］

**中点連結定理**

△ABC の辺 AB，AC の中点をそれぞれ
M，N とすると，

$$\mathrm{MN} \,/\!/\, \mathrm{BC},\quad \mathrm{MN}=\frac{1}{2}\mathrm{BC}$$

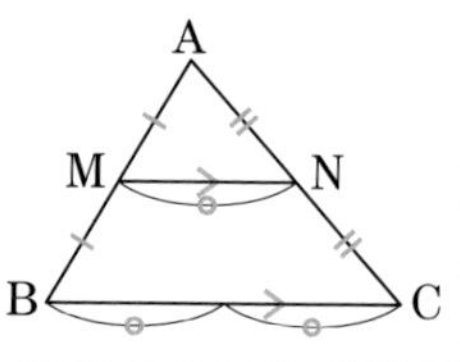


▶右のような台形などでも，中点連結定理を使うことができる。

例　$\mathrm{EG}=\frac{1}{2}\mathrm{BC}=9$(cm)，$\mathrm{GF}=\frac{1}{2}\mathrm{AD}=6$(cm)
したがって，EF＝EG＋GF＝9＋6＝15(cm)

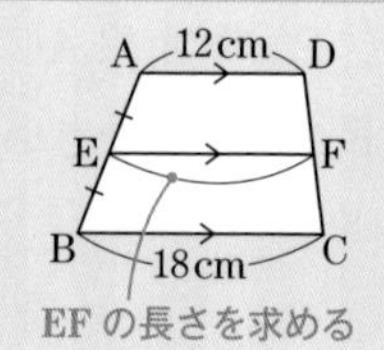


補助線AC をひくと，
AG＝GC
CF＝FD

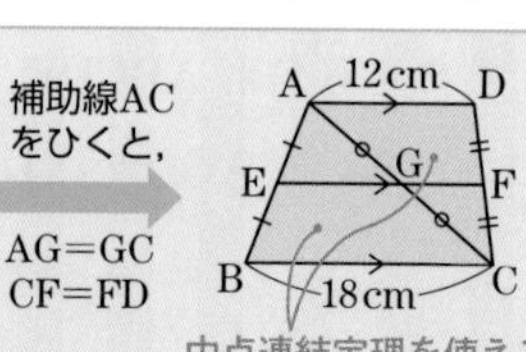

## 例題 9 三角形と比の定理の証明 Level ★★★

右の図のように，△ABC の辺 AB，AC 上に，それぞれ点 D，E があります。

このとき，DE∥BC ならば，AD：DB＝AE：EC が成り立つことを証明しなさい。

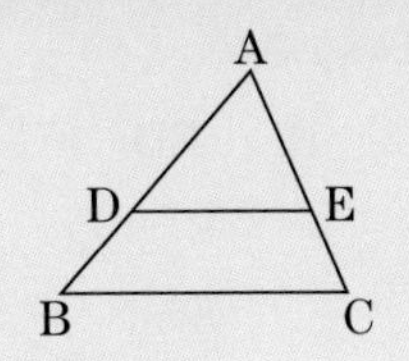


### 解き方

〔証明〕 点 D を通り，辺 AC に平行な直線をひき，辺 BC との交点を F とする。

三角形の相似を導く ▶ △ADE と△DBF で，

DE∥BC から，∠ADE＝∠B

DF∥AC から，∠A＝∠BDF

2 組の角がそれぞれ等しいから，

△ADE∽△DBF

相似な図形の対応する辺の比は等しいから，

対応する辺の比 ▶ AD：DB＝AE：DF…①

一方，四角形 DFCE は平行四辺形だから，

平行四辺形の性質を利用 ▶ DF＝EC…②

└ 平行四辺形の 2 組の対辺はそれぞれ等しい

①，②から，

AD：DB＝AE：EC

**確認 三角形と比の定理**

△ABC の辺 AB，AC 上の点をそれぞれ D，E とするとき，左で証明したことの逆も成り立つ。

**AD：DB＝AE：EC ならば，DE∥BC**

また，△ABC では，**DE∥BC ならば，AD：AB＝AE：AC＝DE：BC** も成り立ち，その逆も成り立つ。

**AD：AB＝AE：AC ならば，DE∥BC**

**図解 △ADE と△DBF の相似条件**

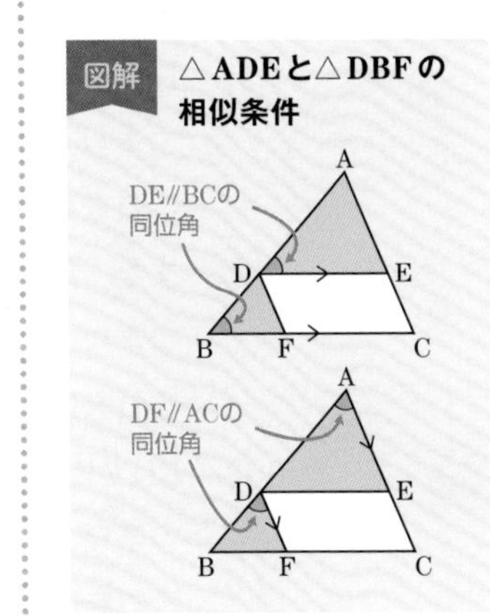

### 練習 　　解答 別冊p.19

**9** 右の図で，E は線分 AB と CD の交点です。

AC∥DB ならば，EB：BA＝ED：DC が成り立つことを証明しなさい。

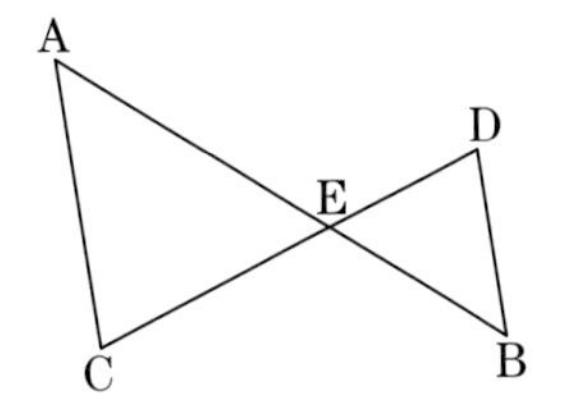

## 例題 10 三角形と比の定理 Level ★★

次の図について，$x$，$y$ の値を求めなさい。

(1) DE // BC

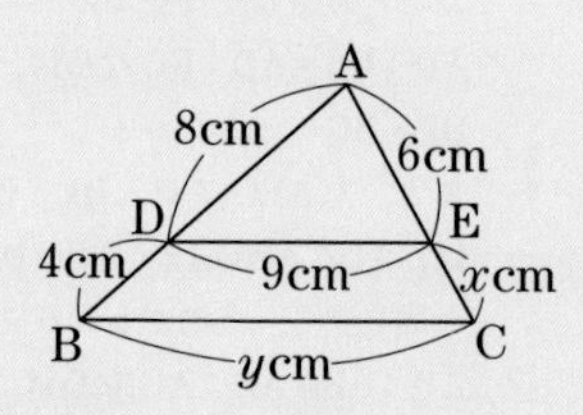


(2) BC，ED，FG は平行

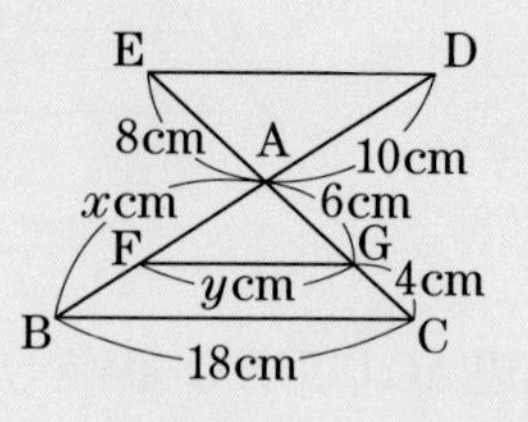


### 解き方

三角形と比の定理 ▶ (1) DE // BC だから，AD：DB＝AE：EC

つまり，8：4＝6：$x$

これを解くと，$x$＝3 …答

また，AD：AB＝DE：BC

（AD：DB＝DE：BC ではないことに注意する）

つまり，8：(8＋4)＝9：$y$

これを解くと，$y$＝13.5 …答

三角形と比の定理 ▶ (2) ED // BC だから，AB：AD＝AC：AE

つまり，$x$：10＝(6＋4)：8

これを解くと，$x$＝12.5 …答

FG // BC だから，FG：BC＝AG：AC

つまり，$y$：18＝6：(6＋4)

これを解くと，$y$＝10.8 …答

**Point 三角形と比の定理が使える辺を見つける。**

### ✔確認 三角形と比の定理

下のような形では，

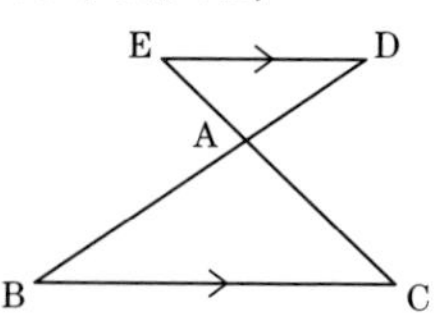


AD：AB＝AE：AC

### 別解 もう一方の辺の長さを使う

(1) AE：AC＝DE：BC から求めてもよい。

6：(6＋3)＝9：$y$

$y$＝13.5 …答

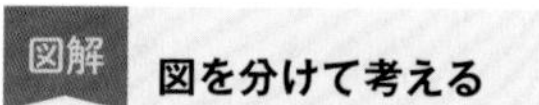


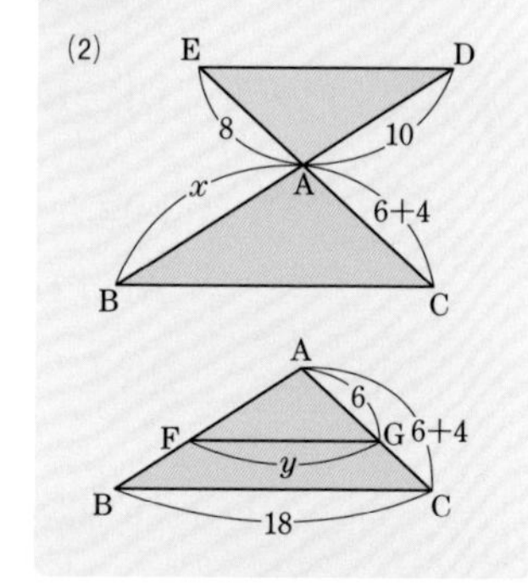


### 練習　　解答 別冊p.20

**10** 次の図について，$x$，$y$ の値を求めなさい。

(1) DE // BC

(2) AB，EF，CD は平行

## 例題 11 平行線と線分の比の定理

Level ★★☆

右の図で，直線 $a$，$b$，$c$，$d$ が平行のとき，$x$，$y$，$z$ の値を求めなさい。

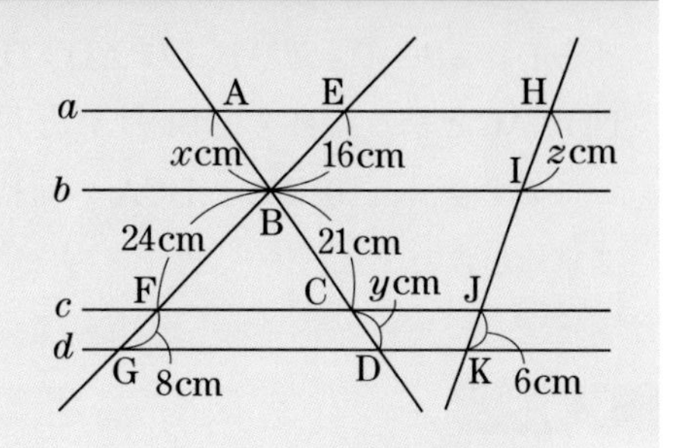


### 解き方

$a$，$b$，$c$ は平行だから，平行線と線分の比の定理より，

平行線と線分の比の定理 ▶ AB：BC＝EB：BF

つまり，$x$：21＝16：24

これを解くと，$\boldsymbol{x=14}$ …答

$b$，$c$，$d$ は平行だから，平行線と線分の比の定理より，

平行線と線分の比の定理 ▶ BF：FG＝BC：CD

（→ △BGD で三角形と比の定理を使ってもよい）

つまり，24：8＝21：$y$

これを解くと，$\boldsymbol{y=7}$ …答

$a$，$b$，$c$，$d$ は平行だから，平行線と線分の比の定理より，

平行線と線分の比の定理 ▶ EB：FG＝HI：JK

つまり，16：8＝$z$：6

これを解くと，$\boldsymbol{z=12}$ …答

**Point** 平行線で切りとられる線分の比は等しい。

✔確認 **平行線と線分の比の定理**

下の図で，直線 $a$，$b$，$c$ が平行ならば，

**AB：BC＝A′B′：B′C′**

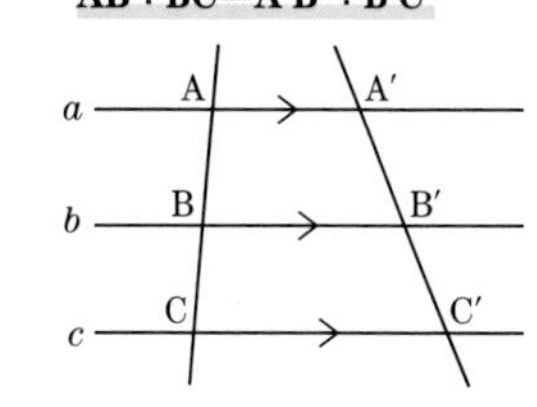


AB：BC＝EB：BF をまちがえてAB：BF＝EB：BC としてしまうミスに気をつけて！

### 練　習

解答 別冊p.20

**11** 右の図で，直線 $a$，$b$，$c$ が平行のとき，$x$ の値を求めなさい。

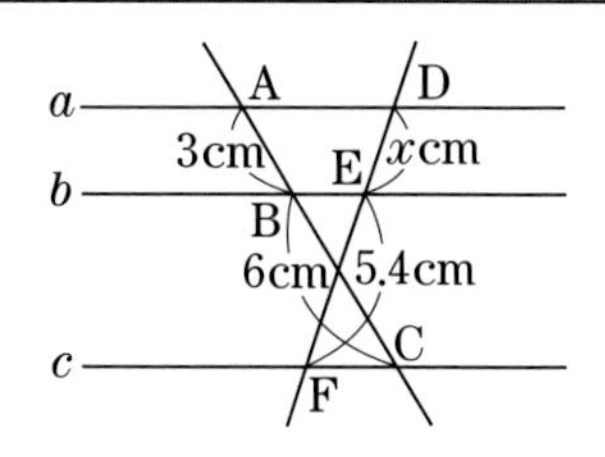

## 例題 12 三角形の面積と線分の比

Level ★★☆

右の△ABCで，辺AB上にAD：DB=2：3となる点Dをとり，DE//ACとなる点Eを辺BC上にとります。

このとき，△DBEと△DCAの面積の比を最も簡単な整数の比で求めなさい。

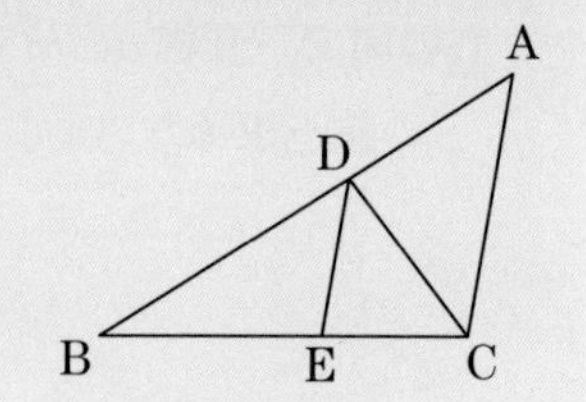


### 解き方

△ABCで，三角形と比の定理から，

三角形と比の定理を利用 ▶ BD：DA=BE：EC=3：2

△DBEと△DECの面積の比は，高さが同じだから底辺の比に等しいので，

底辺の比BE：EC ▶ 3：2
（BE：EC=3：2）

よって，△DBEと△DBCの面積の比は，

底辺の比BE：BC ▶ 3：5
（3+2=5）

また，△DBCと△DCAの面積の比は，

底辺の比BD：DA ▶ 3：2だから，△DBCの面積を5とすると，

$$5:\triangle DCA=3:2,\quad \triangle DCA=\frac{10}{3}$$

したがって，△DBEと△DCAの面積の比は，

$$3:\frac{10}{3}=9:10$$ …答

**Point** 高さが同じ三角形の面積の比は，底辺の長さの比に等しい。

くわしく **三角形の面積**

上の図で，△DBEと△DECの高さを$h$とすると，

$\triangle DBE=\frac{1}{2}\times BE\times h$

$\triangle DEC=\frac{1}{2}\times EC\times h$

△DBE：△DEC=BE：EC

図解 **三角形の面積の比**

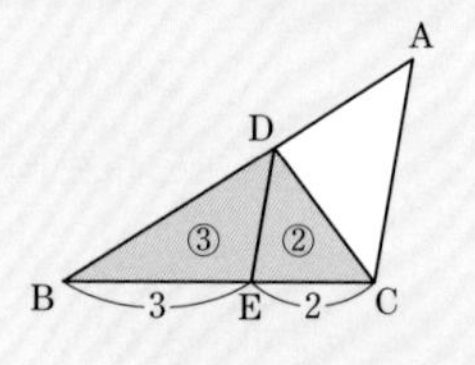


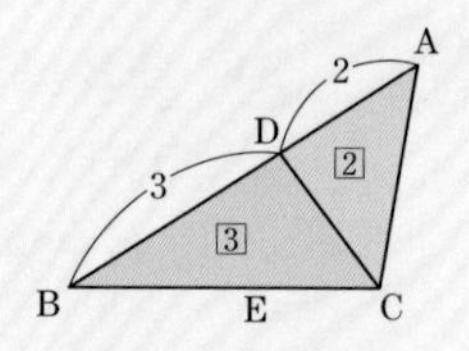


### 練習

解答 別冊p.20

右の平行四辺形ABCDで，対角線AC，BDをひき，その交点をOとします。OE//DCとなる点Eを辺BC上にとります。このとき，△OBEと平行四辺形ABCDの面積の比を求めなさい。

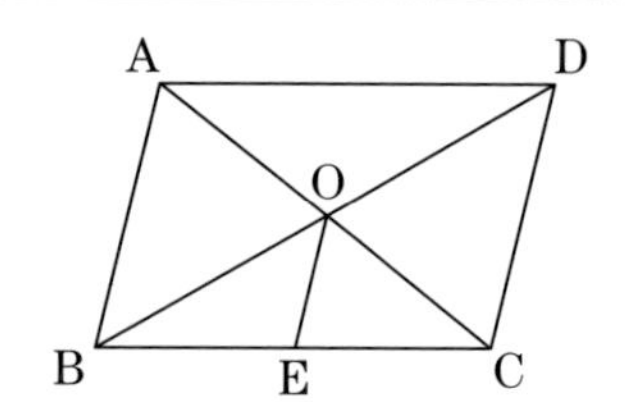

## 例題 13 三角形の辺の比についての証明 Level ★★★

右の図で，△ABC の∠A の二等分線と辺 BC との交点を D とするとき，

AB：AC＝BD：DC

が成り立つことを証明しなさい。

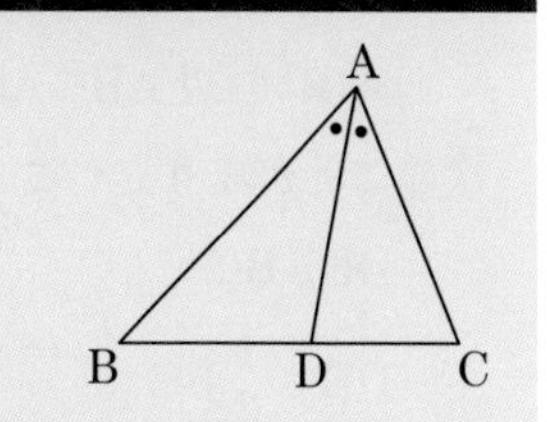


### 解き方

〔証明〕 点 C を通り，AD に平行な直線をひき，BA の延長との交点を E とする。

AD∥EC だから，

（平行線と角の性質）▶ ∠BAD＝∠AEC(同位角)

∠DAC＝∠ACE(錯角)

仮定より，∠BAD＝∠DAC だから，

∠AEC＝∠ACE

したがって，△ACE は∠AEC と∠ACE を底角とする二等辺三角形だから，

（二等辺三角形の性質）▶ AE＝AC …①

一方，△BCE で，三角形と比の定理から，

（三角形と比の定理）▶ BA：AE＝BD：DC …②

①，②から，

AB：AC＝BD：DC

**図解** 補助線をひいて考える

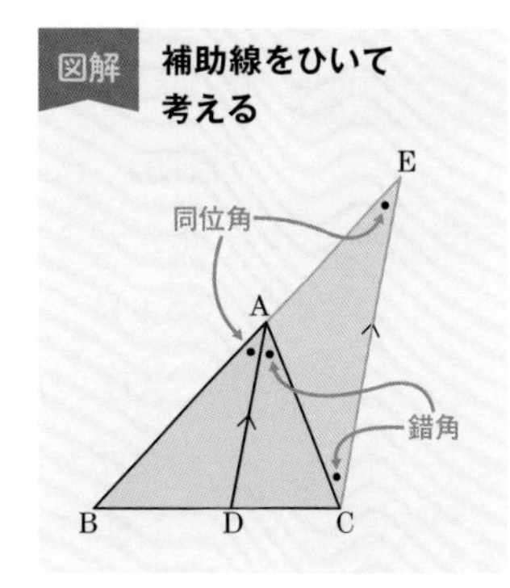


補助線をひくと，三角形と比の定理が使える形になるね。

### 練習 解答▶別冊p.20

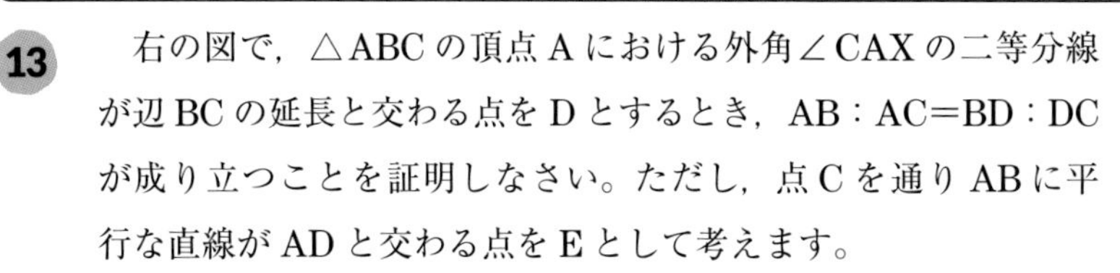

**13** 右の図で，△ABC の頂点 A における外角∠CAX の二等分線が辺 BC の延長と交わる点を D とするとき，AB：AC＝BD：DC が成り立つことを証明しなさい。ただし，点 C を通り AB に平行な直線が AD と交わる点を E として考えます。

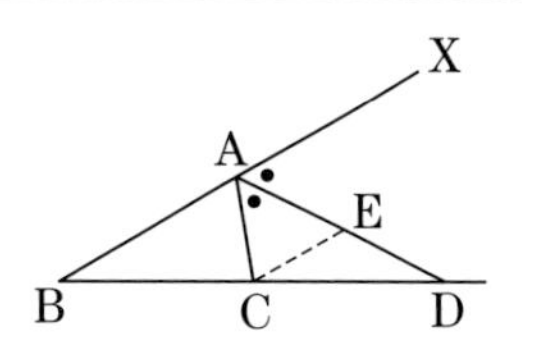

## 例題 14 中点連結定理の証明

Level ★★☆

△ABCの辺AB，ACの中点をそれぞれD，Eとするとき，次のことが成り立つことを証明しなさい。

DE∥BC

$DE=\frac{1}{2}BC$

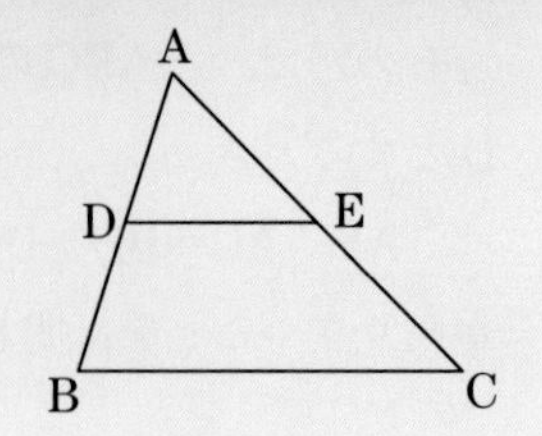


### 解き方

〔証明〕 △ABCで，

条件を整理する ▶ 仮定から，AD=DB，AE=EC
└→D，Eはそれぞれ辺AB，ACの中点

つまり，

AD：DB=AE：EC

したがって，三角形と比の定理から，

三角形と比の定理 ▶ DE∥BC

また，DE∥BCだから，

三角形と比の定理より，

DE：BC=AD：AB

=1：2

したがって，$DE=\frac{1}{2}BC$

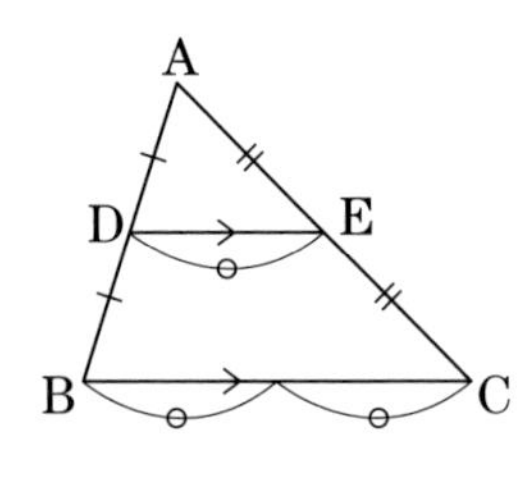

線分上にあって，その線分の両端(りょうたん)から等しい距離にある点が中点だね。

**確認 中点連結定理**

△ABCで，辺AB，ACの中点をそれぞれM，Nとすると，

**MN∥BC，$MN=\frac{1}{2}BC$**

**参考 三角形と比の定理の利用**

下の図で，

AM=MB，MN∥BC

のとき，**AN=NC**が成り立つ。

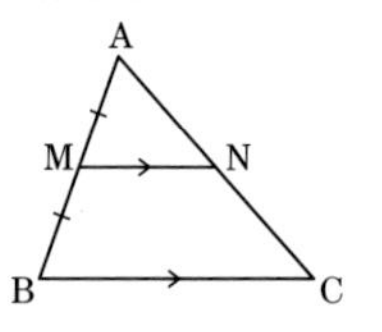

練習 | 解答 別冊p.20

**14** 右の図で，MN∥BC，$MN=\frac{1}{2}BC$とするとき，

AM=MB，AN=NC

が成り立つことを証明しなさい。

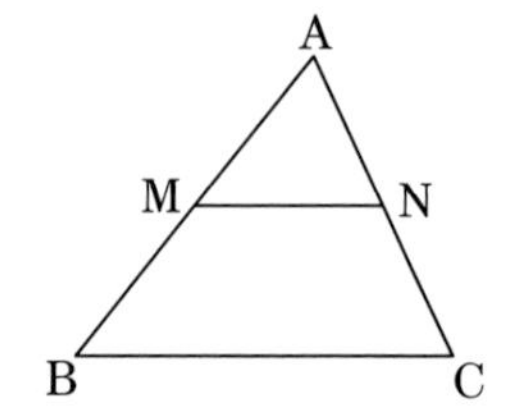

## 例題 15 中点連結定理の利用(1)〔三角形の 3 辺の中点〕 Level ★★☆

△ABC の辺 BC，CA，AB の中点を，それぞれ，D，E，F とするとき，

△ABC∽△DEF

を証明しなさい。

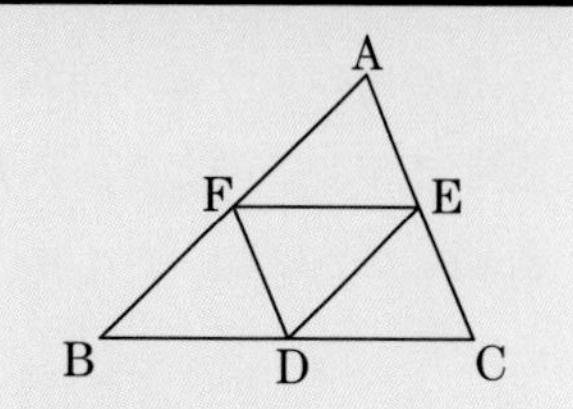


### 解き方

〔証明〕 △ABC と△DEF で，

仮定から，D，E，F はそれぞれ辺 BC，CA，AB の中点である。

したがって，中点連結定理から，

中点連結定理を利用 ▶

$ED=\frac{1}{2}AB$，$FE=\frac{1}{2}BC$，

$DF=\frac{1}{2}CA$

つまり，AB：DE＝2：1，BC：EF＝2：1，CA：FD＝2：1 だから，

AB：DE＝BC：EF＝CA：FD

三角形の相似条件 ▶

3 組の辺の比がすべて等しいから，

△ABC∽△DEF

**Point 中点連結定理を使う。**

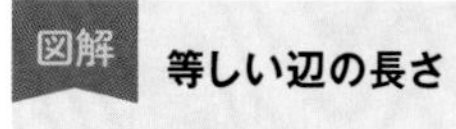

図解 等しい辺の長さ

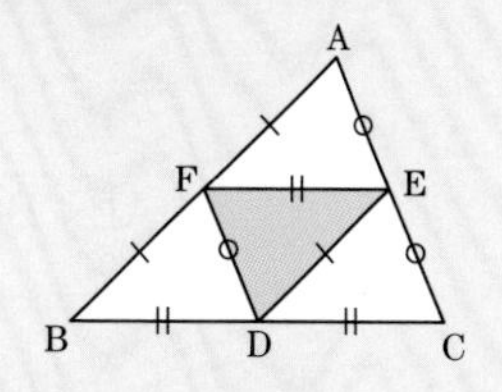


**参考 合同な三角形**

3 つの辺の長さが等しいことから，△AFE，△FBD，△EDC，△DEF はすべて**合同**である。

**確認 三角形の相似条件**

- 3 組の辺の比がすべて等しい。
- 2 組の辺の比とその間の角がそれぞれ等しい。
- 2 組の角がそれぞれ等しい。

### 練習

解答 ▶ 別冊 p.20

**15** 右の図で，D，E はそれぞれ辺 AB，AC の中点です。このとき，

△OBC∽△OED

が成り立つことを証明しなさい。

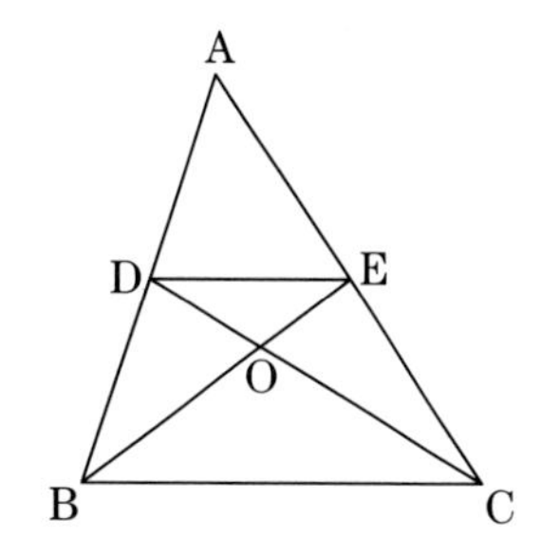

## 例題 16 中点連結定理の利用(2)〔四角形の 4 辺の中点〕

Level ★★★

右の図のように，四角形 ABCD の各辺の中点を P，Q，R，S とします。このとき，四角形 PQRS は平行四辺形になることを証明しなさい。

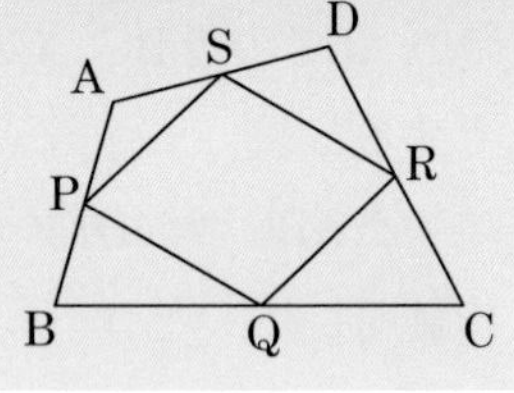


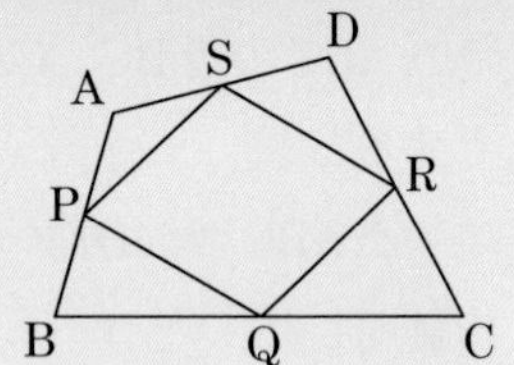

### 解き方

補助線をひく ▶ **〔証明〕** 四角形 ABCD の対角線 AC をひく。

└ DB をひいて考えてもよい

△BAC で，仮定から，P，Q はそれぞれ辺 AB，BC の中点である。

したがって，中点連結定理から，

△BAC で，中点連結定理を利用 ▶

$PQ /\!/ AC$

$PQ=\dfrac{1}{2}AC$

同様に，△DAC で，

△DAC で，中点連結定理を利用 ▶

$SR /\!/ AC$

$SR=\dfrac{1}{2}AC$

補助線　$SR=\frac{1}{2}AC$　A　S　D　P　R　B　Q　C　$PQ=\frac{1}{2}AC$

したがって，$PQ /\!/ SR$，$PQ=SR$

平行四辺形になる条件は？ ▶ 1 組の対辺が平行で，その長さが等しいから，四角形 PQRS は平行四辺形である。

**Point** 対角線をひいて，中点連結定理を利用する。

**復習 平行四辺形になるための条件**

- 2 組の対辺がそれぞれ平行である。（定義）
- 2 組の対辺の長さがそれぞれ等しい。
- 2 組の対角がそれぞれ等しい。
- 対角線がそれぞれの中点で交わる。
- 1 組の対辺が平行で，その長さが等しい。

### 練 習

解答 別冊 p.20

16 右の図で，四角形 ABCD の 2 辺 AD，BC の中点をそれぞれ P，R，対角線 BD，AC の中点をそれぞれ Q，S とすると，四角形 PQRS はどんな四角形ですか。

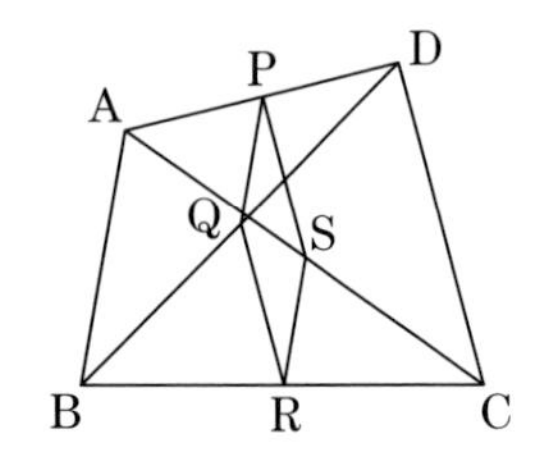

## 例題 17 中点連結定理の利用(3)〔台形の平行でない辺の中点〕 Level ★★★

右の図で，四角形 ABCD は AD∥BC の台形です。点 E，F はそれぞれ辺 AB，DC の中点です。このとき，線分 EF の長さを求めなさい。

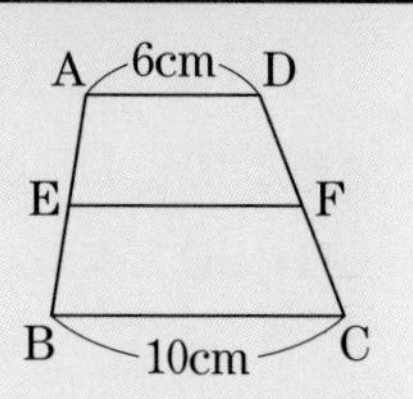


### 解き方

補助線をひく ▶ 線分 AF の延長と線分 BC の延長の交点を G とすると，

AD と GC の長さの関係を調べる ▶ △ADF と△GCF で，

仮定より，DF＝CF…①

対頂角は等しいから，∠AFD＝∠GFC…②

平行線の錯角は等しいから，∠ADF＝∠GCF…③

よって，①，②，③より，

1 組の辺とその両端の角がそれぞれ等しいから，

△ADF≡△GCF

したがって，AD＝GC

BG の長さを求める ▶ BG＝BC＋CG＝10＋6＝16(cm)

△ABG で，点 E，F はそれぞれ辺 AB，辺 AG の中点だから，中点連結定理より，

中点連結定理を利用 ▶ $\mathbf{EF=\frac{1}{2}BG=\frac{1}{2}\times 16=8(cm)}$ …答

**Point** 補助線をひいて，中点連結定理を利用する。

**図解 △ADF≡△GFC の証明**

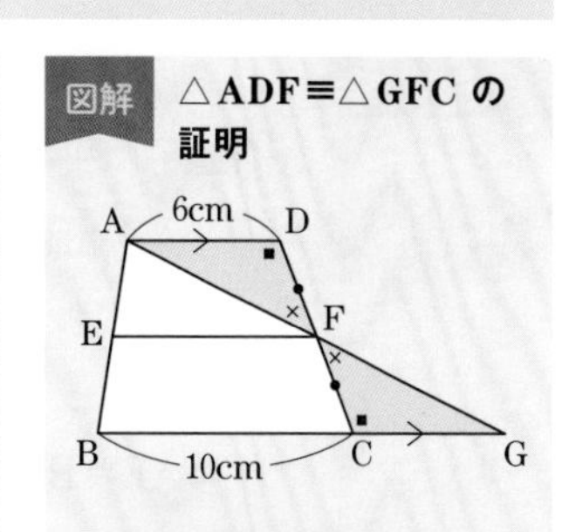


**中点連結定理の使い方**

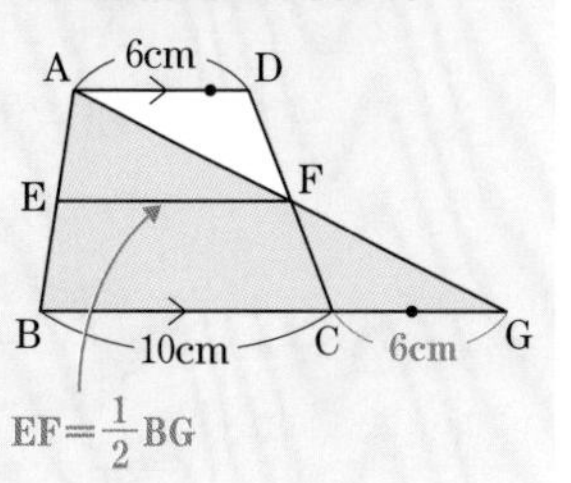


### 練習　解答 別冊 p.20

**17** 右の図で，四角形 ABCD は AD∥BC の台形です。点 M，N はそれぞれ辺 AB，DC の中点で，MN∥BC です。AD＝$a$，BC＝$b$，$a<b$ とし，MN と対角線 DB，AC との交点をそれぞれ P，Q とするとき，PQ の長さを $a$，$b$ を使って表しなさい。

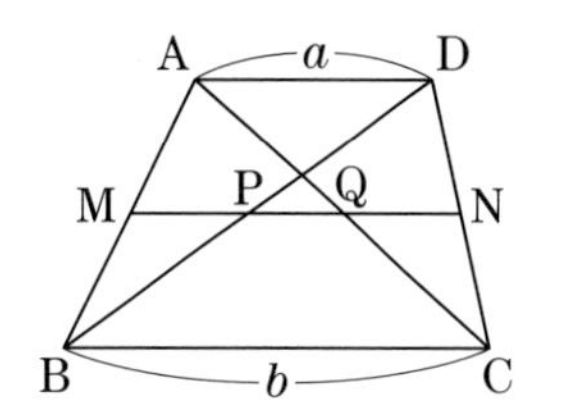

## 例題 18 中点連結定理の利用(4)〔平行四辺形〕

Level ★★☆

平行四辺形 ABCD の辺 AD，BC の中点をそれぞれ E，F とし，AF と BE，DF と CE の交点をそれぞれ G，H とするとき，GH∥BC となることを証明しなさい。

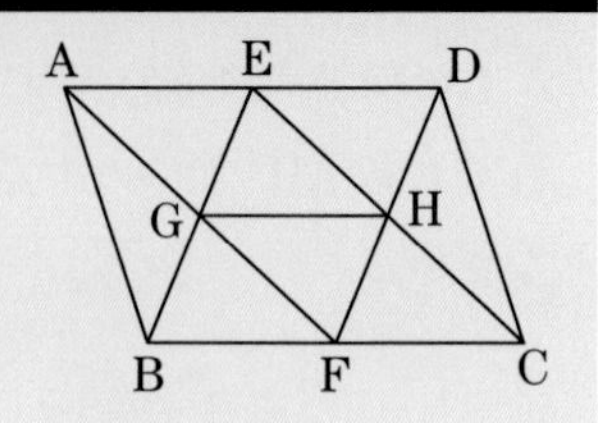


### 解き方

〔証明〕 平行四辺形の対辺は等しいから，

平行四辺形の性質を利用 ▶ AD＝BC

さらに仮定より，E，F はそれぞれ辺 AD，BC の中点だから，

AE＝ED＝BF＝FC

つまり，

AE：FB＝1：1

ED：CF＝1：1

AD∥BC なので，三角形と比の定理から，

三角形と比の定理 ▶ GE：GB＝AE：FB＝1：1

HE：HC＝ED：CF＝1：1

つまり，G，H は EB，EC の中点である。

したがって，△EBC で，中点連結定理から，

中点連結定理を利用 ▶ GH∥BC

**Point** 平行四辺形の性質を利用して，中点連結定理を使う。

**復習 平行四辺形の対辺**

平行四辺形の 2 組の対辺はそれぞれ等しい。

**図解 順に考えると**

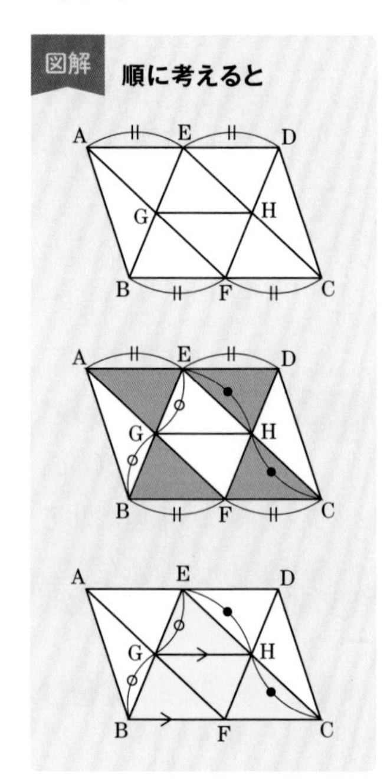


### 練習

解答 別冊 p.20

**18** 例題 18 の図で，GH の延長と DC との交点を I，辺 BC の長さを 12cm とするとき，HI の長さを求めなさい。

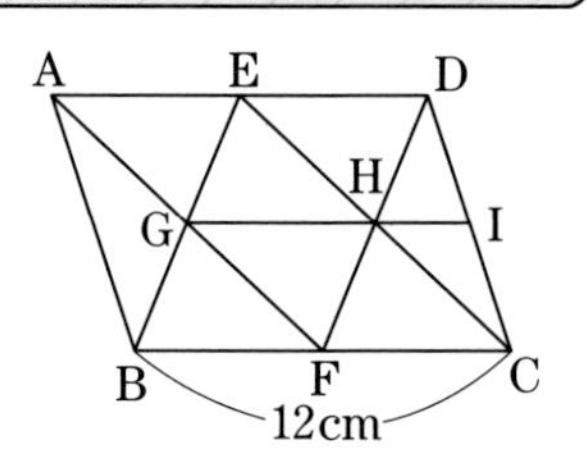

# 3 相似な図形の計量と応用

## 相似な図形の面積比と体積比

［例題 19～例題 22］

相似な図形の**面積比は，相似比の 2 乗**に等しくなります。また，相似な立体の**体積比は，相似比の 3 乗**に等しくなります。

■ 相似な図形の面積比と周の長さの比

- 相似比が $m:n$ ならば，面積比は $m^2:n^2$ である。
- 相似比が $m:n$ ならば，周の長さの比も $m:n$ である。

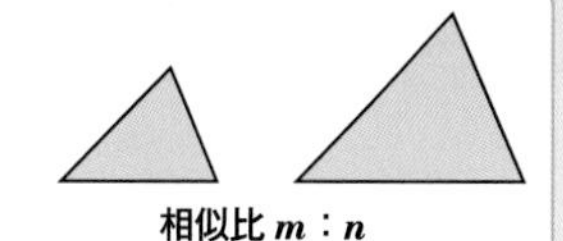


■ 相似な立体の表面積の比と体積比

- 相似比が $m:n$ ならば，表面積の比は $m^2:n^2$ である。
- 相似比が $m:n$ ならば，体積比は $m^3:n^3$ である。

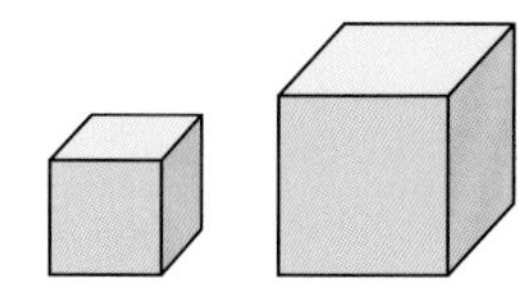


▶相似な多角形の部分の面積比は?

⇒右の図で，$P:P'=Q:Q'=R:R'=m^2:n^2$

一般に，相似な 2 つの多角形で，相似比が $m:n$ ならば，面積比は $m^2:n^2$

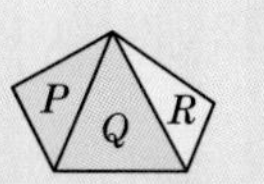

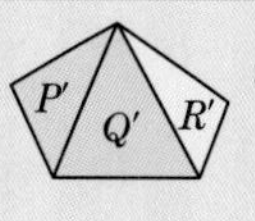

相似比 $m:n$

## 相似の応用

［例題 23～例題 24］

直接測れない高さや距離（きょり）などは，**縮図を利用して求める**ことができます。

■ 縮図による計量

**例** 下の図で，A までの実際の高さは，次の順に求める。

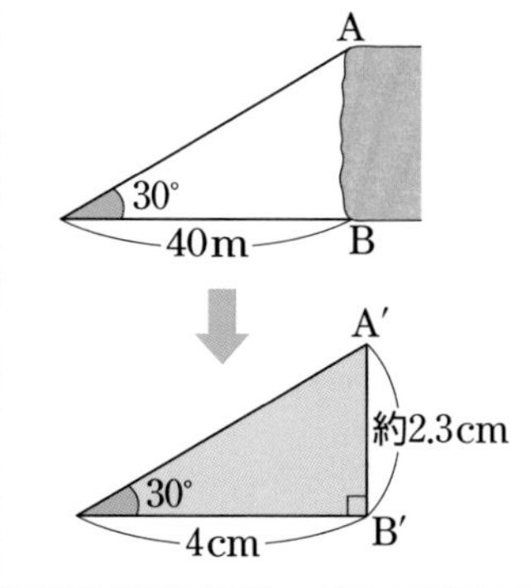


① $\frac{1}{1000}$の縮図をかく。
　└計算が簡単になる縮尺にする

② 縮図上の AB の長さ（A′B′の長さ）をはかる。

③ A までの実際の高さは，
$2.3\times1000=2300$（cm）
2300 cm＝23 m ←単位を変える

**答** 約23 m

## 例題 19 相似な三角形の面積比

Level ★★★

右の図で，△ABC∽△DEF です。

(1)　2つの三角形の周の長さの比を求めなさい。

(2)　2つの三角形の面積比を求めなさい。

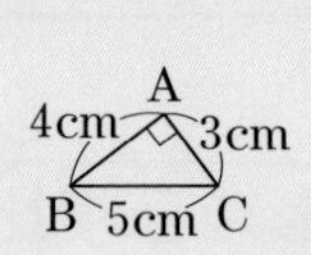


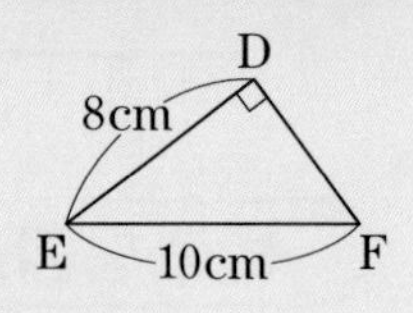


### 解き方

(1)　△ABC∽△DEF だから，

対応する辺の比は等しい ▶ AB：DE＝CA：FD

4：8＝3：FD から，

FD＝6(cm)

AB＋BC＋CA＝4＋5＋3＝12(cm)

DE＋EF＋FD＝8＋10＋6＝24(cm)

したがって，△ABC と△DEF の周の長さの比は，

(AB＋BC＋CA)：(DE＋EF＋FD)

＝12：24＝**1：2**　…答

└周の長さの比は相似比と等しい

(2)　相似比は，対応する辺の比に等しいから，

AB：DE＝4：8＝1：2

したがって，△ABC と△DEF の面積比は，

面積比は相似比の2乗 ▶ △ABC：△DEF＝$1^2$：$2^2$

＝**1：4**　…答

**Point** 相似な図形の面積比は相似比の 2 乗。

#### 参考 比の表し方

辺の比や相似比などは，**最も簡単な整数の比**で表す。また，面積の比のことを**面積比**という。

#### 確認 対応する頂点

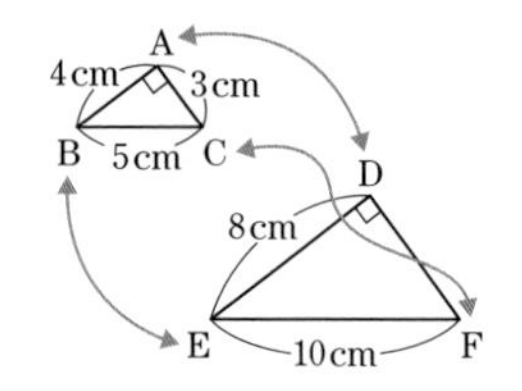


#### くわしく 三角形の面積を求めて比を考える

$\triangle ABC=\frac{1}{2}\times4\times3=6(cm^2)$

$\triangle DEF=\frac{1}{2}\times8\times6=24(cm^2)$

△ABC：△DEF

＝6：24＝1：4＝$1^2$：$2^2$

### 練習

解答 別冊p.21

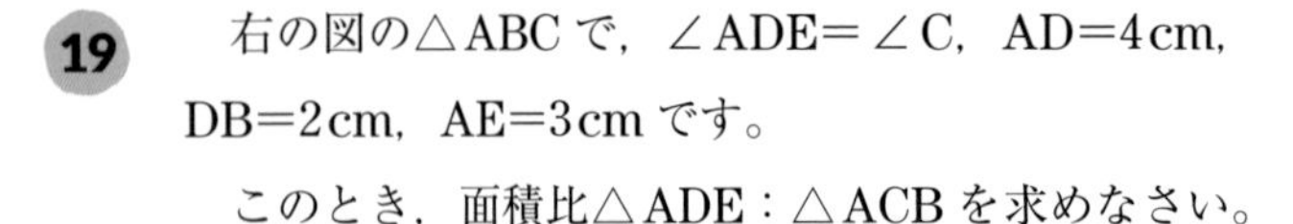

**19**　右の図の△ABC で，∠ADE＝∠C，AD＝4cm，DB＝2cm，AE＝3cm です。

このとき，面積比△ADE：△ACB を求めなさい。

## 例題 20 相似な図形の面積比の利用

Level ★★☆

右の図の△ABCで，BC，DE，FGは平行です。AD=4cm，DF=3cm，FB=2cmであるとき，台形DFGEと台形FBCGの面積比を求めなさい。

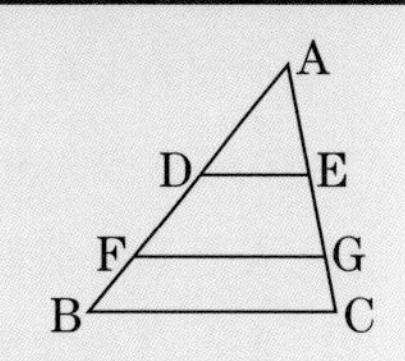


### 解き方

△ADE∽△ABCだから，

3つの三角形の面積比 ▶ △ADE：△ABC$=4^2:9^2=16:81$

△AFG∽△ABCだから，

△AFG：△ABC$=7^2:9^2=49:81$

△ABCの面積を$S$とすると，

2つの三角形の面積を$S$で表す ▶ △ADE$=\dfrac{16}{81}S$，△AFG$=\dfrac{49}{81}S$

だから，台形DFGE＝△AFG－△ADE

$$=\frac{49}{81}S-\frac{16}{81}S=\frac{33}{81}S$$

台形FBCG＝△ABC－△AFG

$$=S-\frac{49}{81}S=\frac{32}{81}S$$

したがって，

面積比を求める ▶ 台形DFGE：台形FBCG

$=\dfrac{33}{81}S:\dfrac{32}{81}S=33:32$ …答

**くわしく 相似な三角形の対応する辺の比**

△ADEと△ABCの対応する辺の比は，

AD：AB=4：(4+3+2)

=4：9

△AFGと△ABCの対応する辺の比は，

AF：AB=(4+3)：(4+3+2)

=7：9

**図解 台形の面積**

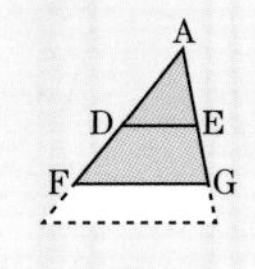


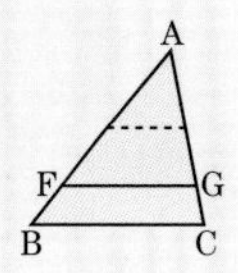


平行線を底辺とする3つの三角形は，どれも相似だね。

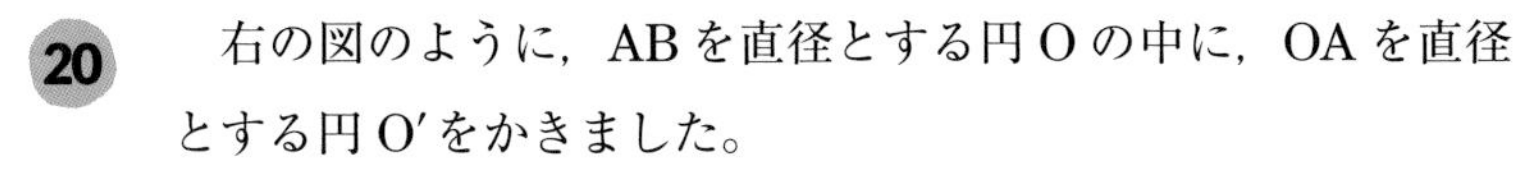

**練習** 解答 別冊p.21

**20** 右の図のように，ABを直径とする円Oの中に，OAを直径とする円O′をかきました。

このとき，円Oと円O′の面積比を求めなさい。

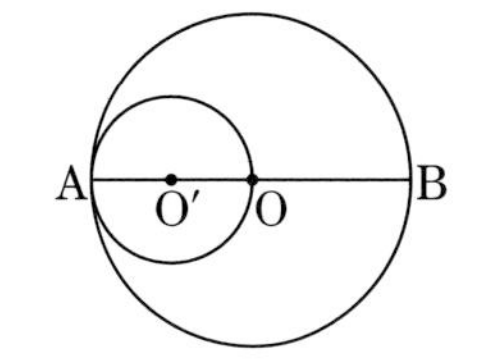

## 例題 21 相似な立体の体積比

Level ★★☆

右の図のような2つの立方体A，Bがあります。それぞれの1辺の長さが4cm，6cmであるとき，次の比を求めなさい。

(1) AとBの表面積の比

(2) AとBの体積比

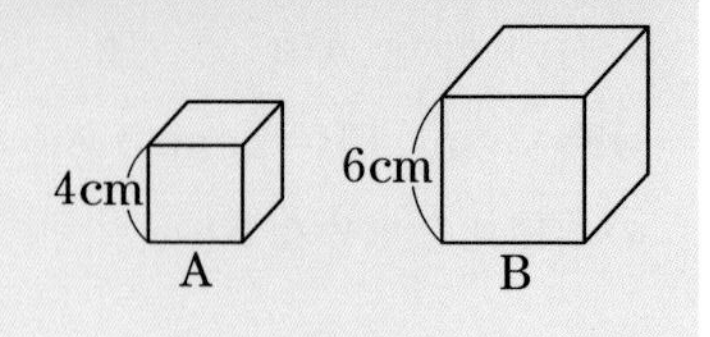


### 解き方

(1) 立方体の相似比は辺の長さの比だから，

相似比を求める ▶ $4:6=2:3$

したがって，

Aの表面積：Bの表面積

表面積の比は相似比の2乗 ▶ $=2^2:3^2=4:9$ …答

(2) (1)より，AとBの立方体の相似比は2：3だから，

Aの体積：Bの体積

体積比は相似比の3乗 ▶ $=2^3:3^3$

$=8:27$ …答

**Point** **表面積の比は相似比の2乗，体積比は相似比の3乗になる。**

**確認 立体の相似**

相似な立体では，相似な図形と同様に**対応する線分の比は等しく**，この比を**相似比**という。

**別解 A，Bの表面積と体積を求める**

(1) Aの表面積は，$4\times4\times6=96(cm^2)$

Bの表面積は，$6\times6\times6=216(cm^2)$

したがって，AとBの表面積の比は，$96:216=4:9$ …答

(2) Aの体積は，$4\times4\times4=64(cm^3)$

Bの体積は，$6\times6\times6=216(cm^3)$

したがって，AとBの体積比は，$64:216=8:27$ …答

## 練習

解答 別冊p.21

**21** 次の問いに答えなさい。

(1) 右の図のような2つの相似な三角柱P，Qがあります。それぞれの高さが3cm，5cmであるとき，三角柱PとQの体積比を求めなさい。

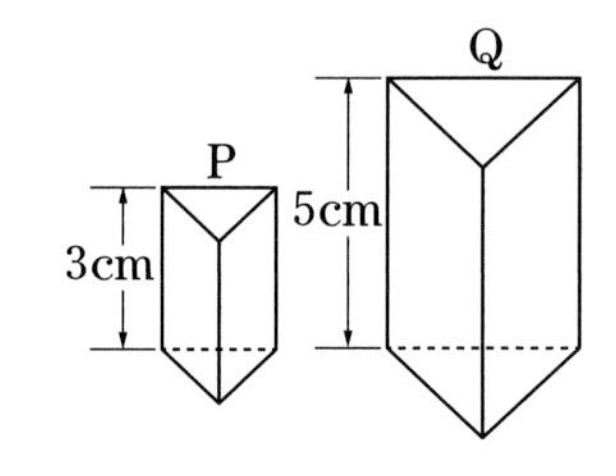


(2) 2つの相似な立体V，Wがあり，相似比は2：3です。立体Wの体積が$81cm^3$であるとき，立体Vの体積を求めなさい。

## 例題 22 円錐の体積

右の図のように，底面の直径が 20cm，高さが 20cm の円錐(えんすい)の形をした容器があります。この容器に 10cm の深さまで水を入れたとき，次の問いに答えなさい。

(1) 水面の円の直径を求めなさい。

(2) この容器を満水にするには，容器に入っている水の量のあと何倍の水を加える必要がありますか。

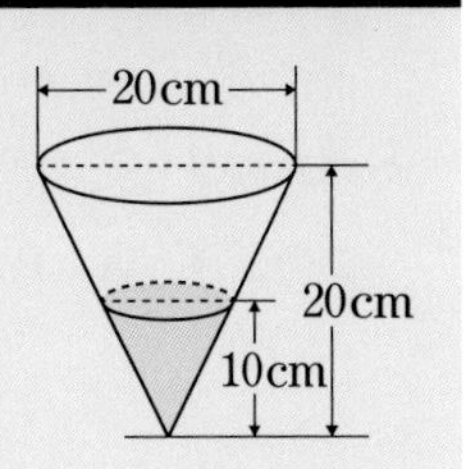


### 解き方

(1) 水の入っている部分と容器は相似で，相似比は，

対応する辺の比 ▶ $10:20=1:2$

したがって，水面の円の直径を $x$ cm とすると，

底面の直径の比＝相似比 ▶ $x:20=1:2$

$x=10$　　答 10cm

(2) 水の入っている部分と容器の体積比は，

体積比は相似比の3乗 ▶ $1^3:2^3=1:8$

したがって，入っている水の量の8倍で容器がいっぱいになるので，あと必要な水の量は

**7倍**である。　…答

└ $8-1=7$

**水の入っている部分と容器は，相似な円錐である。**

**断面図で考える**

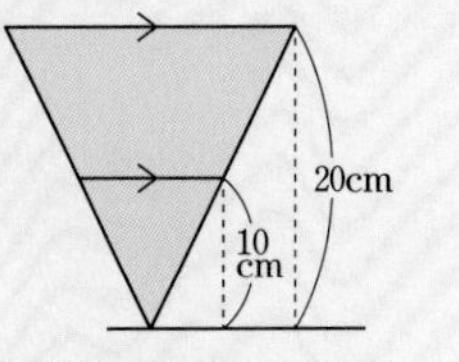


平行線と線分の比を利用する。

**別解 円錐の体積を求める**

水の入っている部分は，

$\frac{1}{3}\times5^2\times\pi\times10=\frac{250}{3}\pi(\text{cm}^3)$

容器全体は，

$\frac{1}{3}\times10^2\times\pi\times20=\frac{2000}{3}\pi(\text{cm}^3)$

$\left(\frac{2000}{3}\pi-\frac{250}{3}\pi\right)\div\frac{250}{3}\pi$

$=7$(倍)　…答

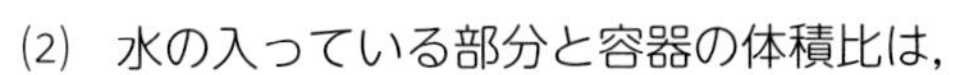

### 練習

解答 別冊p.21

右の図のような円錐の容器に，$24\text{cm}^3$ の水を入れたら，深さが容器の $\frac{2}{3}$ になりました。

この容器が満水になるとき，水は全体で何 $\text{cm}^3$ 入りますか。

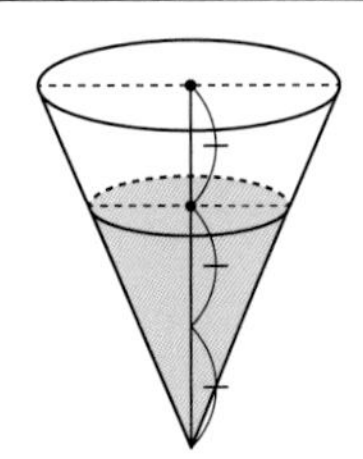

## 例題 23 直接測れない 2 地点間の距離

Level ★★★

川岸の A 地点から，むこう岸にある立木 P までの距離を求めるために測量したら，右の図のようになりました。

このとき，A，P 間の距離を，縮図をかいて求めなさい。

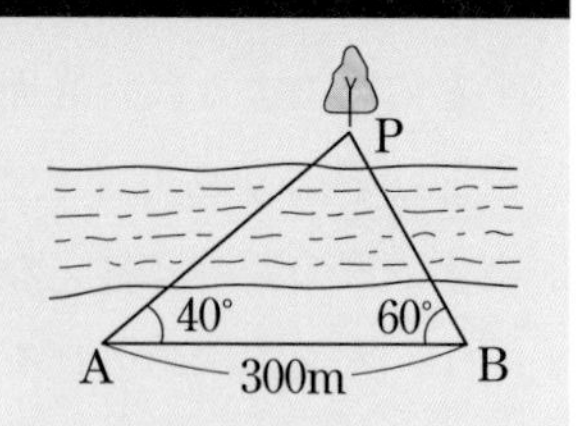


### 解き方

縮尺を決める ▶ 縮尺$\frac{1}{10000}$で，△PAB の縮図△P′A′B′をかくと，下の図のようになる。

縮図をかく ▶

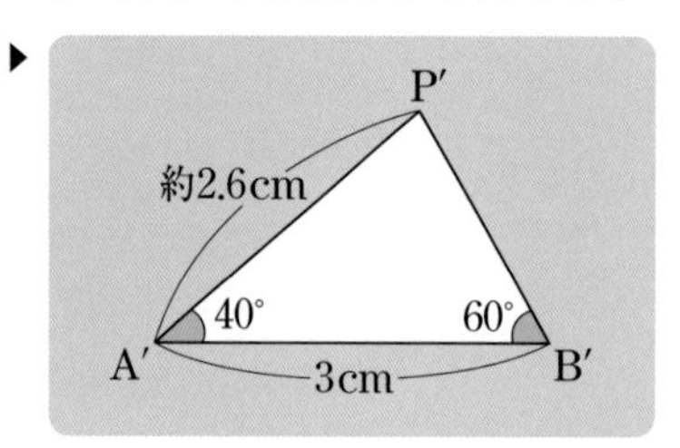


縮図上ではかる ▶ 縮図上で A′P′の長さは約2.6cm だから，実際の距離 AP は，

実際の距離を計算で求める ▶ $2.6 \times 10000 = 26000$(cm)

つまり，**約260m** …答

**Point** 計算しやすい縮尺で縮図をかく。

**確認 縮図の大きさ**

縮尺$\frac{1}{10000}$のとき，300m の長さは縮図上で，

300m＝30000cm

$30000 \times \frac{1}{10000} = 3$(cm)

角の大きさは変わらない。

**テストで注意 答えは「実際の距離」**

縮図上の長さ約 2.6cm は，$\frac{1}{10000}$の**縮図上の長さ**である。

実際の長さ AP は，これを10000倍した約 260m である。

### 練 習

解答 別冊 p.21

**23** 池の両端にある 2 地点 P，Q 間の距離を求めるために，適当な地点 A を選んではかったところ，右の図のようになりました。このとき，P，Q 間の距離を，縮図をかいて求めなさい。

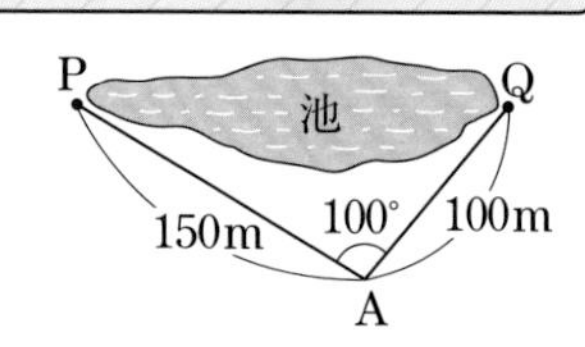

## 例題 24 直接測れない高さ

Level ★★★

ビルから40m離(はな)れたA地点からビルの頂上Pを見たところ，水平方向に対して35°上に見えました。目の高さを1.6mとして，このビルの高さ（右の図のPH）を，縮図をかいて求めなさい。

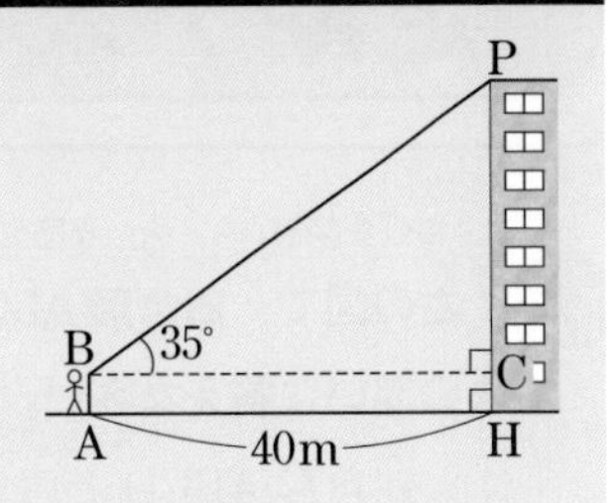


### 解き方

**縮尺を決める** ▶ 縮尺$\frac{1}{1000}$で，△PBCの縮図△P′B′C′をかくと，下の図のようになる。

**縮図をかく** ▶

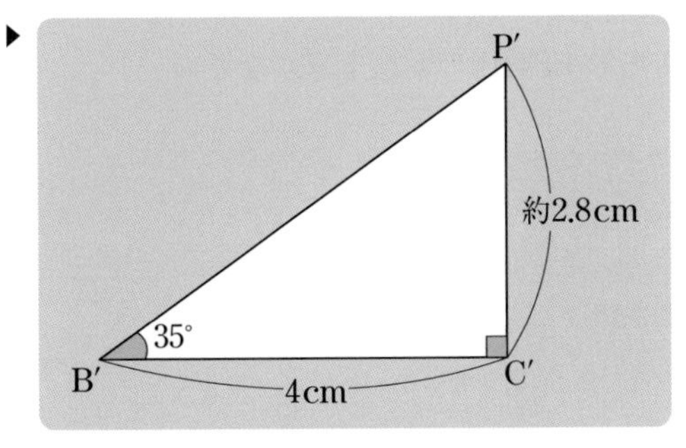


**縮図上ではかる** ▶ 縮図上でP′C′の長さは約2.8cmだから，実際の高さPCは，

**実際の高さを計算で求める** ▶ 2.8×1000＝2800(cm) ➡ 28m

ビルの高さは，28＋1.6＝29.6(m)

**答** 約29.6m

**Point** 目の位置（高さ）を頂点とする三角形の縮図をかく。

**テストで注意** 目の高さを忘れてはダメ！

求めるのはビルの地上からの高さ。「28m」は，目の位置からビルの頂上までの垂直距離である。

**目の高さを加える**ことを忘れないように，注意しよう。

### 練習

解答 別冊p.21

**24** 高さ27mのビルの屋上からM君の家を見たら，水平方向に対して40°下に見えました。目の位置を地上から27mとして，ビルの下からM君の家までの距離ABを，縮図をかいて求めなさい。

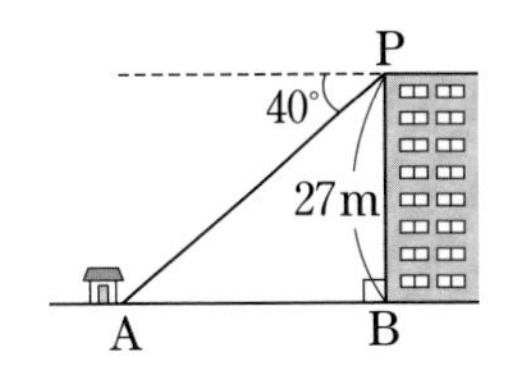

# 定期テスト予想問題 ①

時間 40分
解答 別冊 p.21

得点 　／100

---

1／相似な図形，3／相似な図形の計量と応用

**1** 右の図で，四角形 ABCD∽四角形 EFGH のとき，次の問いに答えなさい。 【8点×4】

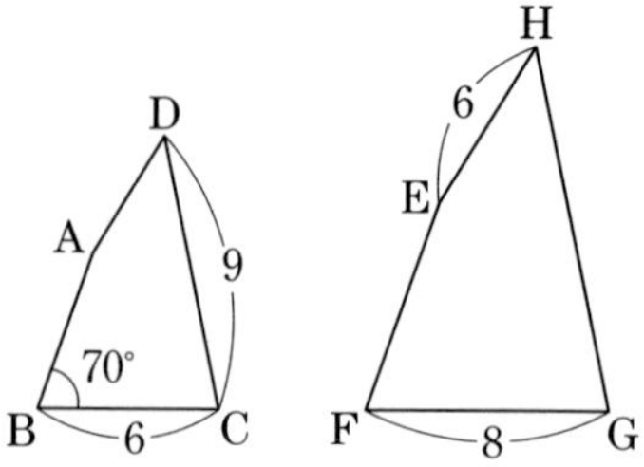

D
A
9
70°
B
6
C
H
6
E
F
8
G

(1) 四角形 ABCD と四角形 EFGH の相似比を求めなさい。

〔　　　　　　〕

(2) 辺 AD の長さ，∠F の大きさをそれぞれ求めなさい。

辺 AD〔　　　　　　〕　∠F〔　　　　　　〕

(3) 四角形 ABCD の面積が27のとき，四角形 EFGH の面積を求めなさい。

〔　　　　　　〕

2／平行線と線分の比

**2** 次の図で，$x$，$y$ の値をそれぞれ求めなさい。 【8点×4】

(1) BC∥DE

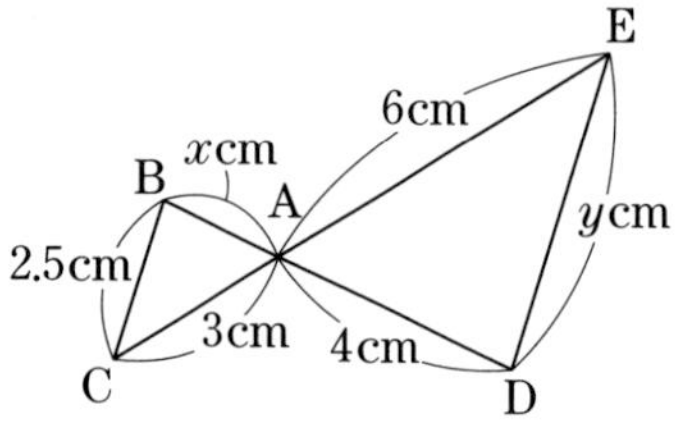

E
6cm
B
xcm
A
ycm
2.5cm
3cm
4cm
C
D

〔　　　　　　〕

(2) BC∥DE

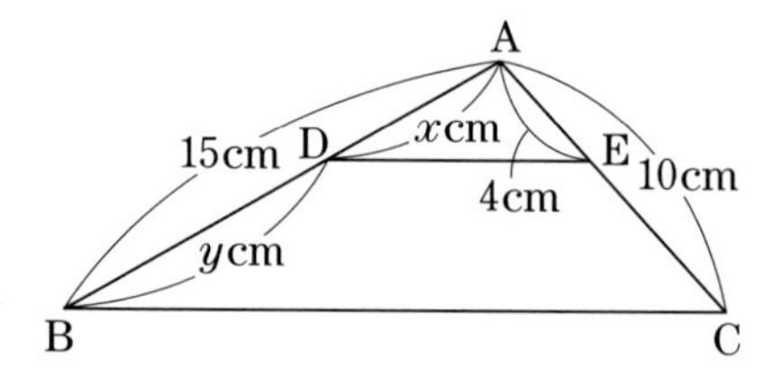


〔　　　　　　〕

(3) 直線 $a$，$b$，$c$，$d$ は平行

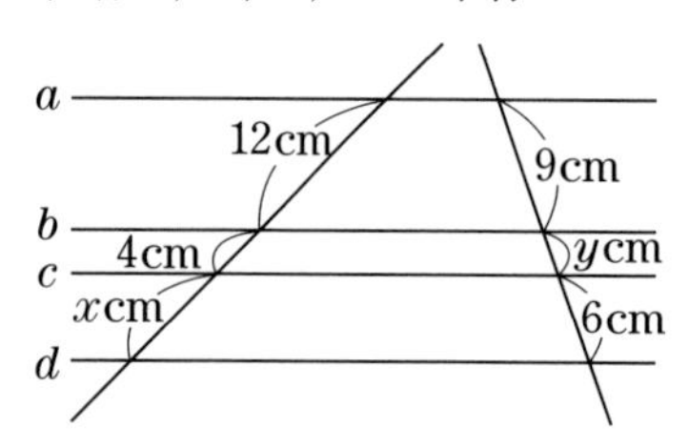


〔　　　　　　〕

(4) AD，EF，BC は平行

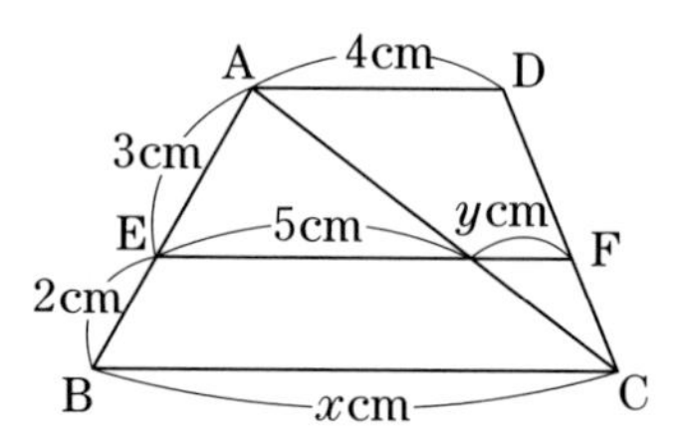


〔　　　　　　〕

1／相似な図形

**3** 右の図は，AB=AC の二等辺三角形です。辺 BC 上に点 D をとり，∠ABC=∠ADE となるように辺 AC 上に点 E をとります。

このとき，次の問いに答えなさい。【9点×2】

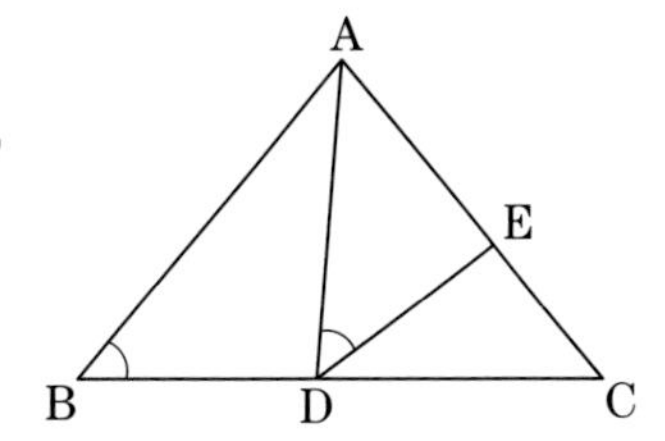


(1) △ABD∽△DCE を証明しなさい。

〔　　　　〕

(2) AB＝AC＝9cm，BC＝12cm，点 D が辺 BC の中点のとき，線分 AE の長さを求めなさい。

〔　　　　〕

2／平行線と線分の比

**4** 四角形 ABCD の辺 AD，対角線 BD，辺 BC の中点をそれぞれ P，Q，R とするとき，

∠PQR＝∠ABC＋∠BCD

となることを証明しなさい。【9点】

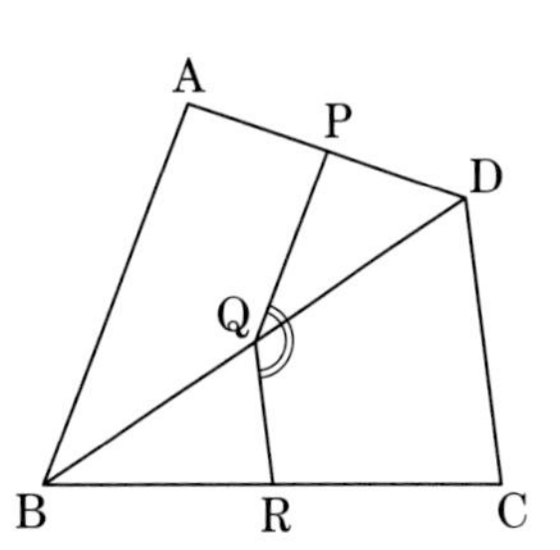


〔　　　　〕

3／相似な図形の計量と応用

**5** 右の図のように，高さが 20cm の円錐の形をした容器があります。この容器に540cm³ の水を入れたところ，深さが15cm になりました。

この容器にはあと何cm³ の水が入りますか。【9点】

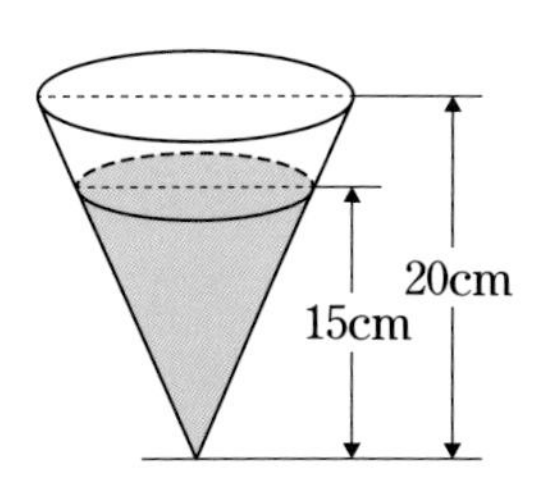


〔　　　　〕

# 定期テスト予想問題 ②

時間 40分
解答 別冊 p.22

得点 /100

1／相似な図形

**1** 次の図で，相似な三角形を記号∽を使って表しなさい。また，そのときの相似条件も書きなさい。

【8点×4】

(1)

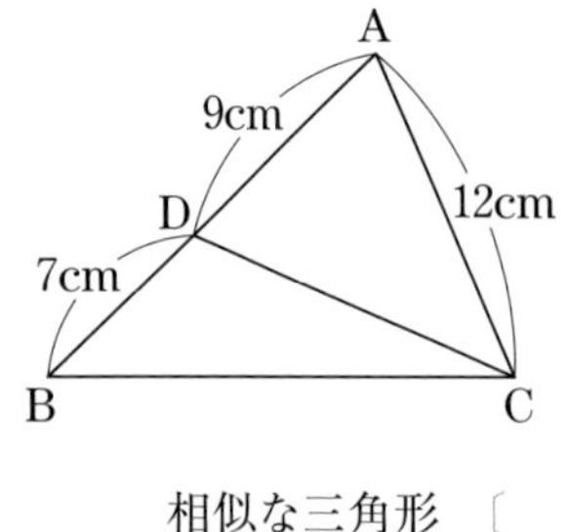


相似な三角形〔　　　　〕
相似条件〔　　　　〕

(2) AD // BC

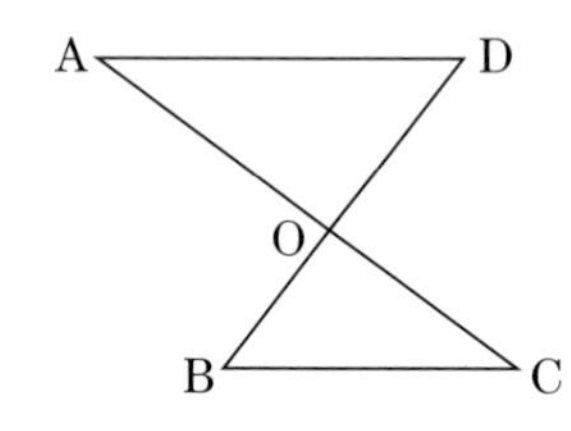


相似な三角形〔　　　　〕
相似条件〔　　　　〕

3／相似な図形の計量と応用

**2** 右の図の△ABC で，DE と FG と BC は平行です。また，AD : DB＝3 : 4 で，点 F は線分 DB の中点です。△ABC の面積が$98\mathrm{cm}^2$のとき，台形 DFGE の面積を求めなさい。

【10点】

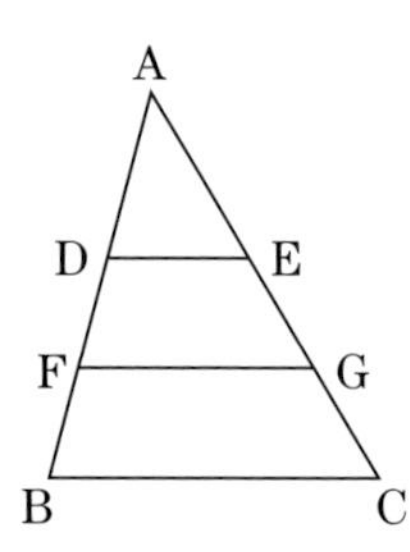


〔　　　　〕

3／相似な図形の計量と応用

**3** 2つの相似な立体で，相似比が 4 : 5 のとき，体積比を求めなさい。

【10点】

〔　　　　〕

2／平行線と線分の比

**4** 右の図で，四角形 ABCD の 2 辺 AB，CD の中点をそれぞれ P，Q，対角線 AC，BD の中点をそれぞれ R，S とすると，四角形 PSQR は平行四辺形になることを証明しなさい。

【12点】

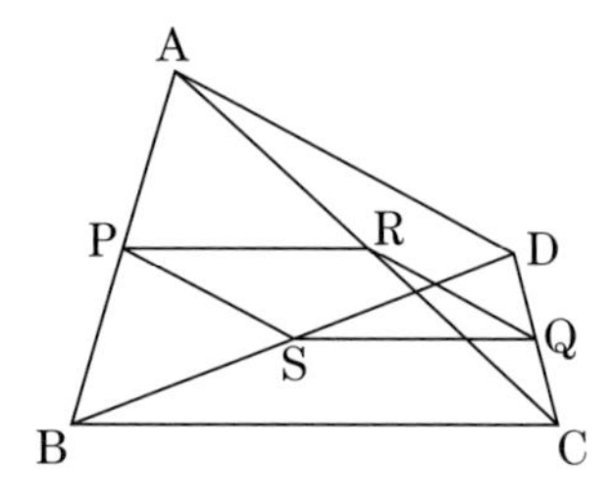


〔　　　　〕

3／相似な図形の計量と応用

**5** がけから60m離れたA地点からがけの頂上Cを見たところ，水平方向に対して25°上に見えました。縮図をかいて，がけの高さを求めなさい。ただし，目の高さは考えないものとします。答えは上から2けたの概数(がいすう)で答えなさい。 【12点】

〔　　　　〕

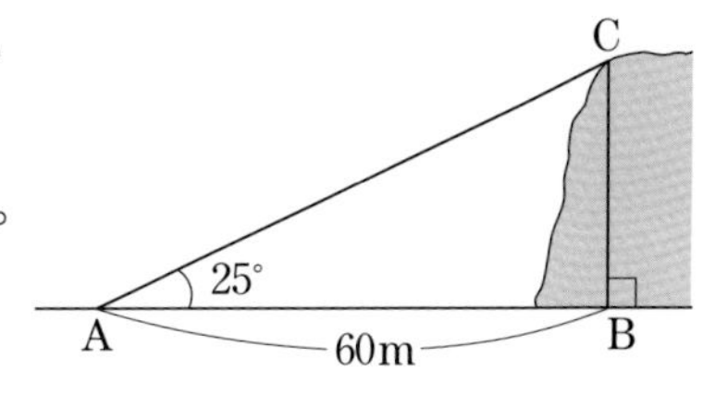


思考

3／相似な図形の計量と応用

**6** はるとさんとみさきさんは学校の文化祭でミックスジュースを販売することにしました。次の会話文は，はるとさんとみさきさんがジュースの量と値段の相談をしている会話の一部です。これを読んで，あとの問いに答えなさい。ただし，容器の容積と実際に入れるジュースの量は同じと考えてよいものとします。 【12点×2】

はると：サイズはS，M，Lの3種類にしよう。
みさき：3種類の容器はすべて相似で，SサイズとMサイズの相似比は4：5，SサイズとLサイズの相似比は2：3になっているわ。Sサイズの容量は192mLだね。
はると：Sサイズの値段は120円，Mサイズの値段は230円にしようかな。いいかな？
みさき：Sサイズの値段は120円でいいと思うわ。でも，①1mLあたりの値段が，MサイズのほうがSサイズより安くなっているかどうか確認したほうがいいよね。
はると：そうだね。小さいサイズより大きいサイズを買うほうがお得になれば，お客さんもうれしいし，売り上げも上がりそうだね。じゃあ，同じ考え方でいくと…，Lサイズは何円にしようか？
みさき：おつりのことを考えて，Sサイズ，Mサイズと同じように，②値段は10の倍数がいいよね。あと，Mサイズより割安だけど，できるだけ高い値段にしたいわ。
はると：計算で求めてみよう。

(1) 下線部①について，Mサイズの値段は230円で適切かどうか，理由を説明して答えなさい。

〔　　　　〕

(2) 下線部②について，Mサイズの値段を230円としたとき，Lサイズの値段として最も適切な値段を求めなさい。

〔　　　　〕

# 三角形の五心

三角形では，ある条件を満たす3本の直線が1点で交わるような点が，いくつかあります。これらのうち，重心，内心，外心，垂心，傍心の5つをあわせて「三角形の五心（ごしん）」といいます。くわしく見ていきましょう。

## 1 中線と重心

三角形の1つの頂点とそれに向かいあう辺の中点を結んだ線分を，中線（ちゅうせん）といいます。

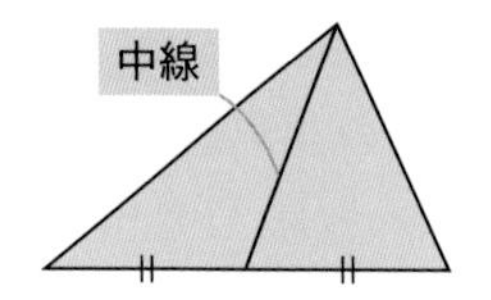


三角形の3つの中線の交点を，その三角形の重心（じゅうしん）といいます。

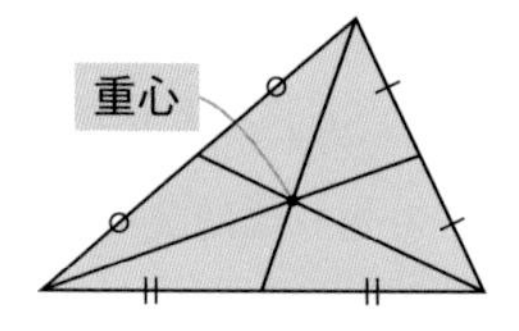


重心を軸にすると，バランスがとれて，よくまわるよ。

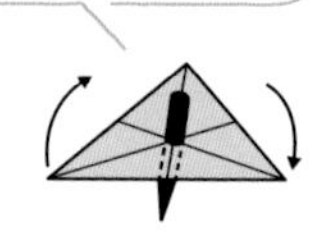

## 2 内心・外心・垂心・傍心

三角形の内角の二等分線の交点を内心（ないしん）といいます。また，3つの辺の垂直二等分線の交点を外心（がいしん）といいます。

➡ p.247

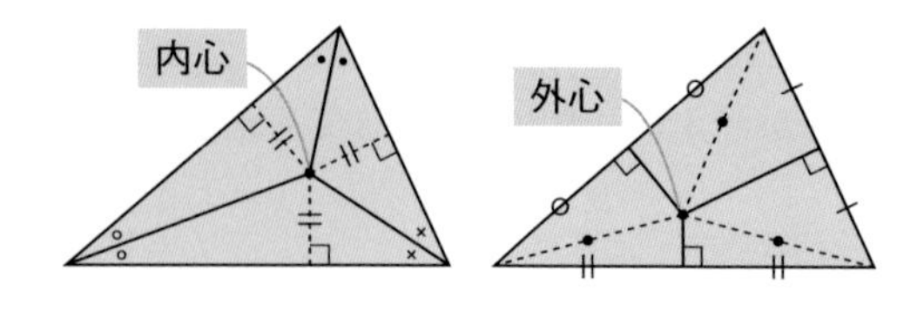


三角形の3つの頂点とそれに向かいあう辺にひいた垂線の交点を垂心（すいしん）といいます。また，三角形の1辺と他の2辺の延長線に接する円の中心は，1つの内角の二等分線と残りの2つの角の外角の二等分線と交わります。この交点を傍心（ぼうしん）といい，傍心は3つあります。

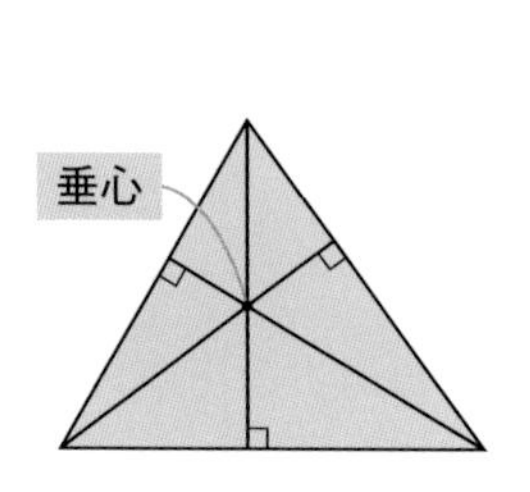


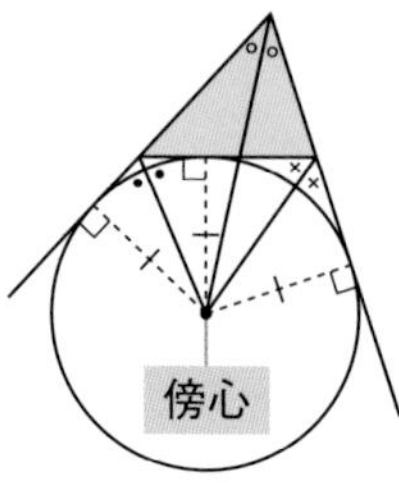

# もっとも調和のとれた比 ～黄金比，白銀比～

調和のとれた比として，「黄金比」と「白銀比」が有名です。
ここでは，黄金比と白銀比についてくわしく調べてみましょう。

## 1 黄金比について

ギリシャ時代から，もっとも調和のとれた比として，黄金比(おうごんひ)が知られています。

黄金比の長方形は右の図のような形をしています。もとの長方形から正方形を取りのぞくと，残りの長方形が，はじめの長方形と相似になっています。

長方形ABCD ∽ 長方形ECDF

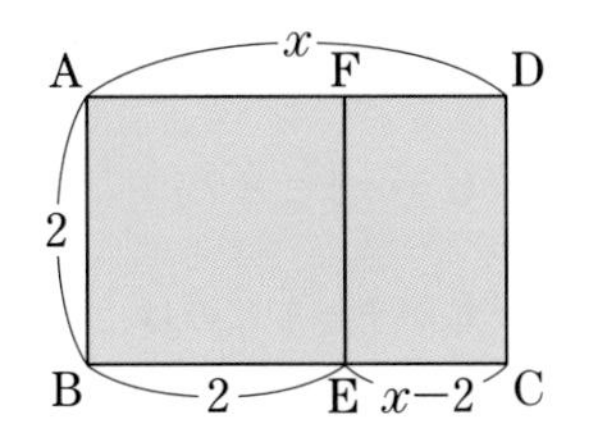


AB＝2，AD＝$x$として比例式をつくり，
それを解くと，$x=1+\sqrt{5}$

したがって，黄金比は，　$2:(1+\sqrt{5})$ ←約5：8

黄金比は，パルテノン神殿やミロのヴィーナスなど，建築物や絵画，彫刻などに多く見られます。

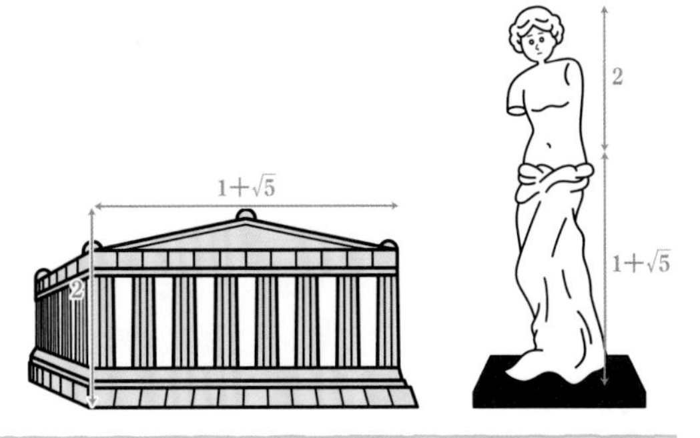


## 2 白銀比

p.122でも紹介した通り，身のまわりのコピー用紙などの大きさは，となりあう2辺の比が$1:\sqrt{2}$となっています。この比は，白銀比(はくぎんひ)と呼ばれ，日本では古くから使われており，古い建物や生け花などで見られます。

# 中学生のための 勉強・学校生活アドバイス

## 勉強の見える化をしよう！

「毎日勉強やるのしんどいんですけど、どうしたらいいですかね？」

「**自分がどれくらい頑張ったのかが見えるようになる**なったら、ちょっと楽しくなるんじゃない？」

「どういうこと？」

「私がやってたのは、紙に50個のマスをかいて部屋に貼っておくの。1時間勉強したら1マス色を塗るっていうのをやってたわ。」

「それいいかも。色塗るの楽しいし、達成感もありそう。」

「50時間勉強したら好きなものを1つ買っていい、みたいに自分へのごほうびを設定していたわ。そうするとやる気が続くの。」

「50時間ってだいたいどれくらいで達成できるの？」

「1か月もかからないくらいよ。平日2時間、休日3～5時間勉強して、3週間くらいで50時間じゃないかしら。」

「そっか。それなら俺にもできそうだな…。」

「部活を引退してからは月に100時間くらいは勉強してたけどね。」

「私もそれくらいやらなきゃな…。ちょっと反省しました…。」

「まぁ長い時間やればいいわけじゃないんだけどね。話がそれちゃったけど、**勉強の記録は、やる気を持続させるために試してみるといいかも**しれないわよ。」

「はい、やってみます。」

「俺は色塗るのとかめんどくさいからパスで。でも、スマホのアプリでも勉強の記録ができるやつがあるから使ってみようかな。」

# 6章

# 円

Gakken New Course

# 1 円周角の定理

## 円周角の定理

[例題1～例題6]

1つの弧(こ)に対する円周角の大きさは一定で，その弧に対する中心角の大きさの半分です。これを，**円周角(えんしゅうかく)の定理**といいます。

■ 円周角と中心角

円Oで，$\overset{\frown}{AB}$を除いた円周上の点をPとするとき，∠APBを$\overset{\frown}{AB}$に対する**円周角**という。
また，$\overset{\frown}{AB}$を円周角∠APBに対する弧という。

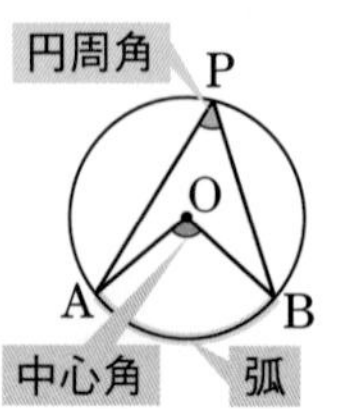


■ 円周角の定理

- 1つの弧に対する円周角の大きさは，その弧に対する中心角の大きさの半分である。

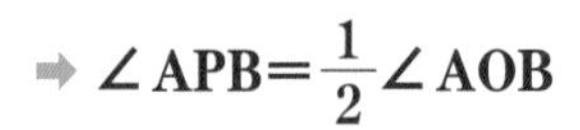

⇒ $\angle APB=\frac{1}{2}\angle AOB$

- 同じ弧に対する円周角の大きさは等しい。

⇒ $\angle APB=\angle AQB$

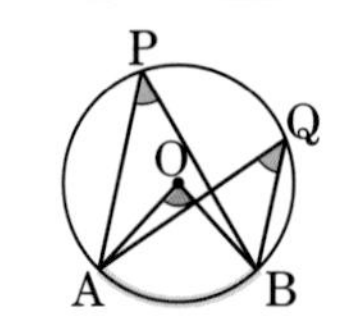


■ 円周角と弧

- 等しい弧に対する円周角は等しい。
- 等しい円周角に対する弧は等しい。

⇒ $\angle APB=\angle CQD \leftrightarrow \overset{\frown}{AB}=\overset{\frown}{CD}$

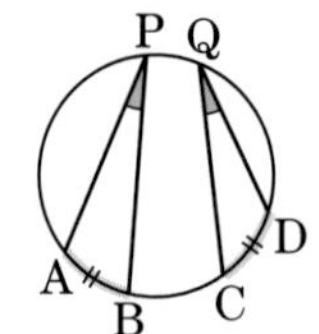


半円の弧に対する中心角は180°だから，円周角は90°

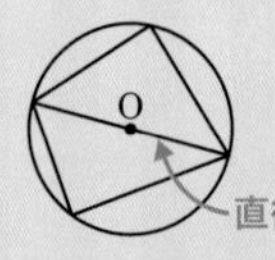


ならば

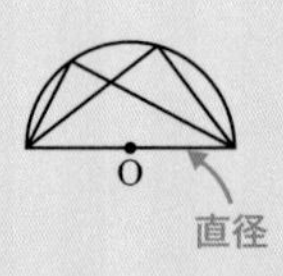


ならば

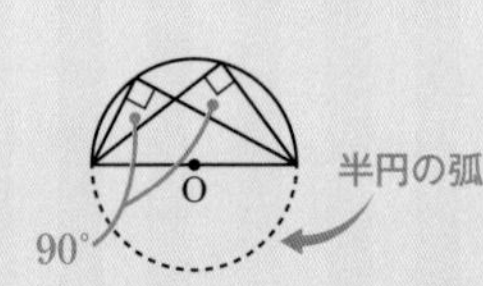


## 円周角の定理の逆

[例題7～例題8]

■ 円周角の定理の逆

右の図のように，2点P，Qが線分ABの同じ側にあって，∠APB＝∠AQBならば，4点A，B，P，Qは1つの円周上にある。

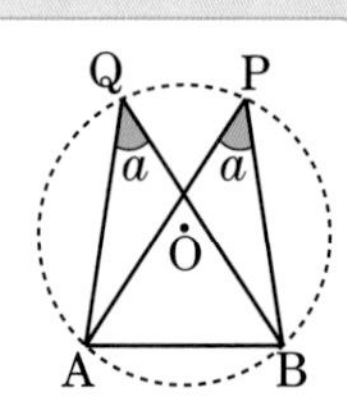

## 例題 1 円周角の定理の証明

Level ★☆☆

右の図のように，円の中心Oが∠APBの内部にある場合について，$\angle APB=\frac{1}{2}\angle AOB$となることを証明しなさい。

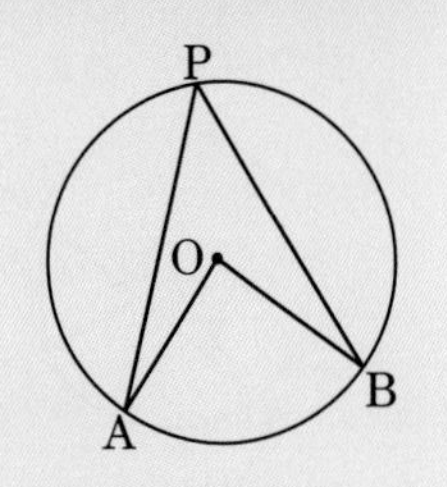


### 解き方

〔証明〕 直径PCをひき，$\angle APO=\angle a$，

$\angle BPO=\angle b$とする。

> △APOはOP=OAの二等辺三角形

OP=OAだから，$\angle PAO=\angle a$

∠AOCは△AOPの外角だから，

三角形の内角と外角の性質により，

$\angle AOC=\angle APO+\angle PAO$

$=\angle a+\angle a$

$=2\angle a$

同様にして，$\angle BOC=2\angle b$

したがって，$\angle AOB=2(\angle a+\angle b)$

$\angle APB=\angle a+\angle b$だから，

$\angle AOB=2\angle APB$

$\angle APB=\frac{1}{2}\angle AOB$

→円周角は中心角の半分

**Point** △APOは二等辺三角形で，∠APO＋∠PAO＝∠AOC

**図解 2つの三角形に分けて考える**

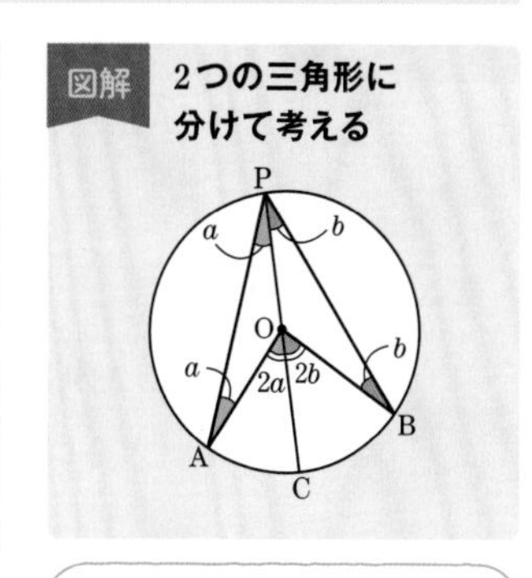

**参考** 下の図のような位置に点Pがある場合でも，$\angle APB=\frac{1}{2}\angle AOB$となる。

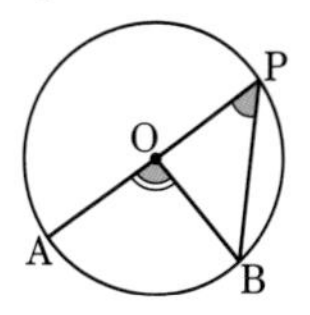


### 練習

解答 別冊p.23

**1** 右の図のように，円の中心Oが∠APBの外部にある場合について，$\angle APB=\frac{1}{2}\angle AOB$となることを証明しなさい。

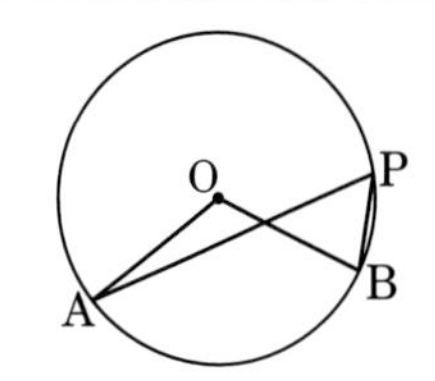


6章／円　1／円周角の定理

## 例題 2 円周角の定理

Level ★★☆

下の図で，$\angle x$，$\angle y$の大きさをそれぞれ求めなさい。

(1)

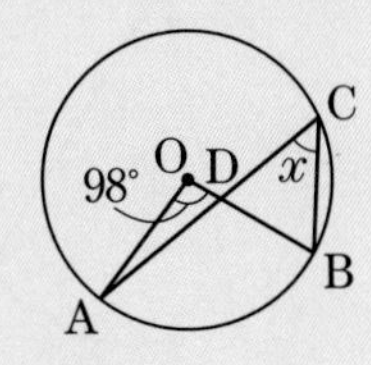


(2)

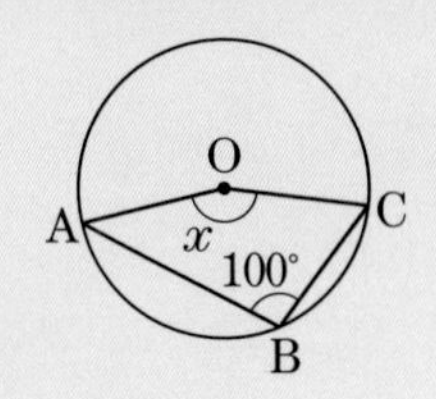


(3)

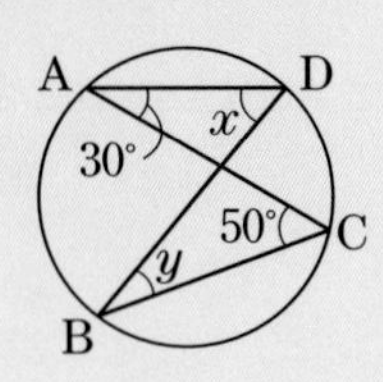


### 解き方

(1) $\overset{\frown}{AB}$の中心角と円周角の関係から，

円周角は中心角の半分 ▶ $\angle x = \angle ACB = \frac{1}{2}\angle AOB = \frac{1}{2} \times 98° = \mathbf{49°}$ … 答

(2) $\angle ABC$に対する弧は$\overset{\frown}{AC}$の大きいほうだから，

中心角は円周角の2倍 ▶ (大きいほうの) $\angle AOC = 2\angle ABC$

$= 2 \times 100° = 200°$

したがって，$\angle x = 360° - 200°$

$= \mathbf{160°}$ … 答

(3) $\overset{\frown}{AB}$に対する円周角は等しいから，

$\angle x = \angle ACB = \mathbf{50°}$ … 答

同じ弧に対する円周角は等しい ▶ また，$\overset{\frown}{CD}$に対する円周角は等しいから，

$\angle y = \angle CAD = \mathbf{30°}$ … 答

**Point** **円周角は中心角の半分で，同じ弧に対する円周角は等しい。**

**図解 ∠ABCに対応する中心角**

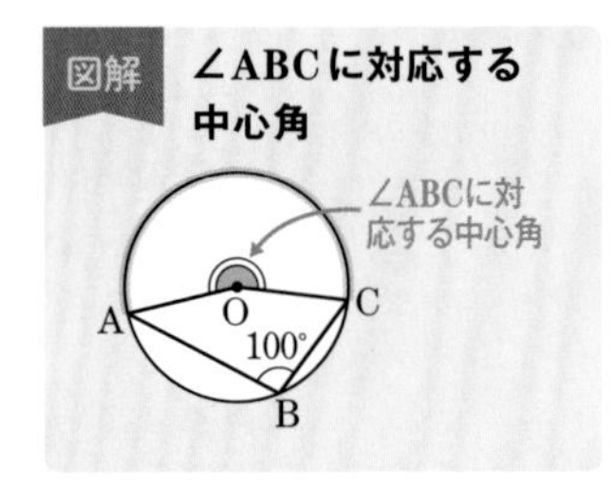


**図解 同じ弧に対する円周角**

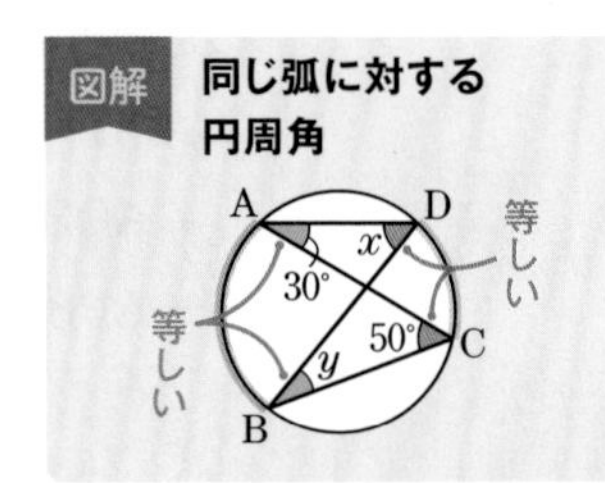


### 練習

解答 別冊p.23

**2** 下の図で，$\angle x$，$\angle y$の大きさをそれぞれ求めなさい。

(1)

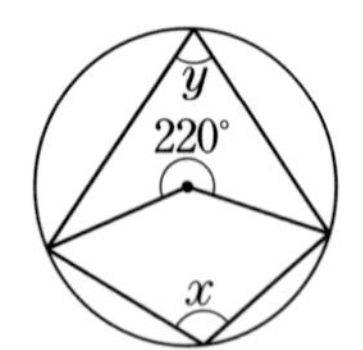


(2)

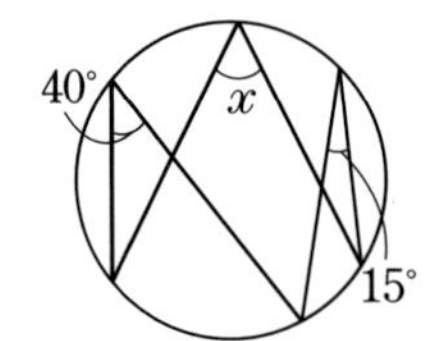

## 例題 3 半円の弧と円周角

Level ★★★

右の図で，$\angle x$の大きさを求めなさい。

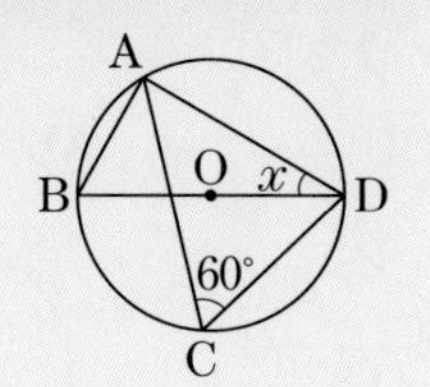


### 解き方

半円の弧に対する円周角だから，

半円の弧に対する円周角は90° ▶ $\angle BAD=90°$

また，$\overset{\frown}{AD}$に対する円周角は等しいから，

同じ弧に対する円周角は等しい ▶ $\angle ABD=\angle ACD=60°$

したがって，

$$\angle x=180°-(\angle BAD+\angle ABD)$$
$$=180°-(90°+60°)$$
$$=30°$$ …答

**Point 半円の弧に対する円周角は90°**

### ✔確認 直径と円周角

半円の弧に対する中心角は180°であるから，円周角は90°である。すなわち，**半円の弧に対する円周角は90°**である。

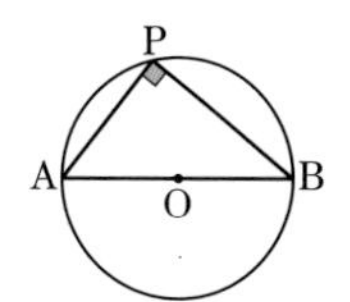


### 図解 弧と円周角

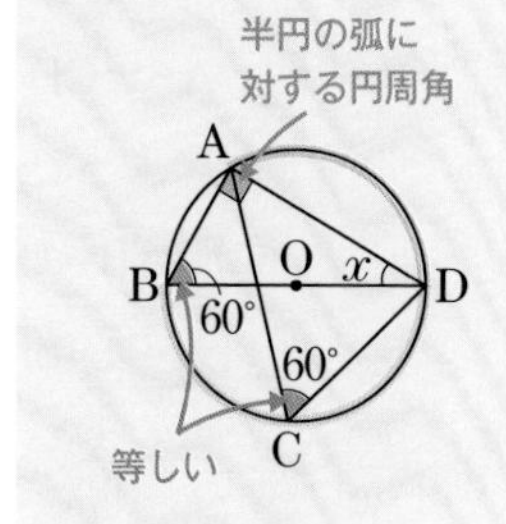


### 参考 タレスの定理

円周上のどの点をとっても，**半円の弧に対する円周角は直角**である。これはこの性質を明らかにした古代ギリシャの数学者の名前にちなみ「**タレスの定理**」といわれている。

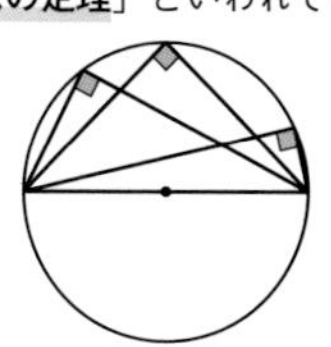

### 練習

解答 ▶ 別冊p.23

**3** 下の図で，$\angle x$，$\angle y$の大きさを求めなさい。

(1)

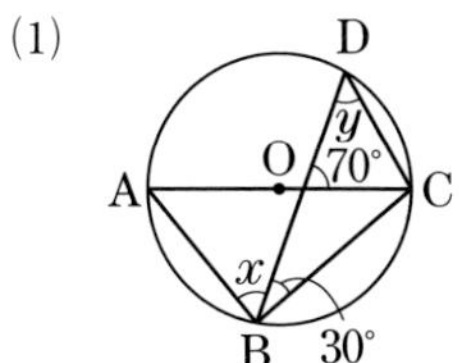


(2)

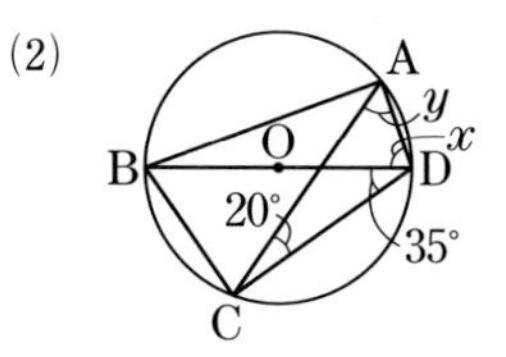

## 例題 4 円周角と弧の定理 Level ★★☆

下の図で，$\angle x$の大きさを求めなさい。

(1) $\overset{\frown}{AB}=\overset{\frown}{CD}$ (2) $\overset{\frown}{AB}=\overset{\frown}{CD}$ (3) $\overset{\frown}{AB}:\overset{\frown}{BC}=2:1$

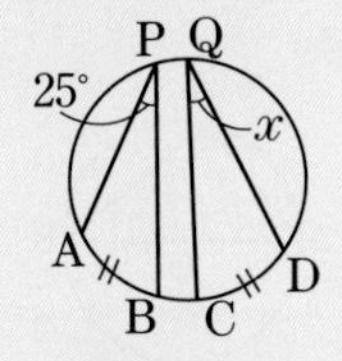


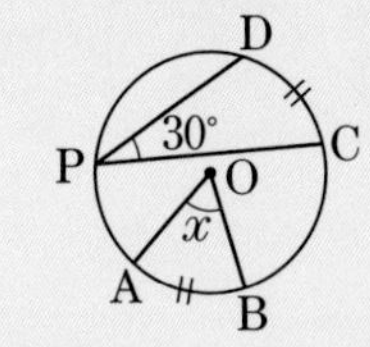


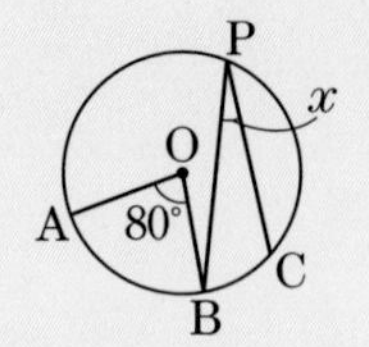


### 解き方

(1) 等しい弧に対する円周角は等しいことから，

等しい弧に対する円周角 ▶ $\overset{\frown}{AB}=\overset{\frown}{CD}$より，$\angle APB=\angle CQD=25°$

よって，$\angle x=$**25°** …答

(2) $\overset{\frown}{AB}=\overset{\frown}{CD}$より，$\overset{\frown}{AB}$に対する中心角と$\overset{\frown}{CD}$に対する中心角は等しい。$\overset{\frown}{CD}$に対する円周角は30°だから，

$\angle AOB=2\angle CPD$ ▶ $\frac{1}{2}\angle AOB=\angle CPD=30°$, $\angle AOB=2\times30°=60°$

よって，$\angle x=$**60°** …答

(3) $\angle APB=\frac{1}{2}\angle AOB=40°$

弧の長さは，その弧に対する円周角の大きさに比例するから，$\overset{\frown}{AB}=2\overset{\frown}{BC}$より，$\angle APB=2\angle BPC$

$\overset{\frown}{AB}:\overset{\frown}{BC}=2:1$ ↓ $\overset{\frown}{AB}=2\overset{\frown}{BC}$ ↓ $\angle APB=2\angle BPC$ ▶

$\angle BPC=\angle APB\div2=40°\div2=20°$

よって，$\angle x=$**20°** …答

**Point** 1つの円で，等しい弧に対する円周角は等しい。

### ✔確認 円周角と弧の定理

下の図で，$\overset{\frown}{AB}=\overset{\frown}{CD}$のとき，

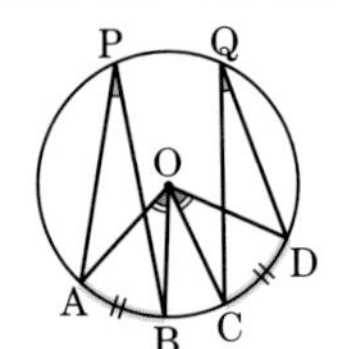


- $\angle APB=\angle CQD$
- $\angle AOB=\angle COD$

### ✔確認 弧の長さが比例するときの円周角

下の図で，$\overset{\frown}{AB}:\overset{\frown}{BC}=1:2$のとき，$\angle BPC=2\angle APB$

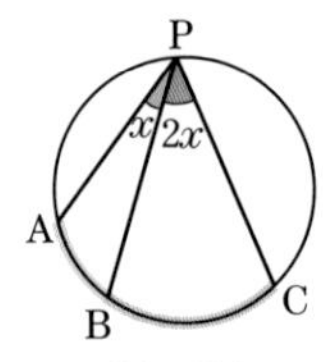


1つの円で，弧の長さは，その弧に対する円周角の大きさに比例する。

## 練習

解答 別冊p.23

**4** 次の図で，$x$の値を求めなさい。

(1)

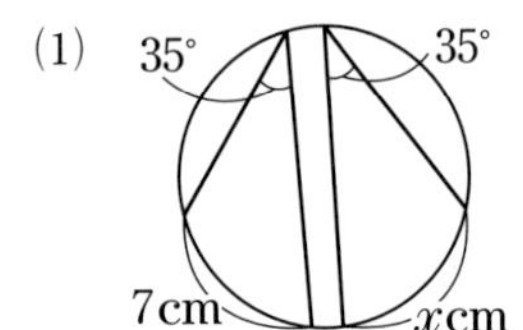


(2)

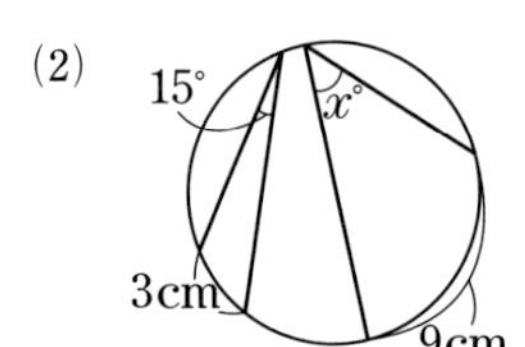

## 例題 5 等しい弧に対する弦

Level ★★☆

右の図の円Oで，$\overset{\frown}{AB}=\overset{\frown}{CD}$ のとき，AB＝CDであることを証明しなさい。

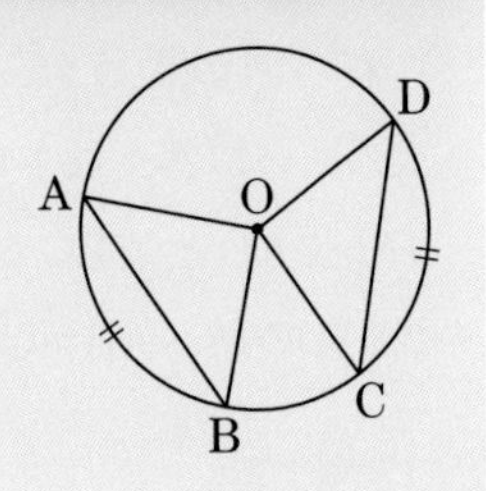


### 解き方

〔証明〕 △OABと△OCDにおいて，

1つの円における半径は等しいから，

半径は等しい ▶ OA＝OC …①

OB＝OD …②

等しい弧に対する中心角は等しいから，

等しい弧に対する中心角 ▶ $\overset{\frown}{AB}=\overset{\frown}{CD}$ より，∠AOB＝∠COD …③

①，②，③より，

三角形の合同条件 ▶ 2組の辺とその間の角がそれぞれ等しいから，

△OAB≡△OCD

合同な三角形の対応する辺の長さは等しいから，

対応する辺の長さ ▶ AB＝CD

**Point 1つの円で，等しい弧に対する弦は等しい。**

**確認 中心角と弧の定理**

下の図で，$\overset{\frown}{AB}=\overset{\frown}{CD}$ のとき，

∠AOB＝∠COD

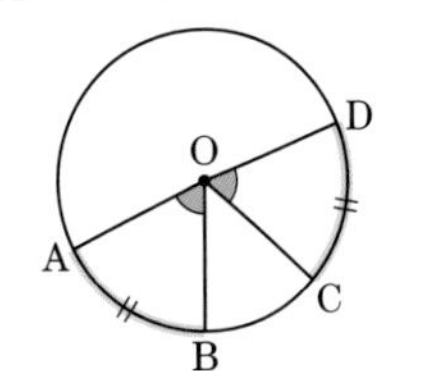


**復習 三角形の合同条件**

- 3組の辺がそれぞれ等しい
- 2組の辺とその間の角がそれぞれ等しい
- 1組の辺とその両端の角がそれぞれ等しい

### 練習

解答 別冊p.24

**5** 右の図の円Oで，$\overset{\frown}{AB}=\overset{\frown}{BC}$，∠BOC＝70°のとき，∠BCAの大きさを求めなさい。

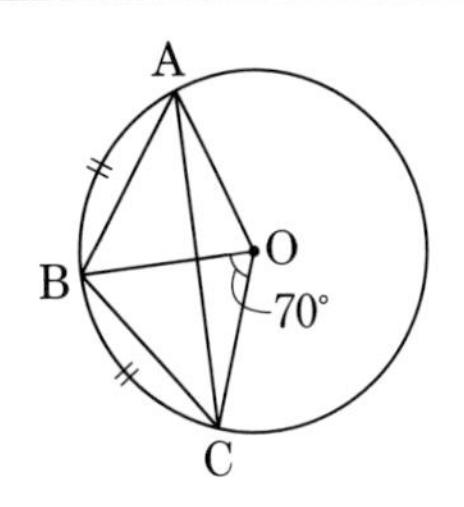

## 例題 6 平行な弦にはさまれた弧

Level ★★☆

右の図のように，円Oの周上に4点A，B，C，Dをとります。このとき，次の問いに答えなさい。

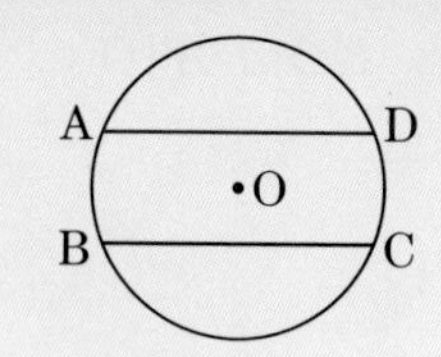


(1) 弦(げん)ADと弦BCが平行のとき，$\overset{\frown}{AB}=\overset{\frown}{CD}$ となることを証明しなさい。

(2) (1)の逆「$\overset{\frown}{AB}=\overset{\frown}{CD}$ ならば，AD // BC」が成り立つか答えなさい。

### 解き方

補助線をひく ▶ (1) 〔証明〕 AとCを結ぶ。

AD // BCより，平行線の錯角は等しいことから，

錯角は等しい ▶ $\angle ACB=\angle CAD$

等しい円周角に対する弧は等しくなることから，

等しい円周角に対する弧の関係 ▶ $\overset{\frown}{AB}=\overset{\frown}{CD}$

(2) BとDを結ぶと，$\overset{\frown}{AB}=\overset{\frown}{CD}$ だから，

円周角は等しい ▶ $\angle ADB=\angle DBC$

つまり，錯角が等しいので，

AD // BC

よって，**$\overset{\frown}{AB}=\overset{\frown}{CD}$ ならば，**

**AD // BCが成り立つ。** …答

補助線をひき，平行線の性質を使って考えるよ。

**図解 平行線の錯角**

平行線の錯角は等しい。

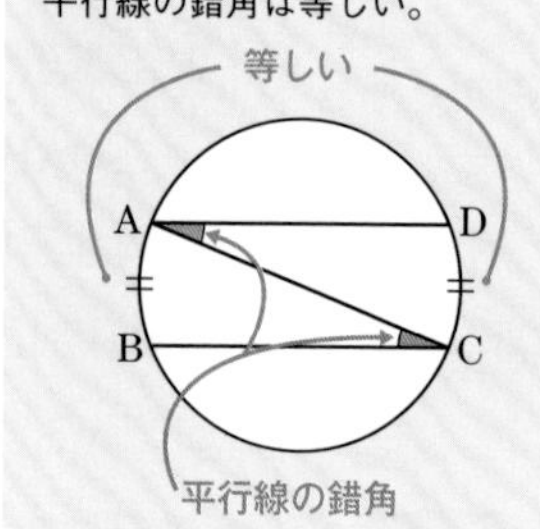


**Point** 補助線をひいて，等しい円周角を探す。

### 練習

解答 別冊p.24

**6** 右の図の円で，$\overset{\frown}{AB}$ の中点をM，$\overset{\frown}{AC}$ の中点をN，弦MNと弦AB，ACとの交点をそれぞれD，Eとするとき，△AEDは二等辺三角形であることを証明しなさい。

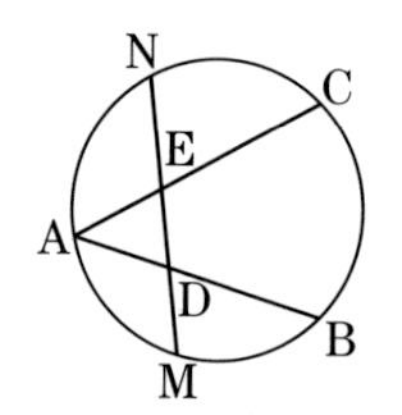

## 例題 7 円周角の定理の逆

Level ★★★

下の図で，$\angle x$，$\angle y$の大きさをそれぞれ求めなさい。

(1)

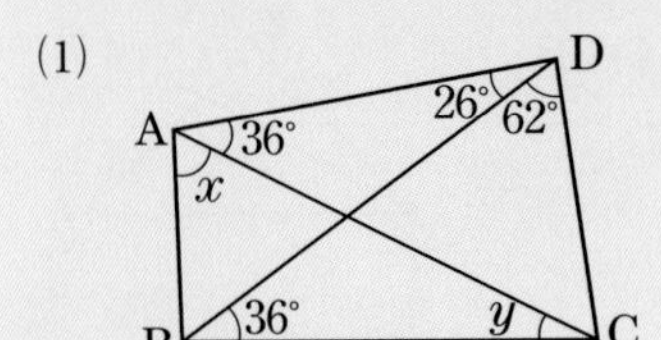


(2)

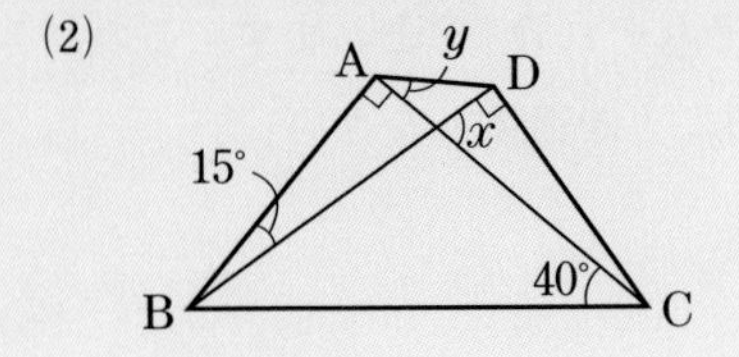


### 解き方

(1) 直線CDに対して2点A，Bが同じ側にあり，

直線の同じ側にある等しい角を探す ▶ $\angle \mathrm{CAD}=\angle \mathrm{CBD}=36^\circ$ だから，4点A，B，C，Dは1つの円周上にある。

$\overset{\frown}{\mathrm{BC}}$に対する円周角 ▶ $\angle x=\angle \mathrm{BAC}=\angle \mathrm{BDC}=$**62°** …答

$\overset{\frown}{\mathrm{AB}}$に対する円周角 ▶ $\angle y=\angle \mathrm{ACB}=\angle \mathrm{ADB}=$**26°** …答

(2) $\angle \mathrm{BAC}=\angle \mathrm{BDC}$なので，円周角の定理の逆より，4点A，B，C，Dは1つの円周上にある。

よって，$\angle \mathrm{ABD}=\angle \mathrm{ACD}=15^\circ$

$\angle x=180^\circ-(\angle \mathrm{BDC}+\angle \mathrm{ACD})$ ▶ $\angle x=180^\circ-(90^\circ+15^\circ)=$**75°** …答

$\angle \mathrm{BCD}=\angle \mathrm{BCA}+\angle \mathrm{DCA}$

$=40^\circ+15^\circ=55^\circ$ だから，

$\angle y=180^\circ-(\angle \mathrm{BDC}+\angle \mathrm{BCD})$ ▶ $\angle y=\angle \mathrm{CAD}=\angle \mathrm{CBD}$

$=180^\circ-(90^\circ+55^\circ)=$**35°** …答

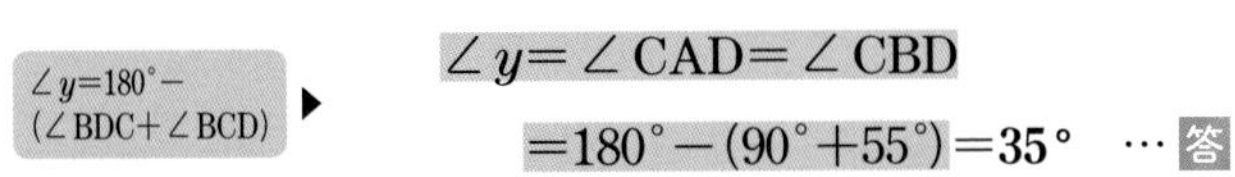

**Point** 4点A, B, C, Dが1つの円周上にあるかを考える。

### ✔確認 円周角の定理の逆

2点P，Qが直線ABの同じ側にあって，

$\angle \mathrm{APB}=\angle \mathrm{AQB}$

ならば，**4点A，B，P，Qは1つの円周上にある。**

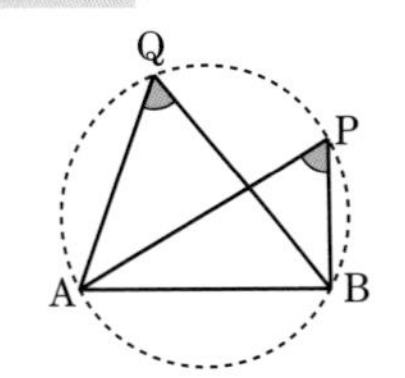


### 参考 円の内外の点と角の大きさの関係

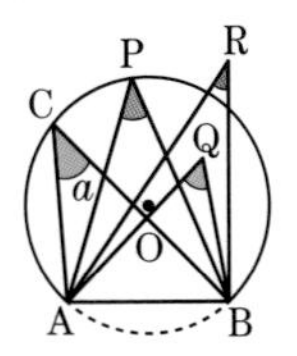


$\angle \mathrm{ACB}=\angle a$とすると，

- $\angle \mathrm{APB}=\angle a$
  ➡点Pは円Oの周上の点
- $\angle \mathrm{AQB}>\angle a$
  ➡点Qは円Oの内部の点
- $\angle \mathrm{ARB}<\angle a$
  ➡点Rは円Oの外部の点

6章 円

1 円周角の定理

## 練習

解答 別冊p.24

下の図で，$\angle x$，$\angle y$の大きさをそれぞれ求めなさい。

(1)

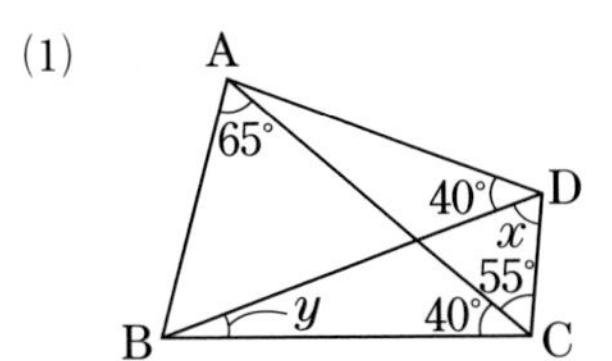


(2)

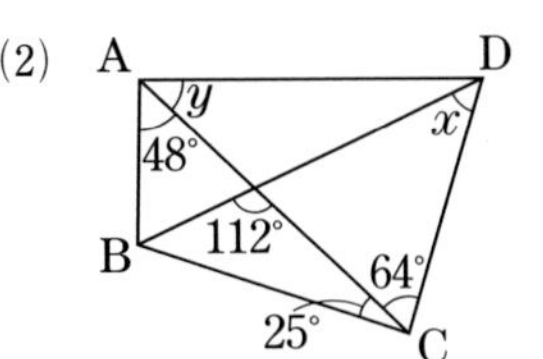

## 例題 8 同一円周上にあることの証明

Level ★★★

右の図のように，△ABCの頂点B，Cからそれぞれ向かい側の辺に垂線をひき，辺AC，ABとの交点をそれぞれD，Eとします。このとき，4点B，C，D，Eは，1つの円周上にあることを証明しなさい。

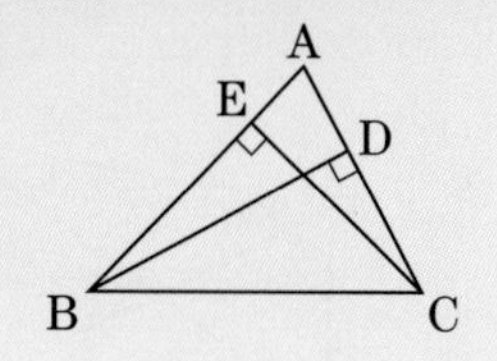


### 解き方

直線BCについて，同じ側にある2つの角に注目するよ。

∠BDCを90°の円周角と考える ▶〔証明〕 ∠BDC＝90°だから，

半円の弧に対する円周角の逆 ▶ ∠BDCはBCを直径とする円の円周角である。

また，BCについて点Dと同じ側に点Eがあり，

∠BECを90°の円周角と考える ▶ ∠BEC＝∠BDC＝90°

∠BDCと∠BECは同じ円の円周角 ▶ だから，∠BECもBCを直径とする円の円周角である。

1つの円周上にある ▶ したがって，4点B，C，D，Eは，BCを直径とする1つの円周上にある。

**図解 BCが直径になる**

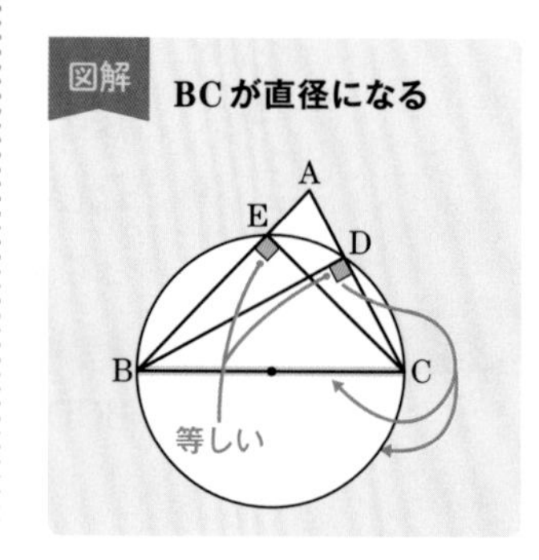


### 練習

解答 別冊p.24

**8** 次の問いに答えなさい。

(1) 右の図で，∠ACB＝∠ADBならば，

∠BAC＝∠BDC，∠ABD＝∠ACD

が成り立つことを証明しなさい。

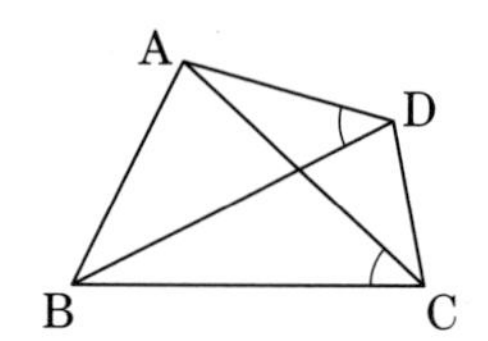


(2) 右の図で，1つの円周上にある点をすべて答えなさい。

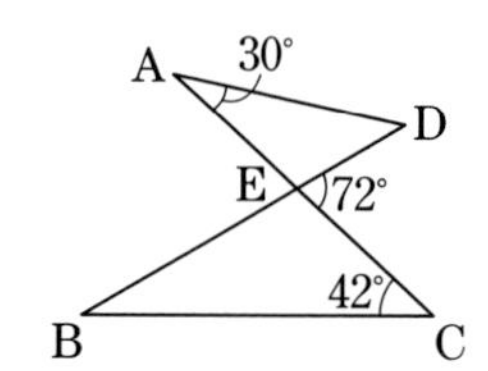

# 2 円の性質の利用

## 円の接線

[例題9～例題10]

**円の外部の1点**から，その円にひいた**2つの接線の長さは等しく**なります。

■ 円の接線の長さ

下の図で，線分PAまたはPBの長さを点Pから円Oにひいた**接線の長さ**といい，**PA＝PB**である。

■ 円の外部の点Pからの接線の作図

①線分POを直径とする円O′をかき，円Oとの交点をA，Bとする。

②直線PA，PBをひく。

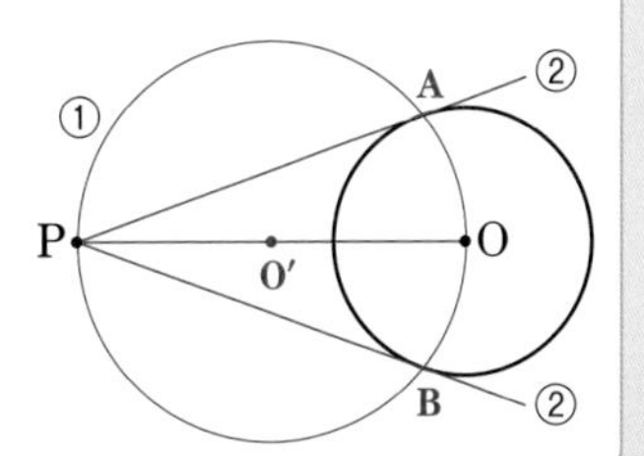


## 円の性質の利用

[例題11～例題12]

円の性質を，**証明の根拠**として使うことができます。

■ 円周角の定理を使った三角形の相似の証明

右の図1のようなとき，円周角の定理を使って△ABP∽△DCPを証明できる。

**〔証明〕**

△ABPと△DCPで，

**$\overset{\frown}{AD}$に対する円周角だから，**

∠ABP＝∠DCP　…①

**$\overset{\frown}{BC}$に対する円周角だから，**

∠BAP＝∠CDP　…②

①，②より，2組の角がそれぞれ等しいから，

△ABP∽△DCP

図1

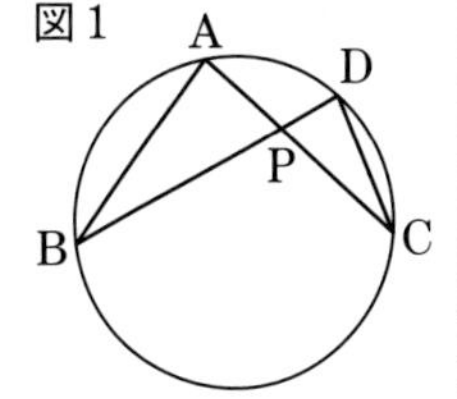


図2

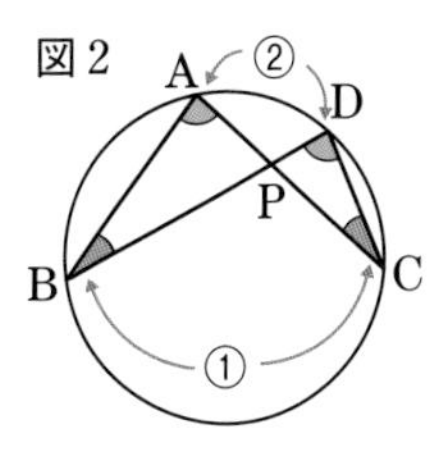


■ 三角形の相似の利用

上の図2で，△ABP∽△DCPより，対応する辺の比は等しいことから，

**PA：PD＝PB：PC**　という関係が成り立つ。

## 例題 9 円外の1点からの接線の作図

Level ★★☆

右の図のように，円Oの外部に点Pがあります。
点Pを通る円Oの接線を作図しなさい。

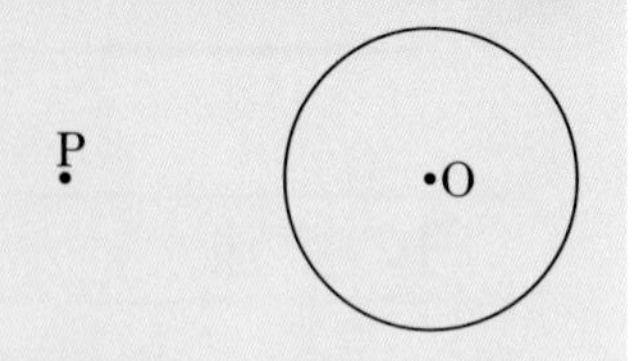


### 解き方

右の図のように，点Pから円Oの接線PAがひけたとすると，接線と半径は垂直だから，

PA⊥OA ▶ ∠PAO＝90°

$\overset{\frown}{PO}$に対する円周角が90°だから，円周角の定理から，$\overset{\frown}{PO}$に対する中心角は180°になる。

点AはPOを直径とする円の円周上にある ▶ よって，**線分POは円の直径となり，円の中心は線分POの中点にある。**

したがって，円Oの外部の点Pから円Oに接線をひくには，次の手順で作図すればよい。

①2点P，Oを結ぶ。

②線分POを直径とする円O′をかき，円Oとの交点をA，Bとする。

③直線PA，PBをひく。

答 右の図

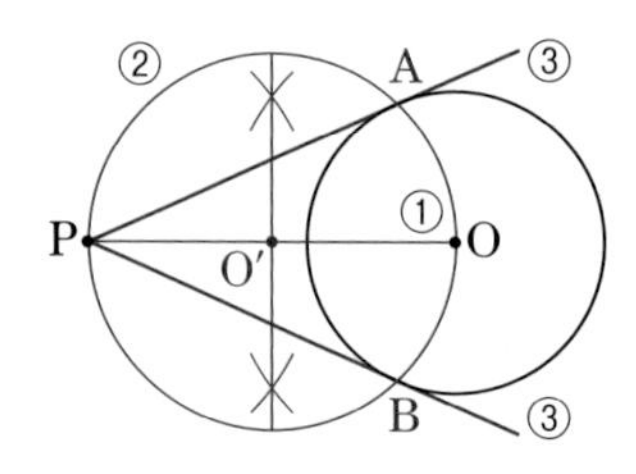


**Point** 線分POを直径とする円O′と円Oの交点と，点Pを結ぶ。

図解

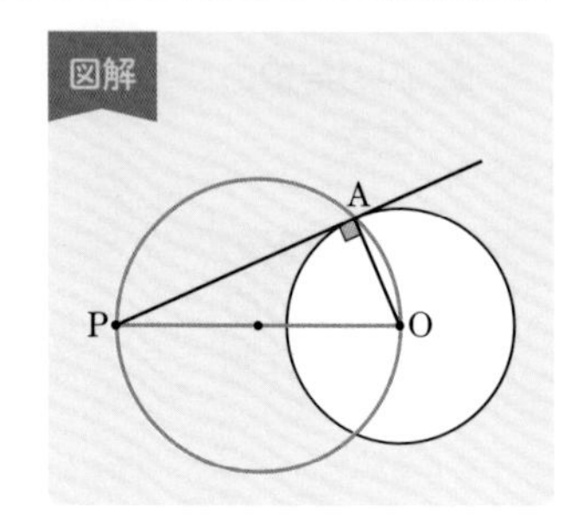


**確認 線分POの中点O′**

線分POの中点は，POの垂直二等分線をひいて，POとの交点をO′とする。

### 練 習

解答 別冊p.24

**9** 半径3cmの円Oの中心から5cmの距離に点Aをとり，点Aを通る円Oの接線を作図しなさい。

## 例題 10 円の接線の証明

Level ★★☆

円Oの周上の点A，Bを接点とする円Oの接線をひき，その交点をPとします。

このとき，PA＝PBであることを証明しなさい。

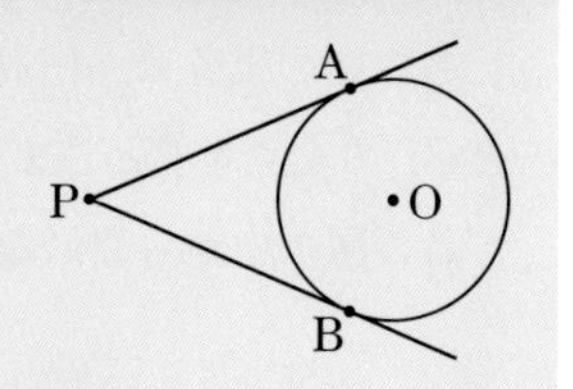


### 解き方

〔証明〕 OとP，OとA，OとBをそれぞれ結ぶ。

△OAPと△OBPにおいて，AP，BPはともに円Oの接線で，OA，OBは接点を通る半径だから，

OA⊥AP，OB⊥BPより，∠OAP＝∠OBP＝90°　…①

OPは共通　…②

また，円Oの半径は等しいから，OA＝OB　…③

①，②，③より，直角三角形の斜辺と他の1辺がそれぞれ等しいから，△OAP≡△OBP

したがって，PA＝PB

**Point** 円の接線は接点を通る半径に垂直。

図解

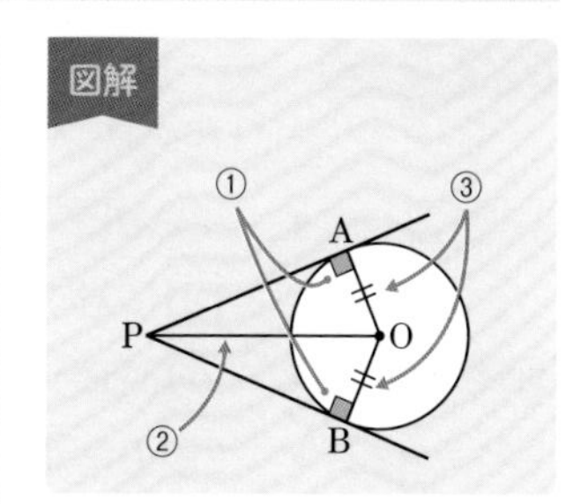


確認 **直角三角形の合同条件**

- 斜辺と1つの鋭角がそれぞれ等しい
- 斜辺と他の1辺がそれぞれ等しい

### 練習

解答 別冊p.24

**10** 次の問いに答えなさい。

(1) 右の図で，PA，PBはそれぞれ円の接線です。∠APB＝60°のとき，∠PABの大きさを求めなさい。

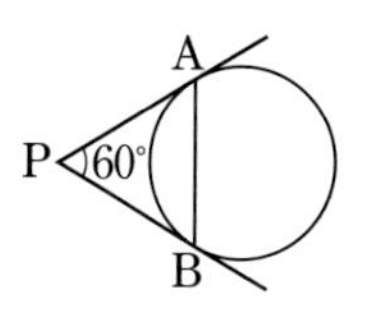


(2) 右の図で，PA，PBはそれぞれ円の接線で，Cは円Oの周上の点です。∠ACB＝65°のとき，∠APBの大きさを求めなさい。

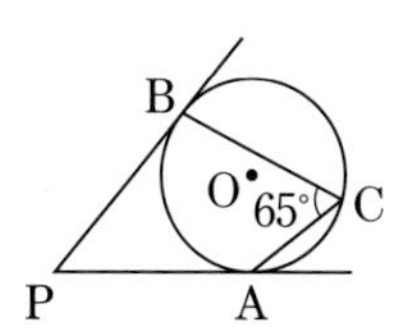

## 例題 11 三角形の相似の証明

Level ★★★

右の図のように，円周上に4点A，B，C，Dをとってそれらを結び，直線ABとCDの交点をPとしました。

この図の中から相似な三角形の組を2組選び出し，記号を使って表しなさい。

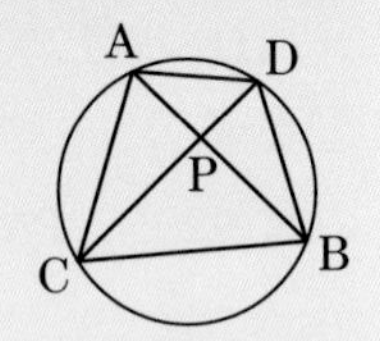


### 解き方

〔1組め〕 $\overset{\frown}{AC}$に対する円周角だから，

1組めの等しい角 ▶ ∠ADP＝∠CBP

$\overset{\frown}{DB}$に対する円周角だから，

2組めの等しい角 ▶ ∠DAP＝∠BCP

三角形の相似条件 ▶ 2組の角がそれぞれ等しいから，

**△APD∽△CPB** …答

〔2組め〕 $\overset{\frown}{AD}$に対する円周角だから，

1組めの等しい角 ▶ ∠ACP＝∠DBP

$\overset{\frown}{CB}$に対する円周角だから，

2組めの等しい角 ▶ ∠CAP＝∠BDP

三角形の相似条件 ▶ 2組の角がそれぞれ等しいから，

**△APC∽△DPB** …答

**Point** 「円周角の定理を使って，相似な三角形を見つける。」

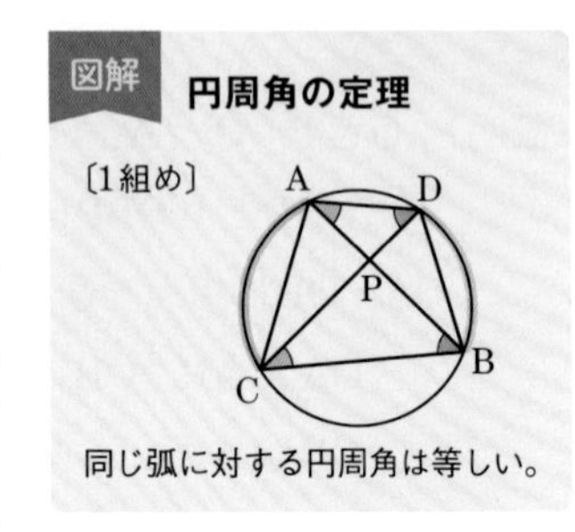

同じ弧に対する円周角は等しい。

**確認 三角形の相似条件**

- 3組の辺の比がすべて等しい
- 2組の辺の比とその間の角がそれぞれ等しい
- 2組の角がそれぞれ等しい

他にも相似な三角形はあるかな？

### 練習

解答 ▶ 別冊p.24

**11** 右の図のように，線分ABを直径とする半円があり，点Cは$\overset{\frown}{AB}$上の点です。$\overset{\frown}{AC}$上に，$\overset{\frown}{AD}=\overset{\frown}{CD}$となる点Dをとり，点Dから線分ABに垂線をひき，線分ABとの交点をEとします。また，線分ACと線分BDの交点をFとします。

このとき，△BCF∽△BEDであることを証明しなさい。

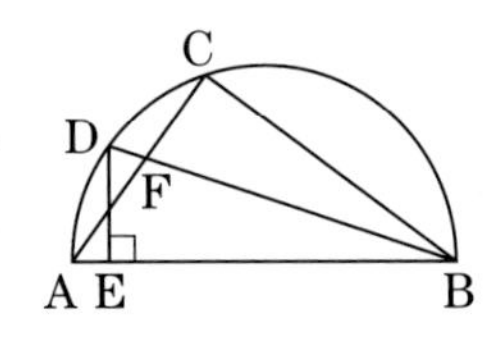

## 例題 12 三角形の相似の利用

Level ★★☆

右の図のように，円Oの弦ABと弦CDが，円の内部の点Pで交わっています。

このとき，PDの長さを求めなさい。

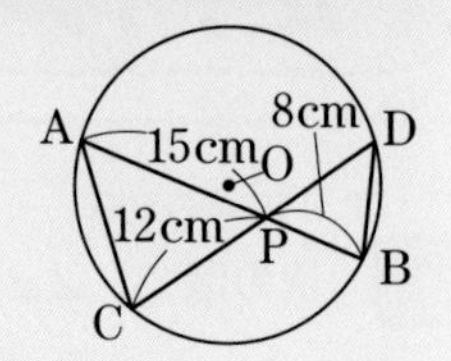


### 解き方

△APCと△DPBが相似であることを示す ▶ △APCと△DPBで，

$\overset{\frown}{AD}$に対する円周角だから，

同じ弧に対する円周角は等しい ▶ ∠ACP＝∠DBP　…①

$\overset{\frown}{CB}$に対する円周角だから，

∠CAP＝∠BDP　…②

①，②より，2組の角がそれぞれ等しいから，

△APC∽△DPB

相似な図形の対応する辺の比は等しいから，

相似な図形の辺の比 ▶ PA：PD＝PC：PB

つまり，

$a:b=m:n \rightleftarrows an=bm$ ▶ 15：PD＝12：8

これを解くと，

12PD＝15×8

PD＝10

答 10cm

**Point** 同じ弧に対する円周角は等しいことを使い，相似な図形を見つける。

#### 図解

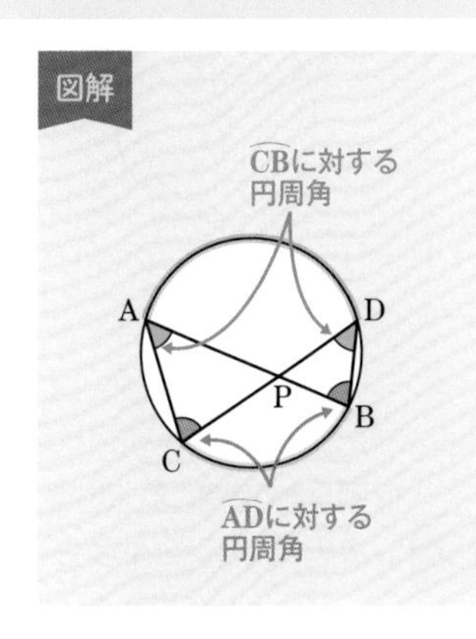


#### 別解 対頂角を使った相似の証明

△APCと△DPBで，∠APCと∠DPBは対頂角だから等しい。

これと1組の円周角で，2組の角がそれぞれ等しいことを使って証明してもよい。

### 練習

解答 別冊p.24

**12** 右の図のように，円の弦ACとBDが，円の内部の点Pで交わっています。このとき，APの長さを求めなさい。

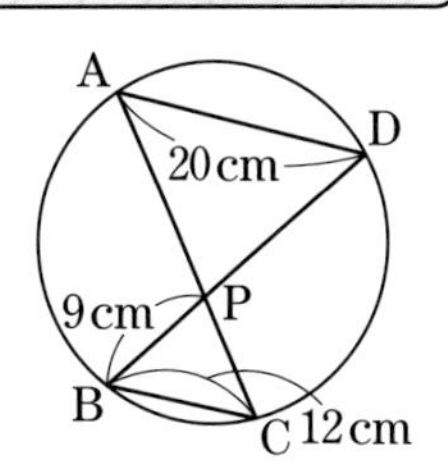

# 定期テスト予想問題 ①

時間 40分
解答 別冊 p.25

得点 ／100

1／円周角の定理

## 1 次の図で，$\angle x$ の大きさをそれぞれ求めなさい。

【8点×3】

(1)

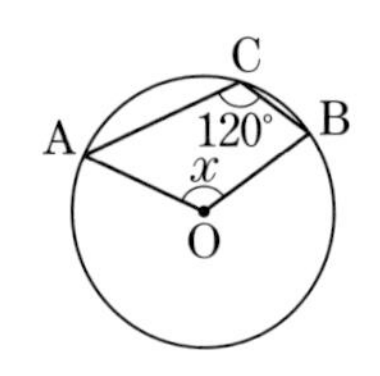


(2)

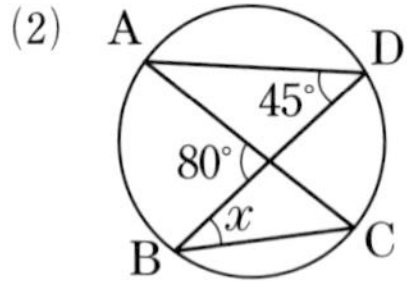


(3)

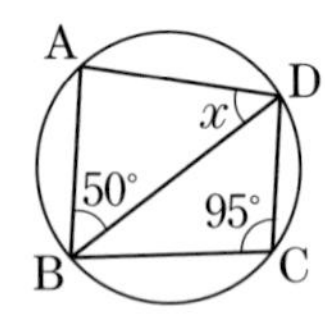


〔　　　　〕　〔　　　　〕　〔　　　　〕

1／円周角の定理，2／円の性質の利用

## 2 次の問いに答えなさい。

【10点×3】

(1) 右の図で，点 A，B，C，D は円 O の周上の点で，$\angle$AEB＝32°，$\angle$AFB＝80°です。$\angle$ACB と $\angle$CAD の大きさを求めなさい。

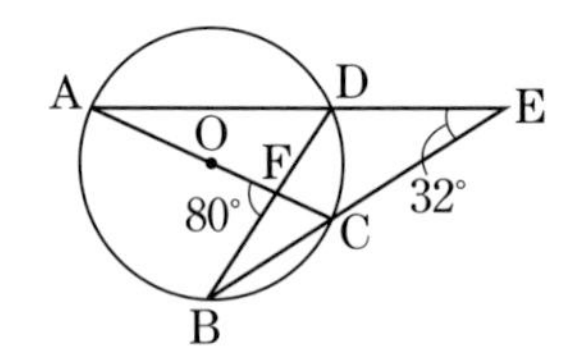


〔　　　　〕

(2) 右の図で，点 A，B，C，D，E は同じ円周上の点で，$\overset{\frown}{AB}=\overset{\frown}{CD}=\overset{\frown}{EA}$，$\overset{\frown}{BC}=\overset{\frown}{DE}$ です。$\angle$ACB＝34°のとき，$\angle$EAD の大きさを求めなさい。

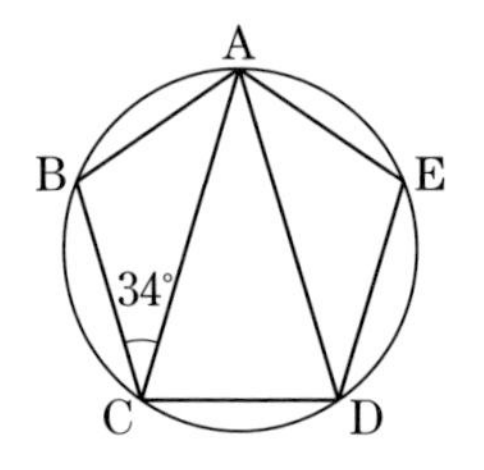


〔　　　　〕

(3) 右の図で，ABは円Oの直径で，Cは円周上の点です。$\angle$CABの二等分線と$\overset{\frown}{BC}$との交点をDとし，ACの延長線とBDの延長線の交点をEとします。$\angle$AEB＝68°のとき，$\angle$ABCの大きさを求めなさい。

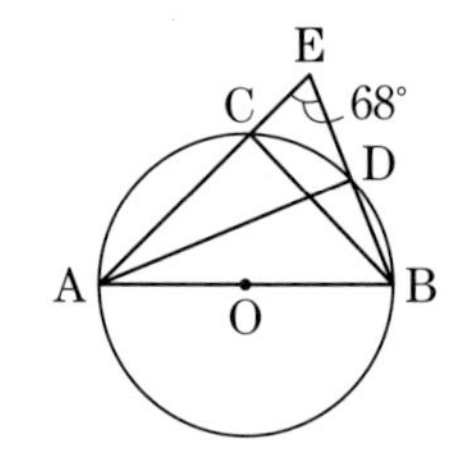


〔　　　　〕

1／円周角の定理，2／円の性質の利用

## 3 次の問いに答えなさい。

【10点×3】

(1) 次のア～エの図のうち，4 点 A，B，C，D が 1 つの円周上にあるものはどれですか。すべて選んで，記号で答えなさい。

ア

イ

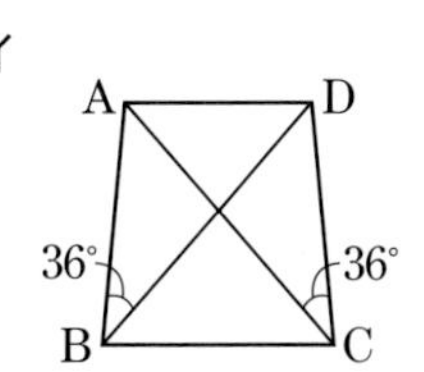


ウ

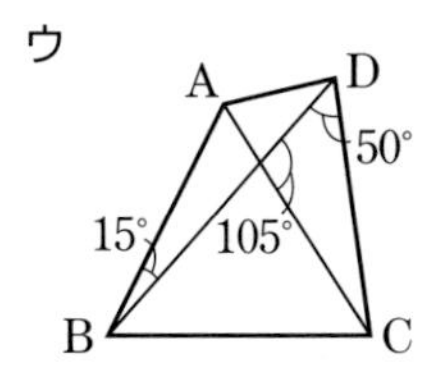


エ

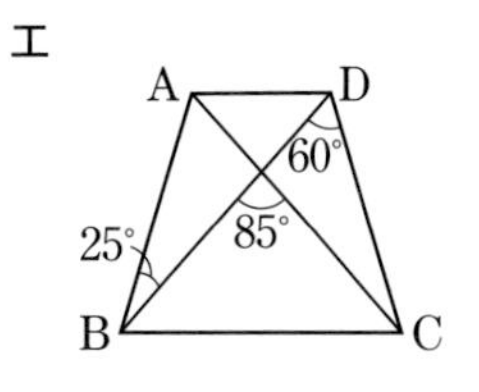


〔　　　　　〕

(2) 右の図の四角形 ABCD で，∠BAC＝∠BDC＝90°，∠ACD＝32°，∠CBD＝38°のとき，∠ADB の大きさを求めなさい。

〔　　　　　〕

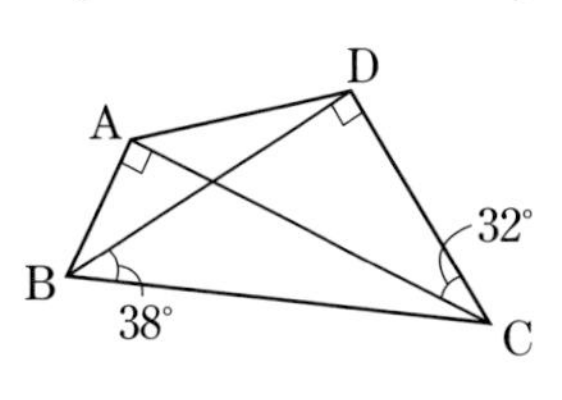


(3) 右の図で，3 点 A，B，C は円 O の周上の点です。円 O の外部の点 P から円 O に接線 PA，PB をひきます。∠APB＝56°のとき，∠ACB の大きさを求めなさい。

〔　　　　　〕

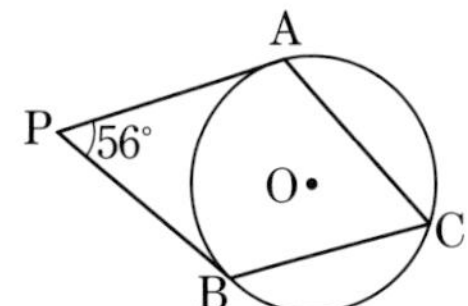


2／円の性質の利用

## 4 右の図で，3 点 A，B，C は円周上の点です。∠ABC の二等分線と辺 AC，$\overset{\frown}{AC}$ との交点をそれぞれ D，E とするとき，△ABD∽△EBC であることを証明しなさい。

【16点】

〔　　　　　〕

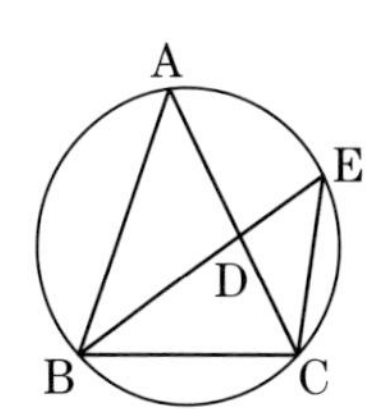

# 定期テスト予想問題 ②

時間 40分
解答 別冊 p.25

得点 /100

1／円周角の定理

**1** 次の図で，$\angle x$ の大きさをそれぞれ求めなさい。 【8点×3】

(1)

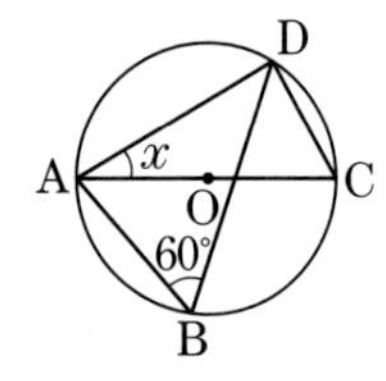


(2)

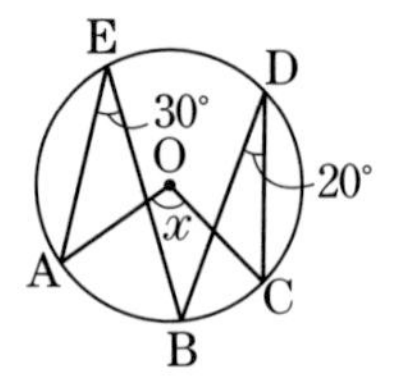


(3)

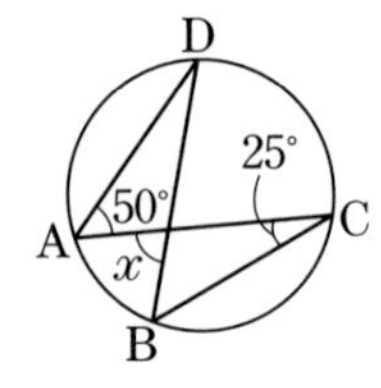


〔　　　　〕〔　　　　〕〔　　　　〕

2／円の性質の利用

**2** 次の問いに答えなさい。 【10点×2】

(1) 右の図で，4 点 A，B，C，D は円周上の点で，E は AC と BD の交点です。$\overset{\frown}{AB}=\overset{\frown}{BC}$のとき，△AEDと相似な三角形をすべて答えなさい。

〔　　　　〕

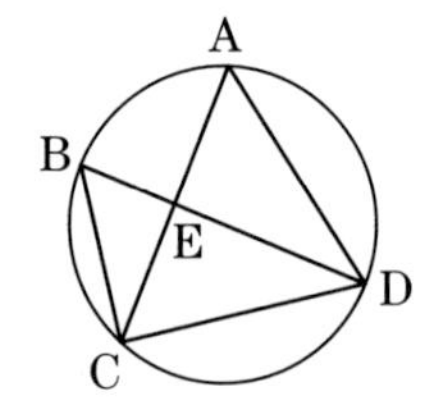


(2) 右の図で，4 点 A，B，C，D は円周上の点です。AB の延長線と DC の延長線の交点を E とします。AC＝12 cm，AE＝15 cm，DE＝18 cm のとき，BD の長さを求めなさい。

〔　　　　〕

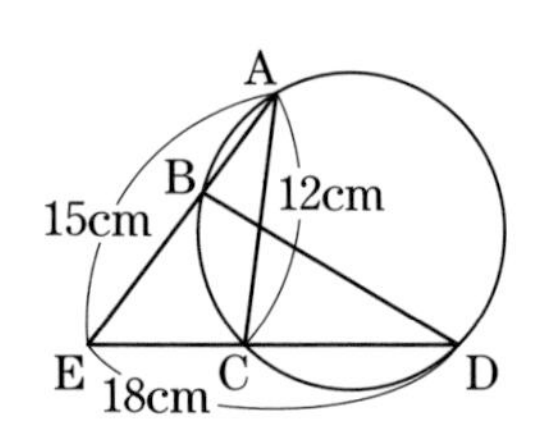


2／円の性質の利用

**3** 右の図で，3 点 A，B，C は円周上の点です。2 つの弧 $\overset{\frown}{AC}$，$\overset{\frown}{BC}$ 上に BD // EC となるように，それぞれ点 D，E をとり，AE と BD の交点を F とします。

このとき，△ABF∽△ACD となることを証明しなさい。 【16点】

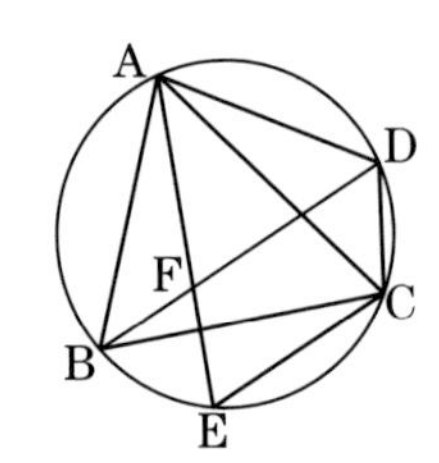


〔　　　　〕

思考 2／円の性質の利用

**4** かずおさんは，紅葉した木の写真を撮りにいきました。木は，図１のように，地面$\ell$からの高さACが16 m，BCの長さが3.2 mです。また，かずおさんの目の高さは地面から1.6 mです。

かずおさんの目の位置をPとします。かずおさんは木全体の写真を撮ったあと，さらに木に近づき，下から見上げた木の写真を撮ることにしました。そこで，PからAを見上げる∠APBが最も大きくなると，迫力のある写真が撮れることに気が付きました。そのとき，Pを通り，$\ell$に平行な直線を$m$とすると，かずおさんの目の位置Pは，図２のように，２点A，Bを通る円と直線$m$との接点となります。これについて，次の問いに答えなさい。【20点×2】

図１

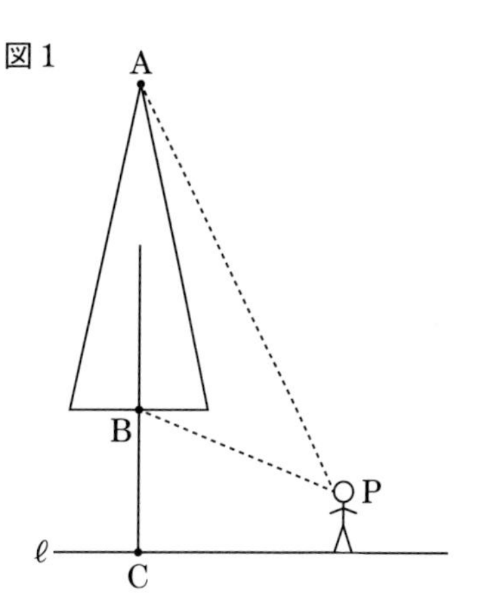


(1) かずおさんの目の位置が図２のPのとき，∠APBが最も大きくなる理由を，Pの位置が$m$上の他の位置にある場合と比べて説明しなさい。

[　　　　]

図２

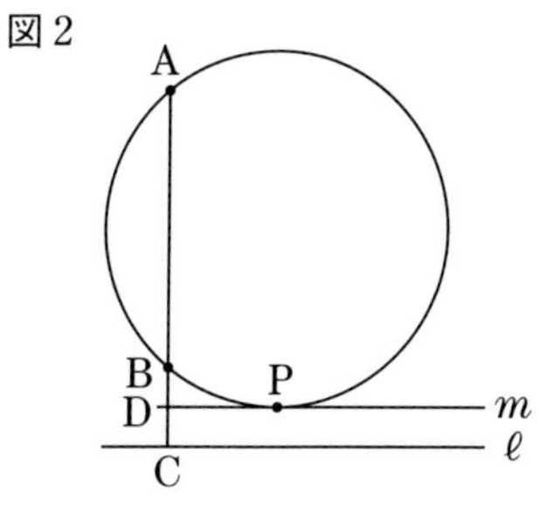


(2) 右の図は地面から目までの高さ1.6 mをDCとし，それぞれの高さを$\frac{1}{400}$にした縮図です。図２を参考に円Oを作図し，かずおさんの木からの距離DPのおよその長さを求めなさい。ただし，作図によって得られた長さはmmの単位までで計算しなさい。

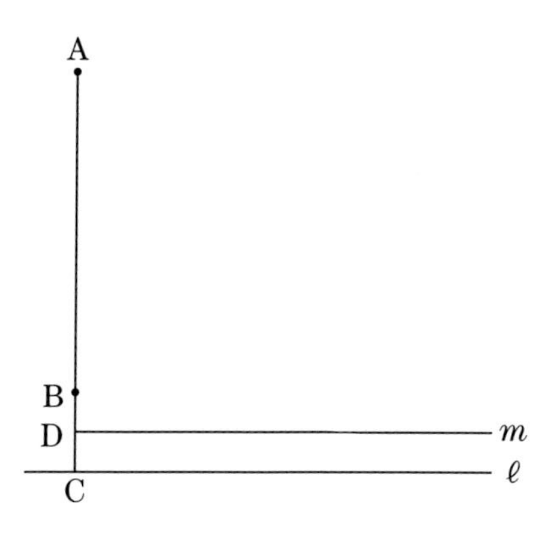


[　　　　]

# 円に内接する四角形

四角形の4つの頂点が1つの円周上にあるとき，この四角形は円に内接（ないせつ）するといい，その円を四角形の外接円（がいせつえん）といいます。ここでは，円に内接する四角形について調べてみましょう。

---

右の図のように，円Oに内接する四角形ABCDで，半径OB，ODのつくる角を$\angle a$，$\angle b$とします。

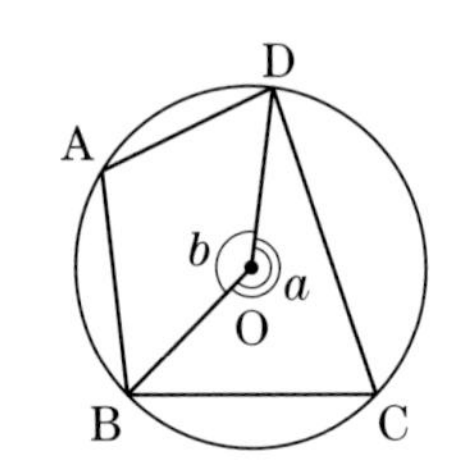


円周角の定理より，

$\angle \mathrm{A}=\frac{1}{2}\angle a$，$\angle \mathrm{C}=\frac{1}{2}\angle b$

よって，

$\angle \mathrm{A}+\angle \mathrm{C}=\frac{1}{2}(\angle a+\angle b)$

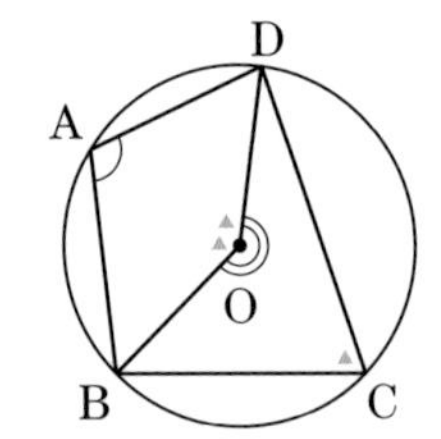


$\angle a+\angle b=360°$だから，

$\angle \mathrm{A}+\angle \mathrm{C}=\frac{1}{2}\times 360°=180°$ …①

また，頂点Cにおける四角形ABCDの外角を$\angle \mathrm{DCE}$とすると，

$\angle \mathrm{DCE}+\angle \mathrm{C}=180°$

①より，$\angle \mathrm{C}=180°-\angle \mathrm{A}$

だから，

$\angle \mathrm{DCE}+(180°-\angle \mathrm{A})=180°$

これより，$\angle \mathrm{DCE}=\angle \mathrm{A}$となります。

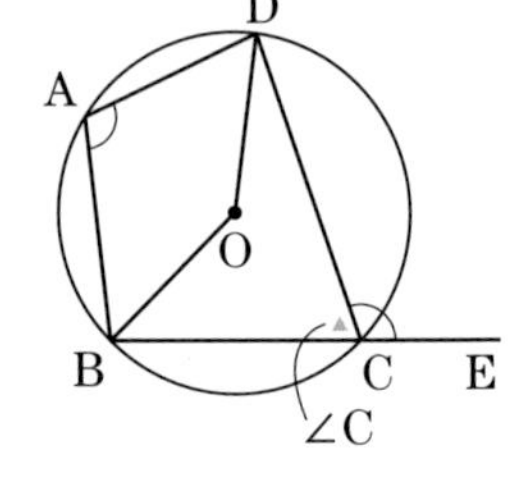


これらのことから，円に内接する四角形の性質について，次のようなことがいえます。

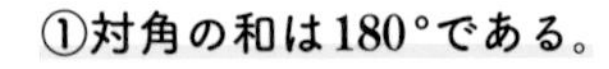

①対角の和は180°である。

$\angle \mathrm{A}+\angle \mathrm{C}=180°$

$\angle \mathrm{B}+\angle \mathrm{D}=180°$

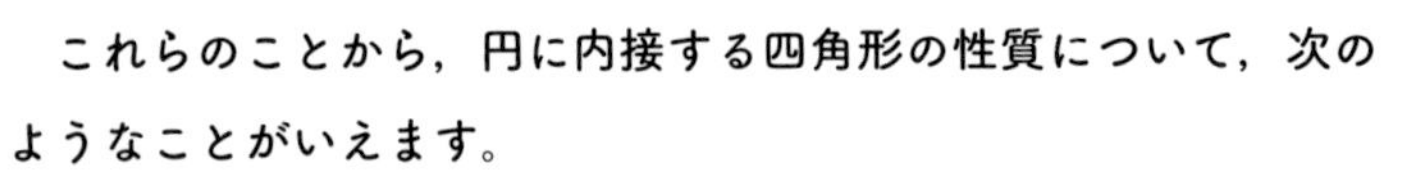

②外角は，それととなりあう内角の対角に等しい。

$\angle \mathrm{DCE}=\angle \mathrm{A}$

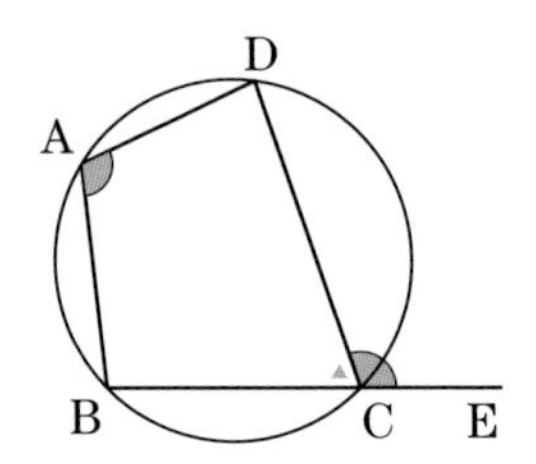

# 三角形の内接円

p.246では円に内接する四角形について調べました。
ここでは，三角形に内接する円について調べてみましょう。

p.224「三角形の五心」の中の内心で説明したように，三角形の3つの内角の二等分線は1点で交わり，その点は3つの辺から等しい距離にあります。

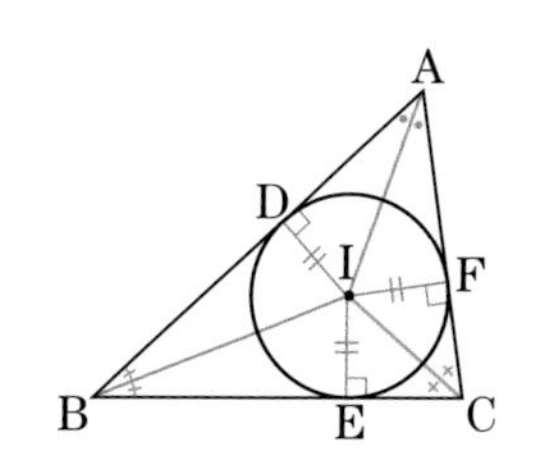


右の図のとき，点Iが内心であり，ID＝IE＝IFとなります。

したがって，Iを中心とする半径IDの円をかくと，AB，BC，CAは円Iの接線になります。

この円Iを△ABCの**内接円**（ないせつえん）といい，△ABCは円Iに**外接する**（がいせつ）といいます。

内接円の半径は，内心から辺にひいた垂線の長さです。

内接円の半径を$r$，三角形の3つの辺の長さをそれぞれ$a$，$b$，$c$，三角形の面積を$S$とすると，

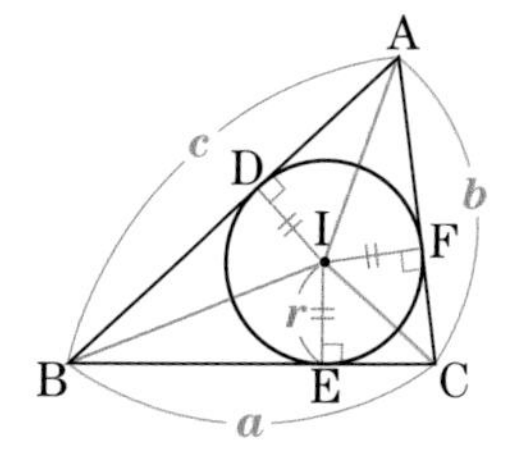


$$S=\triangle IBC+\triangle ICA+\triangle IAB$$
$$=\frac{1}{2}ar+\frac{1}{2}br+\frac{1}{2}cr=\frac{r}{2}(a+b+c)$$

問題　右の図で，内接円の半径$r$cmを求めましょう。

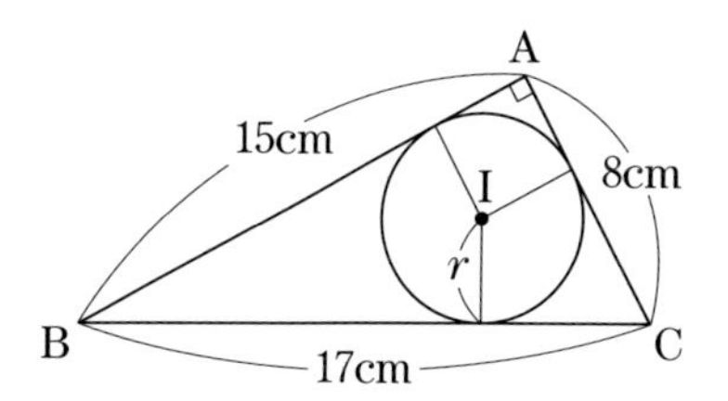


〈解き方〉 △ABCの面積について等式をつくると，

$$\frac{r}{2}(17+8+15)=\frac{1}{2}\times8\times15$$
$$20r=60$$
$$r=3$$

答　3cm

# 接弦定理

円について様々な性質を調べてきました。
ここでは，「接弦定理」について考えてみましょう。

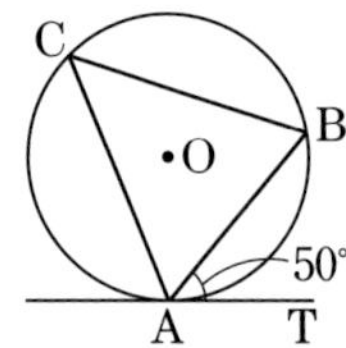


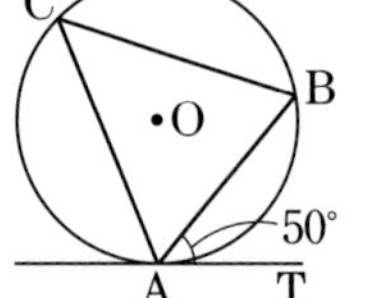

右の図で，ATは円Oの接線，点Aはその接点です。

∠BATの大きさが50°のとき，∠ACBの大きさが何度になるかを調べてみましょう。

まず，直径ADをひきます。

DA⊥ATより，

∠DAT＝90°だから，

∠BAT＝90°－∠BAD …①

また，半円の弧に対する円周角だから，∠ACD＝90°なので，

∠ACB＝90°－∠BCD …②

$\overset{\frown}{BD}$に対する円周角だから，

∠BAD＝∠BCD …③

①，②，③より，

∠BAT＝∠ACB

したがって，∠ACB＝50°

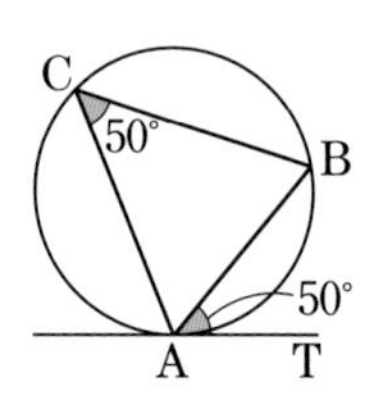


このことは，下のような，∠BAT＝90°，∠BAT＞90°の場合にも成り立ちます。

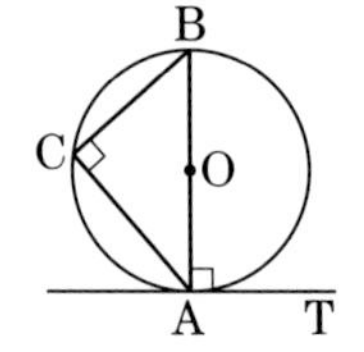


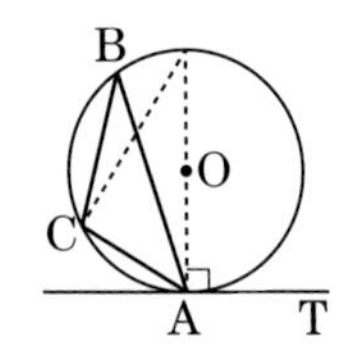


円の接線とその接点を通る弦のつくる角は，その角の内部にある弧に対する円周角に等しい。

∠BAT＝∠ACB

これを，接弦定理（せつげんていり）といいます。

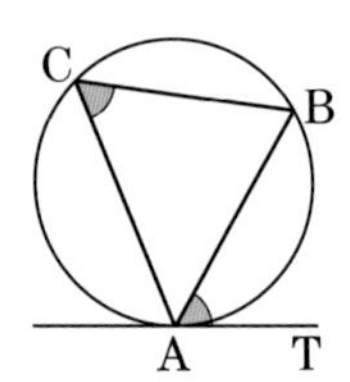


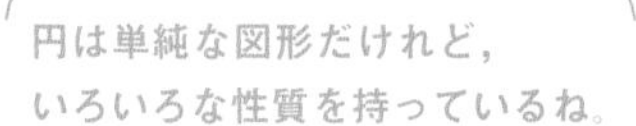

# 方べきの定理

高校数学で学習する内容として，「方べきの定理」があります。
ここでは，「方べきの定理」についてくわしく調べてみましょう。

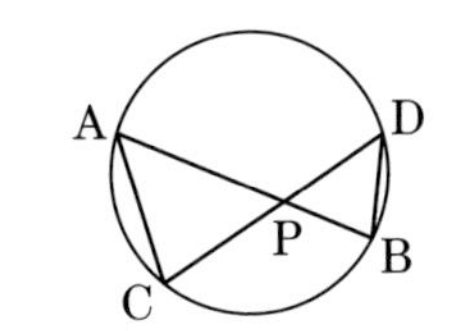


右の図のように，2つの弦ABとCDが，円の内部の点Pで交わっているとき，△APC∽△DPBであることを，p.241の 例題⑫ で証明しました。

このとき，相似な図形の対応する辺の比は等しいから，PA：PD＝PC：PB

よって，PA×PB＝PC×PD　…①

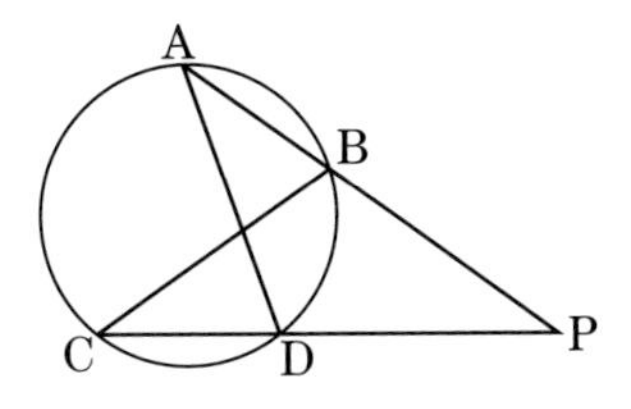


では，弦ABとCDが，円の外部の点Pで交わるときはどうでしょう。

△APD∽△CPB

を証明します。

∠APD＝∠CPB（共通）

$\overset{\frown}{BD}$に対する円周角だから，

∠BAD＝∠BCDつまり，∠PAD＝∠PCB

2組の角がそれぞれ等しいから，

△APD∽△CPB

よって，PA：PC＝PD：PB

したがって，PA×PB＝PC×PD　…②

①，②から，点Pが円の内部，外部のどちらにあっても，**PA×PB＝PC×PD**　が成り立ちます。

この性質を，**方べきの定理**（ほう／てい り）といいます。

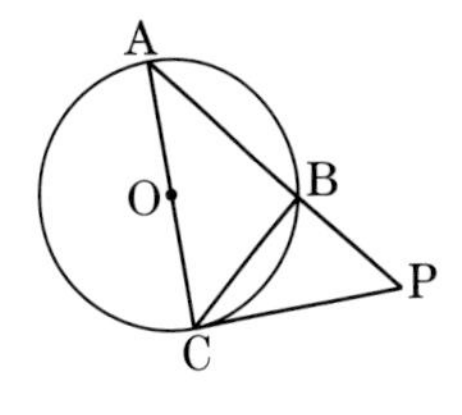


また，右の図のように，円の外部の点Pを通る2つの直線のうち，一方が円と2点A，Bで交わり，もう一方が円と点Cで接しているとき，△ACP∽△CBPを証明します。

∠APC＝∠CPB（共通）

AC⊥CPより，∠ACP＝90°

ACは円Oの直径だから，∠ABC＝90°

∠CBP＝180°－90°＝90°

よって，∠ACP＝∠CBP

2組の角がそれぞれ等しいから，△ACP∽△CBP

よって，PA：PC＝PC：PB　…③

③から，円の外部の点Pを通る2つの直線のうち，一方が円と2点A，Bで交わり，もう一方が円と点Cで接しているとき，**PA×PB＝PC$^2$**　が成り立ちます。これも，方べきの定理です。

中学生のための

# 勉強・学校生活アドバイス

## 偏差値は簡単に上がらない！

「この前、塾で模試を受けたら偏差値が出たんですけど、偏差値ってなんですか？」

「偏差値は試験を受けた集団の中で、どれくらいの位置にいるかを示したものなの。**平均点だと偏差値50になって、平均点より高いと偏差値50以上になる。**」

「ふーん、じゃあ満点なら偏差値いくつになるんですか？」

「それはわからないのよね。点数の散らばり具合によるから。みんなが悪い点を取った中で満点を取ったらすごく高くなるけど、簡単な試験だったら満点でもそこまで高くならないの。」

「へぇ。なんだかややこしいんだな。」

「まぁ、細かいことは気にせずに、学力の指標だと思っておけばいいわ。」

「ネットで検索したら高校にも偏差値があったんだけど、それってどういうこと？」

「『この高校に受かった人はこれくらいの偏差値ですよ』ということ。情報を提供する会社によっても数値が違うから、あくまで指標としてみるといいわ。」

「たとえば、いまの時点では自分の行きたい高校に偏差値が届いてなかったとしても、勉強すれば自分の偏差値が上がって届く場合もありますよね。」

「もちろんあるわよ。ただ、偏差値はそんなに急には上がらないの。」

「そうなんですか。」

「たとえば、受験に向けて偏差値を10上げたいと思った場合、必死に勉強しないといけないわよ。」

「テストの点を10点上げれば、偏差値が10上がるってわけじゃないもんな。」

「そう、**偏差値はそんな簡単には上がらない**のを知っておくといいわ。」

# 7章

# 三平方の定理

Gakken New Course

# 1 三平方の定理

## 三平方の定理

[例題1～例題3]

**直角三角形の直角をはさむ2辺の長さの2乗の和は，斜辺の長さの2乗に等しく**なります。これを，辺の長さを使って表したものが**三平方の定理**(さんへいほう)です。

■ 三平方の定理

直角三角形の直角をはさむ2辺の長さを$a$，$b$，斜辺の長さを$c$とすると，次の関係が成り立つ。

$$a^2+b^2=c^2$$

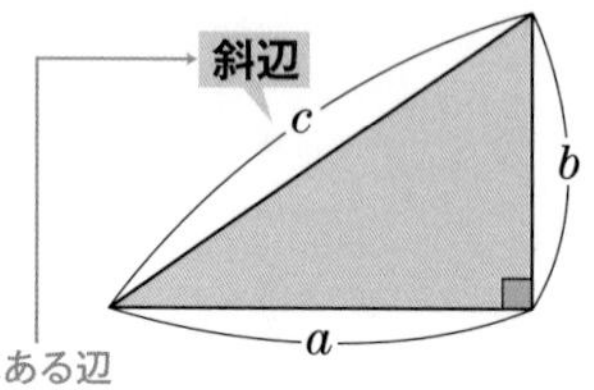


▶直角三角形の辺の長さの求め方は?
右の図で，斜辺 ➡ $c=\sqrt{a^2+b^2}$　直角をはさむ辺 ➡ $a=\sqrt{c^2-b^2}$，$b=\sqrt{c^2-a^2}$

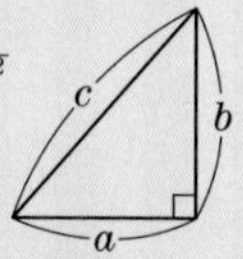


## 三平方の定理の逆

[例題4～例題5]

3辺の長さが$a$，$b$，$c$の三角形で，**$a^2+b^2=c^2$のとき，その三角形は$c$の辺を斜辺とする直角三角形**になります。これを，**三平方の定理の逆**といいます。

■ 三平方の定理の逆

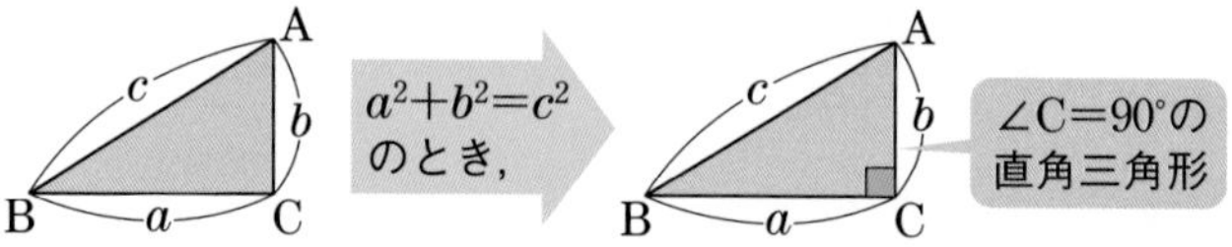


上の図で，**$a^2+b^2=c^2$ならば，$c$を斜辺とする直角三角形である。**

例　右の図は，
$2^2+3^2=13$，
$(\sqrt{13})^2=13$だから，
直角三角形である。

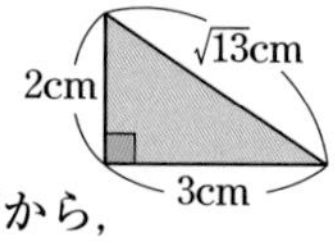


例　右の図は，
$5^2+6^2=61$，
$8^2=64$だから，
直角三角形でない。

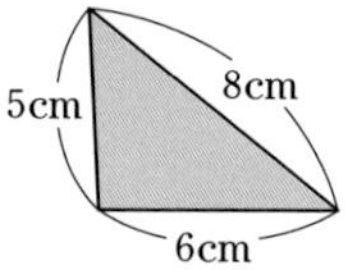


▶辺の比が，3：4：5や5：12：13のように整数になるものがある。おぼえておくと便利！

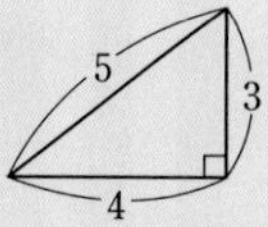


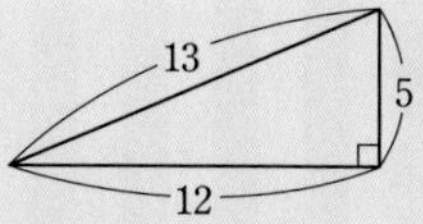

## 例題 1 三平方の定理の証明(1)〔面積の利用〕 Level ★★★

右の図は，正方形CDEFを4つの合同な三角形と1つの正方形に分けたものです。

このとき，BC$=a$，CA$=b$，AB$=c$として，$a^2+b^2=c^2$が成り立つことを証明しなさい。

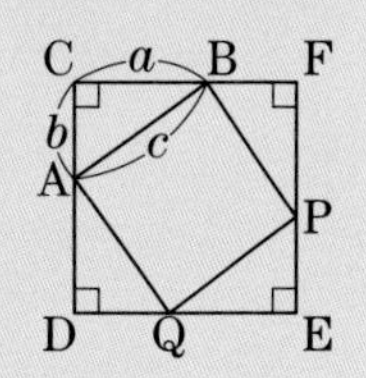


### 解き方

〔証明〕 外側の正方形は，1辺の長さが$a+b$だから，その面積は，

外側の正方形の面積 ▶ $(a+b)^2=a^2+2ab+b^2$ …①

内側の正方形は，1辺の長さが$c$だから，その面積は，

内側の正方形の面積 ▶ $c^2$ …②

4つの合同な三角形の面積の和は，

4つの直角三角形の面積の和 ▶ $\frac{1}{2}\times a\times b\times 4=2ab$ …③

したがって，①＝②＋③から，

外側の正方形＝内側の正方形＋4つの三角形 ▶ $a^2+2ab+b^2=c^2+2ab$

整理すると，

$a^2+b^2=c^2$

**Point** 2つの正方形の面積に着目する。

図解 面積の関係

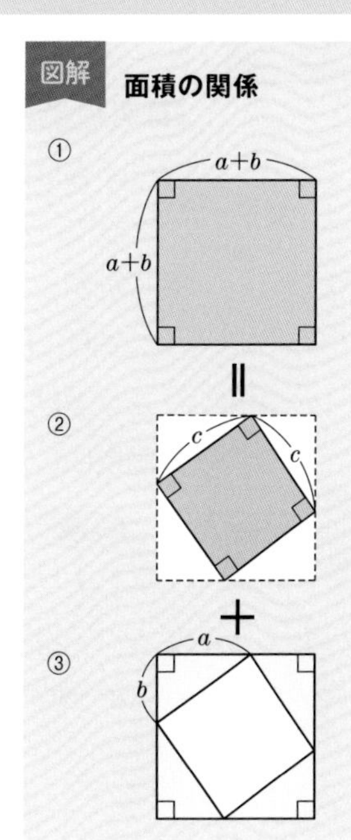


## 練習 | 解答 ▶ 別冊p.26

**1** 右の図は，直角三角形ABCの斜辺ABを1辺とする正方形を，△ABCと合同な4つの三角形と1つの正方形に分けたものです。

このとき，$a^2+b^2=c^2$が成り立つことを証明しなさい。

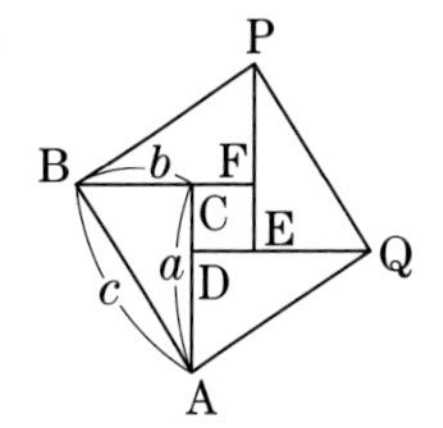

## 例題 2 三平方の定理の証明(2)〔相似の利用〕 Level ★★★

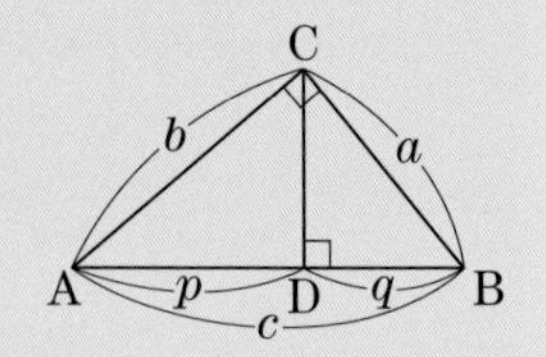


右の図の直角三角形ABCは∠Cが直角です。CからABに垂線CDをひき，BC$=a$，CA$=b$，AB$=c$，AD$=p$，DB$=q$とするとき，$a^2+b^2=c^2$が成り立つことを証明しなさい。

### 解き方

〔証明〕 △ABCと△ACDで，

∠Aは共通，∠ACB＝∠ADC＝90°

よって，△ABC∽△ACD

△ABC∽△ACDで，対応する辺の比は等しい ▶ したがって，AB：AC＝AC：AD

つまり，$c:b=b:p$

これより，$b^2=cp$…①

（$a:b=m:n$のとき，$an=bm$）

同様にして，△ABC∽△CBDだから，

△ABC∽△CBDで，対応する辺の比は等しい ▶ $c:a=a:q$

これより，$a^2=cq$…②

①と②の左辺と右辺をそれぞれ加えると，

$a^2+b^2$をつくる ▶ $a^2+b^2=cp+cq$

$=c(p+q)$

$=c\times c=c^2$

（$p+q=c$）

つまり，$a^2+b^2=c^2$

**Point** 3つの相似な三角形に着目する。

### 図解 相似な三角形

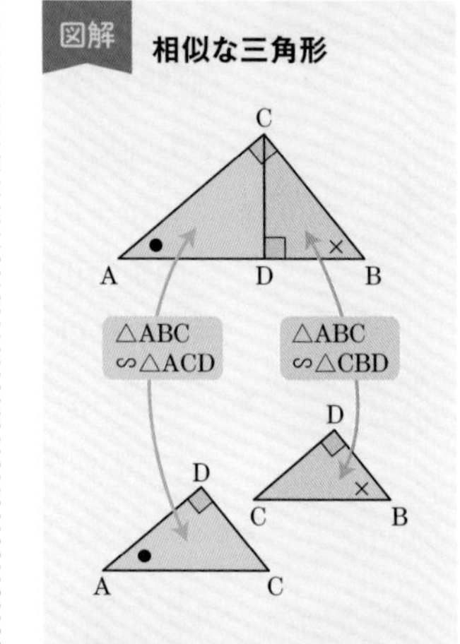


相似条件はどちらも「2組の角がそれぞれ等しい」である。

相似比を利用して，$a^2$，$b^2$を$c$，$p$，$q$で表すんだね。

### 練習

解答 別冊p.26

**2** 右の図の直角三角形ABCは∠Cが直角です。CからABに垂線CDをひき，BC$=a$，CA$=b$，AB$=c$とするとき，$a^2+b^2=c^2$が成り立つことを証明しなさい。このとき，△ABC$=S$，△CBD$=T$，△ACD$=R$とすると，$S=T+R$となることを利用しなさい。

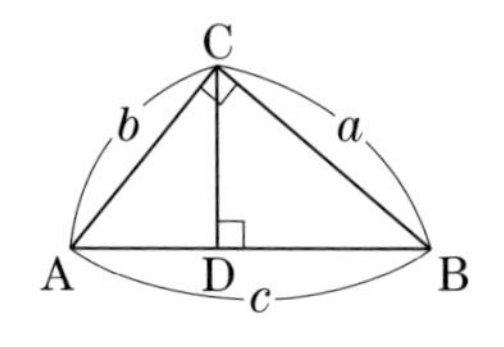

## 例題 3 直角三角形の辺の長さ

Level ★☆☆

下の図で，$x$の値を求めなさい。

(1)

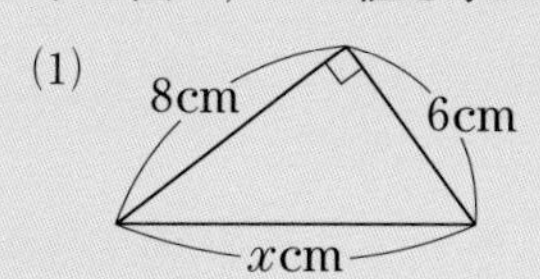


(2)

7cm
3cm
xcm

(3)

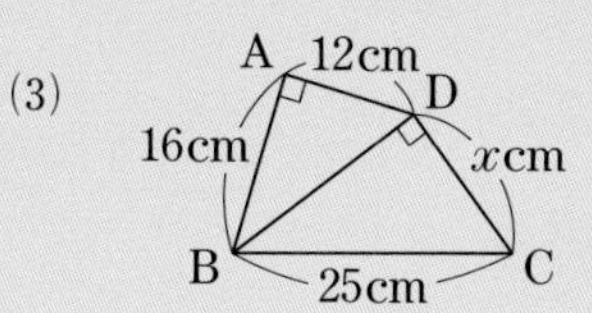


### 解き方

(1) 三平方の定理から，

$x$cmの辺が斜辺の直角三角形 ▶ $x^2=8^2+6^2$

$=64+36=100$

$x>0$だから，$\boldsymbol{x=10}$ …答

(2) 三平方の定理から，

7cmの辺が斜辺の直角三角形 ▶ $7^2=3^2+x^2$

$x^2=7^2-3^2=40$

$x>0$だから，$\boldsymbol{x=2\sqrt{10}}$ …答

(3) △ABDで，三平方の定理から，
└→ 1つめの直角三角形→まずBDを求める

BDが斜辺の直角三角形ABD ▶ $BD^2=16^2+12^2=256+144=400$

BD＞0だから，BD＝20cm

△DBCで，三平方の定理から，
└→ 2つめの直角三角形

BCが斜辺の直角三角形DBC ▶ $25^2=20^2+x^2$

$x^2=25^2-20^2=225$

$x>0$だから，$\boldsymbol{x=15}$ …答

**テストで注意 見た目で斜めの辺が斜辺とはかぎらない!**

8cmの辺を斜辺としないこと。
**斜辺は，直角の向かい側にある辺**である。つまり，$x$cmの辺が斜辺。

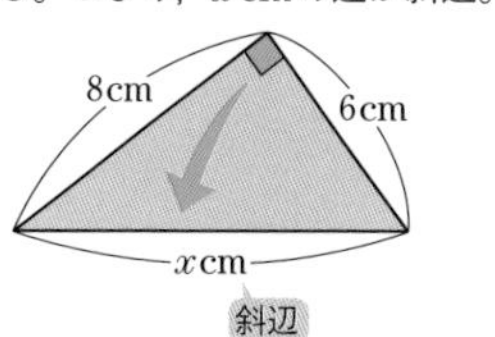


**確認 $x$の値**

(1) $x^2=100$を解くと，
$x=\pm\sqrt{100}$ └ $\sqrt{10^2}$
$x=\pm10$
となる。辺の長さは正だから，
$x>0$より，$x=10$

**Point** 直角三角形の3つの辺の長さが$a$，$b$，$c$のとき，$a^2+b^2=c^2$（$c$は斜辺の長さ）

### 練習

解答 別冊p.26

**3** 下の図で，$x$の値を求めなさい。

(1)

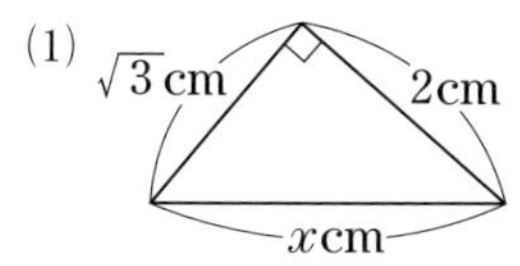


(2)

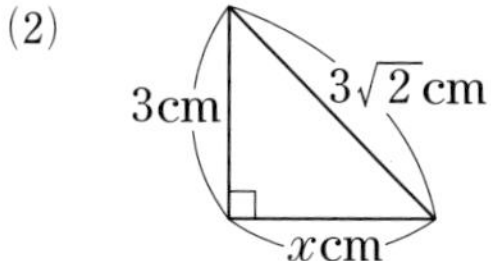


(3)

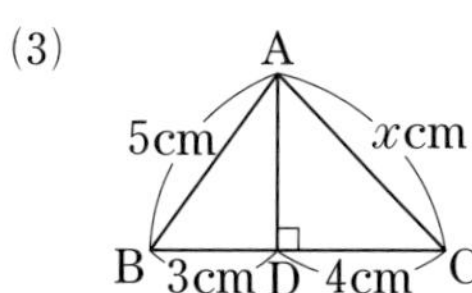

## 例題 4 直角三角形を見つける

Level ★★☆

次の**ア**～**ウ**の長さをそれぞれ3辺とする三角形で，直角三角形はどれですか。

**ア**　8cm，10cm，12cm　　**イ**　9cm，12cm，15cm　　**ウ**　$\sqrt{3}$ cm，$\sqrt{5}$ cm，$\sqrt{11}$ cm

### 解き方

**ア**…$a=8$，$b=10$，$c=12$とすると，

2番目と3番目に長い辺を2乗してたす ▶ $a^2+b^2=8^2+10^2=64+100=164$ …①

いちばん長い辺を2乗する ▶ $c^2=12^2=144$ …②

①≠②だから，直角三角形ではない。

**イ**…$a=9$，$b=12$，$c=15$とすると，

2番目と3番目に長い辺を2乗してたす ▶ $a^2+b^2=9^2+12^2=81+144=225$ …③

いちばん長い辺を2乗する ▶ $c^2=15^2=225$ …④

③＝④だから，直角三角形である。

**ウ**…$a=\sqrt{3}$，$b=\sqrt{5}$，$c=\sqrt{11}$ とすると，

2番目と3番目に長い辺を2乗してたす ▶ $a^2+b^2=(\sqrt{3})^2+(\sqrt{5})^2=3+5=8$ …⑤

いちばん長い辺を2乗する ▶ $c^2=(\sqrt{11})^2=11$ …⑥

⑤≠⑥だから，直角三角形ではない。

**答** イ

**Point** $a^2+b^2=c^2$ **が成り立つか調べる。**

**確認 三平方の定理の逆**

3辺の長さが$a$，$b$，$c$の三角形で，$a^2+b^2=c^2$のとき，その三角形は直角三角形になる。（$c$の辺が斜辺）

**確認 斜辺はいちばん長い辺**

直角三角形の3辺の長さが与えられているとき，斜辺になり得るのは**いちばん長い辺**だけである。

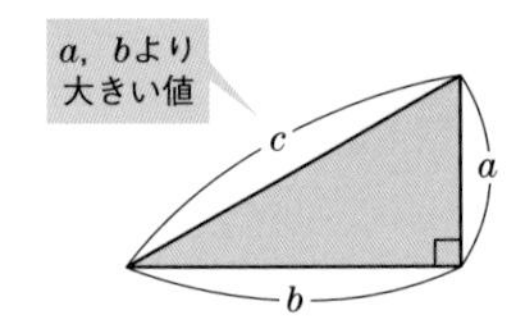


**復習 平方根の大小**

$a$，$b$が正の数で，

$a<b$ならば，$\sqrt{a}<\sqrt{b}$

$\sqrt{3}$と$\sqrt{5}$と$\sqrt{11}$では，

$3<5<11$だから，$\sqrt{11}$cmがいちばん長い辺だとわかる。

### 練習

解答 別冊p.27

**4** 次の**ア**～**ウ**の長さをそれぞれ3辺とする三角形で，直角三角形はどれですか。すべて選び，記号で答えなさい。

**ア**　20cm，21cm，30cm　　**イ**　50cm，120cm，130cm

**ウ**　$\sqrt{7}$ cm，$\sqrt{5}$ cm，$2\sqrt{3}$ cm

## 例題 5 直角三角形の証明　Level ★★★

3辺の長さが$m^2-n^2$，$2mn$，$m^2+n^2$で表される三角形は，直角三角形になります。このことを証明しなさい。ただし，$m>n>0$とします。

### 解き方

〔証明〕 3辺をそれぞれ2乗すると，

各辺の長さの2乗を求める ▶

$(m^2-n^2)^2=m^4-2m^2n^2+n^4$ …①

$(2mn)^2=4m^2n^2$ …②

$(m^2+n^2)^2=m^4+2m^2n^2+n^4$ …③

①と②を加えると，

$(m^4-2m^2n^2+n^4)+4m^2n^2$

$=m^4+2m^2n^2+n^4$

つまり，①＋②＝③

したがって，

$a^2+b^2=c^2$の形 ▶

$(m^2+n^2)^2=(m^2-n^2)^2+(2mn)^2$

よって，この三角形は，斜辺が$m^2+n^2$の直角三角形である。

**Point** 3辺の長さをそれぞれ2乗する。

いちばん長い辺は，$m^2+n^2$になるかな？ 仮の数字を入れて調べてみよう。

**テストで注意　斜辺をはっきりさせよう!**

直角三角形であることをいう場合には，斜辺はどれかをはっきり示すこと。

### 練習

解答 ▶ 別冊p.27

**5** 3辺の長さが$4n^2+1$，$4n$，$4n^2-1$で表される三角形は，直角三角形になります。このことを証明しなさい。ただし，$n>\frac{1}{2}$とします。

### Column 三角形の角と辺の関係

△ABCで，∠A，∠B，∠C(∠Cが最大とする)の対辺の長さをそれぞれ$a$，$b$，$c$とすると，次の関係が成り立ちます。(→逆も成り立つ)

① ∠C＜90°のとき，$c^2<a^2+b^2$(鋭角三角形)

② ∠C＝90°のとき，$c^2=a^2+b^2$(直角三角形)

③ ∠C＞90°のとき，$c^2>a^2+b^2$(鈍角三角形)

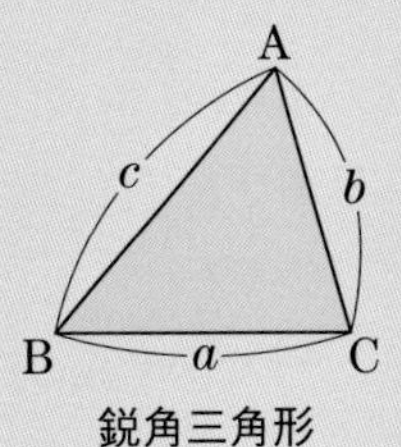

鋭角三角形

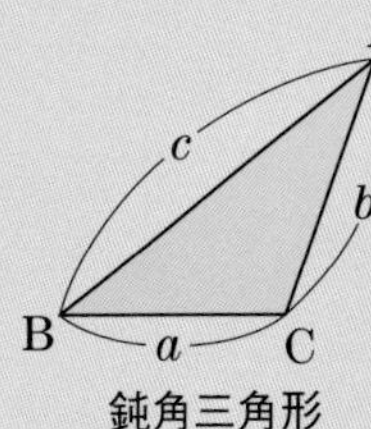

鈍角三角形

# 2 三平方の定理の利用

## 平面図形への利用

[例題6～例題12]

図形の中に直角三角形をつくると，**三平方の定理を使っていろいろな線分の長さを求める**ことができます。

■ 三角形の高さ

右の図のように，頂点Aから辺BCに垂線AHをひいて直角三角形をつくる。

➡ △ABCの**高さはAH**

$AH=\sqrt{AB^2-BH^2}$

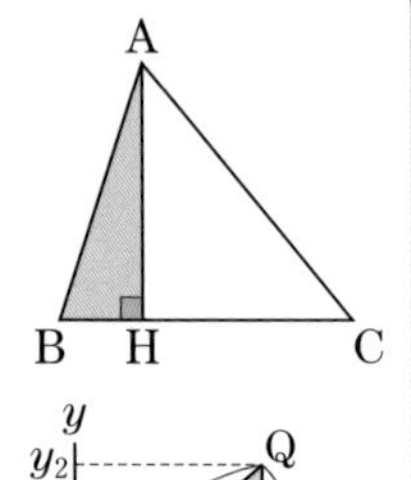


■ 2点間の距離（きょり）

2点$P(x_1,\ y_1)$，$Q(x_2,\ y_2)$の間の距離$d$は，

$$d=\sqrt{(x_2-x_1)^2+(y_2-y_1)^2}$$

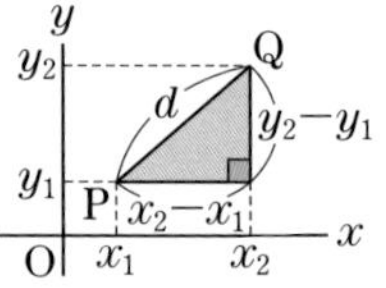


▶特別な直角三角形の3辺の比

● 45°，45°，90°の角をもつ直角二等辺三角形

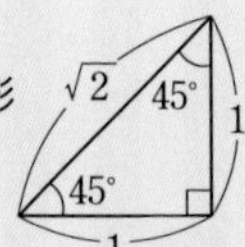


● 30°，60°，90°の角をもつ直角三角形

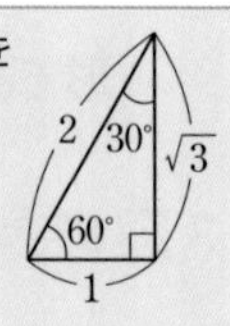


## 空間図形への利用

[例題6，例題13～例題15]

■ 空間図形の対角線や高さ

①**直方体の対角線の長さ**

$$\ell=\sqrt{a^2+b^2+c^2}$$

△ABDで，$BD^2=a^2+b^2$

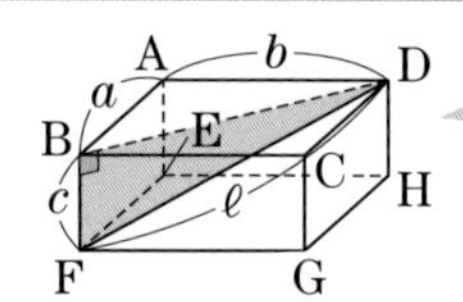


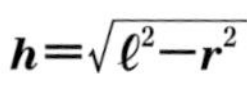


②**角錐（かくすい）の高さ**

頂点Aから底面に垂線をひき，直角三角形をつくる。

➡ この角錐の**高さはAO**

$c=\sqrt{a^2-b^2}$

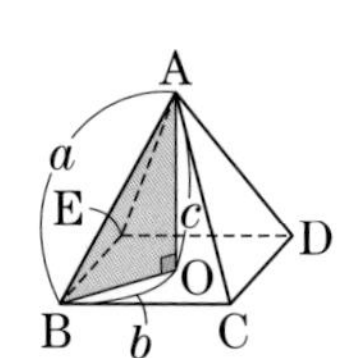


③**円錐の高さ**

$$h=\sqrt{\ell^2-r^2}$$

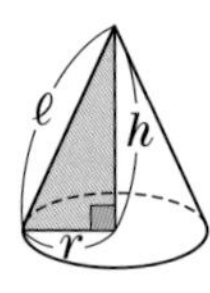

## 例題 6 三平方の定理の利用の基本 Level ★★★

次の問いに答えなさい。

(1) 1辺の長さが6cmの正三角形の高さと面積を求めなさい。

(2) 縦4cm，横6cm，高さ12cmの直方体の対角線の長さを求めなさい。

### 解き方

(1) 1辺が$a$cmの正三角形の高さは，

正三角形の高さを求める式 ▶ $\dfrac{\sqrt{3}}{2}\boldsymbol{a}$(cm) ← $\sqrt{a^2-\left(\dfrac{a}{2}\right)^2}$

したがって，求める高さは，

$\dfrac{\sqrt{3}}{2}\times 6=3\sqrt{3}$ **(cm)** …答

1辺が$a$cmの正三角形の面積は，

正三角形の面積を求める式 ▶ $\dfrac{\sqrt{3}}{4}\boldsymbol{a}^2$(cm$^2$) ← $\dfrac{1}{2}\times a\times\dfrac{\sqrt{3}}{2}a$

したがって，求める面積は，

$\dfrac{\sqrt{3}}{4}\times 6^2=9\sqrt{3}$ **(cm$^2$)** …答

(2) 縦$a$cm，横$b$cm，高さ$c$cmの直方体の対角線の長さは，

対角線の長さを求める式 ▶ $\sqrt{\boldsymbol{a}^2+\boldsymbol{b}^2+\boldsymbol{c}^2}$(cm)

したがって，求める対角線の長さは，

$\sqrt{4^2+6^2+12^2}=\sqrt{196}=14$ **(cm)** …答

**Point**
**正三角形の高さ→$\dfrac{\sqrt{3}}{2}$×(1辺の長さ)**
**直方体の対角線の長さ→$\sqrt{(縦)^2+(横)^2+(高さ)^2}$**

### 別解 直角三角形をつくる

(1) 正三角形ABCの頂点Aから辺BCに垂線AHをひくと，△ABHは30°，60°，**90°の角をもつ直角三角形**になる。

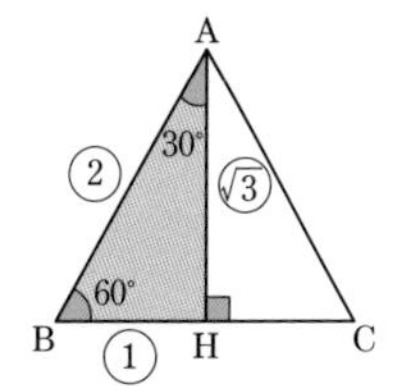


AB=6cmだから，

6：AH=2：$\sqrt{3}$

これより，AH=$3\sqrt{3}$ **cm** …答

また，面積は，

$\dfrac{1}{2}\times 6\times 3\sqrt{3}=9\sqrt{3}$ **(cm$^2$)** …答

### 参考 長方形の対角線

長方形は，対角線で2つの合同な直角三角形に分けられる。したがって，縦$a$，横$b$の長方形の対角線の長さ$\ell$は，

$\boldsymbol{\ell=\sqrt{a^2+b^2}}$

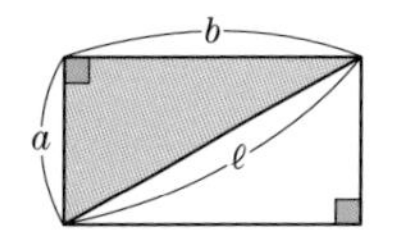


## 練習 | 解答▶別冊p.27

**6** 次の問いに答えなさい。

(1) 底辺が6cm，他の2辺が5cmの二等辺三角形の高さと面積を求めなさい。

(2) 1辺の長さが10cmの立方体の対角線の長さを求めなさい。

## 例題 7 台形の対角線

Level ★★★

右の図の台形ABCDは，AD//BC，AD=10cm，BC=20cm，AB=DC=9cmです。

このとき，対角線ACの長さを求めなさい。

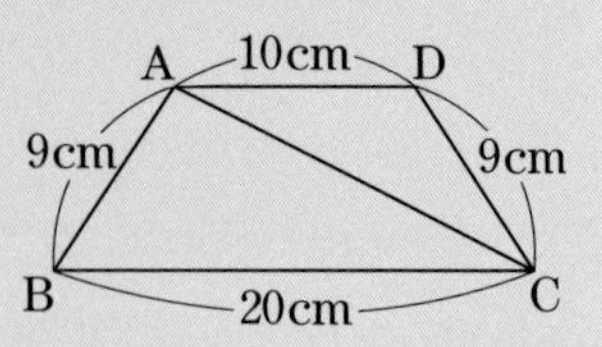

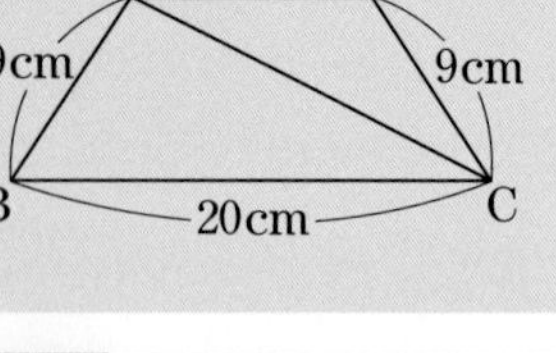

### 解き方

垂線をひく ▶ 頂点A，Dから辺BCに，それぞれ垂線AE，DFをひくと，四角形AEFDは長方形だから，

EF=AD=10cm

また，△ABE≡△DCFだから，

$BE=CF=(20-10)\times\frac{1}{2}=5(cm)$

ここで，△ABEは直角三角形だから，

△ABEで三平方の定理を利用 ▶ $AE^2=AB^2-BE^2$

$=9^2-5^2=56$

AE＞0だから，$AE=2\sqrt{14}$cm

一方，△AECも直角三角形だから，

△AECで三平方の定理を利用 ▶ $AC^2=AE^2+EC^2$

$=56+15^2=281$

（EF+FC=10+5=15）

AC＞0だから，

$AC=\sqrt{281}$**cm** …答

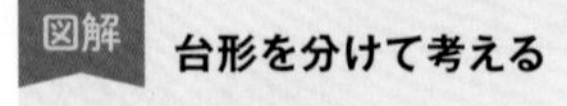

図解 **台形を分けて考える**

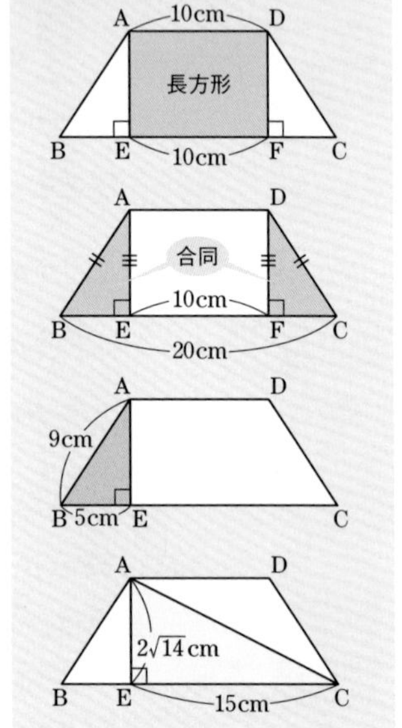


**Point** 「直角三角形をつくって，三平方の定理を使う。」

### 練習

解答 別冊p.27

7 右の図の台形ABCDは，∠C=∠D=90°，AD//BC，BC=11cm，CD=12cm，DA=6cmです。

このとき，ABの長さを求めなさい。

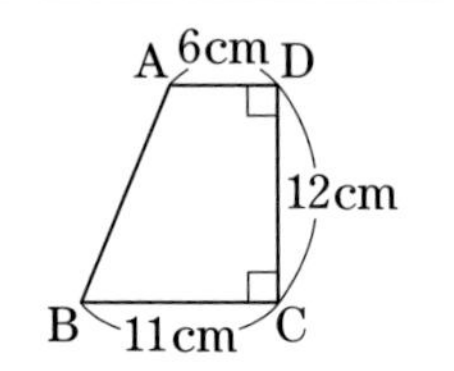

## 例題 8 円の弦と三平方の定理　Level ★★☆

右の図で，円Oの半径が9cmのとき，弦ABの長さを求めなさい。

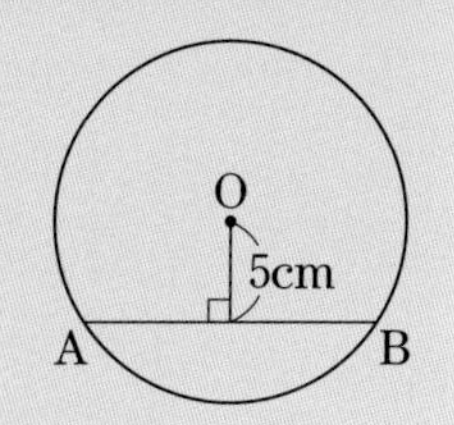


### 解き方

弦ABと円Oの中心を通る直線との交点をHとすると，∠OHA＝90°よりHは弦ABの中点だから，

Hは ABの中点 ▶　AB＝2AH

OとAを結び，△OAHをつくると，

OA＝9cm，OH＝5cm，∠OHA＝90°の直角三角形だから，

△OAHで三平方の定理を使う ▶　$AH^2=9^2-5^2=56$

AH＞0だから，$AH=\sqrt{56}=2\sqrt{14}$(cm)

したがって，$AB=2AH=$**$4\sqrt{14}$cm** …答

**Point　中心Oと点Aを結び，直角三角形をつくる。**

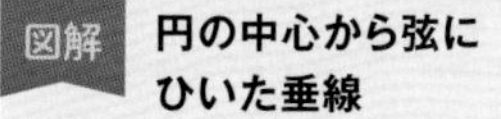

**図解　円の中心から弦にひいた垂線**

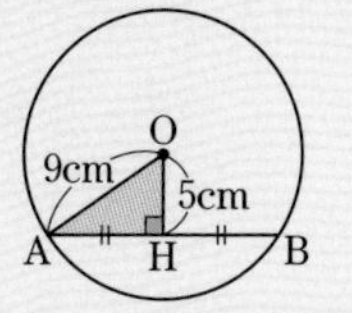


円の中心から弦にひいた垂線は，その弦を2等分する。

点と直線の距離は，その点から直線にひいた垂線の長さだね。

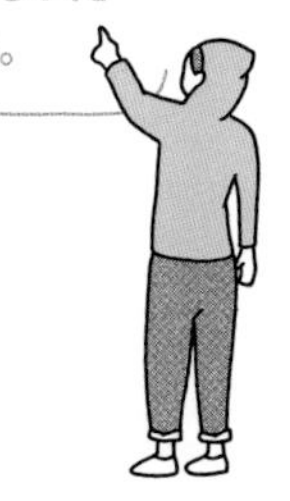

**参考　球への利用**

下の図のように，球を平面で切って，球の半径を求めるときにも**三平方の定理**を使うことができる。

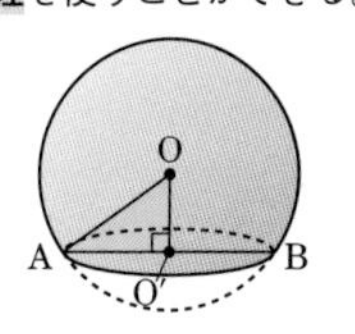


$OA=\sqrt{O'O^2+O'A^2}$ (OA＞0)

### 練習

解答 別冊p.27

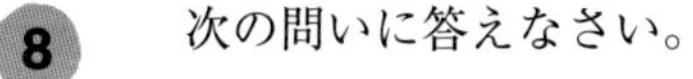

**8**　次の問いに答えなさい。

(1)　右の図で，円Oの半径を求めなさい。

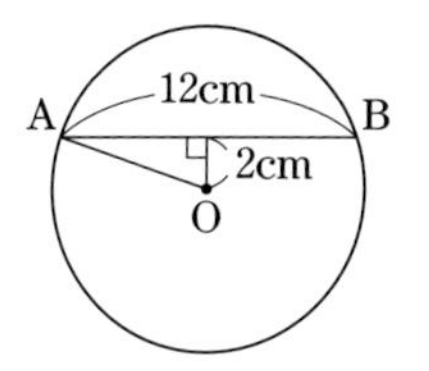


(2)　半径6cmの円Oがあります。この円の弦ABの長さが8cmのとき，中心Oから弦ABまでの距離を求めなさい。

## 例題 9 円の接線と三平方の定理

Level ★★★

半径3cmの円Oがあります。円Oの中心から6cmの距離にある点Aから，この円に接線APをひくとき，線分APの長さを求めなさい。

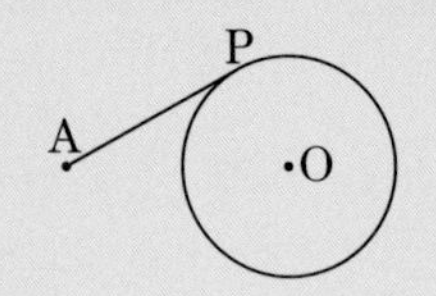


### 解き方

補助線をひいて，直角三角形をつくる ▶ 円の中心Oと点A，Pをそれぞれ結ぶと，△APOは
OP=3cm，OA=6cm，∠APO=90°の直角三角形。

△APOで三平方の定理を使う ▶ したがって，$AP^2+OP^2=OA^2$

つまり，$AP^2=6^2-3^2=27$

AP＞0だから，**AP=$3\sqrt{3}$ cm** …答

図解 円の接線は，その接点を通る半径に垂直!

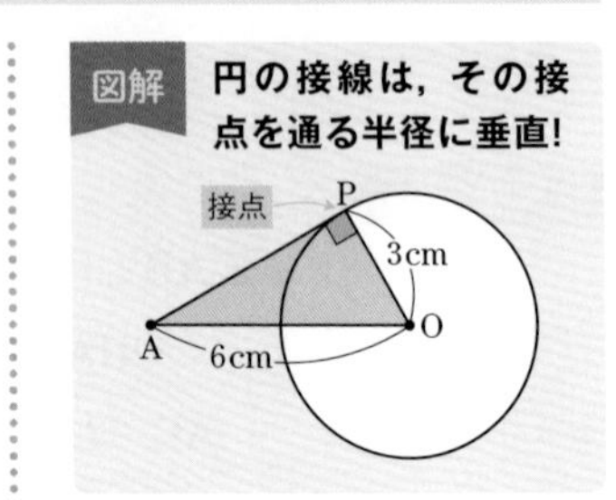


## 例題 10 長方形の紙の折り重ね

右の図は，AB=6cm，BC=8cmの長方形の紙ABCDを，頂点Cが頂点Aに重なるように折り返したものです。

折り目をEFとするとき，AEの長さを求めなさい。

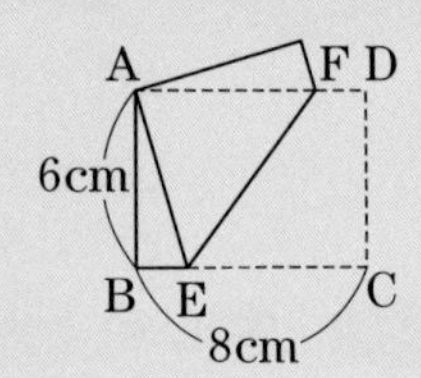


### 解き方

AE=$x$cmとおくと，BE=BC−EC=$8-x$(cm)

折り返した辺に着目する ▶ 直角三角形ABEで，三平方の定理から，

三平方の定理を使う ▶ $x^2=6^2+(8-x)^2$　これを解くと，$\boldsymbol{x=\frac{25}{4}}$**(cm)** …答

図解 折り返した辺の長さは等しい

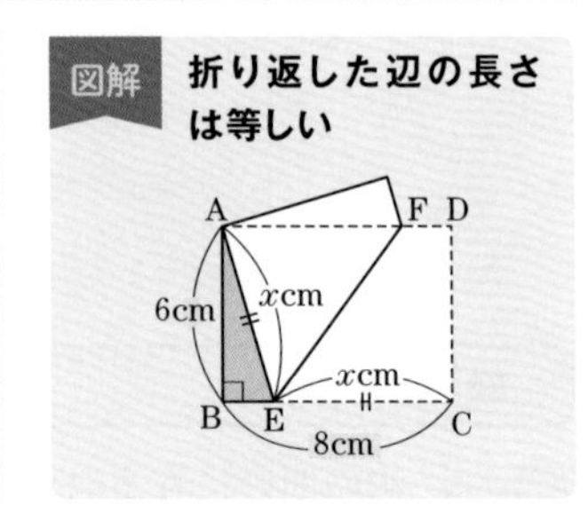


## 練習

解答 別冊p.27

**9** 円Oの中心から6cmのところに点Aがあります。Aから円Oに接線APをひき，線分APの長さが5cmのとき，円Oの半径を求めなさい。

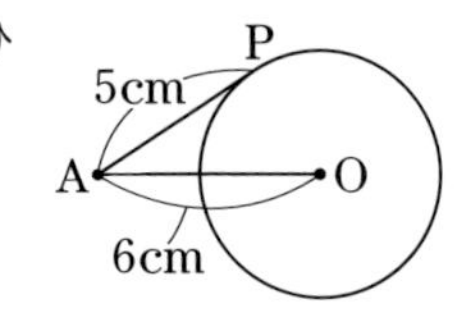


**10** 例題10で，EFの長さを求めなさい。

## 例題 11 点を結ぶ線分の長さ

Level ★☆☆

3点A(5, 2), B(−1, 5), C(−4, −1)があります。

このとき，△ABCはどんな三角形になりますか。各辺の長さを求めて調べなさい。

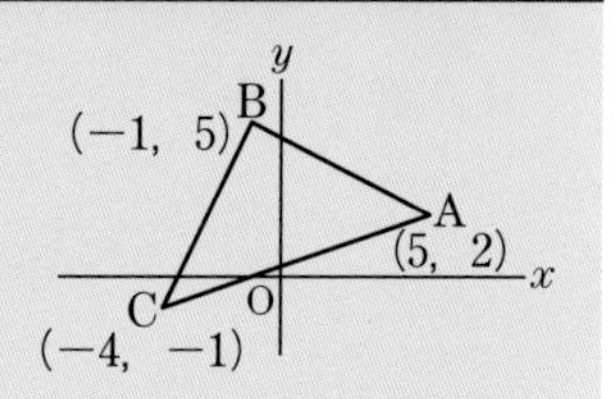


### 解き方

△ABCの3辺の長さを求める。

3辺の長さを求める ▶ $AB=\sqrt{(-1-5)^2+(5-2)^2}$

$=\sqrt{45}$

（$\sqrt{\{5-(-1)\}^2+(2-5)^2}$ と計算してもよい）

$BC=\sqrt{\{-4-(-1)\}^2+(-1-5)^2}$

$=\sqrt{45}$

$CA=\sqrt{\{5-(-4)\}^2+\{2-(-1)\}^2}$

$=\sqrt{90}$

2辺が等しい ▶ AB＝BCだから，△ABCは二等辺三角形である。

さらに，

$AB^2=45$, $BC^2=45$, $CA^2=90$

これより，

三平方の定理の逆が成り立つ ▶ $AB^2+BC^2=CA^2$

したがって，△ABCはCAを斜辺とする∠B＝90°の直角二等辺三角形である。

**答 ∠B＝90°の直角二等辺三角形**

**Point 2点間の距離から，△ABCの各辺の長さを求める。**

**確認 2点間の距離**

座標平面上の2点間の距離は，

$\sqrt{(x\text{座標の差})^2+(y\text{座標の差})^2}$

で表される。

**テストで注意 「二等辺三角形」ではダメ!**

必ず，「**三平方の定理の逆**」を使って，直角三角形であるかを調べること。この場合，「∠B＝90°の**直角二等辺三角形**」と答えなければ，満点はもらえない。

三平方の定理の逆を使って，△ABCが直角三角形であるかを調べよう。

### 練習

解答 ▶ 別冊p.27

**11** 3点A(−1, 1), B(1, −1), C(5, 3)があります。このとき，△ABCは直角三角形になることを証明しなさい。

## 例題 12 関数と線分の長さ

Level ★★☆

右の図のように，関数$y=\frac{1}{2}x^2$のグラフ上に，$x$座標がそれぞれ$-4$，2となる点A，Bをとります。

このとき，2点A，B間の距離を求めなさい。

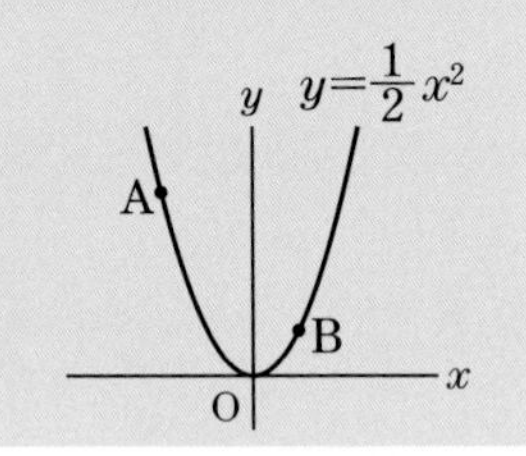


### 解き方

関数$y=\frac{1}{2}x^2$のグラフ上の点の座標を求める ▶

Aの座標は，$x$座標が$-4$だから，

$y$座標は，$y=\frac{1}{2}\times(-4)^2=8$で，

A$(-4,\ 8)$

Bの座標は，$x$座標が2だから，

$y$座標は，$y=\frac{1}{2}\times 2^2=2$で，

B$(2,\ 2)$

右の図のように，

2点A，Bを結ぶと，

線分ABの長さを求める ▶

$$AB=\sqrt{\{2-(-4)\}^2+(2-8)^2}$$
$$=\sqrt{72}$$
$$=6\sqrt{2}$$

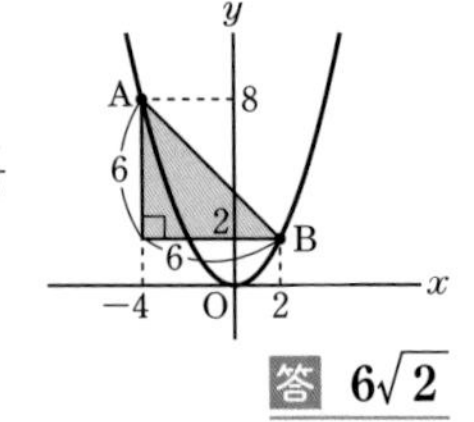


答 $6\sqrt{2}$

**Point** **2点A，Bの座標を求めてから，A，B間の距離を求める。**

**確認 座標の求め方**

関数のグラフ上の点の座標は，$x$座標がわかっていれば，グラフの式に$x$の値を代入して，$y$座標を求めることができる。

座標平面上の2点間の距離は，2点の座標がわかれば求められるね。

### 練習

解答 別冊p.28

12 右の図のように，関数$y=2x$のグラフ上に点Pがあります。OPの長さが$5\sqrt{2}$のとき，Pの座標を求めなさい。

ただし，(Pの$x$座標)$>0$とします。

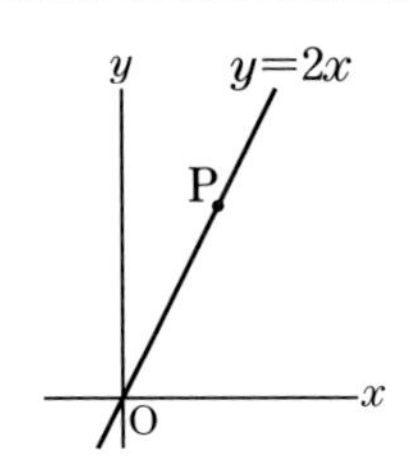

## 例題 13 四角錐の高さ

Level ★★☆

右の図の展開図を組み立ててできる正四角錐の体積を求めなさい。

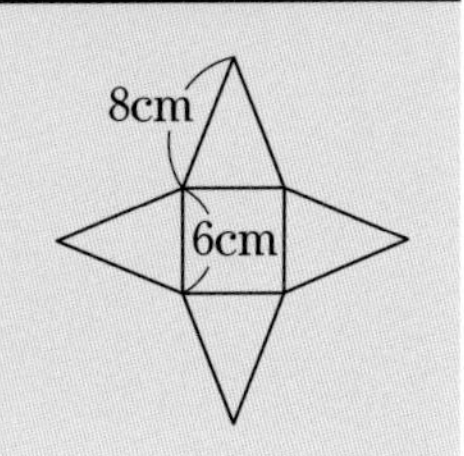


### 解き方

展開図を組み立てると右の図のようになる。

**図解** 組み立てた正四角錐

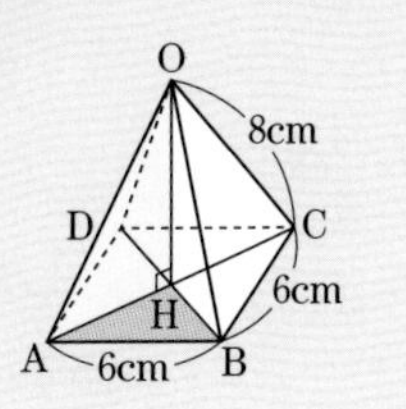


頂点から底面に垂線をひく ▶ 底面の各辺の長さがわかっているので，四角錐の高さOHを求めれば，体積が求められる。頂点から底面に垂線をひくと，垂線は底面の対角線の交点を通る。

△HABは直角二等辺三角形だから，

△HABの3辺の比は，$1:1:\sqrt{2}$ ▶ $HA:6=1:\sqrt{2}$ より，（6 → AB）

$$HA=\frac{6}{\sqrt{2}}=3\sqrt{2}\,(\text{cm})$$

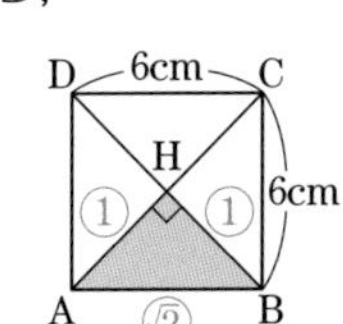


正方形の対角線は，たがいを垂直に2等分する。

また，△OAHは∠AHO＝90°の直角三角形だから，

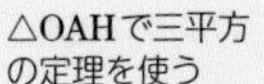

△OAHで三平方の定理を使う ▶ $OH^2+AH^2=OA^2$

$$OH^2=OA^2-AH^2=8^2-(3\sqrt{2})^2=46$$

$OH>0$ だから，$OH=\sqrt{46}\text{cm}$ （→ 正四角錐の高さ）

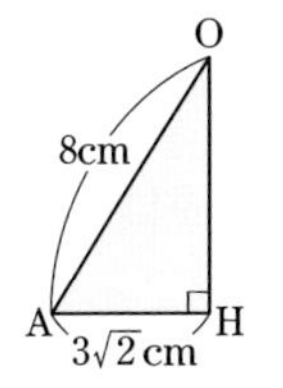


したがって，体積は，

錐体の体積 ＝$\frac{1}{3}$×底面積×高さ ▶

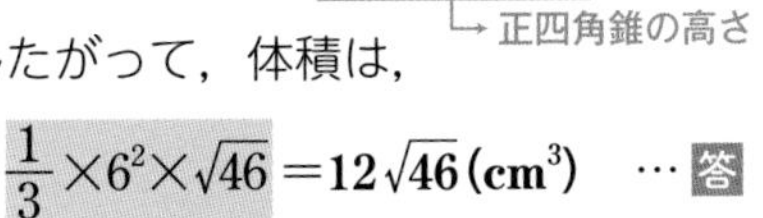

$$\frac{1}{3}\times 6^2\times\sqrt{46}=12\sqrt{46}\,(\text{cm}^3)$$ …答

**Point　錐体の高さは，頂点から底面にひいた垂線の長さになる。**

### 練習

解答 別冊p.28

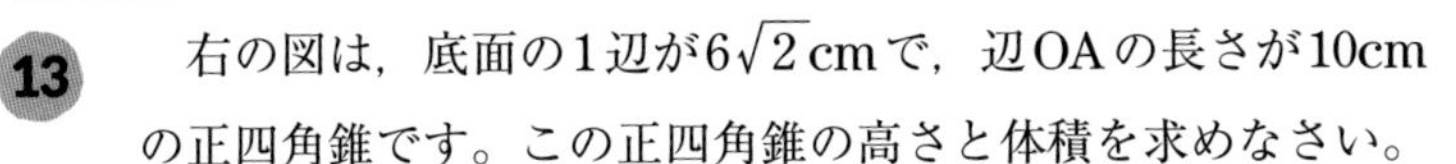

**13**　右の図は，底面の1辺が $6\sqrt{2}$ cmで，辺OAの長さが10cmの正四角錐です。この正四角錐の高さと体積を求めなさい。

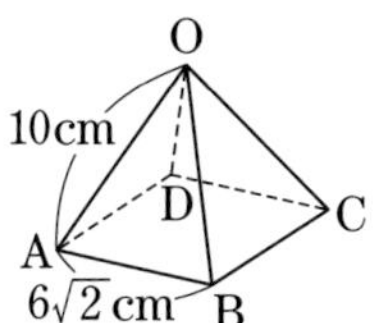

## 例題 14 円錐の高さ

Level ★★☆

右の展開図で表される円錐について，次の問いに答えなさい。

ただし，円周率は$\pi$とします。

(1) この円錐の高さを求めなさい。

(2) この円錐の体積を求めなさい。

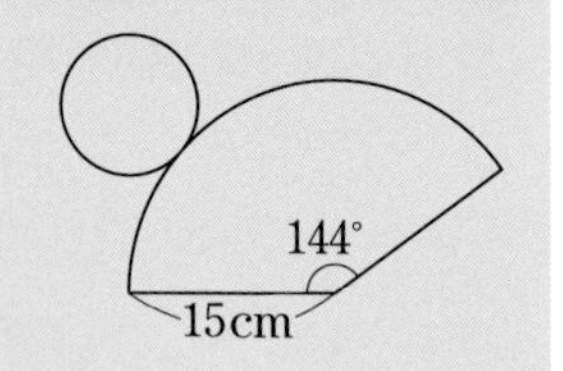


### 解き方

(1) 底面の円の半径を$r$cmとすると，

底面の半径を求める ▶

$$2\pi r = 2\pi \times 15 \times \frac{144}{360}$$

└ おうぎ形の弧の長さ

$$r = 6$$

円錐を組み立てる ▶ したがって，展開図を組み立てると，右下の図のような円錐になる。

△OAHは∠AHO＝90°の直角三角形だから，三平方の定理より，

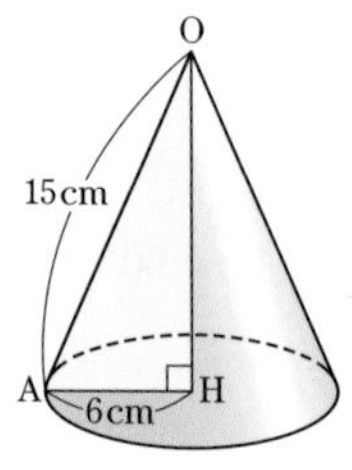


△OAHで三平方の定理を使う ▶

$$OH^2 = OA^2 - AH^2$$

$$= 15^2 - 6^2 = 189$$

OH＞0だから，$OH = 3\sqrt{21}$cm

**答 $3\sqrt{21}$cm**

(2) 底面の円の半径は6cm，円錐の高さは$3\sqrt{21}$cmだから，体積は，

錐体の体積 ＝$\frac{1}{3}$×底面積×高さ ▶

$$\frac{1}{3}\pi \times 6^2 \times 3\sqrt{21} = 36\sqrt{21}\pi(\text{cm}^3)$$

**答 $36\sqrt{21}\pi$cm³**

**Point** (高さ)$^2$＝(母線の長さ)$^2$－(底面の半径)$^2$

**図解 円錐の展開図で等しい長さ**

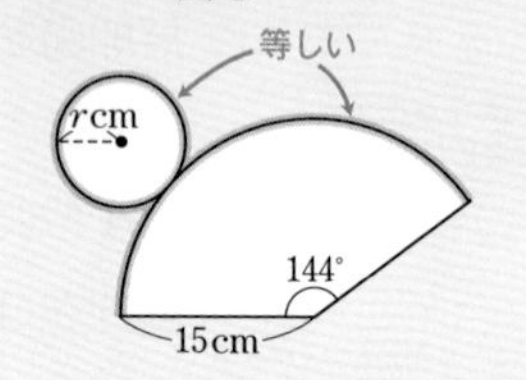


※底面の円周の長さとおうぎ形の弧の長さは等しい。

**復習 おうぎ形の弧の長さ**

半径が$r$，中心角が$a$°のおうぎ形の弧の長さ$\ell$は，下のように求められる。

$$\ell = 2\pi r \times \frac{a}{360}$$

まず，底面の円の半径の長さを求めるんだね。

### 練習

解答 別冊p.28

**14** 底面の半径が3cm，側面の展開図のおうぎ形の中心角が120°の円錐があります。この円錐の体積を求めなさい。ただし，円周率は$\pi$とします。

## 例題 15 糸の長さ

思考

右の図は，3辺の長さが5cm，4cm，6cmの直方体です。この表面に，図のように点Aから辺BF，CGを通ってHまで糸を巻きつけ，糸の長さAHが最も短くなるようにします。

このとき，巻きつけた糸の長さを求めなさい。

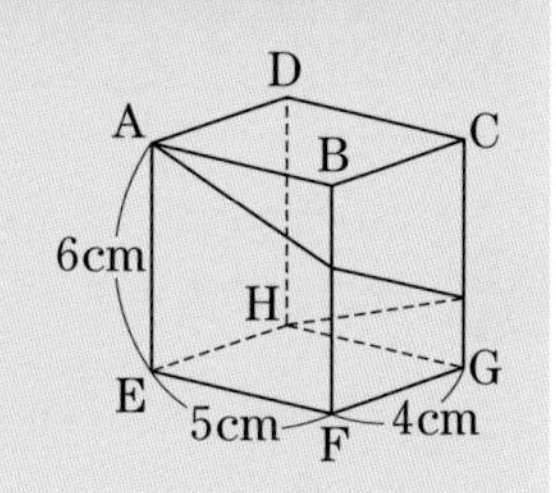


### 解き方

展開図をかく ▶ 糸が巻きついている面の展開図は，右の図のようになる。

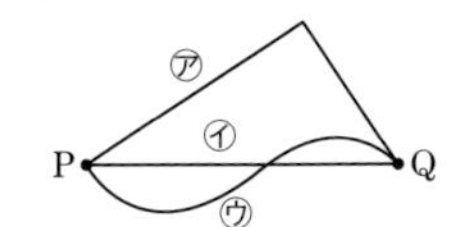


糸の最短の長さは，

最短の長さは線分AH ▶ 線分AHで表されている。

ここで，△AEHは∠AEH＝90°の直角三角形だから，三平方の定理より，

△AEHで三平方の定理を利用 ▶ $AH^2=AE^2+EH^2$

$=6^2+(5+4+5)^2$

$=232$

$AH>0$だから，

$AH=\sqrt{232}$

$=2\sqrt{58}$ (cm)

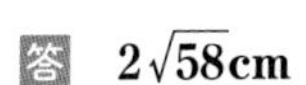

答 $2\sqrt{58}$cm

Point 側面の展開図をかいて，線分AHの長さを求める。

**確認 2点間を直線で結ぶと，いちばん短い!**

下の図で，P地点からQ地点まで行く道が㋐，㋑，㋒の3通りある。この中で最短になるのは，直線で結んだ㋑である。

糸の巻きつけ方を自分で考える問題もあるよ。

### 練習

解答 別冊p.28

15 右の図は，底面BCDEの1辺が3cmで，辺ABが3cmの正四角錐の表面に，図のように点Bから辺ACを通り，点Dまで糸を巻きつけたものです。この糸の長さBDを最も短くしたとき，その長さを求めなさい。

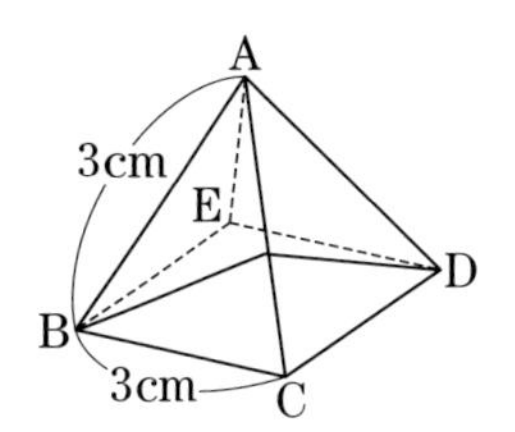

# 定期テスト予想問題 ①

時間 40分
解答 別冊 p.28

得点 /100

1／三平方の定理

**1** 次の図の直角三角形において，$x$ の値を求めなさい。 【6点×2】

(1)

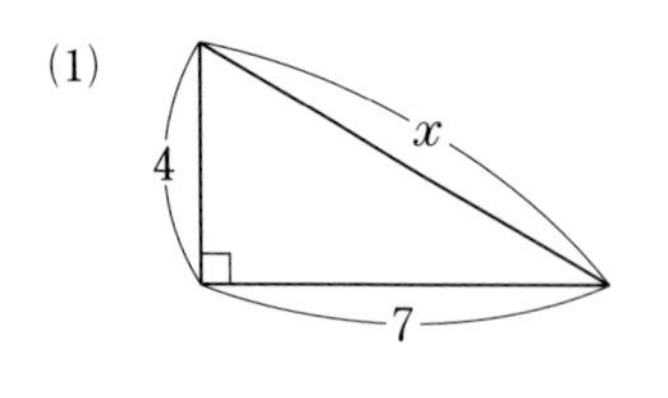


(2)

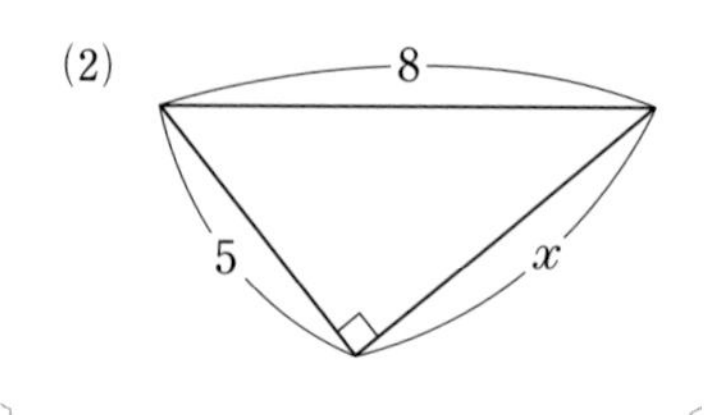


〔　　　　〕　〔　　　　〕

1／三平方の定理

**2** 次のような**ア**～**エ**の3辺をもつ三角形のうち，直角三角形になるものをすべて選び，記号で答えなさい。 【6点】

**ア**　6 cm，8 cm，10 cm　　**イ**　4 cm，6 cm，7 cm

**ウ**　8 cm，15 cm，17 cm　　**エ**　1 cm，2.4 cm，2.6 cm　〔　　　　〕

2／三平方の定理の利用

**3** 次の問いに答えなさい。 【6点×3】

(1)　1辺の長さが12 cmの正三角形の面積を求めなさい。　〔　　　　〕

(2)　半径6 cmの円で，中心からの距離が4 cmである弦の長さを求めなさい。

〔　　　　〕

(3)　3辺の長さが6 cm，8 cm，10 cmである直方体の対角線の長さを求めなさい。

〔　　　　〕

2／三平方の定理の利用

**4** 次のような座標の3点を頂点とする三角形は，どのような三角形ですか。各辺の長さを求めて調べなさい。 【6点×3】

(1)　A(0，0)，B(1，−3)，C(3，−1)　〔　　　　〕

(2)　A(−5，4)，B(−2，1)，C(2，5)　〔　　　　〕

(3)　A(2，−1)，B(7，−2)，C(4，−4)　〔　　　　〕

2／三平方の定理の利用

**5** 右の図のように，球を中心Ｏからの距離が 2cm のところで切りました。その切り口は円となり，その中心をＯ′とすると切り口の半径Ｏ′Ａ=3cm です。このとき，この球の半径を求めなさい。【7点】

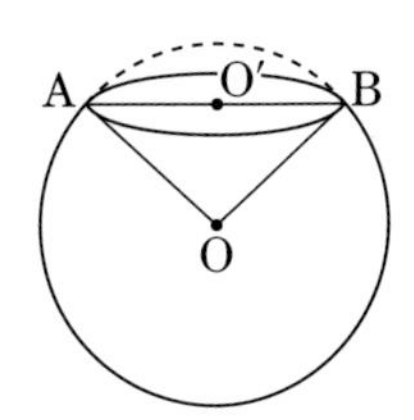


〔　　　　　〕

2／三平方の定理の利用

**6** 底面の 1 辺の長さが 6cm の正四角錐があります。OA＝10cm のとき，次の問いに答えなさい。【7点×2】

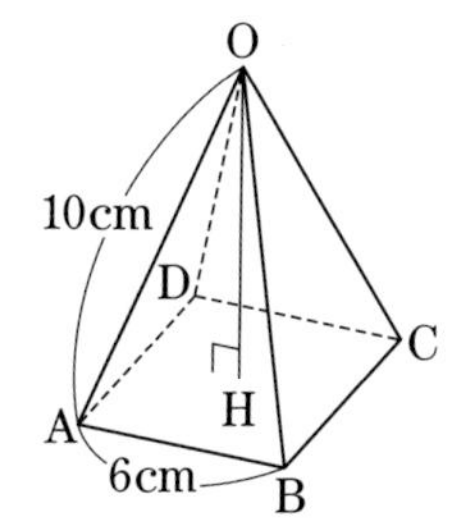


(1) この正四角錐の表面積を求めなさい。

〔　　　　　〕

(2) この正四角錐の体積を求めなさい。

〔　　　　　〕

2／三平方の定理の利用

**7** ∠A＝90°の直角三角形 ABC で，A から BC へ垂線 AH をひくとき，次の問いに答えなさい。【8点×2】

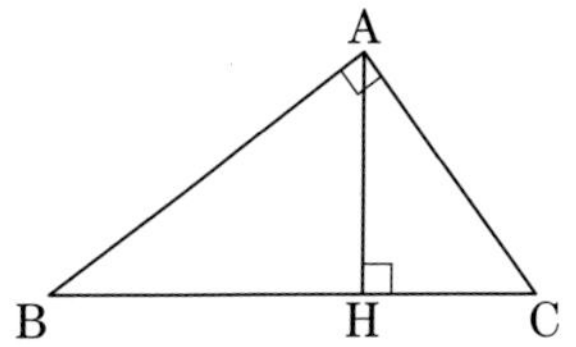


(1) AB＝10cm，AH＝8cmのとき，BC の長さを求めなさい。

〔　　　　　〕

(2) BH＝12cm，CH＝10cm のとき，AH の長さを求めなさい。

〔　　　　　〕

2／三平方の定理の利用

**8** 右の図は，円錐を底面に平行な平面で切った立体（円錐台）を表しています。底面の円の半径を 6cm，切り口の円の半径を 3cm，高さを 4cm として，この立体の側面積（表面積から上下の底面の面積をのぞいたもの）を求めなさい。（ただし，円周率は $\pi$ とします。）【9点】

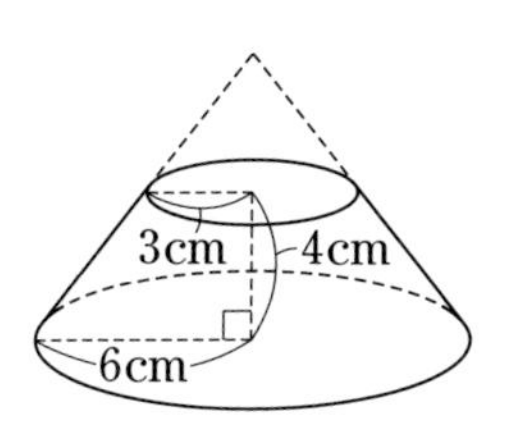


〔　　　　　〕

# 定期テスト予想問題 ②

時間 40分
解答 別冊 p.29

得点 /100

1／三平方の定理

**1** 周の長さが 60cm の直角三角形があります。斜辺の長さが 26cm のとき，他の 2 辺の長さを求めなさい。 【10点】

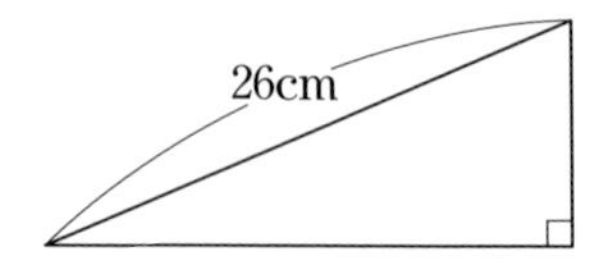


〔　　　　　　〕

2／三平方の定理の利用

**2** 右の図の△ABC で，A から BC へ垂線 AH をひくとき，次の問いに答えなさい。 【10点×2】

(1) 線分 AH の長さを求めなさい。

〔　　　　　　〕

(2) △ABC の面積を求めなさい。

〔　　　　　　〕

2／三平方の定理の利用

**3** 右の図の台形 ABCD は，∠A＝∠B＝90°，AD＝6cm，BC＝10cm，CD＝8cm です。このとき，次の問いに答えなさい。 【10点×2】

(1) 台形 ABCD の面積を求めなさい。

〔　　　　　　〕

(2) 対角線 AC の長さを求めなさい。

〔　　　　　　〕

2／三平方の定理の利用

**4** 半径 5cm の円 O があります。点 A から，この円に接線 AP をひいたところ，線分 AP の長さが10cm になりました。線分 AO の長さを求めなさい。 【10点】

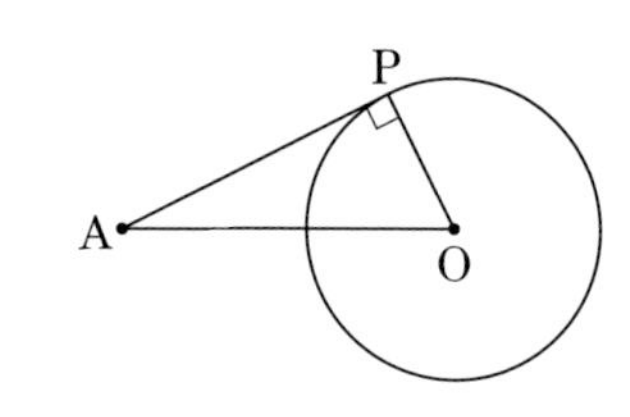


〔　　　　　　〕

2／三平方の定理の利用

**5** 右の図は，3 辺の長さが 8cm，4cm，3cm の直方体です。この表面に，図のように点 A から辺 BF，CG，DH を通って E まで糸を巻きつけ，糸の長さ AE が最も短くなるようにします。このとき，糸の長さを求めなさい。

【10点】

〔　　　　　　　　〕

思考

2／三平方の定理の利用

**6** 図 1 のような池があります。池には，岸から離れたところに島があり，島の中央に 1 本の塔(とう)が立っています。たかしさんは図 1 の A 地点から目の高さを地面から 1m にして塔を見たところ，図 2 のように見えました。図 2 において，P は塔の先端，Q は塔の根元，R は目の位置，S は R を通り，AQ に平行な直線と PQ との交点です。塔の高さが86m であるとき，次の問いに答えなさい。

図 1

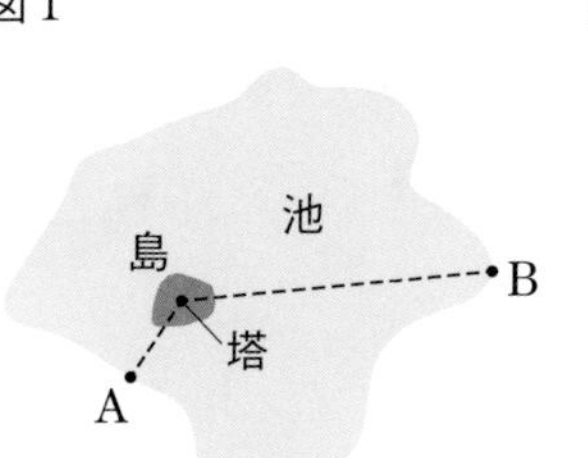


図 2

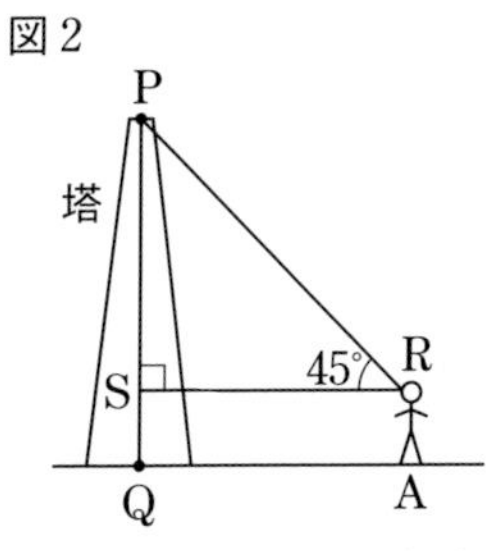


【15点×2】

(1) AQ 間の距離を求めなさい。

〔　　　　　　　　〕

(2) 次に，たかしさんが B 地点で，A 地点にいたときと同じようにして塔を見たところ，図 3 のように見えました。このとき，BQ 間の距離を求めなさい。求め方も書きなさい。また，$\sqrt{3}=1.73$ として計算しなさい。

図 3

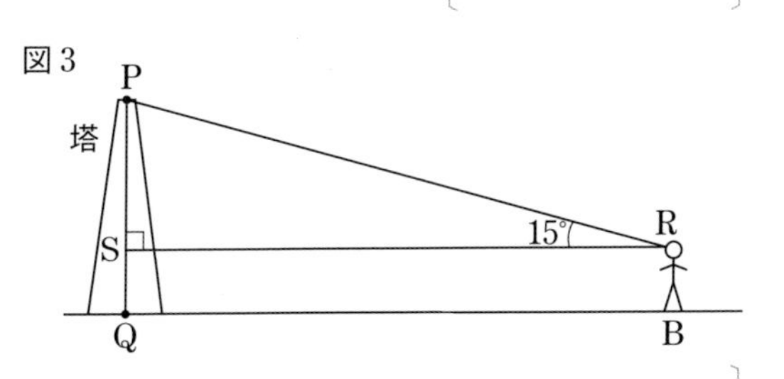


〔　　　　　　　　〕

# 三平方の定理の証明 ～数式を使わない方法～

p.253，254では，三平方の定理を証明しました。実はこの定理の証明方法は，これ以外にもたくさんあります。ここでは，少しめずらしい，数式を使わない，図形による証明方法を紹介します。

---

① 直角をはさむ2辺の長さが$a$，$b$($a \geqq b$)，
斜辺の長さが$c$の直角三角形を考えます。

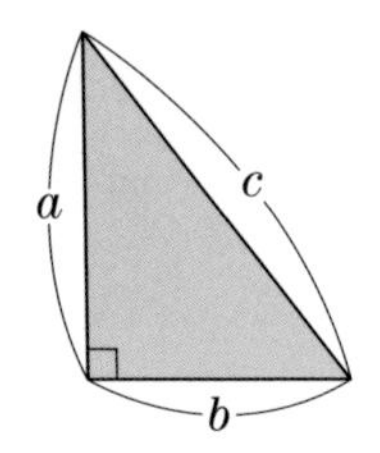


② ①の三角形をもとにして，1辺がそれぞれ$a$，$b$の正方形をつくります。そして，A～Eの5つのブロックに分けます。2つの正方形の面積の和は，$a^2+b^2$です。

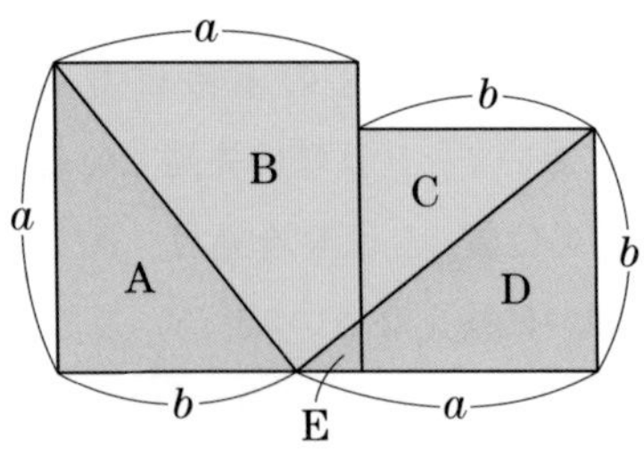


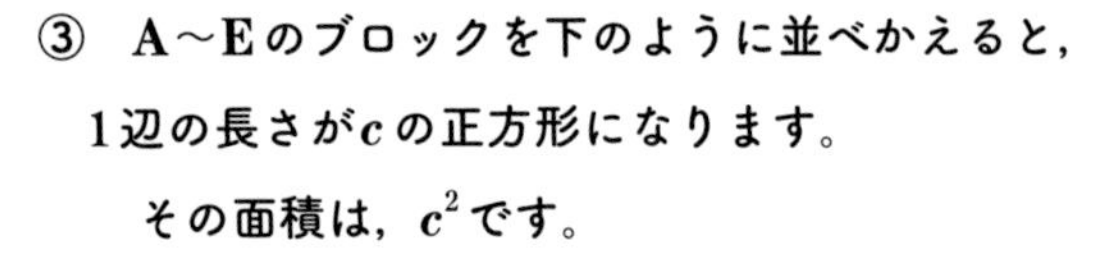

③ A～Eのブロックを下のように並べかえると，1辺の長さが$c$の正方形になります。
その面積は，$c^2$です。

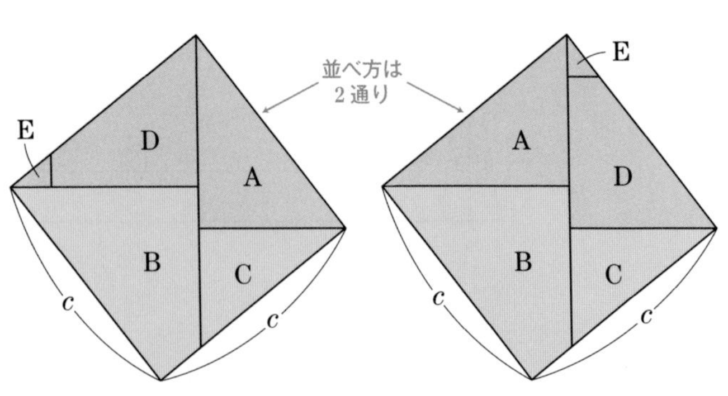


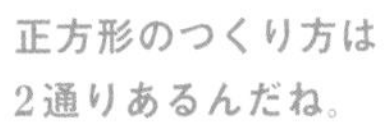


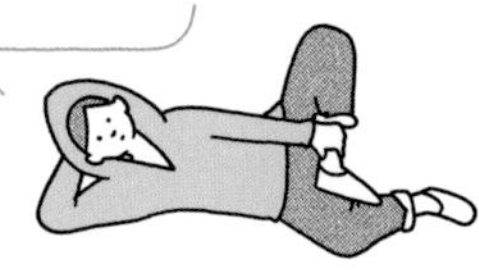

④ ②の2つの正方形の面積の和と，③の正方形の面積は同じだから，$a^2+b^2=c^2$となります。

# 富士山が見える一番遠いところはどこ？

地球は丸いため，富士山が日本一高い山でも，どこからでも見えるわけではありません。
どのくらい遠いところから見ることができるか三平方の定理を使って，計算してみましょう。

右の図のように，B地点から富士山の山頂Aが見えるとすると，線分ABは，円Oの接線です。
「見える距離」を線分ABの長さと考えることにします。

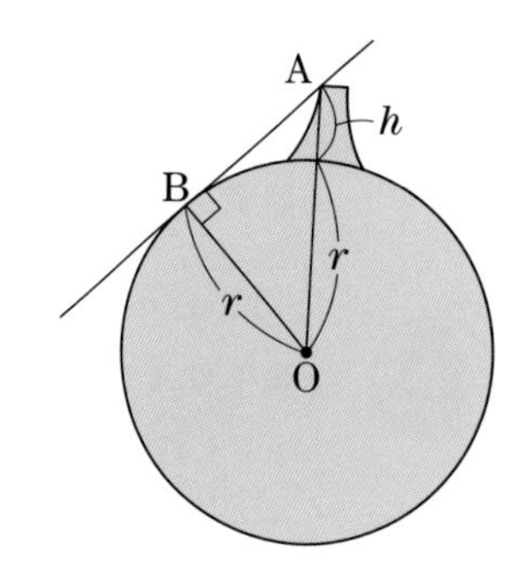


△ABOは，∠B＝90°の直角三角形だから，

$AO^2 = AB^2 + BO^2$

（AO → $r+h$，BO → $r$）

$AB^2 = (r+h)^2 - r^2$

$AB^2 = 2rh + h^2$

$AB^2 = 47210.89$

地球の半径$r$ kmを，6378 km
富士山の高さ$h$ kmを，3.7 km
とすると，
$2rh + h^2 = 2 \times 6378 \times 3.7 + 3.7^2$
$= 47210.89$

電卓を使って，ABの長さを求めると，

$AB = 217.28\cdots$

よって，200km以上離れたところからでも富士山は見えることになります。

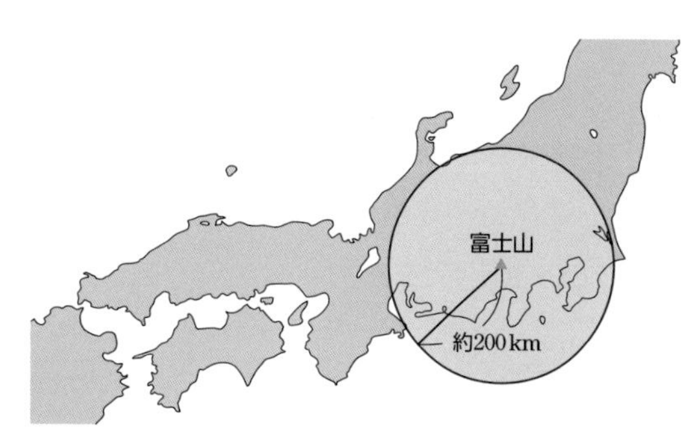


富士山を中心にして，半径200 kmの円をかくと，どの場所まではいるでしょうか。

上の図で，接線ABの範囲ならば，山頂Aを見ることができます。地球は丸いので，高いところへ登れば，もっと遠くからでも見えます。富士山から約320km離れた和歌山県の山からも見えます。

# 中学生のための 勉強・学校生活アドバイス

## 集中力を最大限に活かすには？

「昨日は3時間ぶっ続けで勉強しました！」

「頑張ったね。でもね、一般的に人間の集中力って90分が限界なんだって。ちゃんと3時間ずっと集中できてた？」

「そういわれると…。最後の1時間はちょっと集中できてなかったかもしれないです。ちょっと疲れちゃって。」

「集中力が切れた状態で机に向かい続けても効率がよくないから、**60～90分勉強したら、10分休憩して、**リフレッシュしてから勉強するほうがいいわよ。」

「そうなんですね。休憩をはさむようにします。」

「集中力が続くように勉強するには、勉強する時間を一日の中で分散するのもいい方法よ。」

「一日の中で分散？」

「まず、**朝に勉強する**のよ。」

「えぇ、私、早起き苦手なんですよねぇ。」

「だからその分、夜は早く寝るの。夜に3時間勉強するのだと、集中が続かないから、夜は90分やったら寝るようにする。その分、朝早起きして90分やる。」

「へぇ、たしかにまとめて3時間やるよりは集中も続きそうだな。やってみようかな？」

「そうやって勉強すると集中が続くから3時間が短く感じるわよ。」

「勉強時間が短く感じるのはいいかも。」

「効率いいからぜひやってみて。それに『朝、まだ誰も起きていない時間から頑張っている自分えらい』って思えて、自信も持てるのよね。」

# 8章

# 標本調査

Gakken New Course

教科書の要点

# 1 標本調査

## 全数調査と標本調査

[例題1～例題2]

ある集団のもっている性質を調査する方法として，**全数調査**と**標本調査**というちがった方法があり，それぞれに適した場面があります。

■ 全数調査

調査の対象となる集団の**すべてのもの**について調べることを，**全数調査**という。　例 国勢調査，学校で行う視力検査

■ 標本調査

集団の中から**一部分を取り出して**調べ，その結果から**集団全体の傾向を推定**する方法を，**標本調査**という。

例 世論調査，かんづめの品質検査

- **母集団**…調査の対象となる集団**全体**。
- **標本**…母集団から取り出した**一部分**。
  標本にふくまれる資料の個数を**標本の大きさ**という。

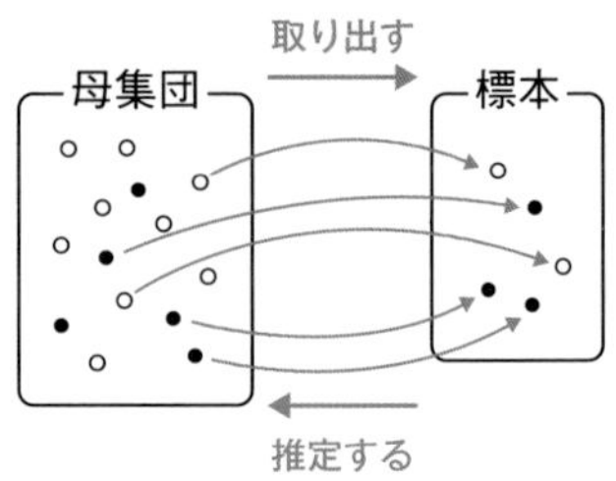


## 標本調査の利用

[例題3～例題6]

■ 標本の平均値

**標本の平均値**は**母集団の平均値**にほぼ等しい。

➡標本の平均値から，母集団の平均値を推定できる。標本の大きさが大きくなるほど，標本の平均値は母集団の平均値に近づく。

例 生徒30人の通学時間の平均値と，**無作為に抽出した**10人の通学時間の平均値。

母集団　大きさ10の標本
平均値 ？分　抽出　推定　平均値 15.5分

■ 標本調査の利用

**ある集団が標本の中にしめる数の割合**は，**母集団の中にしめる数の割合**とほぼ等しい。➡標本の中の比率から，母集団の中の比率を推定できる。

例 赤玉と白玉があわせて250個入っている袋から，無作為に15個の玉を取り出す。
この標本における赤玉と白玉の数の割合は母集団でもほぼ等しいので，この割合をもとに，母集団の赤玉と白玉の数を推定する。

## 例題 1 全数調査と標本調査 Level ★☆☆

次の調査のうち，標本調査が適切であるものはどれですか。

**ア** 飛行場の搭乗口で行う手荷物検査　**イ** 出荷前の電球の耐用時間の検査

**ウ** テレビの視聴率調査　**エ** 学校の健康診断

**解き方**

**ア**，**エ**…1人でももれがあると，調査の目的を果たせない。

**イ**，**ウ**…全数調査はほぼ不可能なので，標本調査が適切である。

答 **イ，ウ**

**くわしく 売る品物を調べるとき**

**イ**で，すべての電球の耐用時間を調べると，売り物として出荷できなくなってしまう。

## 例題 2 母集団と標本 Level ★☆☆

ある中学校で，全校生徒650人の中から無作為に50人を抽出して，好きな教科を聞き取る調査を行いました。この標本調査の母集団と標本を答えなさい。また，標本の大きさを答えなさい。

**解き方**

この調査の対象となる集団全体は全校生徒だが，実際に調査を行ったのは無作為に抽出した50人。

よって，**母集団は全校生徒，標本は無作為に抽出した50人の生徒，標本の大きさは50(人)** …答

**Point** 標本→取り出して実際に調査する集団

テレビの視聴率調査や世論調査も，標本調査の方法が使われているよ。

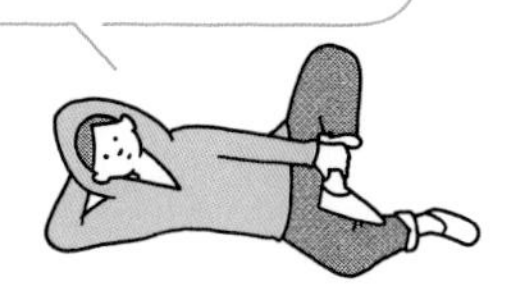

**くわしく 無作為に抽出する**

母集団の中からかたよりなく標本を取り出すことを，**無作為に抽出する**という。

### 練習

解答 別冊p.30

**1** 次の調査のうち，標本調査が適切なのはどちらですか。

**ア** 出荷前の電池の寿命の検査　**イ** ボクシングの試合前の選手の体重測定

**2** ある都市の有権者52140人の中から，無作為に200人を抽出してアンケート調査を行いました。この標本調査について，次の問いに答えなさい。

(1) この標本調査の母集団と標本を答えなさい。

(2) 標本の大きさを答えなさい。

## 例題 3 標本の平均値

Level ★★☆

次の表は，ある中学校の3年生の男子60人のハンドボール投げの記録を調べたものです。この表の中から10個の記録を無作為に抽出した結果は，「22，25，17，20，28，16，26，25，23，29」でした。この標本をもとにして，男子60人の記録の平均値を求めなさい。

| 番号 | 記録(m) | 番号 | 記録(m) | 番号 | 記録(m) | 番号 | 記録(m) | 番号 | 記録(m) | 番号 | 記録(m) |
|---|---|---|---|---|---|---|---|---|---|---|---|
| ① | 23 | ⑪ | 28 | ㉑ | 21 | ㉛ | 17 | ㊶ | 26 | 51 | 15 |
| ② | 17 | ⑫ | 19 | ㉒ | 23 | ㉜ | 29 | ㊷ | 18 | 52 | 20 |
| ③ | 25 | ⑬ | 22 | ㉓ | 17 | ㉝ | 30 | ㊸ | 21 | 53 | 24 |
| ④ | 20 | ⑭ | 23 | ㉔ | 29 | ㉞ | 14 | ㊹ | 22 | 54 | 32 |
| ⑤ | 18 | ⑮ | 15 | ㉕ | 21 | ㉟ | 25 | ㊺ | 25 | 55 | 14 |
| ⑥ | 30 | ⑯ | 22 | ㉖ | 34 | ㊱ | 23 | ㊻ | 19 | 56 | 21 |
| ⑦ | 25 | ⑰ | 26 | ㉗ | 25 | ㊲ | 17 | ㊼ | 31 | 57 | 29 |
| ⑧ | 16 | ⑱ | 24 | ㉘ | 18 | ㊳ | 19 | ㊽ | 27 | 58 | 31 |
| ⑨ | 25 | ⑲ | 35 | ㉙ | 26 | ㊴ | 26 | ㊾ | 21 | 59 | 16 |
| ⑩ | 29 | ⑳ | 20 | ㉚ | 22 | ㊵ | 22 | ㊿ | 15 | 60 | 33 |

### 解き方

無作為に抽出した標本の記録を並べると，

標本の記録を並べる ▶ 22，25，17，20，28，16，26，25，23，29

10個の記録の平均値は，

標本の平均値を求める ▶

$$\frac{22+25+17+20+28+16+26+25+23+29}{10}$$

$$=\frac{231}{10}=23.1(\text{m})$$

母集団の記録の平均値を推定する ▶ 3年生の男子60人の記録の平均値は，これにほぼ等しいと考えられるので，**およそ23.1m** …答

**Point 標本平均と母集団の平均値はほぼ等しい。**

**参考 標本を無作為に抽出する方法**

資料に番号がつけられていれば，**乱数表**や**乱数さい**などで，標本を無作為に抽出することができる。

**くわしく 母集団の平均値は?**

実際に求めてみると，23.0m

**確認 標本平均**

母集団から抽出した標本の平均値を**標本平均**ということもある。

### 練習

解答 別冊p.30

**3** 例題3の表で，新たに10個の記録を無作為に抽出した結果は，次のようになりました。

「33，17，20，27，19，28，24，21，18，22」

この標本をもとにして，男子60人の記録の平均値を求めなさい。

## 例題 4 標本の大きさ

Level ★★☆

例題3の表について，標本を無作為に抽出して平均値を求める作業をそれぞれ10回行ったところ次のようになりました。

**ア**　標本の大きさが5のときの標本の平均値(m)

21.6，24.0，24.8，23.0，22.2，23.2，21.8，24.2，24.4，23.4

**イ**　標本の大きさが10のときの標本の平均値(m)

23.3，22.0，24.5，24.4，23.2，21.9，23.9，23.0，22.4，23.6

**ア**と**イ**で，どちらの標本のほうが母集団の性質に近いといえますか。

### 解き方

**ア**と**イ**の標本の平均値を箱ひげ図に表すと，

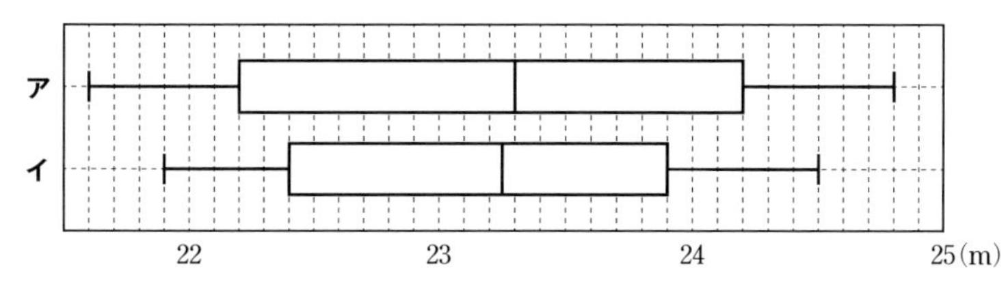


母集団の平均値が23.0mだから，**イ**のほうが母集団の性質に近い。

…答

**Point**　**標本の大きさが大きいほど母集団の性質に近くなる。**

**確認　標本の大きさと平均値**

標本の大きさが大きいほど，標本の性質は母集団の性質に近づく。

標本が大きすぎると，調査に時間がかかるので，目的に応じて標本の大きさを決める必要がある。

**復習　箱ひげ図**

最小値，第1四分位数，中央値(第2四分位数)，第3四分位数，最大値を表したデータの分布を示す図。

## 練習

解答 別冊p.30

**4**　例題3の表について，標本の大きさを20として無作為に抽出して平均値を求める作業を10回行ったところ次のようになりました。

標本の大きさが20のときの標本の平均値(m)

23.1，22.9，23.4，22.6，22.7，23.2，23.7，23.1，22.7，22.6

標本の大きさが5，10，20のときで，どの標本が母集団の性質に近いといえますか。

## 例題 5 標本調査の利用(1)

Level ★★★

赤玉と白玉があわせて350個入っている袋から，無作為に14個の玉を取り出したとき，赤玉が6個，白玉が8個でした。この袋の中には，およそ何個の赤玉が入っていると考えられますか。

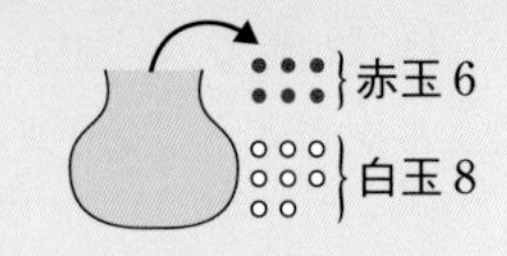


### 解き方

無作為に取り出した14個の玉にふくまれる赤玉の割合は，

標本における赤玉の割合 ▶ $\frac{6}{14}=\frac{3}{7}$

母集団においても同じ割合 ▶ したがって，母集団における赤玉の割合も$\frac{3}{7}$であると推定できる。

よって，袋の中の赤玉の個数は，およそ

赤玉＝全体の数×赤玉の割合 ▶ $350\times\frac{3}{7}=150$(個)

と考えられる。

**答 およそ150個**

**Point** 標本における数量の割合は，母集団でもほぼ等しい。

### 別解 比例式を使って解く

袋の中の赤玉の個数を$x$個とすると，比例式を使って，

$3:7=x:350$

$7x=1050$

$x=150$

**くわしく 標本と母集団**

標本と母集団の平均値や割合は等しい。このことから，「標本と母集団」は，ほぼ同じ傾向にあるといえる。

標本は取り出した14個の玉，母集団は350個の玉のことだね。

### 練習

解答 別冊p.30

**5** ある湖に生息するブラックバスの数を調べるために，湖から20匹のブラックバスを捕獲(ほかく)して，その全部に印をつけて湖にもどしました。数日後，同じ湖で25匹のブラックバスを捕獲したところ，その中に印のついたものが4匹いました。この湖には，およそ何匹のブラックバスが生息していると考えられますか。

## 例題 6 標本調査の利用(2)

ある工場では，毎日製品を50000個作っています。毎日，できた製品のうち1000個を取り出して検査しています。次の表は，ある週の月曜日から金曜日までの5日間に作った製品について，検査の結果不良品となったものの個数を表したものです。この表から，この5日間に出た不良品の個数はおよそ何個と推定できますか。

| 曜日 | 月曜日 | 火曜日 | 水曜日 | 木曜日 | 金曜日 |
|---|---|---|---|---|---|
| 不良品の個数(個) | 4 | 1 | 2 | 6 | 2 |

### 解き方

月曜日から金曜日までの5日間に出た不良品の個数の

不良品の個数の平均値を求める ▶ 平均値は，$\frac{4+1+2+6+2}{5}=3$(個)

取り出した1000個の製品にふくまれる不良品の

標本における不良品の割合 ▶ 割合は$\frac{3}{1000}$と推定できる。

母集団においても同じ割合 ▶ 母集団における不良品の割合も$\frac{3}{1000}$と考えられる。

よって，5日間に出た不良品の個数は，およそ

$50000\times\frac{3}{1000}\times5=750$(個)

と考えられる。

答 **およそ750個**

**Point 標本の平均値を利用する。**

**くわしく 母集団における割合**

表より，1日だけの不良品の個数だと，不良品の個数にばらつきが出てくるので，5日間の平均値から推定するほうが母集団の性質に近づく。

平均を求めれば，1日に製品から出た不良品の個数が推定できるね。

### 練習

解答 別冊p.31

**6** ある工場では，ボールペンを毎日20000本作っています。毎日，できた製品のうち500本を取り出して検査をしています。次の表は，ある月の1日から5日までの5日間に作った製品について，検査の結果不良品となったものの本数を表したものです。この表から，この月の30日間に出た不良品の本数はおよそ何本と推定できますか。

| 日 | 1日 | 2日 | 3日 | 4日 | 5日 |
|---|---|---|---|---|---|
| 不良品の本数(本) | 3 | 1 | 1 | 3 | 2 |

# 定期テスト予想問題

時間 40分
解答 別冊 p.31

得点 /100

1／標本調査

**1** 次の調査のうち，標本調査が適切であるものはどれですか。すべて選びなさい。【8点】

**ア** ある川を遡上(そじょう)してくるサケのオスとメスの割合の調査

**イ** あるコンビニエンスストアのチェーン店のうち，売り上げ1位の店を調べる調査

**ウ** ある工場で作られる耐熱(たいねつ)容器の耐熱検査

〔　　　　　　〕

1／標本調査

**2** ある工場で1日に製造するLED電球6500個の中から，毎日50個を無作為(むさくい)に取り出して，品質の検査をしています。この標本調査について，次の問いに答えなさい。【8点×2】

(1) この標本調査の母集団と標本を答えなさい。

母集団〔　　　　　　〕

標本〔　　　　　　〕

(2) 標本の大きさを答えなさい。

〔　　　　　　〕

1／標本調査

**3** 右の表は，ある農家で収穫(しゅうかく)した600個のみかんの中から15個を無作為に抽出して，その重さを調べたものです。この標本をもとにして，600個のみかん全体の重さの平均を推定しなさい。【12点】

| | | | | |
|---|---|---|---|---|
| 115 | 102 | 113 | 121 | 109 |
| 120 | 118 | 107 | 111 | 126 |
| 131 | 124 | 110 | 122 | 108 |

(g)

〔　　　　　　〕

1／標本調査

**4** 袋(ふくろ)に白玉だけがたくさん入っています。この白玉の数を調べるために，同じ大きさの赤玉20個をその袋に入れ，よくかき混ぜてから15個の玉を無作為に取り出したところ，赤玉は3個ふくまれていました。この袋の中には，およそ何個の白玉が入っていると考えられますか。

【12点】

〔　　　　　　〕

思考 1／標本調査

**5** たかしさんとさくらさんは，テレビの視聴率(しちょうりつ)について話し合っています。下の表は，テレビの視聴率を調査する会社が，4つの地区のそれぞれ100世帯に機械を設置して視聴のようすを調べたもので，ある日のある時間の視聴世帯の調査結果を集計したものを表しています。次の会話文を読んで，あとの問いに答えなさい。

| テレビ局 ＼ 地区(世帯数) | 視聴世帯の調査結果(世帯) | | | | | 計 |
|---|---|---|---|---|---|---|
| | A局 | B局 | C局 | D局 | E局 | |
| 東地区(500世帯) | 6 | 27 | 36 | 18 | 13 | 100 |
| 西地区(800世帯) | 21 | 19 | 16 | 24 | 20 | 100 |
| 南地区(1200世帯) | 38 | 15 | 16 | 14 | 17 | 100 |
| 北地区(400世帯) | 9 | 38 | 26 | 17 | 10 | 100 |
| 計 | 74 | 99 | 94 | 73 | 60 | 400 |

たかし：表を見ると，B局とC局の視聴世帯数が多いね。
さくら：このままB局とC局がよく視聴されていたと言えるのかな？
たかし：でも，4つの地区の世帯数が異なるから，B局とC局がよく視聴されたとは限らないよ。
さくら：確かに，地区によって，一番多く視聴されているテレビ局が異なっているものね。
たかし：それなら，それぞれの地区の視聴世帯数を予測してみよう。

(1) 東地区全体のそれぞれのテレビ局の視聴世帯数はおよそ何世帯か求めなさい。 【8点×5】

A局〔　　〕 B局〔　　〕 C局〔　　〕
D局〔　　〕 E局〔　　〕

(2) どのテレビ局が最もよく視聴されたと考えられるか説明しなさい。 【12点】

〔　　〕

# 選挙の出口調査

選挙の開票日，開票が始まって間もない時間に，テレビのニュース番組などで「当選確実」という表示が出ることがあります。なぜ，開票率が低い段階でも当選確実がわかるのか，調べてみましょう。

## 1 出口調査について

「出口調査」とは，選挙当日に投票所の出口で調査員が投票を終えた人にどの候補者(または，どの政党)に投票したかを聞く調査のことです。投票者全員に調査することはできないので，出口調査は標本調査によって行われます。

出口調査をするうえで大切なことは，調査する集団の偏(かたよ)りに注意することです。出口調査では，主に「２段階抽出(だんかいちゅうしゅつ)」とよばれる方法がとられています。

## 2 ２段階抽出とは

調査する集団の偏りがないように，まず，無作為(むさくい)に投票所を選びます。このとき，投票所は，候補者が住んでいる地域や，人口に偏りがある投票所を外して選びます。

次に，偏りを少なくするために，一定の人数間隔(かんかく)で投票を終えた投票者を選び，聞き取り調査をします。

このように，２段階に抽出することで，選挙の投票全体に近い標本を集めることができ，開票が始まって間もない時間でも当選がわかる仕組みになっています。

普段(ふだん)，何気なく目にしているテレビ番組の中でも，このように中学の数学で学んだ知識が使われています。選挙の出口調査以外でも，身近な場面で数学の知識が使われていないか，探してみましょう。

中学生のための
# 勉強・学校生活アドバイス

## 友だちと勉強で高め合おう！

「昨日の夜、友だちと長電話しちゃった。あまり勉強できなかったな…。」

「友だちとの付き合い方は考えたほうがいいわよ。**勉強時間を削（けず）られちゃうような友だちとの付き合い方はダメ！**」

「そうですよね。気をつけます。」

「私は勉強のやる気がある友だちと一緒に図書館に行って勉強する日を作ってたわ。友だちが頑張っているのを見ると、気が引きしまって勉強できるの。」

「俺（おれ）もそういう友だちいる！わかんないところ教えてくれたりするし、ありがたいんだよ。オレもたまには教えたりできるし。」

「そういうのいいなぁ。」

「そいつとは『帰りたかったらそれぞれのタイミングで帰っていい』っていうルールでやってるよ。お互（たが）いに邪魔（じゃま）にならないようにさ。」

「けっこうドライな関係！」

「ベタベタ付き合うだけが友だちじゃないだろ？」

「あとは、**同じくらいの成績の子とテストの点を競い合った**こともあるわ。負けたほうがアイスおごるみたいな，ルール作ってね。」

「それ，いいですね。面白そう。」

「勝負ごとにすると，負けたくないって思って頑張（がんば）れるもんな。オレもやろうっと。」

「アイスとかジュースとか、かけるのは少額のモノにしなさいよ！エスカレートすると友情にヒビが入るからね。」

「わかってるよ。大丈夫（だいじょうぶ）だって。」

「お互いに高め合えるような友だち付き合いをするのが大事ってことですね。」

# 入試レベル問題

解答 別冊 p.32

1章／多項式の計算

**1** 次の計算をしなさい。

(1) $5x(y-6)$ （山口県）

〔　　　〕

(2) $(9a^2+6ab)\div(-3a)$ （愛媛県）

〔　　　〕

1章／多項式の計算

**2** 次の式を展開しなさい。

(1) $(x-6)(x+3)$ （沖縄県）

〔　　　〕

(2) $(x+4)^2$ （沖縄県）

〔　　　〕

1章／多項式の計算

**3** 次の計算をしなさい。

(1) $(x-4)(x-3)-(x+2)^2$ （愛媛県）

〔　　　〕

(2) $(x+1)^2+(x-4)(x+2)$ （和歌山県）

〔　　　〕

1章／多項式の計算

**4** 次の式を因数分解しなさい。

(1) $x^2+9x-36$ （佐賀県）

〔　　　〕

(2) $2x^2-32$ （千葉県）

〔　　　〕

(3) $(a+2b)^2+a+2b-2$ （大阪府）

〔　　　〕

(4) $a^3+2a^2b-4ab^2-8b^3$ （関西学院高）

〔　　　〕

1章／多項式の計算

**5** 次の問いに答えなさい。

(1) $103^2-97^2$ をくふうして計算しなさい。 （高知県・改） 〔　　　〕

(2) $a=\frac{1}{7}$，$b=19$ のとき，$ab^2-81a$ の値を求めなさい。 （静岡県） 〔　　　〕

1章／多項式の計算

**6** $4m^3+n^2=2020$ となる正の整数 $m$，$n$ の組は 2 組ある。その 2 組を求めなさい。 （久留米大附設高）

〔　　　〕

ヒント **6** $m$ の値の範囲を考えてから，$n$ の値を求める。

2章／平方根

## 7 次の問いに答えなさい。

(1) $n$ を自然数とするとき，$\sqrt{189n}$ の値が整数となる最小の $n$ の値を求めなさい。 (大阪府)

〔　　　　　〕

(2) $\sqrt{15}$ の整数部分を $a$，小数部分を $b$ とするとき，$a^2-b^2$ の値を求めなさい。 (法政大高)

〔　　　　　〕

(3) $2m-1 \leqq \sqrt{n} \leqq 2m$ を満たす自然数 $n$ が2020個あるような自然数 $m$ の値を求めなさい。

(豊島岡女子学園高)

〔　　　　　〕

2章／平方根

## 8 次の計算をしなさい。

(1) $(2\sqrt{5}+1)(2\sqrt{5}-1)+\dfrac{\sqrt{12}}{\sqrt{3}}$ (愛媛県)

〔　　　　　〕

(2) $\dfrac{(\sqrt{10}-1)^2}{5}-\dfrac{(\sqrt{2}-\sqrt{6})(\sqrt{2}+\sqrt{6})}{\sqrt{10}}$ (東京都立西高)

〔　　　　　〕

(3) $(1+\sqrt{2}-\sqrt{3})(\sqrt{2}+\sqrt{4}+\sqrt{6})$ (洛南高)

〔　　　　　〕

(4) $(1+2\sqrt{3})\left(\dfrac{\sqrt{98}}{7}+\dfrac{6}{\sqrt{54}}-\dfrac{\sqrt{3}}{\sqrt{2}}\right)$ (慶應義塾女子高)

〔　　　　　〕

2章／平方根

## 9 次の問いに答えなさい。

(1) $x=\sqrt{6}$ のとき，$x(x+2)-2(x+2)$ の値を求めなさい。 (富山県) 〔　　　　　〕

(2) $x=\dfrac{\sqrt{5}+1}{\sqrt{2}}$，$y=\dfrac{\sqrt{5}-1}{\sqrt{2}}$ のとき，$x^2-xy+y^2$ の値を求めなさい。 (東京都立立川高)

〔　　　　　〕

(3) $a=\dfrac{1}{\sqrt{5}+1}$，$b=\dfrac{1}{\sqrt{5}-1}$ のとき，$(a-4b)(b-4a)$ の値を求めなさい。 (大阪星光学院高)

〔　　　　　〕

3章／2次方程式

## 10 次の2次方程式を解きなさい。

(1) $x^2+5x-1=0$ (三重県)

〔　　　　　〕

(2) $(x+4)^2-6(x+4)+7=0$ (東京都立八王子東高)

〔　　　　　〕

(3) $3(x+3)^2-8(x+3)+2=0$ (東京都立西高)

〔　　　　　〕

(4) $\dfrac{1}{3}(x^2-1)=\dfrac{1}{2}(x+1)^2-1$ (中央大附属高)

〔　　　　　〕

3章／2次方程式

**11** 次の問いに答えなさい。

(1) 2次方程式 $x^2+ax-12=0$ の解のひとつが$-3$であるとき，定数 $a$ の値とこの方程式のもうひとつの解を求めなさい。（同志社高） $a$ の値〔　　　〕 もうひとつの解〔　　　〕

(2) $x$に関する2つの2次方程式 $x^2-4x+3=0$…①，$x^2-a^2x+6a=0$…②がある。方程式①の大きい方の解が，方程式②の小さい方の解に等しいとき，定数 $a$ の値を求めなさい。（関西学院高）

〔　　　〕

3章／2次方程式

**12** 長さ4cmのひもが2本ある。1本のひもで正方形Aを作り，もう1本のひもで長方形Bを作った。AとBの面積比は7：5である。このとき，長方形Bの短い方の辺の長さを求めなさい。

（江戸川学園取手高）〔　　　〕

3章／2次方程式

**13** 右下のカレンダーの中にある3つの日付の数で，次の①～③の関係が成り立つものを求めなさい。

① 最も小さい数と2番目に小さい数の2つの数は，上下に隣接している。

② 2番目に小さい数と最も大きい数の2つの数は，左右に隣接している。

③ 最も小さい数の2乗と2番目に小さい数の2乗との和が，最も大きい数の2乗に等しい。

| 日 | 月 | 火 | 水 | 木 | 金 | 土 |
|---|---|---|---|---|---|---|
| 1 | 2 | 3 | 4 | 5 | 6 | 7 |
| 8 | 9 | 10 | 11 | 12 | 13 | 14 |
| 15 | 16 | 17 | 18 | 19 | 20 | 21 |
| 22 | 23 | 24 | 25 | 26 | 27 | 28 |
| 29 | 30 | 31 | | | | |

（岐阜県・改）〔　　　〕

4章／関数

**14** 右の図のように，2つの関数 $y=x^2$ …①，$y=\frac{1}{3}x^2$ …②のグラフがある。②のグラフ上に点Aがあり，点Aの $x$ 座標を正の数とする。点Aを通り，$y$ 軸に平行な直線と①のグラフとの交点をBとし，点Aと $y$ 軸について対称な点をCとする。点Oは原点とする。次の問いに答えなさい。（北海道・改）

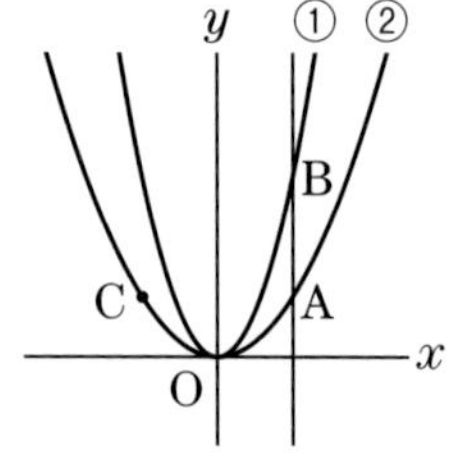


(1) 点Aの $x$ 座標が2のとき，点Cの座標を求めなさい。

〔　　　〕

(2) 点Bの $x$ 座標が6のとき，2点B，Cを通る直線の傾きを求めなさい。〔　　　〕

(3) 点Aの $x$ 座標を $t$ とする。△ABCが直角二等辺三角形となるとき，$t$ の値を求めなさい。

〔　　　〕

4章／関数

**15** 関数 $y=\frac{1}{2}x^2$ と $y=\frac{a}{x}$ について，$x=\frac{1}{2}$ から $x=3$ までの変化の割合が等しいとき，定数 $a$ の値を求めなさい。 （豊島岡女子学園高）〔　　　　〕

4章／関数

**16** 右の図のように，放物線 $y=2x^2$ と直線 $y=x+3$ が 2 点 A，B で交わっている。このとき，次の問いに答えなさい。 （愛光高）

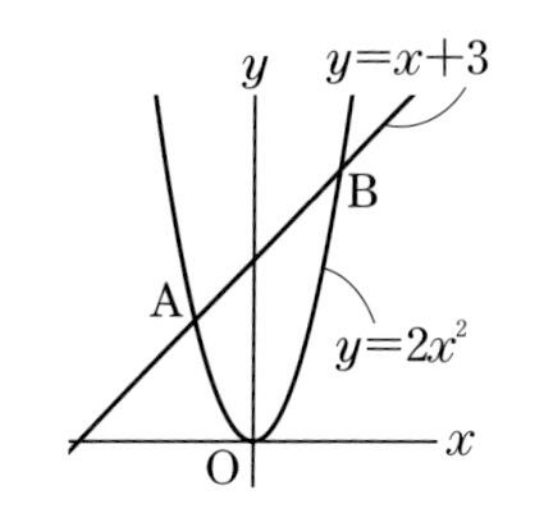


(1) 2 点 A，B の座標を求めなさい。 A〔　　　〕 B〔　　　〕

(2) AB を1 辺とする正方形 ABCD を作る。ただし，2 点 C，D の $y$ 座標はともに正である。原点を通り，この正方形の面積を 2 等分する直線の方程式を求めなさい。 〔　　　〕

(3) $y=2x^2$ 上に点 E をとる。三角形 ABE の面積が(2)の正方形 ABCD の面積の半分になるとき，点 E の $x$ 座標をすべて求めなさい。 〔　　　〕

4章／関数

**17** △ABC と△DEF があり，∠C=90°，△ABC∽△DEF である。辺 AC，DF は直線 $\ell$ 上にあり，頂点 C と頂点 D が重なっている（図 1）。その状態から△ABC が直線 $\ell$ に沿って，頂点 F に向かって毎秒 1 の速さで，頂点 C が頂点 F に重なるまで進んでいく（図 2）。出発してから $x$ 秒後の，△ABC と△DEF の重なった部分の面積を $y$ とする。AC=4，BC=3，DF=$a$（ただし，$a>4$），EF=$b$ とするとき，次の問いに答えなさい。 （法政大国際高）

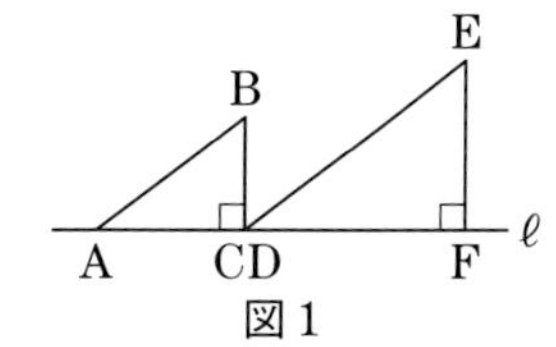

図 1

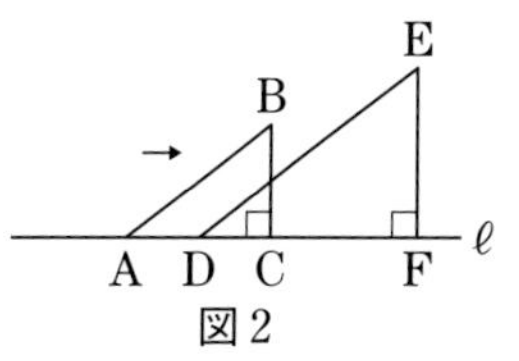

図 2

(1) $b$ を $a$ の式で表しなさい。 〔　　　〕

(2) $0 \leqq x < 4$ のとき，$y$ を $x$ の式で表しなさい。 〔　　　〕

(3) $a=6$ のとき，$x$ と $y$ の関係を表すグラフはどれか。図 3 の(ア)～(エ)から選びなさい。 〔　　　〕

図 3

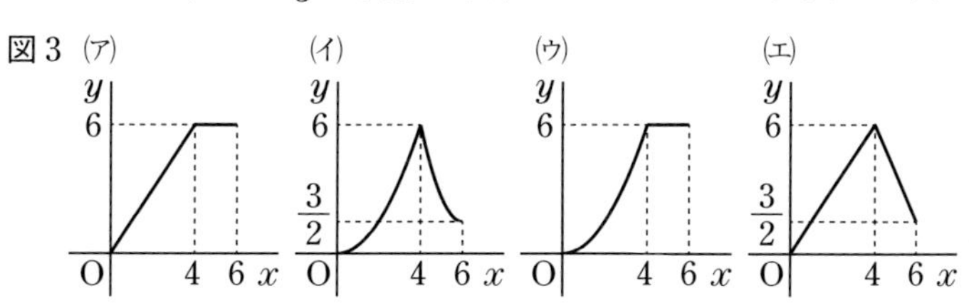


(4) 図 3 の(エ)のグラフを，$x$ 軸を中心に 1 回転させてできる容器の体積を求めなさい。 〔　　　〕

ヒント **17** (4) (エ)のグラフで，$4 \leqq x \leqq 6$ のときの式を求めてから考える。

5章／相似な図形

**18** 次の図で，$x$ の値を求めなさい。

(1) $\ell /\!/ m$，$m /\!/ n$ （北海道・改）

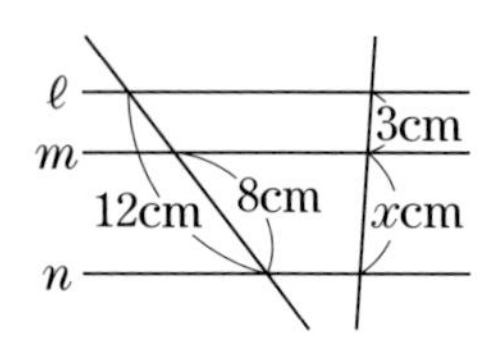


〔　　　　〕

(2) AB // DE // FG，BE＝CG （成蹊高・改）

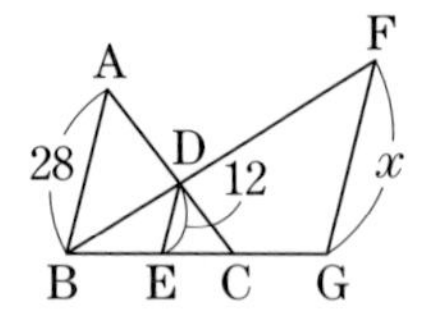


〔　　　　〕

5章／相似な図形

**19** 右の図のように，AB＝4 cm，AD＝8 cm，∠ABC＝60° の平行四辺形 ABCD がある。辺 BC 上に点 E を，BE＝4 cm となるようにとり，線分 EC 上に点Fを，∠EAF＝∠ADB となるようにとる。また，線分 AE と対角線 BD との交点を G，線分 AF と対角線 BD との交点を H とする。このとき，△AEF∽△DAB であることを証明しなさい。 （愛媛県・改）

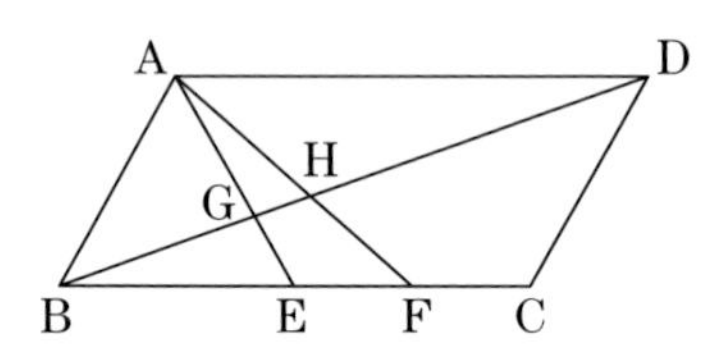


〔　　　　〕

5章／相似な図形

**20** 右の図のように，底面の直径が12 cm，高さが12 cm の円錐の容器を，頂点を下にして底面が水平になるように置き，この容器に頂点からの高さが 6 cm のところに水面がくるまで水を入れた。ただし，容器の厚さは考えないものとする。このとき，次の問いに答えなさい。 （佐賀県）

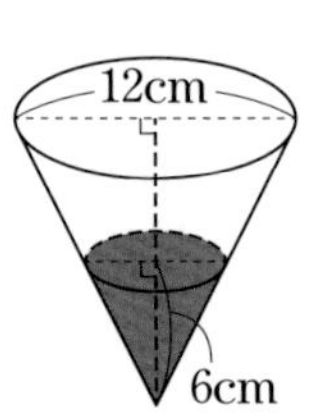


(1) 水面のふちでつくる円の半径を求めなさい。 〔　　　　〕

(2) 容器の中の水をさらに増やし，容器の底面までいっぱいに入れた。このときの体積は水を増やす前に比べて何倍になったか求めなさい。 〔　　　　〕

6章／円

**21** 次の図で，∠$x$ の大きさを求めなさい。

(1) （兵庫県）

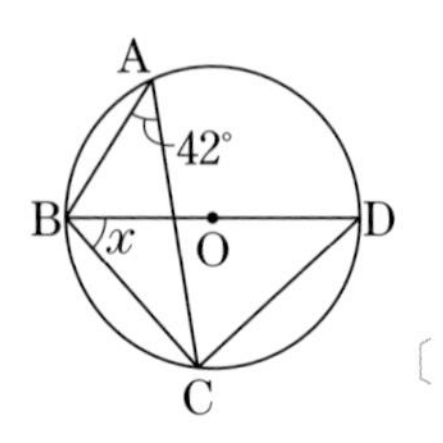


〔　　　　〕

(2) $\overset{\frown}{AB}=\overset{\frown}{BC}$ （成蹊高）

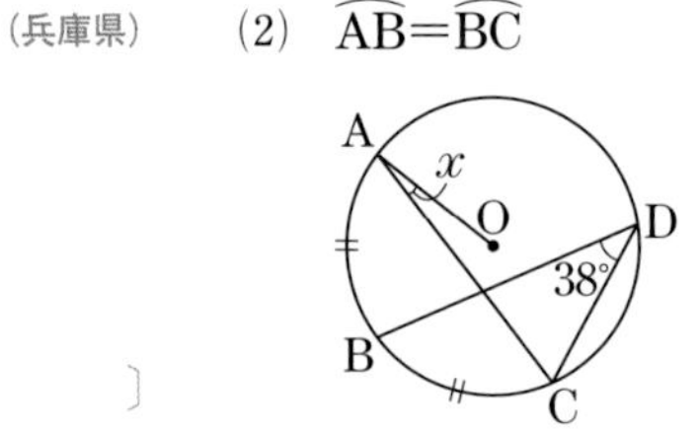


〔　　　　〕

ヒント **19** 仮定より，△ABE は正三角形となる。

6章／円

**22** 右の図において，4 点 A，B，C，D は円 O の円周上の点であり，△ACD は AC＝AD の二等辺三角形である。また，$\overset{\frown}{BC}=\overset{\frown}{CD}$ である。$\overset{\frown}{AD}$ 上に∠ACB＝∠ACE となる点 E をとる。AC と BD との交点を F とする。このとき，次の問いに答えなさい。（静岡県）

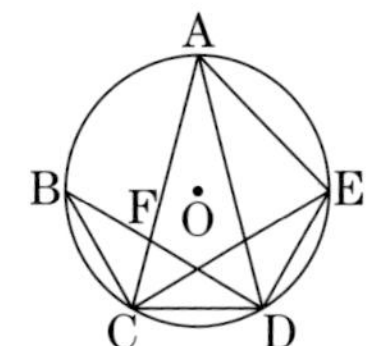


(1) △BCF∽△ADE であることを証明しなさい。

〔　　〕

(2) AD＝6 cm，BC＝3 cm のとき，BF の長さを求めなさい。〔　　〕

6章／円

**23** 右の図のように，円周上に 3 点 A，B，C がある。点 A を含まない $\overset{\frown}{BC}$ を 2 等分する点を D とし，AD と BC との交点を E とする。AB＝5，AC＝8，AE：ED＝2：3 であるとき，次の問いに答えなさい。（明治大付属明治高）

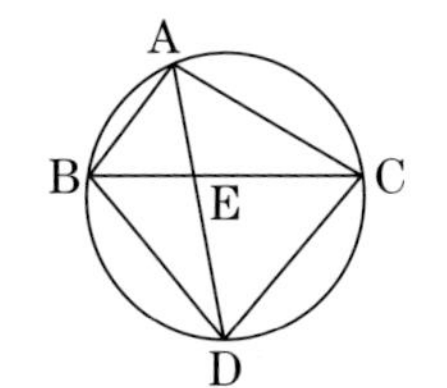


(1) AE の長さを求めなさい。〔　　〕

(2) BC の長さを求めなさい。〔　　〕

7章／三平方の定理

**24** 右の図のように，四角形 ABCD の 4 つの頂点 A，B，C，D が円 O の周上にある。線分 AC と BD の交点を E とする。また，E を通り辺 BC と平行な直線と辺 AB との交点を F とする。AC が円 O の直径で，OA＝6 cm，BC＝3 cm，CE＝2 cm のとき，次の問いに答えなさい。（岐阜県・改）

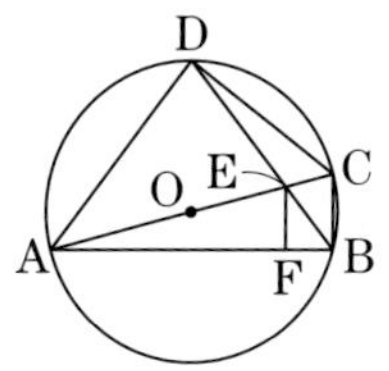

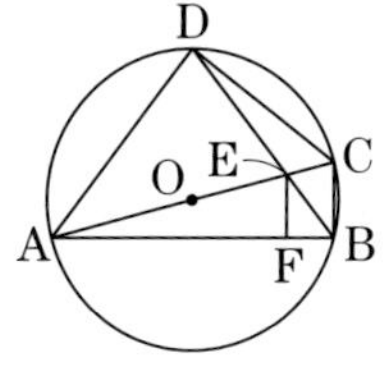

(1) AB の長さを求めなさい。〔　　〕

(2) BF の長さを求めなさい。〔　　〕

(3) △ACD の面積を求めなさい。〔　　〕

7章／三平方の定理

**25** 右の図のように，すべての辺が 4 cm の正四角錐 OABCD があり，辺 OC の中点を Q とする。点 A から辺 OB を通って，Q までひもをかける。このひもが最も短くなるときに通過する OB 上の点を P とする。このとき，次の問いに答えなさい。（富山県）

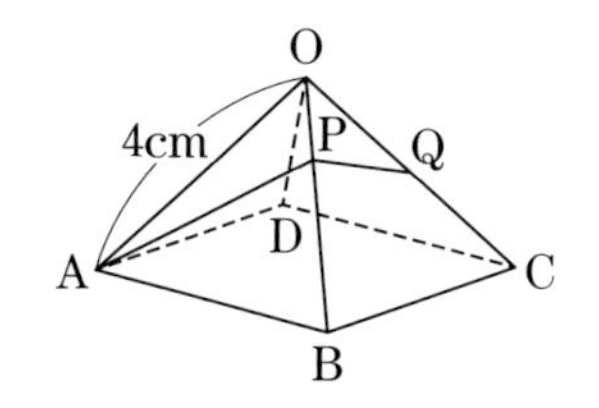


(1) △OAB の面積を求めなさい。〔　　〕

(2) 線分 OP の長さを求めなさい。〔　　〕

(3) 正四角錐 OABCD を，3 点 A，C，P を通る平面で 2 つに分けたとき，点 B をふくむ立体の体積を求めなさい。〔　　〕

7章／三平方の定理

**26** **図のように，1 辺の長さが 3 cm の立方体がある。辺 BF 上に点 P を，辺 CG 上に点 Q を BP＝GQ＝1 cm となるようにとる。次の問いに答えなさい。**

（同志社高）

A D B C P E H Q F G

(1) AQ の長さを求めなさい。〔　　　　〕

(2) 頂点 C から AQ にひいた垂線と AQ の交点を R とする。CR の長さを求めなさい。〔　　　　〕

(3) 3 点 A，P，Q を通る平面でこの立方体を切る。このときにできる切り口の図形の面積を求めなさい。〔　　　　〕

7章／三平方の定理

**27** **右の図 1 で，点 O は原点，曲線 $f$ は関数 $y=-\frac{1}{2}x^2$ のグラフを表している。原点から点(1，0)までの距離，および原点から点（0，1）までの距離をそれぞれ 1 cm とする。次の問いに答えなさい。**

（東京都立国立高・改）

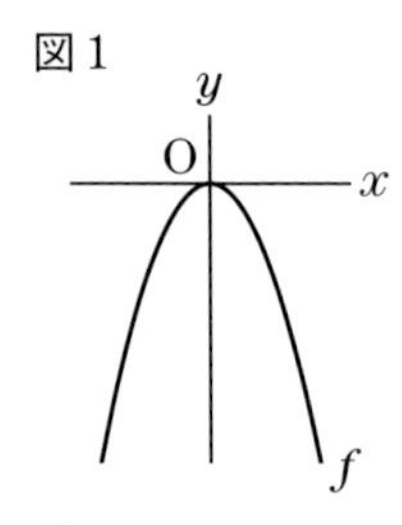


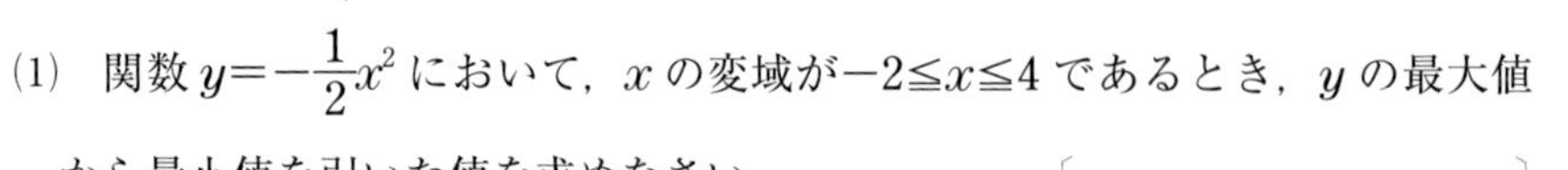

(1) 関数 $y=-\frac{1}{2}x^2$ において，$x$ の変域が $-2\leqq x\leqq 4$ であるとき，$y$ の最大値から最小値を引いた値を求めなさい。〔　　　　〕

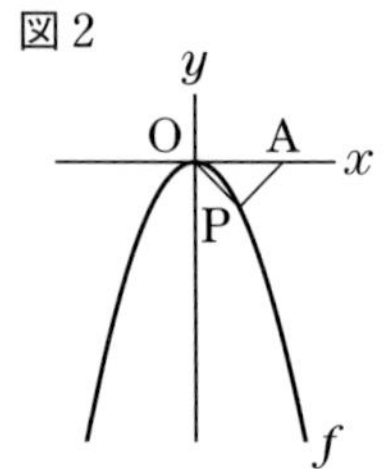


(2) 右の図 2 は図 1 において，$x$ 軸上にあり，$x$ 座標が正の数である点を A，曲線 $f$ 上にあり，$x$ 座標が正の数である点を P とし，点 O と点 P，点 A と点 P をそれぞれ結んだ場合を表している。OP＝PA のとき，次の問いに答えなさい。

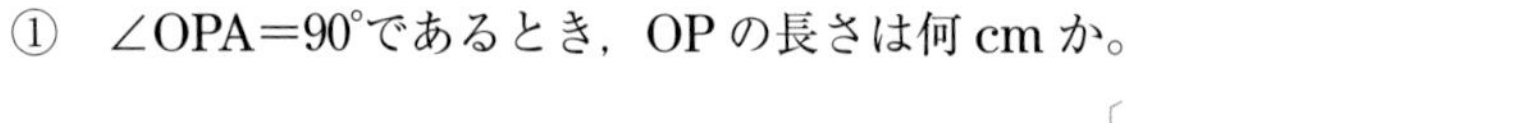

① ∠OPA＝90°であるとき，OP の長さは何 cm か。〔　　　　〕

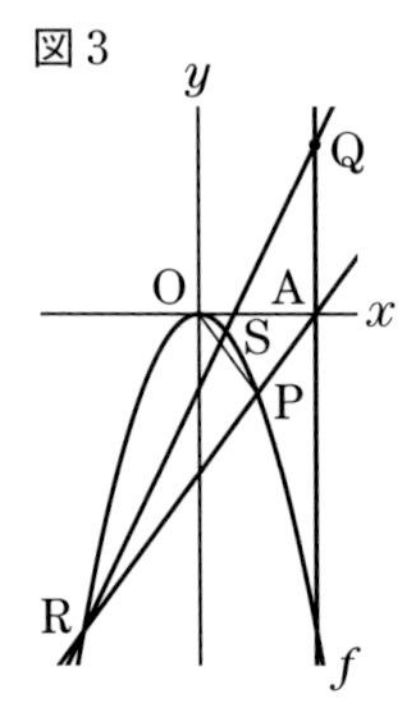


② 右の図 3 は図 2 において，点 A を通り $x$ 軸に垂直な直線上にある点で，$y$ 座標が $\frac{15}{2}$ である点を Q，直線 AP と曲線 $f$ との交点のうち，点 P と異なる点を R，点 Q と点 R を通る直線と曲線 $f$ との交点のうち，点 R と異なる点を S とした場合を表している。RS：SQ＝3：2 であるとき，点 P の $x$ 座標を求めなさい。〔　　　　〕

ヒント **27** (2) ①点 P の $x$ 座標を $p$ として，$y$ 座標を $p$ を用いて表す。
②点 P の $x$ 座標を $p$ として，点 A，Q の座標を $p$ を用いて表す。

8章／標本調査

**28** ある養殖池にいるアユの数を推定するために，その養殖池で47匹のアユを捕獲し，その全部に目印をつけて戻した。数日後に同じ養殖池で27匹のアユを捕獲したところ，目印のついたアユが3匹いた。この養殖池にいるアユの数を推定し，十の位までの概数で求めなさい。 （岐阜県）

〔　　　　　　　〕

8章／標本調査

**29** 袋の中に赤玉と白玉がたくさん入っている。よくかきまぜてから中の玉を50個取り出し，白玉の数を数えたあと，袋の中に取り出したすべての玉を戻す。この作業を10回繰り返したところ，記録された白玉の個数は，27個，34個，31個，29個，32個，33個，30個，32個，31個，32個であった。このとき，袋の中に入っている白玉の割合を推定しなさい。

〔　　　　　　　〕

8章／標本調査

**30** ある中学校の3年生180人が50 m走の測定をした。180人の記録を無作為に抽出し，抽出する人数を5人，10人，30人と変えて平均値を求める作業を各10回行ったところ，右のようになった。次の問いに答えなさい。

① 標本の大きさが5のときの標本の平均値(秒)
7.9，9.1，7.6，10.6，9.5，9.6，9.6，8.1，8.4，7.7

② 標本の大きさが10のときの標本の平均値(秒)
9.3，10.5，9.2，9.9，8.4，8.0，10.4，7.9，9.0，9.6

③ 標本の大きさが30のときの標本の平均値(秒)
9.1，8.6，8.9，8.7，9.4，9.1，8.6，9.7，8.7，9.2

(1) それぞれの平均値を箱ひげ図に表しなさい。

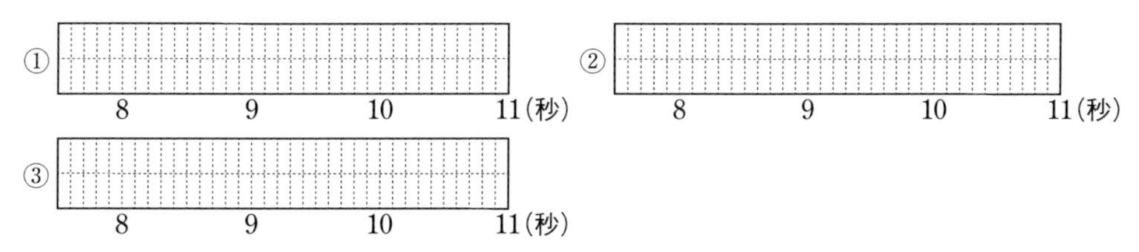


(2) 180人の記録の平均値は9.04秒だった。この結果と(1)の箱ひげ図から気づいたことを説明しなさい。

〔　　　　　　　〕

ヒント **30** (1) それぞれの標本の平均値を小さい順に並べてから，最大値，最小値，第1四分位数，第2四分位数，第3四分位数をそれぞれ求める。

# さくいん

## あ



## か



## さ



## た

## な



## は



## ま



## や



## ら

| | |
|---|---|
| カバーイラスト・マンガ | 456 |
| ブックデザイン | next door design（相京厚史，大岡喜直）<br>株式会社エデュデザイン |
| 本文イラスト | 加納徳博，ハザマチヒロ |
| 編集協力 | 有限会社マイプラン |
| マンガシナリオ協力 | 株式会社シナリオテクノロジー ミカガミ |
| データ作成 | 株式会社明昌堂<br>データ管理コード：23-2031-2309（CC2020） |
| 製作 | ニューコース製作委員会<br>（伊藤なつみ，宮崎純，阿部武志，石河真由子，小出貴也，野中綾乃，大野康平，澤田未来，中村円佳，渡辺純秀，相原沙弥，佐藤史弥，田中丸由季，中西亮太，髙橋桃子，松田こずえ，山下順子，山本希海，遠藤愛，松田勝利，小野優美，近藤想，中山敏治） |



# 学研ニューコース　中３数学


学研の書籍・雑誌についての新刊情報・詳細情報は，下記をご覧ください。
［学研出版サイト］https://hon.gakken.jp/

この本は下記のように環境に配慮して製作しました。
●製版フィルムを使用しない CTP 方式で印刷しました。
●環境に配慮して作られた紙を使っています。

# 入試に役立つ! 1・2年の要点整理

## 1 数と式

p.29 ① $-0.3$, $-\frac{1}{3}$, $-3$　② 8　③ $\frac{a^2b}{c}$
④ $6x+2y$　⑤ $6x+9y$　⑥ $12b^2$

解説
⑤ $2(9x+3y)-3(4x-y)=18x+6y-12x+3y$
$=6x+9y$
⑥ $21ab\div(-7a)\times(-4b)=\frac{21ab\times(-4b)}{-7a}$
$=12b^2$

## 2 方程式

p.31 ① $x=2$　② $x=5$　③ $x=-1$
④ $x=3$, $y=-1$　⑤ $x=-2$, $y=1$

解説
④ **加減法**を利用する。
⑤ **代入法**を利用する。

## 3 点の座標と関数

p.33 ① $y=-4x$　② $y=\frac{6}{x}$　③ $-12$
④ $y=-3x+1$

解説
③ **$y$ の増加量＝変化の割合×$x$ の増加量**
④ 求める直線の式を $y=ax+b$ とおくと,
$4=-a+b$ ……(1), $-8=3a+b$ ……(2)
(1), (2)を**連立方程式**として解く。

## 4 図形の基礎

p.35 ① 辺 CG, 辺 DH, 辺 FG, 辺 EH
② 面 CGHD, 面 AEHD
③ 面 ABFE, 面 BFGC, 面 CGHD, 面 AEHD

解説
① 空間内で, 平行でなく, 交わらない直線が, **ねじれの位置**にある直線。

## 5 平面図形の性質

p.37 ① 85°　② 十角形
③ △ABC≡△DCB, △ABE≡△DCE
④ 40°　⑤ 35°

解説
③ 1組の辺とその両端の角がそれぞれ等しい。
④ $\angle x=180^\circ-35^\circ\times2\times2=40^\circ$
⑤ 平行な線の錯角は等しいので,
$\angle x=\text{EBC}=70^\circ\div2=35^\circ$

## 6 図形の計量

p.38 ① $94\text{cm}^2$　② $60\text{cm}^3$　③ $78\pi\text{cm}^2$
④ $75\pi\text{cm}^3$　⑤ $288\pi\text{cm}^3$

解説
③ 側面積… $10\times2\pi\times3=60\pi(\text{cm}^2)$
底面積… $\pi\times3^2=9\pi(\text{cm}^2)$
表面積… $60\pi+9\pi\times2=78\pi(\text{cm}^2)$

## 7 データの活用

p.40 ① ㋐ 0.15　㋑ 0.85
②
0　2　4　6　8　10　12(点)
③ $\frac{1}{6}$

解説
①㋑ 2冊以上4冊未満の相対度数は, $11\div20=0.55$ なので, 2冊以上4冊未満の累積相対度数は,
$0.30+0.55=0.85$
② データを小さいほうから順に並べると,
2　**4**　5　**5**　8　**8**　10
③ さいころの目の出方は36通り。2つの出た目の数の和が7になるのは, (A, B)=(1, 6), (2, 5), (3, 4), (4, 3), (5, 2), (6, 1)の6通りだから,
$\frac{6}{36}=\frac{1}{6}$

# 1章　多項式の計算

## 1 単項式と多項式の乗除

p.43　**1**　(1) $10x^2-4x$　(2) $-24a^2-12ab$　(3) $-30a^2-18a^2b$　(4) $15x^2-5xy-30x$　(5) $12a^3+6a^2-3a$　(6) $-5x^3+20x^2-15x$

p.44　**2**　(1) $4ab-1$　(2) $3xy-2x$

p.45　**3**　(1) $4xy-6y^2$　(2) $4a^2-6ab+15ac$　(3) $9a+24b^2$　(4) $-14x+21y$

解説　(4)　$-\frac{2}{7}x$ の逆数は $-\frac{7}{2x}$

p.46　**4**　(1) $-a^2-17a$　(2) $14x^2-27x$　(3) $-3m^2+20mn-2n^2$　(4) $30a^2+34ab$　(5) $-a^2+10a$　(6) $-5x^2+9xy-y^2$

解説　**分配法則**を使ってかっこをはずしてから，同類項をまとめる。

p.47　**5**　(1) $2x^2+7x$　(2) $6a^2-4ab-2b^2$

## 2 乗法公式

p.49　**6**　(1) $ac-ad+bc-bd$　(2) $ab-ay-bx+xy$　(3) $ax+bx-cx-ay-by+cy$　(4) $ab-2ac-5a+3b-6c-15$

p.50　**7**　(1) $3x^2+7xy+2y^2$　(2) $-4a^2-4ab-b^2$　(3) $3x^2+2xy-6x-y^2+2y$　(4) $2x^3+7x^2y+6xy^2+y^3$

解説　一方の式の各項をもう一方の式の各項にかけてから，同類項をまとめる。

(4)　$5x^2y$ と $2x^2y$，$xy^2$ と $5xy^2$ がそれぞれ同類項。

p.51　**8**　(1) $x^2+9x+8$　(2) $x^2+x-20$　(3) $x^2-30x+200$　(4) $y^2-4y-45$　(5) $a^2-10a+21$　(6) $x^2+\frac{3}{5}x-\frac{4}{25}$

解説　(6)　$\left(x-\frac{1}{5}\right)\left(x+\frac{4}{5}\right)$

$=x^2+\left(-\frac{1}{5}+\frac{4}{5}\right)x+\left(-\frac{1}{5}\right)\times\frac{4}{5}$

$=x^2+\frac{3}{5}x-\frac{4}{25}$

p.52　**9**　(1) $x^2+xy-30y^2$　(2) $x^2+4xy+3y^2$

p.52　**10**　(1) $4x^2+20x+21$　(2) $m^2n^2-mn-2$

p.53　**11**　(1) $x^2+4x+4$　(2) $x^2+\frac{4}{5}x+\frac{4}{25}$　(3) $x^2+x+0.25$　(4) $49x^2+42x+9$

解説　(2)　$\left(x+\frac{2}{5}\right)^2=x^2+2\times\frac{2}{5}\times x+\left(\frac{2}{5}\right)^2$　（かっこをつける）

$=x^2+\frac{4}{5}x+\frac{4}{25}$

(3)　$(x+0.5)^2=x^2+2\times0.5\times x+0.5^2$

$=x^2+x+0.25$

p.54　**12**　(1) $x^2-12x+36$　(2) $x^2-\frac{6}{7}x+\frac{9}{49}$　(3) $16-8y+y^2$　(4) $9x^2-30x+25$

p.55　**13**　(1) $x^2-10xy+25y^2$　(2) $a^2b^2+2abcd+c^2d^2$　(3) $a^2b^2-8ab+16$　(4) $36x^2-4xy+\frac{1}{9}y^2$

解説　(4)　$\left(6x-\frac{1}{3}y\right)^2=(6x)^2-2\times\frac{1}{3}y\times6x+\left(\frac{1}{3}y\right)^2$

$=36x^2-4xy+\frac{1}{9}y^2$

p.56　**14**　(1) $x^2-4$　(2) $a^2-9$　(3) $x^2-\frac{1}{4}$　(4) $36-m^2$

解説　(2)　3と$a$を入れかえて，$(a+3)(a-3)$

(4)　$(-6-m)(-6+m)=(-6)^2-m^2=36-m^2$

p.57　**15**　(1) $36x^2-y^2$　(2) $1-a^2b^2$　(3) $n^2-m^2$　(4) $4x^2-\frac{1}{9}y^2$

解説　(2)　$-ab$ と1を入れかえて，

$(1-ab)(1+ab)=1^2-(ab)^2=1-a^2b^2$

(3)　各項を入れかえて，

$(-n-m)(-n+m)=(-n)^2-m^2=n^2-m^2$

p.58　**16**　(1) $a^2+2ab+b^2+2a+2b-8$　(2) $x^2+2xy+y^2+10x+10y+25$　(3) $x^2-6x+9-y^2$

解説　(1)　$a+b$ を1つの文字と考えて，

$(a+b-2)(a+b+4)$

$=(M-2)(M+4)$

$=M^2+2M-8$

$=(a+b)^2+2(a+b)-8$　（$M$を$a+b$にもどす）

$=a^2+2ab+b^2+2a+2b-8$

(2) $x+y$を1つの文字と考える。

(3) $x-3$を1つの文字と考える。

p.59 **17** (1) $\boldsymbol{-3x-27}$ (2) $\boldsymbol{-a^2-8a+11}$

解説 (2) $3(a-2)^2-(2a-1)^2$

$=3a^2-12a+12-(4a^2-4a+1)$

$=-a^2-8a+11$

p.60 **18** (1) ア$=8$, イ$=64$ (2) ア$=4$, イ$=28$

解説 (2) (左辺)$=x^2+(7-$ア$)x-7\times$ア

$7-$ア$=3$より，ア$=4$，イ$=7\times$ア$=7\times4=28$

## 3 因数分解

p.62 **19** (1) $\boldsymbol{x(a-b)}$ (2) $\boldsymbol{xy(x+7)}$

(3) $\boldsymbol{a(4a^2-a+1)}$ (4) $\boldsymbol{b(ac+a-c)}$

(5) $\boldsymbol{2ab(2a-3b-5)}$

(6) $\boldsymbol{6yz(9x^2+8x-3z)}$

p.63 **20** (1) $\boldsymbol{(x+2)(x+4)}$ (2) $\boldsymbol{(x-3)(x-7)}$

(3) $\boldsymbol{(x-3)(x+2)}$ (4) $\boldsymbol{(x-6)(x+2)}$

(5) $\boldsymbol{(a-5)(a+7)}$ (6) $\boldsymbol{(y-3)(y-15)}$

p.64 **21** (1) $\boldsymbol{(x+2y)(x+3y)}$ (2) $\boldsymbol{(x+5y)(x-2y)}$

(3) $\boldsymbol{(a-3b)(a-4b)}$ (4) $\boldsymbol{(a+5b)(a-7b)}$

(5) $\boldsymbol{(x-4y)(x+9y)}$ (6) $\boldsymbol{(x-7y)(x+6y)}$

解説 (2) 和が$3y$，積が$-10y^2$になるのは，$5y$と$-2y$

(4) 和が$-2b$，積が$-35b^2$になるのは，$5b$と$-7b$

p.65 **22** (1) $\boldsymbol{(x+2)^2}$ (2) $\boldsymbol{(x-6)^2}$

(3) $\boldsymbol{(2a+1)^2}$ (4) $\boldsymbol{(3x-2)^2}$

(5) $\boldsymbol{(x-8y)^2}$ (6) $\boldsymbol{(3x-5y)^2}$

解説 (6) $9x^2-30xy+25y^2$

$=(3x)^2-2\times5y\times3x+(5y)^2=(3x-5y)^2$

p.66 **23** (1) $\boldsymbol{(x+9)(x-9)}$ (2) $\boldsymbol{(20+y)(20-y)}$

(3) $\boldsymbol{(5x+8y)(5x-8y)}$

(4) $\boldsymbol{\left(2x+\frac{3}{7}y\right)\left(2x-\frac{3}{7}y\right)}$

解説 (3) $25x^2-64y^2=(5x)^2-(8y)^2$

$=(5x+8y)(5x-8y)$

p.67 **24** (1) $\boldsymbol{3a(b+6)(b-2)}$ (2) $\boldsymbol{xy(x+y)(x-y)}$

(3) $\boldsymbol{4x(y+4)^2}$ (4) $\boldsymbol{-2a(x+5)(x-5)}$

解説 (1) $3ab^2+12ab-36a=3a(b^2+4b-12)$

$=3a(b+6)(b-2)$

(2) $x^3y-xy^3=xy(x^2-y^2)=xy(x+y)(x-y)$

p.68 **25** (1) $\boldsymbol{(x-y+1)(x-y+3)}$

(2) $\boldsymbol{(a-b+3)(a-b-4)}$

(3) $\boldsymbol{(x-y)(x+z)}$

(4) $\boldsymbol{(x+3)(x-3)(x-1)}$

解説 式の**共通部分**を**1つの文字**でおきかえる。

(3)(4) 項を2つに分けて共通因数をくくり出す。

(3) $x^2-xy-yz+xz$

$=x(x-y)-z(y-x)$

$=x(x-y)+z(x-y)$ ← $x-y$を$M$とおく

$=xM+zM$

$=M(x+z)=(x-y)(x+z)$

## 4 式の計算の利用

p.70 **26** (1) **39204** (2) **249999**

解説 (1) $198^2=(200-2)^2=40000-800+4=39204$

(2) $499\times501=(500-1)(500+1)$

$=250000-1=249999$

p.70 **27** **0.5**

解説 $0.75^2-0.25^2=(0.75+0.25)(0.75-0.25)$ ← $x^2-a^2=(x+a)(x-a)$

$=1\times0.5=0.5$

p.71 **28** (1) **−7** (2) **2**

解説 与えられた**式を簡単にしてから代入**する。

(1) $(x-7)^2-(x-8)(x-5)$

$=x^2-14x+49-(x^2-13x+40)$

$=x^2-14x+49-x^2+13x-40=-x+9$

$=-16+9=-7$

(2) $(a-4b)(4a+b)-4(a+b)(a-b)$

$=4a^2+ab-16ab-4b^2-4(a^2-b^2)$

$=4a^2-15ab-4b^2-4a^2+4b^2=-15ab$

$=-15\times\frac{2}{3}\times\left(-\frac{1}{5}\right)=2$

p.72 **29** (1) **40000** (2) **148**

解説 (1) $a^2+2a+1=(a+1)^2$

$=(199+1)^2=200^2=40000$

(2) $x^2-y^2=(x+y)(x-y)$

$=(12.4+2.4)(12.4-2.4)=14.8\times10=148$

p.73 **30** **〔証明〕 連続する3つの整数を，**

**$n$，$n+1$，$n+2$とすると，**

**まん中の数の2乗から1をひいた数は，**

$(n+1)^2-1=n^2+2n+1-1=n^2+2n$
ここで，$n^2+2n=n(n+2)$
したがって，連続する3つの整数のまん中の数の2乗から1をひいた数は，残りの2つの数の積に等しい。

p.74

**31**〔証明〕道の面積$S$は，
$S=4ab+\pi b^2=b(4a+\pi b)$…①
道のまん中を通る線の長さ$\ell$は，
$\ell=4a+2\times\pi\times\frac{b}{2}=4a+\pi b$
これより，$b\ell=b(4a+\pi b)$…②
したがって，①，②から，$S=b\ell$

解説　道の面積$S$は，縦$b$m，横$a$mの4つの長方形と，半径$b$mの円の面積をあわせたものと考えられる。また，$\ell$の長さは，1辺が$a$mの正方形の周の長さと半径が$\frac{b}{2}$mの円の周の長さをあわせたものである。

p.75

**32** (1)〔証明〕$n$を整数とすると，
連続する2つの奇数は，$2n+1$，$2n+3$と表すことができる。
2つの奇数の積に1をたした数は，
$(2n+1)(2n+3)+1$
$=4n^2+8n+4$
$=4(n^2+2n+1)$
$n^2+2n+1$は整数なので，
$4(n^2+2n+1)$は4の倍数である。
したがって，連続する2つの奇数の積に1をたした数は4の倍数となる。

(2)〔証明〕$n^3-n$を因数分解すると，
$n^3-n=n(n^2-1)=n(n+1)(n-1)$
$=(n-1)n(n+1)$
ここで$n\geqq 2$より，$n-1$，$n$，$n+1$は連続する3つの自然数を表しているから，このうちのどれか1つは3の倍数であり，少なくとも1つは2の倍数である。
したがって，$n^3-n$は2の倍数であり，3の倍数でもあるから，6の倍数となる。

解説　連続する3つの自然数には，2，3，4や9，10，11のように，3の倍数が1つと，2の倍数が1つ，または2つふくまれる。これより，$n^3-n$は(自然数)×(2の倍数)×(3の倍数)で表される数であることがわかる。

## 定期テスト予想問題 ①

76～77ページ

**1** (1) $-6a^2+3ab+3a$　(2) $18a^2-10ab-25ac$
(3) $-2x-3y$　(4) $8y^2+12xy$
(5) $25a-40b$　(6) $6x^2-18xy-15y^2$

解説
(5) $(15a^2b-24ab^2)\div\frac{3}{5}ab$
$=(15a^2b-24ab^2)\times\frac{5}{3ab}$
$=15a^2b\times\frac{5}{3ab}-24ab^2\times\frac{5}{3ab}$
$=25a-40b$
(6) $3x(2x-3y)-3y(3x+5y)$
$=6x^2-9xy-9xy-15y^2=6x^2-18xy-15y^2$

**2** (1) $6ab-9a+4b-6$　(2) $x^2-8x+15$
(3) $a^2+8a+16$　(4) $x^2-64$
(5) $\frac{1}{4}x^2-2xy+4y^2$　(6) $a^2+\frac{1}{4}a-\frac{3}{8}$

解説
(1) 分配法則を利用して展開する。
(2) $(x-3)(x-5)=x^2+(-3-5)x+(-3)\times(-5)$
$=x^2-8x+15$
(4) 8と$x$を入れかえて，
$(x-8)(8+x)=(x-8)(x+8)=x^2-8^2=x^2-64$
(5) $\left(\frac{1}{2}x-2y\right)^2=\left(\frac{1}{2}x\right)^2-2\times2y\times\frac{1}{2}x+(2y)^2$
$=\frac{1}{4}x^2-2xy+4y^2$
(6) $\left(a-\frac{1}{2}\right)\left(a+\frac{3}{4}\right)$
$=a^2+\left(-\frac{1}{2}+\frac{3}{4}\right)a+\left(-\frac{1}{2}\right)\times\frac{3}{4}=a^2+\frac{1}{4}a-\frac{3}{8}$

**3** (1) $2xy(x+3)$　(2) $(a-4)(a+2)$　(3) $(x+7)^2$
(4) $\left(a+\frac{1}{2}b\right)\left(a-\frac{1}{2}b\right)$

解説
(1) 共通因数$2xy$をくくり出す。
(2) 和が$-2$，積が$-8$である2数は，$-4$と2
(3) $x^2+14x+49=x^2+2\times7\times x+7^2=(x+7)^2$
(4) $a^2-\frac{1}{4}b^2=a^2-\left(\frac{1}{2}b\right)^2=\left(a+\frac{1}{2}b\right)\left(a-\frac{1}{2}b\right)$

**4** (1) 158404　(2) 89999　(3) 70

解説

(1)　$398^2=(400-2)^2=400^2-2\times2\times400+2^2$
$=160000-1600+4=158404$

(2)　$299\times301=(300-1)(300+1)$
$=300^2-1^2=90000-1=89999$

(3)　$8.5^2-1.5^2=(8.5+1.5)(8.5-1.5)$
$=10\times7=70$

**5** (1) $-20$　(2) $-\dfrac{37}{8}$　(3) 4

解説

(1)　与えられた式を展開して，式を整理してから，$x$の値を代入する。

$(x+4)(x-9)-(x-3)^2$
$=x^2-5x-36-(x^2-6x+9)$
$=x^2-5x-36-x^2+6x-9=x-45$
$=25-45=-20$

(3)　与えられた式を因数分解してから，$a$，$b$の値を代入する。

$a^2+b^2-2ab=a^2-2ab+b^2=(a-b)^2$
$=(3.25-1.25)^2=2^2=4$

**6** 〔証明〕　連続する2つの奇数を$2n+1$，$2n+3$（$n$は整数）とすると，
この2つの奇数の積に1を加えた数は，
$(2n+1)(2n+3)+1=4n^2+8n+3+1$
$=4n^2+8n+4=(2n+2)^2$
ここで，$2n+2$は連続する2つの奇数の間にある偶数を表す。
したがって，連続する2つの奇数の積に1を加えた数は，この2つの奇数の間にある偶数の2乗に等しくなる。

解説

$n$を整数として，連続する2つの奇数を$n$を使って表し，その2つの数の積に1を加えた式をつくる。2つの奇数の間にある偶数は，$2n+2$と表せるから，$(2n+2)^2$を導けばよい。

## 定期テスト予想問題 ②

78～79ページ

**1** (1) $x^2+3xy-3x-12y-4$　(2) $a^2-6ab-16b^2$
(3) $16x^2-49y^2$

解説

(1)　$(x-4)(x+3y+1)$
$=x^2+3xy+x-4x-12y-4$
$=x^2+3xy-3x-12y-4$

(2)　$(a+2b)(a-8b)=a^2+(2-8)ab+2\times(-8)b^2$
$=a^2-6ab-16b^2$

(3)　$(4x+7y)(4x-7y)=(4x)^2-(7y)^2$
$=16x^2-49y^2$

**2** (1) $2a^2+2$　(2) $-6n-5$
(3) $x^2-2xy+y^2+5x-5y+6$

解説

乗法公式を利用して展開し，同類項があればまとめる。

(1)　$(a+1)^2+(a-1)^2=a^2+2a+1+a^2-2a+1$
$=2a^2+2$

(2)　$(3n+2)(3n-2)-(3n+1)^2$
$=9n^2-4-(9n^2+6n+1)$
$=9n^2-4-9n^2-6n-1=-6n-5$

(3)　$(x-y+2)(x-y+3)$　← $x-y$を$M$とする
$=(M+2)(M+3)=M^2+5M+6$
$=(x-y)^2+5(x-y)+6$
$=x^2-2xy+y^2+5x-5y+6$

**3** (1) $(3x-2y)^2$　(2) $-3b(a+4)(a-4)$
(3) $(x+y+1)(x+y-4)$　(4) $(a-2)(a+5b)$

解説

(1)　$9x^2-12xy+4y^2=(3x)^2-2\times2y\times3x+(2y)^2$
$=(3x-2y)^2$

(2)　$-3a^2b+48b=-3b(a^2-16)$
$=-3b(a+4)(a-4)$

(3)　$(x+y)^2-3(x+y)-4$　← $x+y$を$M$とする
$=M^2-3M-4$
$=(M+1)(M-4)$
$=(x+y+1)(x+y-4)$

(4)　$a^2+5ab-2a-10b=a(a+5b)-2(a+5b)$
$=(a-2)(a+5b)$

④〔証明〕 道の面積$S$は，

$S=\pi(r+a)^2-\pi r^2+a\times 2r\times 2$

$=\pi(r^2+2ar+a^2)-\pi r^2+4ar$

$=2\pi ar+\pi a^2+4ar$

$=a(2\pi r+\pi a+4r)$…①

道のまん中を通る線の長さ$\ell$は，

$\ell=2\pi\left(r+\dfrac{a}{2}\right)+2r\times 2$

$=2\pi r+\pi a+4r$

これより，$a\ell=a(2\pi r+\pi a+4r)$…②

したがって，①，②から，$S=a\ell$

解説

道の面積$S$は，半径が$(r+a)$mの円から半径が$r$mの円をひいた面積と，縦$a$m，横$2r$mの長方形2つの面積をあわせたものである。また，$\ell$の長さは，半径が$\left(r+\dfrac{a}{2}\right)$mの円周の長さと$2r$mの直線2つの長さをあわせたものである。

⑤ (1)〔証明〕 $a$の値を$n$とすると，

$b$の値は$n+1$，$c$の値は$n+8$，$d$の値は$n+9$と表せる。

$(n+1)(n+8)-n(n+9)$

$=n^2+9n+8-n^2-9n$

$=8$

よって，$bc-ad$の値は8となる。

(2)〔値〕 32

〔説明〕 $a$の値を$n$とすると，$b$の値は$n+2$，$c$の値は$n+16$，$d$の値は$n+18$と表せる。

$(n+2)(n+16)-n(n+18)$

$=n^2+18n+32-n^2-18n$

$=32$

よって，$bc-ad$の値は32となる。

解説

$a$，$b$，$c$，$d$を，それぞれ$n$を使った式で表し，証明と説明をする。

# 2章 平方根

## 1 平方根

p.85

**1** (1) 4と$-4$ (2) 11と$-11$

(3) $\dfrac{2}{5}$と$-\dfrac{2}{5}$ (4) $\dfrac{7}{20}$と$-\dfrac{7}{20}$

(5) 0.1と$-0.1$ (6) 0.9と$-0.9$

p.86

**2** (1) $\pm\sqrt{5}$ (2) $\pm\sqrt{0.3}$ (3) $\pm\sqrt{\dfrac{5}{7}}$

p.86

**3** (1) 9 (2) $-\dfrac{4}{5}$ (3) 3 (4) 0.6

p.87

**4** (1) 11 (2) 7 (3) $\dfrac{3}{5}$

p.87

**5** 7

解説 $15+3a$に$a=1, 2, 3, \cdots\cdots$を代入する。

| $a$ | 1 | 2 | 3 | 4 | 5 | 6 | 7 |
|---|---|---|---|---|---|---|---|
| $15+3a$ | 18 | 21 | 24 | 27 | 30 | 33 | ㊱ |

したがって，$a=7$のとき，$\sqrt{15+3a}=\sqrt{36}=6$

p.88

**6** (1) $\sqrt{13}>\sqrt{11}$ (2) $6>\sqrt{35}$

(3) $-3<-\sqrt{7}$ (4) $\dfrac{1}{3}<\sqrt{0.3}<\sqrt{\dfrac{1}{3}}$

解説 (3) $3^2=9$，$(\sqrt{7})^2=7$で，

$9>7$だから，$\sqrt{9}>\sqrt{7}$ よって，$3>\sqrt{7}$

したがって，$-3<-\sqrt{7}$

(4) $\left(\dfrac{1}{3}\right)^2=\dfrac{1}{9}$，$\left(\sqrt{\dfrac{1}{3}}\right)^2=\dfrac{1}{3}$，$(\sqrt{0.3})^2=0.3=\dfrac{3}{10}$

$\dfrac{1}{9}<\dfrac{3}{10}<\dfrac{1}{3}$だから，$\dfrac{1}{3}<\sqrt{0.3}<\sqrt{\dfrac{1}{3}}$

p.89

**7** (1) 2，3，4 (2) 5

(3) 3，4，5

(4) 13，14，15，16，17

解説 **それぞれを2乗して，$\sqrt{x}$の根号をはずす。**

(2) $2.1^2<(\sqrt{x})^2<2.3^2$より，$4.41<x<5.29$

このxにあてはまる整数は，5

(4) $5^2<(\sqrt{2x})^2<6^2$より，$25<2x<36$

このxにあてはまる整数は，13，14，15，16，17

p.90

**8** (1) 2.236 (2) 1.225 (3) 1.865

p.91

**9** $\sqrt{11}$，$\sqrt{7}$

p.92

**10** A…$-\sqrt{20}$，B…$-\dfrac{14}{5}$，

C…$\sqrt{5}$，D…3.7

解説　点Aの表す数を$-\sqrt{a}$とすると，
$4^2<(\sqrt{a})^2<5^2$より，$16<a<25$　点Aの表す数は負だから，これを満たすのは$-\sqrt{20}$

## 2 近似値と有効数字

p.94　**11**　**$a$の値の範囲…$2.455 \leqq a < 2.465$**
**誤差の絶対値…0.005kg以下**

解説　小数第3位を四捨五入した近似値が2.46kgになるから，$a$の値の範囲は，

真の値の範囲
0.005　0.005
2.455　2.460　2.465

$2.455 \leqq a < 2.465$　真の値$a$が2.455kgのとき，誤差は，$2.46-2.455=0.005$(kg)で，このときの誤差が最も大きくなる。

p.95　**12**　(1) **3，8，0**
(2) **100mの位(0.1kmの位)**

解説　(1)　3800(cm)
有効数字 ↑　↑ 位取りを表す0

p.96　**13**　(1) **$1.58\times10^2$cm**　(2) **$4.10\times10^4$km$^2$**

解説　(2)　有効数字は3けただから，4，1，0
したがって，$4.10\times10^4$km$^2$

## 3 根号をふくむ式の乗除

p.98　**14**　(1) **$\sqrt{30}$**　(2) **$\sqrt{70}$**　(3) **$\sqrt{34}$**　(4) **$-\sqrt{42}$**

解説　(4)　$\sqrt{3}\times(-\sqrt{7})\times\sqrt{2}=-\sqrt{3\times7\times2}$
$=-\sqrt{42}$

p.99　**15**　(1) **3**　(2) **$-\sqrt{3}$**　(3) **5**　(4) **2**

解説　(4)　$\sqrt{\dfrac{14}{11}}\div\sqrt{\dfrac{7}{22}}=\sqrt{\dfrac{14}{11}\div\dfrac{7}{22}}=\sqrt{\dfrac{14}{11}\times\dfrac{22}{7}}$
$=\sqrt{4}=2$

p.100　**16**　(1) **$\sqrt{500}$**　(2) **$\sqrt{6}$**　(3) **$\sqrt{\dfrac{9}{2}}$**

解説　(3)　$\dfrac{3\sqrt{8}}{4}=\dfrac{\sqrt{3^2\times8}}{\sqrt{4^2}}=\sqrt{\dfrac{72}{16}}=\sqrt{\dfrac{9}{2}}$

p.100　**17**　(1) **$7\sqrt{2}$**　(2) **$9\sqrt{3}$**　(3) **$15\sqrt{3}$**

解説　(3)　$675=3^3\times5^2=15^2\times3$

p.101　**18**　(1) **$13\sqrt{6}$**　(2) **$5\sqrt{21}$**

解説　(1)　$\sqrt{26}\times\sqrt{39}=\sqrt{2}\times\sqrt{13}\times\sqrt{3}\times\sqrt{13}$
$=13\sqrt{6}$
(2)　$\sqrt{15}\times\sqrt{35}=\sqrt{5}\times\sqrt{3}\times\sqrt{5}\times\sqrt{7}=5\sqrt{21}$

p.101　**19**　(1) **$6\sqrt{3}$**　(2) **$42\sqrt{6}$**

解説　(2)　$3\sqrt{14}\times2\sqrt{21}=3\times\sqrt{2}\times\sqrt{7}\times2\times\sqrt{3}\times\sqrt{7}$
$=2\times3\times7\times\sqrt{2}\times\sqrt{3}=42\sqrt{6}$

p.102　**20**　(1) **$\dfrac{\sqrt{6}}{5}$**　(2) **$\dfrac{\sqrt{5}}{10}$**　(3) **$\dfrac{\sqrt{3}}{100}$**　(4) **$\dfrac{11}{10}$**

解説　(3)　$\sqrt{0.0003}=\sqrt{\dfrac{3}{10000}}=\dfrac{\sqrt{3}}{\sqrt{100^2}}=\dfrac{\sqrt{3}}{100}$
(4)　$\sqrt{1.21}=\sqrt{\dfrac{121}{100}}=\dfrac{\sqrt{11^2}}{\sqrt{10^2}}=\dfrac{11}{10}$

p.103　**21**　(1) **6**　(2) **$-5\sqrt{2}$**　(3) **$\dfrac{21}{2}$**　(4) **$15\sqrt{3}$**

解説　(1)　$2\sqrt{6}\times3\sqrt{2}\div\sqrt{12}=\dfrac{2\sqrt{6}\times3\sqrt{2}}{2\sqrt{3}}$
$=\dfrac{2\sqrt{3}\times\sqrt{2}\times3\sqrt{2}}{2\sqrt{3}}=6$
(2)　$(-\sqrt{14})\div\sqrt{21}\times\sqrt{75}=\dfrac{-\sqrt{14}\times5\sqrt{3}}{\sqrt{21}}$
$=\dfrac{-\sqrt{2}\times\sqrt{7}\times5\sqrt{3}}{\sqrt{3}\times\sqrt{7}}=-5\sqrt{2}$
(3)　$3\sqrt{7}\div\sqrt{8}\times\sqrt{14}=\dfrac{3\sqrt{7}\times\sqrt{14}}{2\sqrt{2}}$
$=\dfrac{3\sqrt{7}\times\sqrt{2}\times\sqrt{7}}{2\sqrt{2}}=\dfrac{21}{2}$
(4)　$5\sqrt{180}\div2\sqrt{5}\times\sqrt{3}=\dfrac{30\sqrt{5}\times\sqrt{3}}{2\sqrt{5}}$
$=15\sqrt{3}$

p.104　**22**　(1) **$\dfrac{5\sqrt{3}}{3}$**　(2) **$\dfrac{\sqrt{14}}{7}$**　(3) **$\dfrac{\sqrt{2}}{2}$**　(4) **$\sqrt{3}$**

解説　(3)　$\dfrac{\sqrt{6}}{2\sqrt{3}}=\dfrac{\sqrt{6}\times\sqrt{3}}{2\sqrt{3}\times\sqrt{3}}=\dfrac{3\sqrt{2}}{6}=\dfrac{\sqrt{2}}{2}$
(4)　$\dfrac{9}{\sqrt{27}}=\dfrac{9}{3\sqrt{3}}=\dfrac{3}{\sqrt{3}}=\dfrac{3\times\sqrt{3}}{\sqrt{3}\times\sqrt{3}}=\dfrac{3\sqrt{3}}{3}=\sqrt{3}$

p.105　**23**　(1) **80**　(2) **200**　(3) **0.07**　(4) **0.005**

p.106　**24**　(1) **0.45**　(2) ① **0.4898**　② **3.873**

解説　(2)①　$\sqrt{0.24}=\sqrt{\dfrac{24}{100}}=\dfrac{2\sqrt{6}}{10}=\dfrac{\sqrt{6}}{5}=\dfrac{2.449}{5}$
$=0.4898$
②　$\sqrt{15}=\sqrt{\dfrac{60}{4}}=\dfrac{\sqrt{60}}{2}=\dfrac{7.746}{2}=3.873$

## 4 根号をふくむ式の計算

p.108　**25**　(1) **$8\sqrt{6}$**　(2) **$\sqrt{2}$**　(3) **$3\sqrt{5}$**　(4) **$-\sqrt{3}$**

解説　(3)　$4\sqrt{5}-7\sqrt{5}+6\sqrt{5}=(4-7+6)\sqrt{5}$
$=3\sqrt{5}$
(4)　$-7\sqrt{6}+5\sqrt{3}+7\sqrt{6}-6\sqrt{3}$
$=-7\sqrt{6}+7\sqrt{6}+5\sqrt{3}-6\sqrt{3}$
$=-\sqrt{3}$

**p.109** **26** (1) $7\sqrt{3}$ (2) $4\sqrt{2}$ (3) $\sqrt{6}$ (4) $\sqrt{5}$

解説 (3) $3\sqrt{24}+\sqrt{54}-2\sqrt{96}$
$=3\times2\sqrt{6}+3\sqrt{6}-2\times4\sqrt{6}$
$=6\sqrt{6}+3\sqrt{6}-8\sqrt{6}=\sqrt{6}$
(4) $\sqrt{28}-\sqrt{45}-2\sqrt{7}+\sqrt{80}$
$=2\sqrt{7}-3\sqrt{5}-2\sqrt{7}+4\sqrt{5}=\sqrt{5}$

**p.110** **27** (1) $7\sqrt{3}$ (2) $0$ (3) $\sqrt{6}$ (4) $\dfrac{5\sqrt{3}}{6}$

解説 (4) $\dfrac{9}{2\sqrt{3}}-\dfrac{2}{\sqrt{3}}=\dfrac{9\sqrt{3}}{6}-\dfrac{2\sqrt{3}}{3}$
$=\dfrac{9\sqrt{3}-4\sqrt{3}}{6}=\dfrac{5\sqrt{3}}{6}$

**p.111** **28** (1) $12-6\sqrt{2}$ (2) $9\sqrt{2}$

**p.112** **29** (1) $2+\sqrt{2}$ (2) $1+2\sqrt{7}$
(3) $48+6\sqrt{15}$ (4) $1$

解説 (2) $(4-\sqrt{7})(2+\sqrt{7})$
$=4\times2+4\times\sqrt{7}+(-\sqrt{7})\times2+(-\sqrt{7})\times\sqrt{7}$
$=8+4\sqrt{7}-2\sqrt{7}-7=1+2\sqrt{7}$
(4) $(2\sqrt{7}+\sqrt{27})(\sqrt{28}-3\sqrt{3})$
$=(2\sqrt{7}+3\sqrt{3})(2\sqrt{7}-3\sqrt{3})$
$=(2\sqrt{7})^2-(3\sqrt{3})^2=28-27=1$

**p.113** **30** (1) $9$ (2) $8$ (3) $1$

解説 **式を変形してから$x$，$y$の値を代入する。**
(3) $3(x+y)(x-y)=3(x^2-y^2)$
ここで，$x^2=\left(\dfrac{1}{\sqrt{2}}\right)^2=\dfrac{1}{2}$，$y^2=\left(\dfrac{1}{\sqrt{6}}\right)^2=\dfrac{1}{6}$
$3(x^2-y^2)=3\left(\dfrac{1}{2}-\dfrac{1}{6}\right)=3\times\dfrac{1}{3}=1$

**p.114** **31** (1) $26$ (2) $20$

解説 $x-y=2+\sqrt{6}-(2-\sqrt{6})=2\sqrt{6}$
$xy=(2+\sqrt{6})(2-\sqrt{6})=4-6=-2$
(1) $(x-y)^2-xy=(2\sqrt{6})^2-(-2)=24+2=26$
(2) $x^2+y^2=(x-y)^2+2xy$
$=(2\sqrt{6})^2+2\times(-2)=24-4=20$

**p.115** **32** (1) $-6$ (2) $2\sqrt{6}$

解説 (1) **式を変形してから，$x+3$の値を代入する。**
$x=2\sqrt{2}-3$ より，$x+3=2\sqrt{2}$
$x^2+6x-5=x^2+6x+9-14=(x+3)^2-14$
$=(2\sqrt{2})^2-14=8-14=-6$
(2) **式を変形してから，$x+1$の値を代入する。**
$x=\sqrt{2}+\sqrt{3}-1$ より，$x+1=\sqrt{2}+\sqrt{3}$
$x^2+2x-4=x^2+2x+1-5=(x+1)^2-5$
$=(\sqrt{2}+\sqrt{3})^2-5=2+2\sqrt{6}+3-5=2\sqrt{6}$

**p.116** **33** $\sqrt{2}\,r$ **cm**

解説 求める円の半径を$x$cmとすると，
$\pi x^2=2\pi r^2$，$x^2=2r^2$
$x>0$だから，$x=\sqrt{2r^2}=\sqrt{2}\,r$

**p.117** **34** (1) **9.9cm** (2) **5.5cm**

解説 (1) 半径が7cmの合同な2つの円の面積の和は，
$\pi\times7^2\times2=98\pi(\text{cm}^2)$
求める円の半径を$r$cmとすると，
$\pi r^2=98\pi$，$r^2=98$
$r>0$だから，$r=\sqrt{98}$
$\sqrt{98}=9.89\cdots$だから，小数第2位を四捨五入して，
9.9cm
(2) 底面の半径を$r$cmとすると，
円柱の体積は，$\pi r^2\times20=20\pi r^2(\text{cm}^3)$
これが$600\pi\text{cm}^3$に等しいから，$20\pi r^2=600\pi$
$r^2=30$ $r>0$だから，$r=\sqrt{30}=5.47\cdots$
小数第2位を四捨五入して，5.5cm

## 定期テスト予想問題 ①

118～119ページ

**1** (1) $\pm12$ (2) $\pm\sqrt{11}$

解説
**正の数$a$の平方根は，$\sqrt{a}$，$-\sqrt{a}$の2つある。**

**2** (1) $13$ (2) $-\dfrac{3}{8}$

解説
(1) $\sqrt{169}=\sqrt{13^2}=13$
(2) $-\sqrt{\dfrac{9}{64}}=-\dfrac{\sqrt{9}}{\sqrt{64}}=-\dfrac{\sqrt{3^2}}{\sqrt{8^2}}=-\dfrac{3}{8}$

**3** (1) $\sqrt{19}>3\sqrt{2}$ (2) $\dfrac{\sqrt{3}}{5}<\dfrac{3}{5}<\sqrt{\dfrac{3}{5}}$

解説
(1) $(\sqrt{19})^2=19$，$(3\sqrt{2})^2=(\sqrt{18})^2=18$で，
$19>18$だから，$\sqrt{19}>3\sqrt{2}$
(2) $\sqrt{\dfrac{3}{5}}=\dfrac{\sqrt{3}}{\sqrt{5}}=\dfrac{\sqrt{15}}{5}$ 分母が5で同じだから，
分子の大きさを比べると，$\sqrt{3}<3<\sqrt{15}$

**4** **有理数…ア，ウ　無理数…イ，エ**

解説

分数の形で表すことのできる数が有理数，できない数が無理数である。

**ア**　$(-\sqrt{3})^2=3$　　**ウ**　$\sqrt{\left(-\frac{1}{2}\right)^2}=\sqrt{\frac{1}{4}}=\frac{1}{2}$

**イ**，**エ**は分数の形で表すことができない。

**5** (1) **6つ**　(2) **2，8，18，72**

解説

(2)　$72=2^3\times3^2$　根号の中の数が，ある整数の2乗になるようにすればよいから，

$72\div2=2^2\times3^2=36$，$72\div2^3=3^2=9$，

$72\div(2\times3^2)=2^2=4$，$72\div(2^3\times3^2)=1^2=1$ より，

$a=2$，8，18，72

**6** (1) $\mathbf{2.25\times10^3m}$　(2) $\mathbf{7.840\times10^5m^2}$　(3) $\mathbf{8.47\times10^4g}$

解説

(3)　有効数字は3けただから，84660gを四捨五入して，百の位までの概数で表すと，84700g

有効数字は，8，4，7だから，$8.47\times10^4$g

**7** (1) **16**　(2) **2**　(3) **2**　(4) $\mathbf{\frac{3\sqrt{6}}{2}}$

解説

(3)　$\sqrt{8}\times\sqrt{6}\div\sqrt{12}$

$=\frac{2\sqrt{2}\times\sqrt{6}}{2\sqrt{3}}=\frac{2\sqrt{2}\times\sqrt{2}\times\sqrt{3}}{2\sqrt{3}}=2$

(4)　$3\sqrt{6}\div4\sqrt{5}\times\sqrt{20}$

$=\frac{3\sqrt{6}\times2\sqrt{5}}{4\sqrt{5}}=\frac{3\sqrt{6}}{2}$

**8** (1) $\mathbf{\frac{\sqrt{6}}{6}}$　(2) $\mathbf{\frac{\sqrt{10}}{5}}$　(3) $\mathbf{\frac{\sqrt{3}}{5}}$　(4) $\mathbf{\sqrt{2}}$

解説

(3)　$\frac{\sqrt{6}}{5\sqrt{2}}=\frac{\sqrt{6}\times\sqrt{2}}{5\sqrt{2}\times\sqrt{2}}=\frac{2\sqrt{3}}{10}=\frac{\sqrt{3}}{5}$

(4)　$\frac{6}{\sqrt{18}}=\frac{6}{3\sqrt{2}}=\frac{2}{\sqrt{2}}=\frac{2\times\sqrt{2}}{\sqrt{2}\times\sqrt{2}}=\frac{2\sqrt{2}}{2}=\sqrt{2}$

**9** (1) $\mathbf{7\sqrt{3}}$　(2) $\mathbf{3\sqrt{2}}$　(3) $\mathbf{\sqrt{3}}$　(4) **2**

解説

(2)　$\sqrt{32}-\frac{2}{\sqrt{2}}=4\sqrt{2}-\frac{2\sqrt{2}}{2}=4\sqrt{2}-\sqrt{2}=3\sqrt{2}$

(4)　$(\sqrt{5}+\sqrt{3})(\sqrt{5}-\sqrt{3})=(\sqrt{5})^2-(\sqrt{3})^2=5-3=2$

## 定期テスト予想問題 ②

120～121ページ

**1** **点A…$-\sqrt{7}$　点B…$\sqrt{2}$**

解説

点Aの表す数を$-\sqrt{a}$とすると，$-3<-\sqrt{a}<-2$

すなわち，$2<\sqrt{a}<3$，$2^2<a<3^2$，$4<a<9$

点Aの表す数は負だから，これを満たすのは$-\sqrt{7}$

点Bの表す数を$\sqrt{b}$とすると，同様にして，

$1<b<4$　これを満たすのは$\sqrt{2}$

**2** (1) **10mの位**　(2) **5m以下**

解説

(1)　$5.83\times10^3=5830$(m)

有効数字　位取りを表す0

(2)　真の値の範囲は，右のようになる。

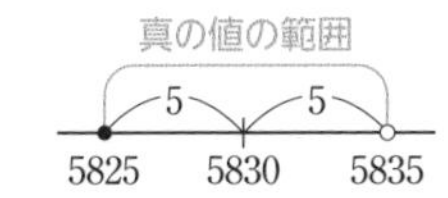


**3** (1) $\mathbf{-2\sqrt{5}}$　(2) $\mathbf{\sqrt{3}-4}$
(3) $\mathbf{9+2\sqrt{14}}$　(4) $\mathbf{21-8\sqrt{6}}$

解説

(1)　$\frac{2}{\sqrt{5}}+\frac{6}{\sqrt{20}}-\sqrt{45}=\frac{2\sqrt{5}}{5}+\frac{6}{2\sqrt{5}}-3\sqrt{5}$

$=\frac{2\sqrt{5}}{5}+\frac{3\sqrt{5}}{5}-3\sqrt{5}=\sqrt{5}-3\sqrt{5}=-2\sqrt{5}$

(3)　$(\sqrt{7}+\sqrt{2})^2=(\sqrt{7})^2+2\times\sqrt{2}\times\sqrt{7}+(\sqrt{2})^2$

$=7+2\sqrt{14}+2=9+2\sqrt{14}$

(4)　$(\sqrt{6}-3)(\sqrt{6}-5)$

$=(\sqrt{6})^2+(-3-5)\times\sqrt{6}+(-3)\times(-5)$

$=6-8\sqrt{6}+15=21-8\sqrt{6}$

**4** **5cm**

解説

求める円の半径を $r$cm とすると，

$\pi r^2=3^2\pi+4^2\pi$，$r^2=3^2+4^2=9+16=25$

$r>0$ だから，$r=\sqrt{25}=5$

したがって，求める円の半径は 5 cm

**5** (1) $-4\sqrt{2}$ (2) 4

解説

(1) $x+y=\sqrt{2}-1+\sqrt{2}+1=2\sqrt{2}$

$x-y=\sqrt{2}-1-\sqrt{2}-1=-2$

$x^2-y^2=(x+y)(x-y)$

$=2\sqrt{2}\times(-2)$

$=-4\sqrt{2}$

(2) $x=\sqrt{2}-1$ より，$x+1=\sqrt{2}$

$x^2+2x+3=x^2+2x+1+2$

$=(x+1)^2+2$

$=(\sqrt{2})^2+2$

$=2+2$

$=4$

**6** (1) **正方形の対角線の長さは，$15\div3=5$(m)だから，正方形1個の面積は，**

$5\times5\div2=\dfrac{25}{2}$(m$^2$)

**よって，正方形の1辺の長さは，**

$\sqrt{\dfrac{25}{2}}=\dfrac{\sqrt{25}}{\sqrt{2}}=\dfrac{5\sqrt{2}}{2}$(m)

**よって，正方形の1辺の長さと対角線の長さの比は，**$\dfrac{5\sqrt{2}}{2}:5=1:\sqrt{2}$

**したがって，アにあてはまる数は**$\sqrt{2}$

(2) $32\pi$m$^2$

解説

(2) 正方形の1辺の長さが8mだから，対角線の長さは$8\sqrt{2}$m。これが円の直径になるから，円の半径は$4\sqrt{2}$m。よって，円の面積は，

$\pi\times(4\sqrt{2})^2=32\pi$(m$^2$)

# 3章 2次方程式

## 1 2次方程式とその解き方

p.127 **1** **ウ**

解説 見かけだけで判断しないように注意する。

**ア**は，(左辺)=0の形に整理すると，

$12x-9=0$となり，1次方程式。

p.127 **2** (1) **−2と0** (2) **なし**

p.128 **3** (1) $x=\pm8$ (2) $x=\pm12$ (3) $x=\pm\dfrac{4}{7}$

解説 (3) $x^2=\dfrac{16}{49}$より，

$x=\pm\sqrt{\dfrac{16}{49}}=\pm\dfrac{\sqrt{4^2}}{\sqrt{7^2}}=\pm\dfrac{4}{7}$

p.128 **4** (1) $x=\pm\sqrt{5}$ (2) $x=\pm3\sqrt{2}$

(3) $x=\pm\dfrac{\sqrt{15}}{6}$

解説 (3) $x^2=\dfrac{5}{12}$より，

$x=\pm\sqrt{\dfrac{5}{12}}=\pm\dfrac{\sqrt{5}}{2\sqrt{3}}=\pm\dfrac{\sqrt{15}}{6}$

p.129 **5** (1) $x=\pm3$ (2) $x=\pm\sqrt{3}$

(3) $x=\pm\dfrac{\sqrt{6}}{4}$ (4) $x=\pm\dfrac{5}{3}$

(5) $x=\pm\dfrac{1}{2}$ (6) $x=\pm\dfrac{4\sqrt{3}}{3}$

解説 両辺を$a$でわって，$x^2=p$の形にする。

p.130 **6** (1) $x=\pm2$ (2) $x=\pm2\sqrt{3}$

(3) $x=\pm\dfrac{\sqrt{6}}{2}$ (4) $x=\pm\dfrac{\sqrt{3}}{2}$

p.131 **7** (1) $x=-6\pm\sqrt{10}$ (2) $x=5$，$x=-1$

(3) $x=-3\pm2\sqrt{2}$ (4) $x=12$，$x=2$

(5) $x=3$，$x=-5$ (6) $x=4\pm3\sqrt{5}$

解説 $(x+m)$を1つのものとみる。

p.132 **8** (1) **25** (2) **16**

解説 (1) $x$の係数10の$\dfrac{1}{2}$の2乗である$5^2=25$を加えると，$x^2+10x+25=(x+5)^2$となる。

(2) $x$の係数$-8$の$\dfrac{1}{2}$の2乗である$(-4)^2=16$を加えると，$x^2-8x+16=(x-4)^2$となる。

p.133 **9** (1) $x^2+10x+12=0$, $x^2+10x=-12$,
$x^2+10x+5^2=-12+5^2$, $(x+5)^2=13$,
$x+5=\pm\sqrt{13}$, $x=-5\pm\sqrt{13}$

(2) $x^2+3x-1=0$, $x^2+3x=1$,
$x^2+3x+\left(\frac{3}{2}\right)^2=1+\left(\frac{3}{2}\right)^2$, $\left(x+\frac{3}{2}\right)^2=\frac{13}{4}$,
$x+\frac{3}{2}=\pm\frac{\sqrt{13}}{2}$, $x=-\frac{3}{2}\pm\frac{\sqrt{13}}{2}$,
$x=\frac{-3\pm\sqrt{13}}{2}$

p.134 **10** (1) 両辺を2でわると，
$x^2+4x-3=0$, $x^2+4x=3$,
$x^2+4x+4=3+4$, $(x+2)^2=7$,
$x+2=\pm\sqrt{7}$, $x=-2\pm\sqrt{7}$

(2) 両辺に $-2$ をかけると，$x^2-6x+4=0$
$x^2-6x=-4$, $x^2-6x+9=-4+9$,
$(x-3)^2=5$, $x-3=\pm\sqrt{5}$, $x=3\pm\sqrt{5}$

## 2 解の公式

p.136 **11** (1) $x=\frac{1\pm\sqrt{41}}{4}$　(2) $x=\frac{3\pm\sqrt{3}}{3}$

解説 (1) $x=\frac{-(-1)\pm\sqrt{(-1)^2-4\times2\times(-5)}}{2\times2}$
$=\frac{1\pm\sqrt{41}}{4}$

(2) $x=\frac{-(-6)\pm\sqrt{(-6)^2-4\times3\times2}}{2\times3}=\frac{6\pm\sqrt{12}}{6}$
$=\frac{6\pm2\sqrt{3}}{6}=\frac{3\pm\sqrt{3}}{3}$

p.137 **12** (1) $x=\frac{3\pm\sqrt{6}}{3}$　(2) $x=\frac{6\pm\sqrt{30}}{3}$

解説 (1) $3x^2+1=6x$, $3x^2-6x+1=0$,
$x=\frac{-(-6)\pm\sqrt{(-6)^2-4\times3\times1}}{2\times3}=\frac{6\pm\sqrt{24}}{6}$
$=\frac{6\pm2\sqrt{6}}{6}=\frac{3\pm\sqrt{6}}{3}$

(2) $4x^2+3x=x^2+15x-2$, $3x^2-12x+2=0$,
$x=\frac{-(-12)\pm\sqrt{(-12)^2-4\times3\times2}}{2\times3}=\frac{12\pm\sqrt{120}}{6}$
$=\frac{12\pm2\sqrt{30}}{6}=\frac{6\pm\sqrt{30}}{3}$

p.138 **13** (1) $x=\frac{2}{3}$, $x=-2$　(2) $x=\frac{-5\pm\sqrt{13}}{4}$

解説 (1) $2(x+1)^2=6-x^2$,
$2(x^2+2x+1)=6-x^2$, $3x^2+4x-4=0$,
$x=\frac{-4\pm\sqrt{4^2-4\times3\times(-4)}}{2\times3}$
$=\frac{-4\pm\sqrt{64}}{6}=\frac{-4\pm8}{6}$
したがって，$x=\frac{2}{3}$, $x=-2$

(2) $x^2+\frac{5}{2}x+\frac{3}{4}=0$, $4x^2+10x+3=0$,
$x=\frac{-10\pm\sqrt{10^2-4\times4\times3}}{2\times4}$
$=\frac{-10\pm\sqrt{52}}{8}=\frac{-10\pm2\sqrt{13}}{8}=\frac{-5\pm\sqrt{13}}{4}$

## 3 2次方程式と因数分解

p.140 **14** (1) $x=0$, $x=-7$　(2) $x=-6$, $x=2$
(3) $x=-9$, $x=-5$　(4) $x=\frac{2}{3}$, $x=1$
(5) $x=6$, $x=-\frac{1}{5}$　(6) $x=\frac{1}{2}$, $x=-\frac{3}{4}$

p.141 **15** (1) $x=5$　(2) $x=-\frac{7}{2}$

p.141 **16** (1) $x=0$, $x=2$　(2) $x=0$, $x=-6$
(3) $x=0$, $x=10$　(4) $x=0$, $x=-2$

解説 共通因数 $x$ をくくり出す。
(1) $x^2-2x=0$, $x(x-2)=0$,
$x=0$, $x=2$
(2) $x^2+6x=0$, $x(x+6)=0$,
$x=0$, $x=-6$
(3) $x^2-10x=0$, $x(x-10)=0$,
$x=0$, $x=10$
(4) $2x+x^2=0$, $x(2+x)=0$,
$x=0$, $x=-2$

p.142 **17** (1) $x=5$, $x=8$　(2) $x=-9$
(3) $x=\pm3$　(4) $x=-4$, $x=2$

解説 (3) $x^2-9=0$, $(x+3)(x-3)=0$,
$x+3=0$ または $x-3=0$, $x=\pm3$
(4) 両辺を $-2$ でわると，$x^2+2x-8=0$,
$(x+4)(x-2)=0$, $x=-4$, $x=2$

p.143 **18** (1) $x=-2$, $x=3$　(2) $x=-1$, $x=5$
(3) $x=-5$　(4) $x=-3$, $x=-7$

解説 **はじめに式を展開して，(左辺)=0の形に整理する。**そして，左辺を因数分解する。
(1) $(x-5)(x+4)=-14$, $x^2-x-20=-14$,
$x^2-x-6=0$, $(x+2)(x-3)=0$,
$x=-2$, $x=3$

(2)　$(x-3)^2=2(7-x)$，$x^2-6x+9=14-2x$，
$x^2-4x-5=0$，$(x+1)(x-5)=0$，
$x=-1$，$x=5$

(3)　$3x^2+13=2(x+1)(x-6)$，
$3x^2+13=2(x^2-5x-6)$，
$3x^2+13=2x^2-10x-12$，
$x^2+10x+25=0$，$(x+5)^2=0$，$x=-5$

(4)　$(x+2)^2+6(x+2)+5=0$，
$x^2+4x+4+6x+12+5=0$，
$x^2+10x+21=0$，$(x+3)(x+7)=0$，
$x=-3$，$x=-7$

p.144 **19** (1) $\boldsymbol{x=1}$，$\boldsymbol{x=7}$　(2) $\boldsymbol{x=-25}$，$\boldsymbol{x=3}$

解説　(1)　両辺に4をかけると，$(x-3)^2=2(x+1)$，
$x^2-6x+9=2x+2$，$x^2-8x+7=0$，
$(x-1)(x-7)=0$，
$x=1$，$x=7$

(2)　両辺に12をかけると，
$3(x+1)^2=4(x-2)(x+9)$，
$3(x^2+2x+1)=4(x^2+7x-18)$，
$3x^2+6x+3=4x^2+28x-72$，
$-x^2-22x+75=0$，$x^2+22x-75=0$，
$(x+25)(x-3)=0$，
$x=-25$，$x=3$

## 4　2次方程式の応用

p.146 **20** (1) $\boldsymbol{a=11}$，**他の解**…$\boldsymbol{x=-7}$
(2) $\boldsymbol{a=1}$，$\boldsymbol{b=-6}$

解説　(1)　方程式に$x=-4$を代入して，
$(-4)^2-4a+28=0$　これを解いて，$a=11$
これより，もとの方程式は，$x^2+11x+28=0$
これを解いて，$x=-4$，$x=-7$

(2)　方程式に$x=2$，$x=-3$を代入して，
$2^2+2a+b=0$，$2a+b=-4$…①
$(-3)^2-3a+b=0$，$-3a+b=-9$…②
①，②を連立方程式として解くと，$a=1$，$b=-6$

p.147 **21** **7と8**

解説　連続する2つの正の整数を$\boldsymbol{x}$，$\boldsymbol{x+1}$とすると，
$x(x+1)=56$　これを解いて，$x=7$，$x=-8$
$x$は正の整数だから，$x=7$

p.148 **22** **3，4，5**

解説　連続した3つの正の整数を$\boldsymbol{x-1}$，$\boldsymbol{x}$，$\boldsymbol{x+1}$とすると，$x(x-1)=(x-1)+x+(x+1)$
これを解いて，$x=0$，$x=4$
$x$は正の整数だから，$x=4$

p.149 **23** **10cm**

解説　長方形の縦の長さを$x$cmとすると，
横の長さは$(x+4)$cmと表せる。
これより，直方体の底面の縦の長さは$(x-6)$cm，
横の長さは$x+4-6=x-2$(cm)だから，
$(x-6)(x-2)\times3=96$
これを解いて，$x=10$，$x=-2$
$x>6$だから，$x=10$

p.150 **24** **8cm**

解説　正方形ABCDの1辺の長さを$x$cmとすると，
台形BCDPの面積は48cm$^2$だから，
$\frac{1}{2}\times\{(x-4)+x\}\times x=48$
$x^2-2x-48=0$
これを解いて，$x=8$，$x=-6$
$x>0$だから，$x=8$

p.151 **25** **P(8，10)**

解説　点Pの$x$座標を$p$とすると，$y$座標は$p+2$と表せる。
$\triangle\mathrm{OPQ}=\frac{1}{2}\times\mathrm{OQ}\times\mathrm{PQ}=\frac{1}{2}\times p\times(p+2)$
これが40cm$^2$だから，$\frac{1}{2}p(p+2)=40$
$p^2+2p-80=0$
これを解いて，$p=8$，$p=-10$
$p>0$だから，$p=8$
$p+2$に$p=8$を代入して，$8+2=10$

**定期テスト予想問題 ①**　152〜153ページ

**1** (1)ア，エ，カ　(2)ア，ウ，オ

解説
**それぞれの方程式に$x$の値を代入して，等式が成り立てば，その$x$の値は解である。**

**2** (1) $x=\pm\frac{2}{3}$　(2) $x=-3\pm2\sqrt{2}$
(3) $x=0$, $x=-\frac{1}{2}$　(4) $x=2$, $x=5$
(5) $x=\frac{-5\pm\sqrt{17}}{2}$　(6) $x=\frac{-2\pm\sqrt{6}}{2}$

解説

**因数分解できるときは，因数分解し，できないときは，平方根の考え方を使うか，解の公式を利用**する。

(1)　$9x^2=4$，$x^2=\frac{4}{9}$，$x=\pm\sqrt{\frac{4}{9}}=\pm\frac{2}{3}$

(2)　$(x+3)^2=8$，$x+3=\pm2\sqrt{2}$，
$x=-3\pm2\sqrt{2}$

(3)　両辺を4でわると，
$2x^2+x=0$，$x(2x+1)=0$
$x=0$，$x=-\frac{1}{2}$

(4)　$x^2-7x+10=0$，$(x-2)(x-5)=0$，
$x=2$，$x=5$

(5)　解の公式に，$a=1$，$b=5$，$c=2$を代入すると，
$x=\frac{-5\pm\sqrt{5^2-4\times1\times2}}{2\times1}=\frac{-5\pm\sqrt{17}}{2}$

(6)　$2x^2+4x-1=0$，解の公式に，$a=2$，$b=4$，$c=-1$を代入すると，
$x=\frac{-4\pm\sqrt{4^2-4\times2\times(-1)}}{2\times2}=\frac{-4\pm\sqrt{24}}{4}$
$=\frac{-2\pm\sqrt{6}}{2}$

**3** (1) $x=7$　(2) $x=-2$, $x=3$
(3) $x=-1$, $x=2$

解説

乗法部分を展開し整理して，(左辺)$=0$の形にする。そして，左辺を因数分解する。

(1)　$(x-9)(x-5)=-4$，
$x^2-14x+45=-4$，$x^2-14x+49=0$，
$(x-7)^2=0$，$x=7$

(2)　$(x-2)^2=3(3-x)+1$，
$x^2-4x+4=9-3x+1$，$x^2-x-6=0$，
$(x+2)(x-3)=0$，$x=-2$，$x=3$

(3)　$2x(x+1)=(x+2)(x+1)$，
$2x^2+2x=x^2+3x+2$，$x^2-x-2=0$，
$(x+1)(x-2)=0$，$x=-1$，$x=2$

**4** (1) $x=-6$　(2) $a=-3$, $b=-4$
(3) $x=8$

解説

(1)　与えられた方程式に$x=2$を代入して，
$2^2+a\times2-3a=0$，$4+2a-3a=0$，$a=4$
したがって，方程式は，$x^2+4x-12=0$，
$(x-2)(x+6)=0$　もう1つの解は$x=-6$

(2)　与えられた方程式に$x=4$，$x=-1$をそれぞれ代入して，$16+4a+b=0$…①
$1-a+b=0$…②
①，②を連立させて解くと，$a=-3$，$b=-4$

(3)　$x^2-x-6=0$を解くと，$x=-2$，$x=3$
$x^2-6x+b=0$に$x=-2$を代入して，
$(-2)^2-6\times(-2)+b=0$，$4+12+b=0$，
$b=-16$
よって，$x^2-6x-16=0$，$(x+2)(x-8)=0$，
$x=-2$，$x=8$

**5** (1) 6と13　(2) 5cmと7cm

解説

(1)　小さいほうの数を$x$とすると，
大きいほうの数は$x+7$と表されるから，
$x(x+7)=78$　これを解いて，$x=-13$，$x=6$
$x$は自然数だから，$x=6$

(2)　縦を$x$cmとすると，横の長さは$(12-x)$cmと表されるから，$x(12-x)=35$
これを解いて，$x=5$，$x=7$
$0<x<12$だから，$x=5$，$x=7$は問題にあう。
縦が5cmのとき，横は$12-5=7$(cm)
縦が7cmのとき，横の長さは$12-7=5$(cm)

**6** 3cmまたは4cm

解説

AP$=x$cmとすると，PB$=(6-x)$cm，
AS$=(8-x)$cmと表せる。
四角形PQRSの面積$=6\times8\times\frac{1}{2}=24$(cm$^2$)
△APS＝△CRQ，△PBQ＝△RDSであるから，
$\frac{1}{2}x(8-x)\times2+\frac{1}{2}x(6-x)\times2=24$
これを整理して，$x^2-7x+12=0$

これを解いて，$x=3$，$x=4$

$0<x<6$だから，これらは問題にあう。

## 定期テスト予想問題 ②

154〜155ページ

**1** (1) $x=0$，$x=12$　(2) $x=\pm\frac{5\sqrt{6}}{6}$

(3) $x=\frac{1}{4}$，$x=-\frac{2}{3}$　(4) $x=\frac{-7\pm\sqrt{37}}{2}$

(5) $x=\frac{-3\pm\sqrt{3}}{2}$

解説

**因数分解できないときは，解の公式を利用する。**

(4)　解の公式に，$a=1$，$b=7$，$c=3$を代入すると，

$x=\frac{-7\pm\sqrt{7^2-4\times1\times3}}{2\times1}=\frac{-7\pm\sqrt{37}}{2}$

**2** (1) $x=-9$，$x=3$　(2) $x=-4$，$x=2$

(3) $x=\frac{7}{2}$，$x=3$　(4) $x=\frac{-6\pm\sqrt{6}}{5}$

(5) $x=-1$，$x=5$

解説

(2)　$(2x-3)(2x+3)=(3x+1)(x-1)$，

$4x^2-9=3x^2-3x+x-1$，$x^2+2x-8=0$，

$(x+4)(x-2)=0$，$x=-4$，$x=2$

(3)　$(2x-5)^2=6x-17$

$4x^2-20x+25=6x-17$

$4x^2-26x+42=0$，$2x^2-13x+21=0$

$x=\frac{-(-13)\pm\sqrt{(-13)^2-4\times2\times21}}{2\times2}$

$x=\frac{13\pm\sqrt{169-168}}{4}$，$x=\frac{13\pm1}{4}$

$x=\frac{13+1}{4}=\frac{7}{2}$，$x=\frac{13-1}{4}=3$

**3** 7，8，9

解説

連続した3つの正の整数を$x-1$，$x$，$x+1$とすると，$3(x-1)^2=x^2+(x+1)^2+2$

これを整理すると，$x^2-8x=0$

これを解いて，$x=0$，$x=8$

$x\geqq2$だから，$x=8$

**4** 4秒後と12秒後

解説

$x$秒後のAPの長さは$x$cm，QDの長さは$(16-x)$cmと表せる。$x$秒後の△PQDの面積が24cm$^2$とすると，$\frac{1}{2}\times(16-x)\times x=24$

これを整理して，$x^2-16x+48=0$

これを解いて，$x=4$，12

$0<x<16$だから，これらは問題にあう。

**5** (5，4)

解説

点Pの$x$座標を$p$とすると，$y$座標は$-2p+14$と表せる。

Q(0，$-2p+14$)，A(7，0)となるから，

QP=$p$cm，OA=7cm，QO=$-2p+14$(cm)より，

(四角形QOAP)$=\frac{1}{2}\times(p+7)\times(-2p+14)$

$=-p^2+49$(cm$^2$)

よって，$-p^2+49=24$　これを解いて，$p=\pm5$

$p>0$だから，$p=5$

$y=-2p+14$に$p=5$を代入して，$y=4$

**6** **残りの4個の正方形の1辺の長さを$x$cmとすると，真ん中の正方形の1辺の長さは$(100-2x)$cmと表せる。**
**黄色の部分の面積の合計が5800cm$^2$なので，$4x^2+(100-2x)^2=5800$が成り立つ。**
**これを解くと，$x=15$，35**
**$x=15$のとき，真ん中の正方形の1辺の長さは，$100-2\times15=70$(cm)となり，条件に合う。**
**$x=35$のとき，真ん中の正方形の1辺の長さは，$100-2\times35=30$(cm)となり，条件に合わない。**
**よって，残りの4個の正方形の1辺の長さは15cm**

解説

残りの4個の正方形の1辺の長さを$x$cmとし，黄色の部分の面積の合計から，2次方程式をつくって解く。

# 4章　関数

## 1 関数$y=ax^2$

p.161　**1** (1) ア…3　イ…27　ウ…75
(2) $y$は$x$の2乗に比例する。
比例定数は，3。
(3) 16倍

p.162　**2** (1) $y$は$x$の2乗に比例する。
(2) $y$は$x$の2乗に比例しない。

解説　(1)　$y=\frac{1}{3}\times\pi\times x^2\times 6=2\pi x^2$
(2)　$y=2\pi x$

p.163　**3** (1) $y=4x^2$，$y=36$
(2) $y=-\frac{1}{3}x^2$，$y=-12$

解説　(1)　$y=ax^2$とおいて，$x=2$，$y=16$を代入すると，$16=a\times 2^2$，$a=4$　よって，$y=4x^2$
$y=4x^2$に$x=-3$を代入すると，$y=4\times(-3)^2=36$

p.164　**4**

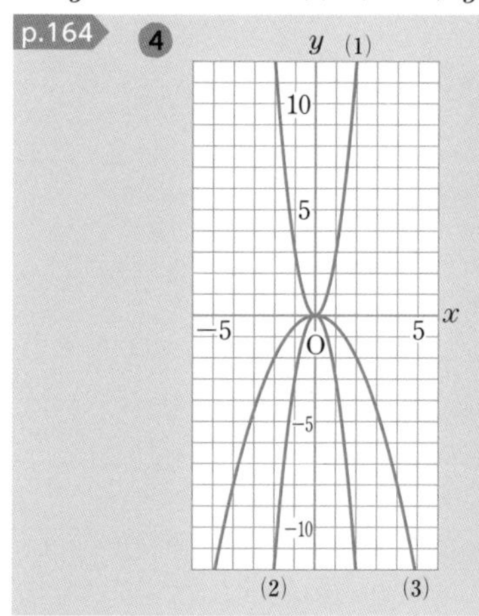


p.165　**5**　①と③，②と④

解説　$y=0.5x^2=\frac{1}{2}x^2$だから，$y=-\frac{1}{2}x^2$と$y=\frac{1}{2}x^2$は$x$軸について対称である。

p.166　**6**　$y=3x^2$

解説　$y=ax^2$とおいて，$x=1$，$y=3$を代入すると，$3=a\times 1^2$，$a=3$

p.166　**7**　ア…$y=\frac{3}{4}x^2$
イ…$y=-\frac{1}{2}x^2$
ウ…$y=-2x^2$

解説　$y=ax^2$にそれぞれのグラフが通る点の座標を代入する。例えば，
**ア**…$x=2$，$y=3$を通る。
**イ**…$x=2$，$y=-2$を通る。
**ウ**…$x=1$，$y=-2$を通る。

p.167　**8** (1)　②，③，⑤
(2)　①，④
(3)　⑤，④，②，①，③

解説　(1)　$x^2$の係数が正のものを選ぶ。
(2)　$x^2$の係数が負のものを選ぶ。
(3)　$y=ax^2$のグラフでは**$a$の値の絶対値が小さいほど，グラフの開き方は大きい。**

## 2 関数$y=ax^2$の値の変化

p.169　**9**　ア

解説　$y=-\frac{3}{4}x^2$のグラフは，下に開いている放物線である。

p.170　**10** (1) $-24\leqq y\leqq -6$　(2) $-54\leqq y\leqq 0$

解説　(1)　$y=-\frac{2}{3}x^2$に，$x=3$，$x=6$をそれぞれ代入すると，
$x=3$のとき，$y=-\frac{2}{3}\times 3^2=-6$　**→最大値**
$x=6$のとき，$y=-\frac{2}{3}\times 6^2=-24$　**→最小値**
(2)　$x=0$のとき，
$y=-\frac{2}{3}\times 0^2=0$　**→最大値**
$x=9$のとき，
$y=-\frac{2}{3}\times 9^2=-54$
**→最小値**

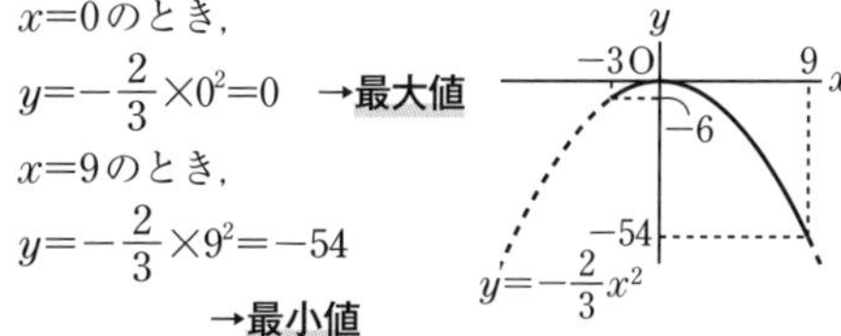


p.171　**11** (1) $-24$　(2) 18　(3) 9

解説　(1)　$\frac{-3\times 6^2-(-3\times 2^2)}{6-2}=\frac{-108+12}{4}=-24$
(2)　$\frac{-3\times(-1)^2-\{-3\times(-5)^2\}}{-1-(-5)}=\frac{-3+75}{4}=18$
(3)　$\frac{-3\times 0^2-\{-3\times(-3)^2\}}{0-(-3)}=\frac{0+27}{3}=9$

p.172 **12** (1) **12m/s**　(2) **24m/s**

解説 (2) 下った時間は，5−3=2(秒)
下った距離は，$3\times5^2-3\times3^2=48$(m)
したがって，平均の速さは，$\dfrac{48}{2}=24$(m/s)

p.173 **13** $a=-2$

解説 $x$の増加量は，$-1-(-3)=2$
$y$の増加量は，$a\times(-1)^2-a\times(-3)^2=-8a$
変化の割合は8だから，$\dfrac{-8a}{2}=8$，$a=-2$

p.174 **14** **A地点から8mの地点…Pさん**
**B地点…ボール**

解説 ボールは$y=\dfrac{1}{4}x^2$，Pは$y=\dfrac{3}{2}x$だから，$y=8$のときの$x$の値はPのほうが小さいので，A地点から8mの地点を先に通過するのはPさんであることがわかる。同様に，$y=16$のときの$x$の値から，B地点に先に到着するのはボールであるとわかる。

## 3 いろいろな事象と関数，グラフの応用

p.176 **15** (1) $y=\dfrac{1}{20}x^2$　(2) **45m**　(3) **20m/s**

解説 (1) $y=ax^2$とおくと，$5=a\times10^2$より，$a=\dfrac{1}{20}$
(3) $y=\dfrac{1}{20}x^2$に$y=20$を代入すると，$20=\dfrac{1}{20}x^2$より，
$x^2=400$だから，$x=\pm20$　$x>0$より，$x=20$

p.177 **16** **4秒間**

解説 $y=ax^2$とおくと，$1=a\times2^2$より，$a=\dfrac{1}{4}$
$y=\dfrac{1}{4}x^2$に$y=4$を代入すると，$4=\dfrac{1}{4}x^2$，$x^2=16$
$x>0$より，$x=4$

p.178 **17** **時速80km**

解説 $y=ax^2$とおくと，$180=a\times60^2$より，
$a=\dfrac{1}{20}$　$y=\dfrac{1}{20}x^2$に$y=320$を代入して$x(x>0)$の値を求めればよい。

p.179 **18** (1) $y=6x^2$　(2) $x=5$

解説 (1) 底辺をQC，高さをPCと考えると，
$y=\dfrac{1}{2}\times4x\times3x=6x^2$
(2) $y=6x^2$に$y=150$を代入すると，$150=6x^2$，
$x^2=25$，$x=\pm5$　$x>0$より，$x=5$

p.180 **19**

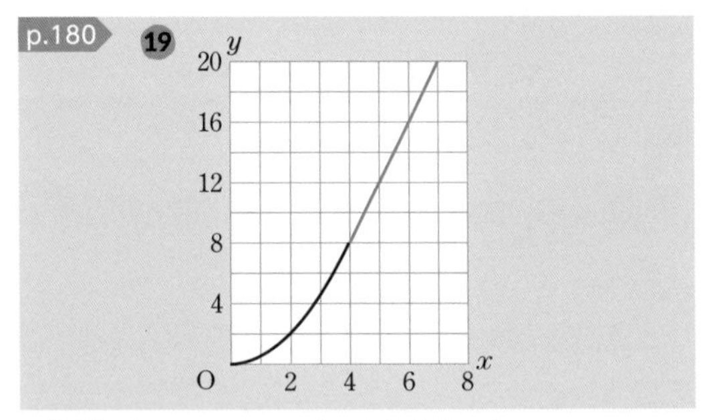


解説 (4，8)，(6，16)の2点を結ぶと，
$y=4x-8$のグラフの一部になる。

p.181 **20** $a=\dfrac{1}{2}$

解説 $y=2x^2$に$y=8$を代入すると，$8=2x^2$
これを解くと，$x=\pm2$より，HA=2
HA=ABから，HB=4より，点Bの座標は(4，8)である。$y=ax^2$に$x=4$，$y=8$を代入すると，
$8=16a$，$a=\dfrac{1}{2}$

p.182 **21** **Q(0，2)**

解説 点Pの座標は，(1，1)
これを②の式に代入すると，$1=-1+b$，$b=2$
②の式は，$y=-x+2$だから，点Qの座標は(0，2)

p.183 **22** **P($2\sqrt{2}$，8)**

解説 △OPQの底辺をOQとすると，**高さは点Pの$y$座標にあたる。**Pは$y=x^2(x>0)$のグラフ上の点だから，その座標は$(a,\ a^2)$と表せる。
△OPQの面積$S$は，$S=\dfrac{1}{2}\times6\times a^2$より，$S=3a^2$
これに，$S=24$を代入すると，$24=3a^2$から，
$a=\pm2\sqrt{2}$　$a>0$だから，$a=2\sqrt{2}$
$y=x^2$に$x=2\sqrt{2}$を代入すると，$y=(2\sqrt{2})^2=8$
したがって，点Pの座標は($2\sqrt{2}$，8)

p.184 **23** (1) **300円**　(2) **120分**

解説 (1) $x$の変域が**$60<x\leqq90$**のときの$y$の値を求める。

p.185 **24** (1) $y=3$
(2) **右の図**

## 定期テスト予想問題 ①

186～187ページ

**1** (1) $\boldsymbol{y=\frac{\pi}{4}x^2}$，**○，比例定数…$\frac{\pi}{4}$**

(2) $\boldsymbol{y=\frac{1}{4}x}$

(3) $\boldsymbol{y=\frac{1}{2}x^2}$，**○，比例定数…$\frac{1}{2}$**

(4) $\boldsymbol{y=6x^3}$

解説

(1) $y=\pi\times\left(\frac{x}{2}\right)^2=\frac{\pi}{4}x^2$

(3) $y=\frac{1}{2}\times x\times x=\frac{1}{2}x^2$

**2** (1) $\boldsymbol{y=\frac{2}{3}x^2}$　(2) $\boldsymbol{y=24}$　(3) $\boldsymbol{x=\pm\sqrt{6}}$

解説

(1) **$y$は$x$の2乗に比例するから，$y=ax^2$とおける。**

この式に$x=3$，$y=6$を代入すると，

$6=a\times3^2$，$a=\frac{2}{3}$　したがって，$y=\frac{2}{3}x^2$

(2) $y=\frac{2}{3}x^2$に$x=-6$を代入すると，

$y=\frac{2}{3}\times(-6)^2=24$

(3) $y=\frac{2}{3}x^2$に$y=4$を代入すると，

$4=\frac{2}{3}x^2$，$x^2=6$，$x=\pm\sqrt{6}$

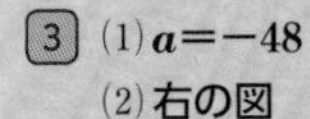

**3** (1) $\boldsymbol{a=-48}$

(2) **右の図**

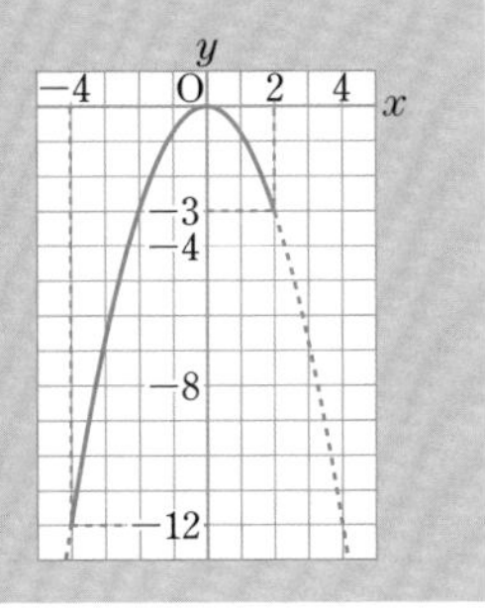


解説

(1) $y=-\frac{3}{4}x^2$に$x=-8$，$y=a$を代入すると，

$a=-\frac{3}{4}\times(-8)^2=-48$

(2) $x=-4$のとき，$y=-\frac{3}{4}\times(-4)^2=-12$

$x=2$のとき，$y=-\frac{3}{4}\times2^2=-3$

**4** (1) **21**　(2) **−21**　(3) $\boldsymbol{a=2}$

解説

**(変化の割合)＝$\frac{(y\text{の増加量})}{(x\text{の増加量})}$**　を利用する。

(3) $\frac{3\times a^2-3\times1^2}{a-1}=9$　これを解いて，$a=1$，$a=2$

$a\neq1$だから，$a=2$

**5** (1) $\boldsymbol{y=\frac{3}{2}x^2}$　(2) **18m**

解説

(1) 式を$y=ax^2$として，$x=2$，$y=6$を代入すると，

$6=a\times2^2$，$a=\frac{3}{2}$　よって，$y=\frac{3}{2}x^2$

(2) $x=2$のとき，$y=6$

$x=4$のとき，$y=\frac{3}{2}x^2$に$x=4$を代入して，

$y=\frac{3}{2}\times4^2=24$　よって，$24-6=18$(m)

**6** (1) **エ**　(2) **C(0，−18)**　(3) **A(−1，−2)**

解説

(2) 2点A，Bは$y$軸について対称な点だから，AC＝BC

よって，点Bの$x$座標は3

$y=-2x^2$に$x=3$を代入すると，$y=-2\times3^2=-18$

点Cの$y$座標は点Bの$y$座標と等しいから，

−18

よって，点Cの座標は(0，−18)

(3) 点Bの$x$座標を$p$($p>0$)とすると，点Aの$x$座標は$-p$となるから，AB＝$2p$

よって，点Cの$y$座標は$-2p$

これより，A($-p$，$-2p$)だから，

$y=-2x^2$に$x=-p$，$y=-2p$を代入すると，

$-2p=-2p^2$，$2p^2-2p=0$，$2p(p-1)=0$

$p=0$，1　$p>0$だから，$p=1$

よって，A(−1，−2)

## 定期テスト予想問題 ②

188〜189ページ

**1** (1) $y=-\frac{1}{2}x^2$

(2) ① $-8\leqq y\leqq -\frac{1}{2}$　② $-18\leqq y\leqq -2$

③ $-8\leqq y\leqq 0$

解説

(1) グラフの式を$y=ax^2$とする。
グラフは点$(2,\ -2)$を通っているので，
$y=ax^2$に$x=2$，$y=-2$を代入して，
$-2=a\times 2^2$，$a=-\frac{1}{2}$　よって，$y=-\frac{1}{2}x^2$

(2) 比例定数が負なので，$x$の絶対値が大きいほど$y$の値は小さくなる。

① $x=4$のとき，最小値は$y=-\frac{1}{2}\times 4^2=-8$
$x=1$のとき，最大値は$y=-\frac{1}{2}\times 1^2=-\frac{1}{2}$
よって，$-8\leqq y\leqq -\frac{1}{2}$

③ $x=-4$のとき，最小値は$y=-\frac{1}{2}\times(-4)^2=-8$
$x=0$のとき，最大値は$y=0$
よって，$-8\leqq y\leqq 0$

**2** (1) $y=4x^2$　(2) $y=20x$

(3) $0\leqq y\leqq 200$　(4) $x=3$

解説

(1) **$0\leqq x\leqq 5$のとき，Pは辺AB上に，Qは辺AD上にある。** $\mathrm{AP}=4x\mathrm{cm}$，$\mathrm{AQ}=2x\mathrm{cm}$だから，
$y=\frac{1}{2}\times\mathrm{AP}\times\mathrm{AQ}=\frac{1}{2}\times 4x\times 2x=4x^2$

(2) **$5\leqq x\leqq 10$のとき，Pは辺BC上にある。**
このとき，$\triangle\mathrm{APQ}=\frac{1}{2}\times\mathrm{AQ}\times\mathrm{AB}$だから，
$y=\frac{1}{2}\times 2x\times 20=20x$

(3) $0\leqq x\leqq 10$のときの$y$の変域を求める。

(4) $y=4x^2$で，$y=36$となる$x$の値を求める。
$36=4x^2$，$x^2=9$，$x=\pm 3$
$x>0$だから，$x=3$

**3** (1) $y=\frac{1}{2}x^2$　(2)

(3) **△PQRの面積は，$\frac{1}{2}\times 6\times 6=18\,(\mathrm{cm}^2)$だから，**
**△PQRの面積の半分は$9\mathrm{cm}^2$。**
**$0\leqq x\leqq 6$のとき，$y=\frac{1}{2}x^2$に$y=9$を代入して，**
**$x=\pm 3\sqrt{2}$　$0\leqq x\leqq 6$より，$x=3\sqrt{2}$**
**$6\leqq x\leqq 9$のとき，$y=18$より，**
**あてはまらない。**
**$9\leqq x\leqq 15$のとき，重なる部分は，△PQRから，等しい2辺が$(x-9)\mathrm{cm}$の直角二等辺三角形をひいた面積となるので，**
**$y=18-\frac{1}{2}(x-9)^2$**
**この式に$y=9$を代入して，**
**$9=18-\frac{1}{2}(x-9)^2$，$(x-9)^2=18$，**
**$x-9=\pm 3\sqrt{2}$，$x=9\pm 3\sqrt{2}$**
**$9\leqq x\leqq 15$より，$x=9+3\sqrt{2}$**
**よって，$x=3\sqrt{2}$，$x=9+3\sqrt{2}$**

解説

(1) 重なる部分は，底辺が$x\mathrm{cm}$，高さが$x\mathrm{cm}$の直角二等辺三角形だから，$y=\frac{1}{2}\times x\times x=\frac{1}{2}x^2$

(2) $0\leqq x\leqq 6$のとき，$y=\frac{1}{2}x^2$
$6\leqq x\leqq 9$のとき，△PQRは正方形ABCDの内にあるから，$y=18$

(3) $0\leqq x\leqq 15$のときのグラフは，右の図のようになる。右のグラフと$y=9$のグラフの交点が，△PQRの面積の半分になる点である。
($9\leqq x\leqq 15$のときのグラフは，高校数学で学習する。)

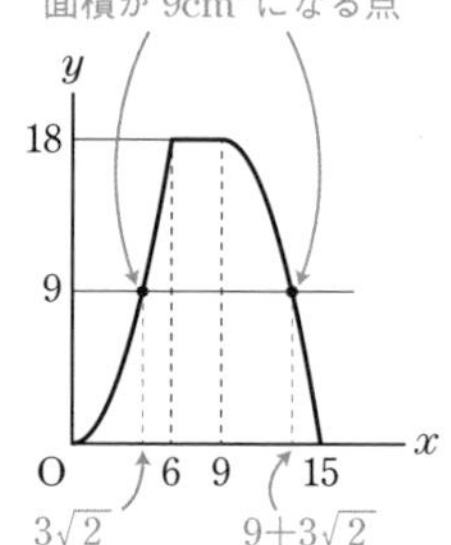

# 5章　相似な図形

## 1 相似な図形

p.195 **1** (1) **ABとDE，BCとEF，CAとFD**
(2) **3：4**

解説　(2)　相似比は対応する辺の長さの比に等しいから，BC：EF＝3：4

p.196 **2** **28cm**

解説　辺BCと辺EFの対応より，相似比は3：2だから，42：DF＝3：2　これを解くと，DF＝28

p.197 **3** **90°**

解説　∠D＝∠H＝60°だから，
∠A＝360°－(120°＋90°＋60°)＝90°

p.197 **4** (1) **いえる。**　(2) **いえない。**

p.198 **5** **△ABC∽△FDE**
**相似条件…2組の角がそれぞれ等しい。**

解説　**残りの角の大きさを調べる。**
∠C＝180°－(45°＋50°)＝85°
したがって，∠A＝∠F＝45°，∠C＝∠E＝85°
つまり，△ABCと△FDEは，2組の角がそれぞれ等しい。

p.199 **6** **△AOD∽△COB**
**相似条件…2組の辺の比とその間の角がそれぞれ等しい。**

解説　OA：OC＝4：2＝2：1，OD：OB＝6：3＝2：1
また，対頂角は等しいから，∠AOD＝∠COB
つまり，△AODと△COBは，2組の辺の比とその間の角がそれぞれ等しい。

p.200 **7** (1) **△BED，△BDF，△BCA**　(2) **15cm**

解説　(1)　△DEFと△BEDで，
∠DEF＝∠BED(共通)
∠EFD＝∠EDB＝90°
△DEFと△BDFで，
∠DEF＝90°－∠EDF＝∠BDF
∠DFE＝∠BFD＝90°
△DEFと△BCAで，
∠EFD＝∠CAB＝90°
AC//DEの同位角だから，∠DEF＝∠BCA

(2)　△ABC∽△FBDで，相似な図形の対応する辺の比は等しいから，
CA：DF＝BC：BD，4.5：9＝7.5：BD
これより，BD＝15(cm)

p.201 **8** **〔証明〕　△ACDと△DCFで，**
**∠ACD＝∠DCF(共通)…①**
**正五角形の内角だから，**
**$\angle BCD=180^\circ\times(5-2)\times\frac{1}{5}=108^\circ$**
**△BCDは二等辺三角形だから，**
**∠CDF＝(180°－108°)÷2＝36°…②**
**同様にして，∠BAE＝108°，∠BAC＝36°，∠EAD＝36°だから，**
**∠CAD＝108°－(36°＋36°)＝36°…③**
**②，③から，∠CAD＝∠CDF…④**
**①，④より，2組の角がそれぞれ等しいから，**
**△ACD∽△DCF**

解説　条件を整理すると，右の図のようになる。

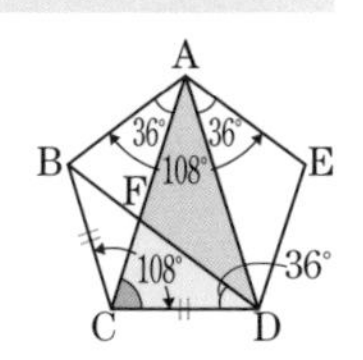


## 2 平行線と線分の比

p.203 **9** **〔証明〕　点Bを通り，CDに平行な直線をひき，ACの延長との交点をFとする。**
**△EBDと△BAFで，平行線の錯角だから，**
**∠EBD＝∠BAF**
**∠DEB＝∠FBA**
**2組の角がそれぞれ等しいから，**
**△EBD∽△BAF**
**したがって，**
**EB：BA＝ED：BF…①**
**一方，四角形CFBDは平行四辺形だから，**
**BF＝DC…②**
**①，②から，**
**EB：BA＝ED：DC**

解説　右の図のように，補助線をひいて考える。

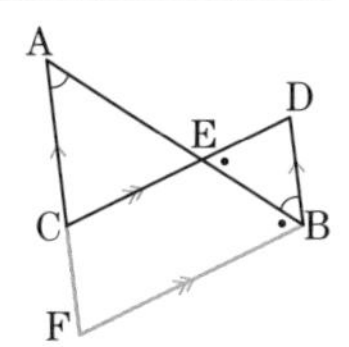

p.204 **10** (1) $x=9$, $y=3.75$ (2) $x=6$, $y=5.5$

解説 (1) $4:x=4:(4+5)$, $4:x=4:9$,
$4x=36$, $x=9$
$3:y=4:5$, $4y=15$, $y=3.75$
(2) $x:13.2=5:(5+6)$, $x:13.2=5:11$,
$11x=66$, $x=6$
$y:(5+6)=6.6:13.2$, $y:11=6.6:13.2$,
$13.2y=72.6$, $y=5.5$

p.205 **11** $x=2.7$

解説 $a$, $b$, $c$は平行だから，DE：EF＝AB：BC
つまり，$x:5.4=3:6$, $6x=16.2$, $x=2.7$

p.206 **12** 1：8

解説 △BDCで，OE∥DCより三角形と比の定理から，BO：OD＝BE：EC＝1：1
△OBEと△OECの面積の比は，BE：ECより，1：1…①
△OBEと△OBCの面積の比は1：2
△OBCと△OCDの面積の比は，BO：ODより1：1だから，△OBCの面積を2とすると2：2
これより，△DBCの面積を4とみると，△DBCの面積は平行四辺形ABCDの面積の半分だから，平行四辺形ABCDの面積は8…②
したがって，①，②から，△OBEと平行四辺形ABCDの面積の比は，1：8

p.207 **13** **〔証明〕 △DABで，EC∥ABだから，**
**AB：EC＝BD：DC…①**
**また，∠CAE＝∠XAD＝∠CEA**
**したがって，△CAEは二等辺三角形で，**
**CA＝CE…②**
**①，②から，AB：AC＝BD：DC**

解説 右の図のように，条件を整理する。

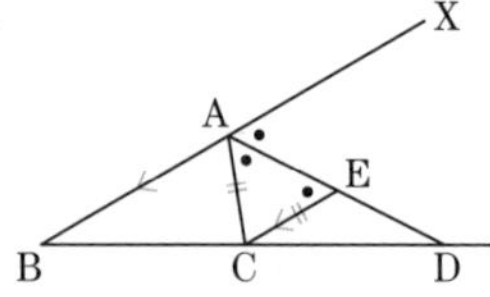


p.208 **14** **〔証明〕 △ABCで，仮定から，**
**MN∥BCだから，三角形と比の定理より，**
**AM：AB＝AN：AC＝MN：BC＝1：2**
**したがって，AM：MB＝AN：NC＝1：1**
**つまり，AM＝MB，AN＝NC**

p.209 **15** **〔証明〕 △OBCと△OEDで，**
**対頂角は等しいから，**
**∠BOC＝∠EOD…①**
**D，Eはそれぞれ辺AB，ACの中点だから，**
**中点連結定理より，**
**DE∥BC**
**したがって，平行線の錯角だから，**
**∠OBC＝∠OED…②**
**①，②より，2組の角がそれぞれ等しいから，**
**△OBC∽△OED**

解説 条件を整理すると，右の図のようになる。

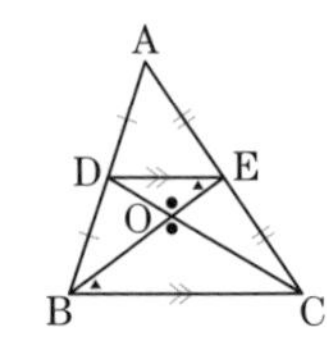


p.210 **16** **平行四辺形**

解説 △ACDで，中点連結定理から，
PS∥DC，PS＝$\frac{1}{2}$DC…①
同様に，△BCDで，
QR∥DC，QR＝$\frac{1}{2}$DC…②
①，②から，
PS∥QR，PS＝QR
したがって，1組の対辺が平行で，その長さが等しいから，四角形PQRSは平行四辺形である。

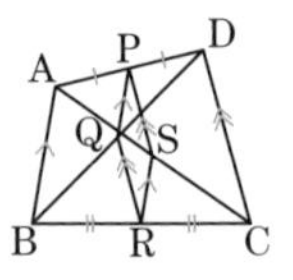


p.211 **17** $\frac{1}{2}(b-a)$

解説 △ABCと△ABDで，三角形と比の定理から，
AM：MB＝AQ：QC
AM：MB＝DP：PB
これより，中点連結定理から，MQ＝$\frac{1}{2}$BC＝$\frac{1}{2}b$,
MP＝$\frac{1}{2}$AD＝$\frac{1}{2}a$
したがって，PQ＝MQ－MP＝$\frac{1}{2}(b-a)$

p.212 **18** 3cm

解説 GI∥BCだから，△DFCで三角形と比の定理から，DI：IC＝DH：HF＝1：1，中点連結定理より，
HI＝$\frac{1}{2}$FC＝$\frac{1}{2}\times6=3$(cm)